U0228709

太阳能
热水系统手册

袁家普　编著

第二版
Second Edition

化学工业出版社
·北京·

内 容 简 介

本书详细介绍了太阳能低温热利用的热水器产品、太阳能热水系统的设计应用以及太阳能与建筑结合情况。全书共 10 章，内容包括太阳能基础，太阳能热水系统基本知识，集中集热、分户储热式太阳能热水系统，设备及配件，太阳能热水系统设计计算分析，太阳能热水系统安装，太阳能系统的工程调试和验收，特殊类型的系统方案设计与分析，平板太阳能与空气源热泵结合，太阳能热水器与建筑一体化。

本书可供从事太阳能热利用的工程技术人员阅读，也可作为高等院校相关专业师生的参考用书。

图书在版编目（CIP）数据

太阳能热水系统手册/袁家普编著 . —2 版 . —北京：化学工业出版社，2023.11

ISBN 978-7-122-44041-9

Ⅰ.①太… Ⅱ.①袁… Ⅲ.①太阳能水加热器-热水供应系统-手册 Ⅳ.①TK515-62

中国国家版本馆 CIP 数据核字（2023）第 154017 号

责任编辑：左晨燕　　　　　　　　　　装帧设计：刘丽华
责任校对：宋　玮

出版发行：化学工业出版社（北京市东城区青年湖南街 13 号　邮政编码 100011）
印　　装：北京虎彩文化传播有限公司
787mm×1092mm　1/16　印张 24　字数 594 千字　2024 年 1 月北京第 2 版第 1 次印刷

购书咨询：010-64518888　　　　　　　售后服务：010-64518899
网　　址：http://www.cip.com.cn
凡购买本书，如有缺损质量问题，本社销售中心负责调换。

定　　价：168.00 元

前言

　　新能源是 21 世纪世界经济发展中最具决定力的五大技术领域之一。太阳能是一种清洁、高效和永不衰竭的新能源。在新世纪中，各国政府都将太阳能资源利用作为国家可持续发展战略的重要内容。

　　人类利用太阳能已有几千年的历史，但发展一直很缓慢，现代意义上的开发利用只是近半个多世纪的事情。1954 年美国贝尔实验室研制出世界上第一块太阳电池，从此揭开了太阳能开发利用的新篇章。之后，太阳能开发利用技术发展很快，特别是 20 世纪 70 年代爆发的世界性石油危机有力地促进了太阳能开发利用。经过半个世纪的努力，太阳能光热利用技术及其产业异军突起，成为能源工业的一支生力军。迄今为止，太阳能的应用领域非常广泛，但最终可归结为太阳能热利用和光利用两个方面。

　　根据可持续发展战略，太阳能热利用在替代高含碳燃料的能源生产和终端利用中大有用武之地。太阳能热利用具有广阔的应用领域，可归纳为太阳能热发电（能源产出）和建筑用能（终端直接用能），包括采暖、空调和热水。当前太阳能热利用中比较活跃并已形成产业的当属太阳能热水器和太阳能热发电。

　　本书结合企业在实际工作中的应用情况，详细介绍了太阳能低温热利用的热水器产品、太阳能热水系统的设计应用以及太阳能与建筑结合情况。结合近几年空气源热泵热水、采暖系统在国内的快速增长，本书也提出了太阳能热水系统与空气源热泵系统结合设计的方式、方法。在国内高层建筑越来越多的情况下，太阳能热利用行业也相应发展了适合高层住宅建筑的太阳能集分系统与太阳能阳台壁挂式系统，本书对这两种技术也重点做了应用介绍。本书试图将近 20 年来中国太阳能低温热利用的产品及技术做一详细的介绍及阐述，一方面可以为进入太阳能行业的初学者快速掌握太阳能热利用技术之用，另一方面也可以作为太阳能热利用工程技术人员的参考工具书，但鉴于作者水平有限，本书难免有不足或不妥之处，恳请广大专家、学者批评指正。

　　本书编著过程中，得到了诸多专家、学者的帮助与支持，在此特别感谢山东华宇工学院魏丰君教授、郭仁东教授的支持、帮助，感谢刘春花、温志梅、刘宝君教授的协助参与，感谢多年来一直关心、帮助我的赵玉磊、梁宏伟、张进峰、张广顺、孔德霞、王福德等高工、教授。本书在编著过程中采用了 WILO 水泵及意大利卡莱菲公司的产品和部分技术资料，同时参考了许多国内外文献资料，在此一并表示感谢。

编著者

2023 年 5 月

第一版
前言

　　能源是人类社会发展的重要物质基础，在某种意义上讲，人类社会得以发展离不开优质能源的出现和先进能源技术的利用。目前，随着现代社会的不断发展，能源需求量不断加大，常规能源日渐短缺，环境污染日益严重，从资源、环境、社会发展的需求来看，开发和利用新能源和可再生能源是必然的趋势。

　　太阳能是各种可再生能源中最重要的基本能源，生物质能、风能、海洋能、水能等都来自太阳能，从广义上说太阳能包含以上各种可再生能源。　作为新能源和可再生能源重要组成部分的太阳能，是对环境不产生污染的洁净能源，它的开发和利用是解决未来能源的重要技术手段，是世界能源供应战略的重要组成部分，也是保护人类生态环境的重要举措，因而越来越受到各国政府的重视，成为大多数发达国家和部分发展中国家 21 世纪能源发展战略的基本选择。

　　本书结合企业在实际工作中的应用情况，详细介绍了太阳能与建筑结合，各种类型的太阳能热水系统设计，太阳能热水系统的智能化控制以及常用设备的选型，方便初学者快速掌握太阳能热水系统的应用技术，也是从事太阳能光热利用工程技术人员的工具书。

　　本书的主要编写人员有：袁家普、张广顺、张进峰、曹静、梁笃荣、元明霞、王振杰。本书在编写过程中采用了 WILO 水泵及意大利卡莱菲公司的产品和众多技术资料，同时参考了许多国内外文献资料，在此一并表示感谢。　由于编者水平有限，本书难免有不足或不妥之处，恳请广大专家、学者批评指正。

编者

2008 年 10 月

目录

第6章　太阳能热水系统安装 / 165

第7章　太阳能系统的工程调试和验收 / 241

第8章　特殊类型的系统方案设计与分析 / 256

第10章　太阳能热水器与建筑一体化 / 301

附录 / 340

参考文献 / 370

第1章

太阳能基础

1.1 太阳能利用基本知识

1.1.1 太阳的结构

太阳是距离地球最近的一颗恒星，日地间的距离约为 $15\times10^{8}\,km$。太阳的直径为 $1.392\times10^{6}\,km$，是地球直径的 109 倍，体积是地球的 130 万倍。太阳的质量为 $1.989\times10^{27}\,t$，是地球质量的 33 万倍。太阳的平均密度为 $1.4g/cm^{3}$，太阳的密度不均匀，外部的密度很小，内部密度大，中心密度为 $160g/cm^{3}$。因此日心引力比地心引力大 29 倍。图 1-1 为太阳结构示意。

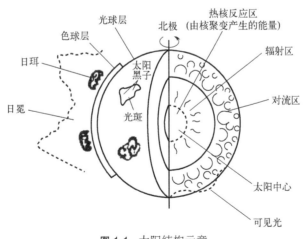

图 1-1 太阳结构示意

太阳是一团高温的（5770℃以上）灼热气体球，太阳是由太阳大气和内部两大部分组成的。太阳的大气是指可以直接观测到的外部层次，太阳大气是高温电离形成的等离子体，自内向外分为光球层、色球层和日冕三个层次。太阳内部自外向内则是对流区、辐射区和热核反应区三个层次。太阳的主要组成是氢气和氦气，氢占 78.4%，氦占 19.8%，金属和其他元素总计占 1.8%，其中热核反应区集中了太阳质量的一半，太阳能量的 99% 是在这里产生的。在热核反应区内高温、高压的环境下，把氢转变为氦，在反应过程中，释放出巨大的能量，并向四周辐射，太阳每秒钟核聚变产生 3.865×10^{26} J 的能量，相当于每秒烧掉 1.321×10^{26} t 标准煤所释放出来的能量。而地球大气层所能接受的能量仅为其中的 22 亿分之一，尽管如此每秒也有 1.757×10^{17} J，相当于 6.6×10^{6} t 标准煤所释放出来的能量。据估算太阳还将有 100 亿年的寿命，相对于人类的有限生存时间而言，太阳能可以说是取之不尽、用之不竭的。太阳能是最重要的基本能源，生物质能、风能、潮汐能、水能等都来自太阳能。

1.1.2 太阳和地球的关系

1.1.2.1 经度和纬度

地球上任何一点的位置都可以用地理经度和纬度来表示。一切通过地轴的平面和地球表面相交而成的圆叫经度圈，经度圈都通过地球两级，因而都在南北极相交。这样每个经度圈都被南北两极等分成两个 180° 的半圆，这样的半圆叫经线或子午线。按 1° 为等分单位，全球分为 180 个经圈，360 条经线。1884 年经国际会议商定，以英国伦敦的格林尼治天文台所在的子午线为全世界通用的本初子午线，该子午线定义为 0° 线，如图 1-2 地球经度圈所示。

一切垂直于地轴的平面同地球表面相割而成的圆，都是纬线，它们彼此平行。其中通过地心的纬线叫赤道。赤道所在的赤道面将地球分成南半球和北半球，如图 1-3 地球维度圈所示。

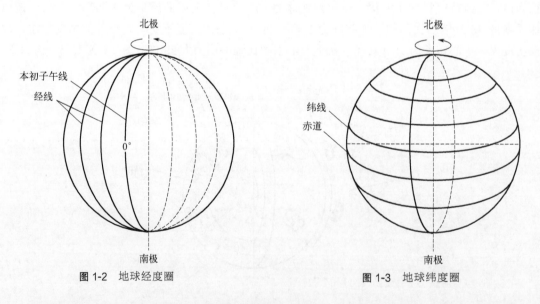

图 1-2 地球经度圈   图 1-3 地球纬度圈

不同的经线和纬线分别以不同的经度和纬度来区分，如图 1-4 所示。所谓经度，就是本初子午线所在的平面与某地子午线所在的平面的夹角，自零度线向东分为 180°，称为东经，向西分为 180°，称为西经。纬度（ϕ）是地球表面某地的本地法线（地平面的垂线）与赤道平面的夹角，是在本地子午线上度量的。赤道面是纬度度量起点，赤道面上的纬度为 0°，自赤道面向北极方向分为 90°，称为北纬，向南极方向分为 90°，称为南纬。

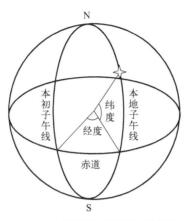

图 1-4　本初子午线与本地子午线

1.1.2.2　昼夜和四季

地球是太阳系中的一颗行星，地球绕着太阳运转，同时还在自转，地球绕太阳逆时针旋转称为公转，其运行轨道的平面称为黄道平面。地球绕太阳的运行轨道接近椭圆形，因此太阳与地球之间的距离逐日变化，而太阳所处位置稍有偏心。地球绕其轴（地轴）自转，地球的倾斜角即地轴与黄道平面的法线的交角始终保持 $23°27'$ 或 $23.45°$（近似为 $23.5°$），如图 1-5所示。

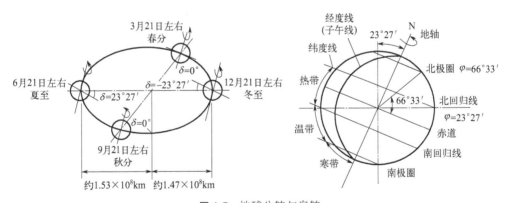

图 1-5　地球公转与自转

地球中心和太阳中心的连线与赤道平面的夹角称为赤纬 δ（或赤纬角），由于地轴的倾斜角永远保持不变，致使赤纬 δ 随地球在公转轨道上的位置随日期的不同而变化，全年赤纬 δ 在 $\pm23.45°$ 之间变化。从而形成了一年中春、夏、秋、冬四季的更替。赤纬 δ 在一年中随时都在变化，可采用下式进行近似计算。

$$\delta = 23.45\sin\left(360\times\frac{284+n}{365}\right) \tag{1-1}$$

式中，δ 为一年中第 n 天的赤纬；n 为计算日在一年中的日期序号，即所求日期在一年中的日子数。

赤纬 δ 从赤道平面算起，向北为正，向南为负。春分时，太阳光线与地球赤道面平行，赤纬 δ 为 $0°$，阳光直射赤道，且正好切过两极，南北半球昼夜相等。春分后，赤纬 δ 逐渐增加，到夏至达最大＋23.45°，太阳光线直射地球北纬 23.45°，即北回归线上。以后赤纬 δ 逐日变小，秋分时的赤纬 δ 又变回到 0°。太阳光线继续向南半球移动，到冬至日，赤纬 δ 达到－23.45°，太阳光线直射地球南纬 23.45°，即南回归线上。此时情况恰与夏至相反。冬至以后，阳光又向北移动返回赤道，如此周而复始。

昼夜是因地球自转而形成的。一天时间的测定，是以地球自转为依据的，昼夜循环的现象给了我们测量时间的一种尺度。钟表指示的时间是均匀的，均以地方平均太阳时为准。

所谓地方平均太阳时，是以太阳通过当地的子午线时为正午 12 时来计算一天的时间。这样经度不同的地方，正午时间均不同，使用起来不方便。因此，规定在一定经度范围内统一使用一种标准时间，在该范围内同一时刻的钟点均相同。经国际协议，以本初子午线处的平均太阳时为世界时间的标准时。把全球按地理经度划为 24 个时区，每个时区包含地理经度 15°。以本初子午线东西各 7.5°为零时区，向东分为 12 个时区，向西分为 12 个时区。每个时区都按它的中央子午线的平均太阳时为计时标准，作为该时区的标准时。相邻两个时区的时间差为 1h。

真太阳时是以当地太阳位于正南向的瞬时值为正午 12 时，地球自转 15°为 1h。但是由于太阳与地球之间的距离和相对位置随时间在变化的，以及地球赤道与黄道平面的不一致，致使当地子午线与正南方向有一定差异，所以真太阳时与当地平均太阳时之间的差值称为时差。某地的真太阳时 T 可按下式计算：

$$T = T_m \pm \frac{L-L_m}{15} + \frac{e}{60} \tag{1-2}$$

式中，T 为当地的真太阳时，h；T_m 为该时区的平均太阳时（该时区的标准时），h；L 为当地子午线的经度，(°)；L_m 为该时区中央子午线的经度，(°)；e 为时差，min；$\pm$ 对于东半球取正值，对于西半球取负值。

如果式（1-2）不考虑时差 e，则求得的就是当地的地方平均太阳时，即钟表时间 T_0。

$$T_0 = T_m \pm \frac{L-L_m}{15} \tag{1-3}$$

我国地域广阔，从东 5 时区到东 9 时区，横跨 5 个时区。为计算方便，我国统一采用东 8 时区的时间，即以东经 120°的平均太阳时为中国的标准，称为"北京时间"。北京时间与世界时间相差 8h，即北京时间等于世界时间加上 8h。

由于我国 5 个时区统一采用东 8 时区的时间作为标准时间，因此在用式（1-2）求取某地的真太阳时，T_m 和 L_m 均采用东 8 时区的标准时和中央子午线的经度。

将真太阳时用角度表示时，称太阳时角，简称时角（h），是指当太阳入射的日地中心连线在地球赤道平面上的投影与当地真太阳时正午 12 时时，日地中心连线在赤道平面上的投影之间的夹角。其计算公式为：

$$h = \left(T_m \pm \frac{L-L_m}{15} + \frac{e}{60} - 12 \right) \times 15 \tag{1-4}$$

真太阳时为 12 时时的时角为零，前后每隔 1h，增加 360°/24＝15°，如 10 时和 14 点均为 30°。

1.1.3　太阳在空间的位置

地球上某一点所看到的太阳方向，称为太阳位置。如图 1-6，所示太阳位置常用两个角度来表示，即太阳高度角 β 和太阳方位角 A。太阳高度角 β 是指太阳光线与地表水平面之间的夹角。太阳方位角 A 为太阳至地面上某给定点连线在地面上的投影与当地子午线（南向）的夹角。太阳偏东时为负，太阳偏西时为正。

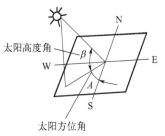

图 1-6　太阳高度角与方位角

图 1-7 为夏至到冬至这一段时间太阳在中午照射时的太阳高度角 β 与纬度 φ 之间的关系。O 点表示地心，QQ' 表示赤道，NS 表示地球轴线。

图 1-7　夏至和冬至时太阳高度角与纬度之间的关系

确定太阳高度角和方位角在建筑环境控制领域具有非常重要的作用。代表日或者代表时刻的太阳位置，可以确定不同季节设计值；可以进行建筑朝向确定、建筑间距以及周围阴影区范围计算等建筑的日照设计；可以进行建筑的日射得热量与空调负荷的计算、进行建筑自然采光设计。

影响太阳高度角和方位角的因素：①赤纬 δ，它表明季节的变化；②时角 h，它表明时间的变化；③地理纬度 φ，它表明观察点所在的位置。在一天之中，真太阳时 12 时时太阳高度角达到最大值，此时太阳高度角 β 和方位角 A 可用下式来表示。

$$\sin\beta = \cos\varphi\cosh\cos\delta + \sin\varphi\sin\delta \tag{1-5}$$

$$\sin A = \frac{\cos\varphi\sin h}{\cos\beta} \tag{1-6}$$

1.1.4　太阳辐射

太阳辐射能是地球上热量的基本来源，是决定太阳能热利用的主要因素，也是建筑设计外部最主要的气候条件之一。

1.1.4.1　太阳常数与太阳辐射的电磁波

太阳是一个直径相当于地球 110 倍的高温气团，其表面温度为 6000℃ 左右，内部温度则高达 2×10^7℃。太阳辐射不断以电磁辐射形式向宇宙空间发射出巨大的能量。其辐射波长范围从波长为 0.1nm 的 X 射线到波长达 100m 的无线电波。

太阳辐射能量的大小用辐射照度来表示。它是指 $1m^2$ 黑体表面在太阳辐射下所获得的辐射能通量，单位为 W/m^2。地球大气层外与太阳光线垂直的表面上的太阳辐射照度为 $I_0 =$

$1353\,W/m^2$ 被称为太阳常数。

由于太阳与地球之间的距离在逐日变化，地球大气层上边界处与太阳光线垂直的表面的太阳辐射照度也会随之变化，1月1日最大，为 $1405\,W/m^2$，7月1日最小，为 $1308\,W/m^2$，相差约 7%。计算太阳辐射时，如果按月份取不同的值，可达到比较高的精度。表1-1给出了各月大气层外边界太阳辐射照度。

⊡ **表 1-1　各月大气层外边界各月太阳辐射照度**

月份	1	2	3	4	5	6	7	8	9	10	11	12
辐射照度/（W/m²）	1405	1394	1378	1353	1334	1316	1308	1315	1330	1350	1372	1392

电磁波是由同时存在而又相互联系且呈周期性变化的电波和磁波构成的。电波和磁波彼此相互垂直，并且它们均垂直于电磁波的传播方向。电磁波一般用波长、频率或波数表来表征。波长 λ 为在周期波传播方向上一瞬间两相邻同相位点间的距离。波长的单位是 m，也常用 nm 或 μm。它们之间的换算关系为：$1m=10^3\,mm=10^6\,\mu m=10^9\,nm$。

波长与频率的关系为：

$$\lambda f = c \tag{1-7}$$

式中，c 为电磁波在真空中的传播速度，m/s；f 为频率，即单位时间内的周期，Hz。

电磁波是一个极宽的波谱，从 $10^{-15}\,m$ 的宇宙射线到长达数公里乃至数千公里的交流电和长电震荡，构成一个完整的电磁波系列——电磁波谱。

以电磁波形式或粒子形式传播能量的过程为辐射。不同的辐射源所发射的电磁波的波长范围是不同的。根据最新的探测结果，太阳辐射的波长范围包括从 $0.1nm$ 的宇宙射线直至无线电波的电磁波谱的绝大部分。从电磁波谱中不难看出，人眼所能看到的那部分电磁辐射，在整个电磁波谱中只占很小的一部分。

在可见光范围内，由于波长的不同，反映到人的视觉神经上就产生不同的颜色感觉。色觉正常的人，在光亮条件下，能见到可见光的各种颜色。从长波到短波它们的排列顺序是：红色（700nm）、橙色（620nm）、黄色（580nm）、绿色（510nm）、蓝色（470nm）、紫色（420nm）。

太阳辐射的波谱见图1-8，在各种波长的辐射中能转化为热能的主要是可见光和红外线。可见光的波长主要在 $0.38\sim0.76\mu m$ 的范围内，是我们眼睛所能感知的光线，在照明学上具有重要的意义。波长在 $0.76\sim0.63\mu m$ 的范围是红色，在 $0.63\sim0.59\mu m$ 为橙色，在 $0.59\sim0.56\mu m$ 的为黄色，在 $0.56\sim0.49\mu m$ 为绿色，在 $0.49\sim0.45\mu m$ 为黄色，在 $0.45\sim0.38\mu m$ 为紫色。太阳的总辐射能中约有 47% 来自波长为 $0.38\sim0.76\mu m$ 的可见光，45.2% 来自波长在 $0.76\sim3.0\mu m$ 的近红外线，2.2% 来自波长在 $3.0\mu m$ 以上的长波红外线。当太阳辐射透过大气层时，由于大气层对不同波长的射线具有选择性的反射和吸收作用，到达地球表面的光谱成分发生了一些变化，而且在不同的太阳高度角下，太阳光的路径长度不同，导致光谱的成分变化也不相同。例如紫外线和长波红外线所占的比例明显下降。再例如当太阳高度角为 $41.8°$、大气层质量 $m=1.5$ 的时候，在晴天条件下到达海平面的太阳辐射中紫外线占不到 3%，可见光约占 47%，红外线占 50%，太阳高度角越高，紫外线及可见光成分越多；红外线相反，它的成分随太阳高度角的增加而减少。

1.1.4.2　大气层对太阳辐射的吸收

太阳辐射量的大小与太阳能热利用有着密切的关系，而太阳辐射量又与太阳辐射的性质

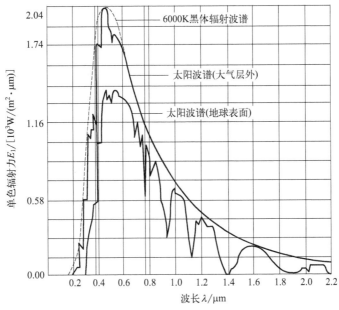

图 1-8　太阳辐射波谱

和大气气候条件紧密相关。太阳辐射的性质取决于太阳结构和特性，气候条件则由地球和太阳之间的时间、空间关系所决定。因此，我们要很好地开发、利用太阳能得首先了解太阳与地球之间的关系。

地球外表面有一层厚度约 30km 的大气层，太阳辐射在穿过大气层时受到大气中的二氧化碳、臭氧、水蒸气、灰尘等物的吸收、反射、散射，使得到地面的太阳辐照量显著减少。据估计，大气层反射的能量约占太阳辐射总量的 30%，被吸收的约占 23%，其余 47% 左右的能量才最终到达地球表面。图 1-9 为大气对太阳辐射的影响。

太阳辐射的衰减程度与大气和大气透明度有关。太阳辐射通过大气层时，其中一部分辐射能被云层反射到宇宙空间，一部分短波辐射受到天空中各种气体分子、尘埃、微小水珠等质点的散射，使天空呈蓝色。太阳光谱中的 X 射线和其他一些超短波射线在通过电离层时，会被氧、氮及其他大气成分强烈吸收，大部分紫外线被大气中的臭氧所吸收，大部分的长波红外线则被二氧化碳和水蒸气等温室气体所吸收，因此到达地面的太阳辐射能主要是可见光和近红外线部分，即波长为 $0.32 \sim 2.5 \mu m$ 部分的射线。

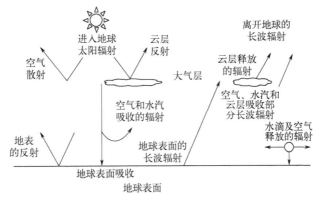

图 1-9　大气对太阳辐射的影响

由于反射、散射和吸收的共同作用，使到达地面的太阳辐射照度大大减弱，辐射光谱也随之发生了变化，即大气层外的太阳辐射在通过大气层时，除了一部分被大气层吸收和阻隔以外，达到地面的太阳辐射由两部分组成，一部分是太阳直接照射到地面的部分，称为直射辐射；另一部分是经过大气散射后到达地面的，称为散射辐射。直射辐射和散射辐射之和就是到达地面的太阳辐射能的总和，称为总辐射。但实际上，到达地面的太阳辐射还有另一部分，即被大气层吸收掉的太阳辐射会以长波辐射的形式将其中部分能量送到地面。不过这部分能量相对于太阳总辐射能量来说是很小的一部分。大气对太阳辐射的消弱程度取决于射线在大气中行程的长短及大气层质量。而行程的长短又与太阳高度角和海拔高度有关。水平面上太阳直接辐射照度与太阳高度角、大气透明度成正比。在低纬度地区，太阳高度角大，阳光通过的大气层厚度较薄，因此太阳直接辐射照度较大。又如，在中午，太阳高度角大，太阳射线穿过大气层的射线短，直接辐射照度较大；早晨和傍晚的太阳高度角小，行程长，直接辐射照度较小。

距大气层上边界 x 处与太阳光线垂直的表面上（即太阳法向）的太阳直射辐射照度 I_x 的梯度与其本身的强度成正比：

$$\frac{\mathrm{d}I_x}{\mathrm{d}x} = -kI_x \tag{1-8}$$

式中，I_x 为距大气层上边界 x 处的法向表面太阳直射辐射照度；k 为比例常数，m^{-1}；x 为太阳光线的行程，m。

对上公式积分求解得

$$I_x = I_0 \exp(-kx) \tag{1-9}$$

式中，I_0 为垂直与大气层外边界处的太阳辐射强度。

从式（1-9）可以看到，k 值越大，辐射照度衰减越大，因此 $a = kL$ 值又称为大气层消光系数，L 是当太阳位于天顶时（日射垂直于地面）到达地面的太阳辐射行程（见图 1-10 太阳光的路程），而 k 相当于单位厚度大气层的消光系数，大气层消光系数 a 的大小与大气成分、云量等有关。云量的意思是将天空分为 10 份，被云遮盖的份数。例如，云量为 4 是指天空被 4/10 遮挡。太阳光线的行程 x，即太阳光线透过大气层的距离，可由太阳位置来计算。

当太阳位于天顶时，到达地面的太阳辐射行程为 L，有：

$$I_L = I_0 \exp(-a) \tag{1-10}$$

令

$$P = I_L / I_0 = \exp(-a) \tag{1-11}$$

P 称作大气透明度，它是衡量大气透明度的标志，P 越接近于 1，大气越清澈。P 值一般为 0.65～0.75，即使是晴天天空透明度也是逐月不同的，这是因为大气中的水蒸气含量不同的缘故，但在同一个月的晴天中，大气透明度可以近似认为是常数。我国将大气透明度做了 6 个等级的分区，1 级最透明。

当太阳不在天顶，太阳高度角为 β 时，太阳光线到达地面的路程长度为：

$$L' = L / \sin\beta \tag{1-12}$$

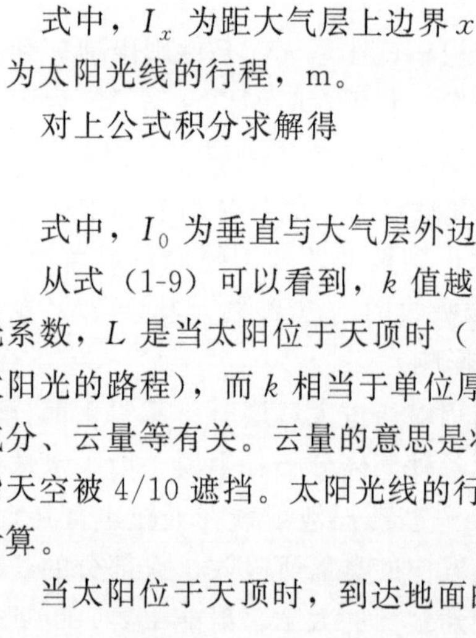

图 1-10　太阳光的路程

地球表面处的法向太阳直射辐射照度为：

$$I_N = I_0 \exp(-am) = I_0 P^m \tag{1-13}$$

式中，$m = L'/L = 1/\sin\beta$，称为大气层质量，反映了太阳光在大气中通过距离的长短，取决于太阳高度角的大小。

因此，到达地面的太阳辐射照度大小取决于地球对太阳的相对位置（太阳高度角和路径）以及大气透明度。根据太阳直射辐射照度可以分别算出水平面上的直射辐射照度和垂直面上的直射辐射照度。

某坡度为 θ 的平面上的直射辐射照度为：

$$I_{Di} = I_N \cos i = I_N \sin(\beta + \theta)\cos(A + \alpha) \tag{1-14}$$

水平面上的直射辐射照度为：

$$I_{DH} = I_N \sin\beta \tag{1-15}$$

垂直面上的直射辐射照度为：

$$I_{DV} = I_N \cos\beta \cos(A + \alpha) \tag{1-16}$$

式中，i 为太阳辐射线与太阳辐射面法线的夹角；A 为太阳方位角，太阳偏东为负，偏西为正；α 为被照射面方位角，被照射面的法线在水平面上的投影偏离当地子午线的角度（南向的角度，偏西为正，偏东为正）。

图 1-11 表示了各种大气透明度下的直射辐射照度，横轴为太阳高度角（°），左侧第一个竖轴为日射量（W/m²），太阳常数 1353W/m²，左侧第二个竖轴为大气透明度。辐射照度随着太阳高度角增大而增强，而垂直面上的直射辐射照度开始随着太阳高度角的增大而增强，到达最大值后，又随着太阳高度角的增大而减弱。

图 1-12 给出了北纬 40°全年各月水平面、南向表面和东向表面每天获得的太阳总辐射照度。从图中可以看出，对于水平面来说，夏季总辐射照度达到最大；而南向垂直表面，在冬季所接受的总辐射照度为最大。

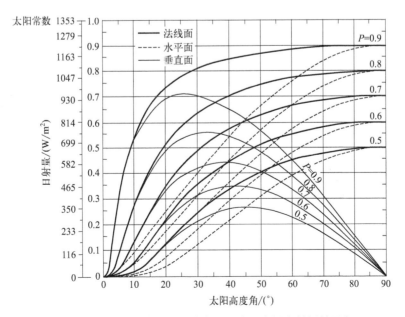

图 1-11　不同太阳高度角和大气透明度下太阳直射辐射强度

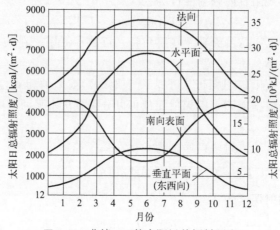

图 1-12　北纬 40° 的太阳日总辐射照度

1.1.5　我国太阳能资源

我国幅员广大，有着十分丰富的太阳能资源。据估算，我国陆地表面每年接受的太阳辐射能约为 50×10^{18} kJ。从全国太阳年辐射总量的分布来看，西藏、青海、新疆、内蒙古南部、山西、陕西北部、河北、山东、辽宁、吉林西部、云南中部和西南部、广东东南部、福建东南部、海南岛东部和西部以及台湾省的西南部等广大地区的太阳辐射总量很大。尤其是青藏高原地区最大，那里平均海拔高度在 4000m 以上，大气层薄而清洁，透明度好，纬度低，日照时间长。因而拉萨被人们称为"日光城"。1961—1970 年的年平均日照时间为 3005.7h，相对日照为 68%，年平均晴天为 108.5d，阴天为 98.8d，年平均云量为 4.8，太阳总辐射为 816kJ/($cm^2 \cdot a$)，比全国其他省区和同纬度的地区都高。全国以四川和贵州两省的太阳年辐射总量最小，其中尤以四川盆地为最，那里雨多、雾多、晴天较少。例如素有"雾都"之称的成都市，年平均日照时数仅为 1152.2h，相对日照为 26%，年平均晴天为 24.7d，阴天达 244.6d，年平均云量高达 8.4。其他地区的太阳年辐射总量居中。

我国太阳能资源分布的主要特点有：太阳能的高值中心和低值中心都处在北纬 22°～35° 这一带，青藏高原是高值中心，四川盆地是低值中心；太阳年辐射总量，西部地区高于东部地区，而且除西藏和新疆两个自治区外，基本上是南部低于北部；由于南方多数地区云雾雨多，在北纬 30°～40° 地区，太阳能的分布情况与一般的太阳能随纬度而变化的规律相反，太阳能不是随着纬度的增加而减少，而是随着纬度的增加而增长。按接受太阳能辐照量的大小，全国大致上可分为五类地区：

一类地区：全年日照时数为 3200～3300h，辐照量在 6680～8400MJ/($m^2 \cdot a$)。主要包括青藏高原、甘肃北部、宁夏北部和新疆南部等地。这是我国太阳能资源最丰富的地区，与印度和巴基斯坦北部的太阳能资源相当。特别是西藏，地势高，太阳光的透明度也好，太阳辐射总量最高值达 9210MJ/($cm^2 \cdot a$)，仅次于撒哈拉大沙漠，居世界第二位，其中拉萨是世界著名的阳光城。

二类地区：全年日照时数为 3000～3200h，辐照量在 5850～6680MJ/($m^2 \cdot a$)，主要包括河北西北部、山西北部、内蒙古南部、宁夏南部、甘肃中部、青海东部、西藏东南部和新疆南部等地。此区为我国太阳能资源较丰富区。

三类地区：全年日照时数为 2200～3000h，辐照量在 5000～5850MJ/(m² · a)，主要包括山东、河南、河北东南部、山西南部、新疆北部、吉林、辽宁、云南、陕西北部、甘肃东南部、广东南部、福建南部、江苏北部和安徽北部等地。

四类地区：全年日照时数为 1400～2200h，辐照量在 4200～5000MJ/(m² · a)。主要是长江中下游、福建、浙江和广东的一部分地区，春夏多阴雨，秋冬季太阳能资源还可以。

五类地区：全年日照时数约 1000～1400h，辐照量在 3350～4200MJ/(m² · a)。主要包括四川、贵州两省。此区是我国太阳能资源最少的地区。

一、二、三类地区，年日照时数大于 2200h，辐射总量高于 5000MJ/(m² · a)，是我国太阳能资源丰富或较丰富的地区，面积较大，约占全国总面积的 2/3 以上，具有利用太阳能的良好条件。四、五类地区虽然太阳能资源条件较差，但仍有一定的利用价值。

1.1.6　太阳能的特点

(1) 太阳能的优点

太阳能作为一种新能源，它与常规能源相比有三大优点：

① 它是人类可以利用的最丰富的能源，据估计，在过去漫长的 11 亿年中，太阳消耗了它本身能量的 2%，可以说是取之不尽，用之不竭。

② 地球上，无论何处都有太阳能，可以就地开发利用，不存在运输问题，尤其对交通不发达的农村、海岛和边远地区更具有利用的价值。

③ 太阳能是一种洁净的能源，在开发和利用时不会产生废渣、废水、废气，也没有噪声，更不会影响生态平衡。

(2) 太阳能的缺点

太阳能的利用有它的缺点：

① 能流密度较低，地面上 1m² 的面积所接受的能量只有 1kW 左右。往往需要相当大的采光集热面才能满足使用要求，从而使装置占地面积大，用料多，成本增加。

② 大气影响较大，给使用带来不少困难。

1.2　太阳能利用的发展历程

据记载，人类利用太阳能加热食物已有 3000 多年的历史。而将太阳能作为能源和动力加以利用，只有 300 多年的历史。从 1615 年法国工程师所罗门·德·考克斯在世界上发明第一台太阳能驱动的发动机起算至 1900 年之间，世界上研制成功了多台太阳能动力装置和一些其他太阳能装置。

从 1900 年开始，科学家广泛开展了太阳能动力装置的研究，1901 年，美国加州建成一台太阳能抽水装置。1908 年，美国建造了 5 套双循环太阳能发动机。1913 年，埃及开罗建成一台由 5 个抛物槽镜组成的太阳能水泵。太阳能采集的聚光方式多样化，并开始采用平板集热器和低沸点工质，太阳能采集装置逐渐扩大，最大输出功率达 73.64kW，实用目的比较明确，但造价仍然很高。

从 1940 年开始，科学家展开了太阳能电池的研究。1945 年，美国贝尔实验室研制成实用型硅太阳电池，为太阳能发电大规模应用奠定了基础。

从 1950 年开始，科学家展开了利用太阳能集热的研究。1955 年，以色列研究人员开发出实用的黑镍等选择性涂层，为高效太阳能集热器的发展创造了条件。1952 年，法国国家研究中心在比利牛斯山东部建成一座功率为 50kW 的太阳炉。1960 年，美国建成世界上第一台太阳能热空调。

太阳能热水器、太阳能电池等产品开始实现商业化，太阳能产业初步建立，但规模较小，经济效益尚不理想。1891 年，美国人发明了世界上第一台家用太阳能热水器，进入了老百姓的日常生活。

1970 年以后，由于世界发生了"能源危机"（有的称"石油危机"）。太阳能利用发生转机，各国加强了太阳能研究工作的计划性，不少国家制定了近期和远期阳光计划。开发利用太阳能成为政府行为，支持力度大大加强。国际间的合作十分活跃，一些第三世界国家开始积极参与太阳能开发利用工作。

研究领域不断扩大，研究工作日益深入，取得一批较大成果，如 CPC 真空集热管、非晶硅太阳能电池、光解水制氢、太阳能热发电等。

建筑的太阳能采暖技术在美国及欧洲国家由被动式太阳房应用技术研究，逐步扩展到主动太阳能采暖的应用，并建成主动太阳能的示范建筑和太阳能跨季节蓄热区域供暖系统示范工程，说明太阳能供热、空调系统在技术上是完全可行的，但由于投资较大，推广普及程度不及被动式太阳房。

20 世纪 80 年代初期，美籍华人贝律昆先生将其引入国内，之后经过沈阳玻璃设计厂工程师的艰苦研究，使得真空管在中国问世。1984 年，清华大学殷志强教授发明了渐变"Al-N/Al"选择性吸收涂层技术，这种选择性膜层已在国内多家公司大规模生产，其出色的性能奠定了中国太阳能热利用行业大发展的基础，开创了全玻璃真空太阳集热管在中国的产业化生产。

进入 90 年代，世界太阳能利用又进入一个发展期，由于开发出更加高效的太阳能集热器和吸收式制冷机、热泵机组，应用范围才得以扩大。此时，我国的太阳能热水器开发利用技术开始迅猛发展，并产业化，形成一定的市场规模。

2000 年后，我国太阳能热水器技术经过多年的迭代，已经趋于成熟，尤其真空管太阳能热水系统使用总量占据世界总量 90％以上。太阳能热水系统由户用开始扩展到公共建筑、工业应用。太阳能光伏经历启动期（2004—2011 年）、调整期（2011—2013 年）、酝酿期（2013—2015 年）和高速发展期（2015 年至今）四个阶段，从我国光伏补贴政策最早于 2009 年颁布，到 2019 年，我国出台了《关于完善光伏发电有关政策的通知》，继续对光伏发电进行政策补贴，大大推动了光伏市场的发展和技术的革新。

2001 年，住建部与太阳能行业首次推出太阳能与建筑一体化概念。十年后，太阳能与建筑一体化内容升级至同步规划、同步设计、同步施工。将太阳能集热器嵌入建筑屋顶、外墙表面实现外观上的统一和谐，这是初级阶段的一体化解决方案。太阳能产品与建筑的结合问题应该在论证环节就提出，从设计的时候就考虑热水怎么使用，太阳能系统怎么安放，采用什么系统以及辅助能源等细节。在 2013 年，国内建筑能耗占全社会总能耗的比重比较大，热水、空调和采暖能耗占建筑能耗的 65％左右，而综合利用太阳能，全面实现太阳能与建筑一体化及太阳能光热光电综合应用一体化，太阳能热水可补充 15％的建筑能耗，采暖、制冷系统可解决 50％的建筑能耗，光伏发电可节约 30％的建筑能耗，就可建成最理想的零能耗房。

2020 年 9 月，我国提出将提高国家自主贡献力度，采取更加有力的政策和措施，二氧化碳排放力争于 2030 年前达到峰值，努力争取 2060 年前实现碳中和。党的二十大报告明确"积极稳妥推进碳达峰碳中和""积极参与应对气候变化全球治理"。

在实现"双碳"目标的路径中，太阳能的应用进入新的高速发展阶段，又迎来新的契机，光热是采用现代的太阳热能科技将阳光聚合，并运用其能量产生热水、蒸气和电力，目前应用较广的光热技术有光热发电及太阳能热水器利用。太阳能热利用主要集中于民用供热以及农业生产、工业制造等工农业供热场景，也是未来太阳能热利用的主要发展领域。

太阳能光伏发电方面，我国已经形成了以硅材料、硅片、电池、组件为核心的晶体硅电池产业化技术体系，掌握了效率 20% 以上的背钝化电池（PERC）、选择性发射极电池（SE）、全背结电池、金属穿孔卷绕（MWT）电池等高效晶体硅电池制备及工艺技术，规模化生产的 p 型单晶 PERC 电池平均转换效率达到 23.1%，实验室最高效率超过了 24.1%。批量生产常规多晶硅电池效率 19.5%，多晶硅电池实验室最高效率超过 23%，创造了多晶硅电池效率的世界纪录。逆变器等组部件技术水平逐渐与国际接轨，但其系统集成智能化技术水平仍有待提升。面向光伏发电规模化利用，光伏系统关键技术取得多项重大突破，掌握了 100MW 级并网光伏电站设计集成技术、MW 级光伏与建筑结合系统设计集成技术、10～100MW 级水/光/柴/储多能互补微电网设计集成技术并开展了示范。近年来，在技术进步和市场规模化发展的双重推动下，全球太阳能光伏发电的成本快速下降。过去十年，我国太阳能光伏电池组件和发电系统的成本双双下降约 90%，成本只有原来的 1/10。光伏发电的电价在越来越多的国家和地区已经低于火电电价，成为经济上具有竞争力的电力产品。

1.3　太阳能利用技术

1.3.1　太阳能采集

太阳辐射的能流密度低，在利用太阳能时为了获得足够的能量，或者为了提高温度，必须采用一定的技术和装置（集热器），对太阳能进行采集。集热器按是否聚光，可以划分为聚光集热器和非聚光集热器两大类。非聚光集热器（平板集热器、真空管集热器）能够利用太阳辐射中的直射辐射和散射辐射，集热温度较低；聚光集热器能将阳光会聚在面积较小的吸热面上，可获得较高温度，但只能利用直射辐射，且需要跟踪太阳。

（1）平板集热器

历史上早期出现的太阳能装置，主要为太阳能动力装置，大部分采用聚光集热器，只有少数采用平板集热器。平板集热器是在 17 世纪后期发明的，但直至 1960 年以后才真正进行深入研究和规模化应用。在太阳能低温利用领域，平板集热器的技术经济性能远比聚光集热器好。

为了提高效率，降低成本，或者为了满足特定的使用要求，许多种平板集热器被开发研制出来：①按工质划分有空气集热器和液体集热器，目前大量使用的是液体集热器；②按吸热板芯材料划分有钢板铁管、全铜、全铝、铜铝复合、不锈钢、塑料及其他非金属集热器等；③按结构划分有管板式、扁盒式、管翅式、热管翅片式、蛇形管式集热器，还有带平面反射镜集热器和逆平板集热器等；④按盖板划分有单层或多层玻璃、玻璃钢或高分子透明材料、透明隔热材料集热器等。

目前，国内外使用比较普遍的是全铜集热器和铜铝复合集热器。铜翅和铜管的结合，国外一般采用高频焊，国内以往采用介质焊，1995 年我国也开发成功全铜高频焊集热器。1937 年从加拿大引进铜铝复合生产线，通过消化吸收，现在国内已建成上百条铜铝复合生产线。为了减少集热器的热损失，可以采用中空玻璃、聚碳酸酯阳光板以及透明蜂窝等作为盖板材料，但这些材料价格较高，一时难以推广应用。

（2）真空管集热器

为了减少平板集热器的热损，提高集热温度，国际上 20 世纪 70 年代研制成功真空集热管，其吸热体被封闭在高真空的玻璃真空管内，大大提高了热性能。将若干支真空集热管组装在一起，即构成真空管集热器，为了增加太阳光的采集量，有的在真空集热管的背部还加装了反光板。真空集热管大体可分为全玻璃真空集热管，玻璃-U 形管真空集热管，玻璃-金属热管真空集热管，直通式真空集热管和储热式真空集热管。最近，我国还研制成全玻璃热管真空集热管和新型全玻璃直通式真空集热管。我国自 1978 年从美国引进全玻璃真空集热管的样管以来，2000 年左右已经建立了拥有自主知识产权的现代化全玻璃真空集热管的产业，用于生产集热管的磁控溅射镀膜机在百台以上，产品质量达世界先进水平，产量雄居世界首位。我国自 20 世纪 80 年代中期开始研制热管真空集热管，2001 年前后攻克了热压封等许多技术难关，建立了拥有全部知识产权的热管真空管生产基地，产品质量达到世界先进水平，生产能力居世界首位。目前，直通式真空集热管生产线已经研制成功，产品已经投放市场，主要用于太阳能热风采暖、太阳能热风干燥等领域，由于这部分市场启动较晚，目前总体市场容量还不是很大，直通式真空集热管产量还不大。

（3）聚光集热器

聚光集热器主要由聚光器、吸收器和跟踪系统三大部分组成。按照聚光原理区分，聚光集热器基本可分为反射聚光和折射聚光两大类，每一类中按照聚光器的不同又可分为若干种。在反射式聚光集热器中应用较多的是旋转抛物面镜聚光集热器（点聚焦）和槽形抛物面镜聚光集热器（线聚焦）。前者可以获得高温，但要进行二维跟踪；后者可以获得中温，只要进行一维跟踪。随着太阳能中高温热发电技术的成熟，聚光集电器作为中高温热发电的太阳能收集部件，已经产业化，其中应用较多的聚光集热器主要有槽式集热器、塔式集热器和蝶式集热器。

20 世纪 70 年代，国际上出现一种"复合抛物面镜聚光集热器"（CPC），它由两片槽形抛物面反射镜组成，不需要跟踪太阳，最多只需要随季节作稍许调整，便可聚光，获得较高的温度。其聚光比一般在 10 以下，当聚光比在 3 以下时可以固定安装，不作调整。当时，不少人对 CPC 评价很高，甚至认为是太阳能热利用技术的一次重大突破，预言将得到广泛应用。但几十年过去了，CPC 仍只在少数示范工程中得到应用，并没有像平板集热器和真空管集热器那样大量使用。我国不少单位在七八十年代曾对 CPC 进行过研制，也有少量应用，但现在基本都已停用。

其他反射式聚光器还有圆锥反射镜、球面反射镜、条形反射镜、斗式槽形反射镜、平面-抛物面镜聚光器等。此外，还有一种应用在塔式太阳能发电站的聚光镜——定日镜。定日镜由许多平面反射镜或曲面反射镜组成，在计算机控制下这些反射镜将阳光都反射至同一吸收器上，吸收器可以达到很高的温度，获得很大的能量。

利用光的折射原理可以制成折射式聚光器，历史上曾有人在法国巴黎用两块透镜聚集阳光进行熔化金属的表演。有人利用一组透镜并辅以平面镜组装成太阳能高温炉。显然，玻璃透镜比较重，制造工艺复杂，造价高，很难做得很大。所以，折射式聚光器长期没有什么发展。70 年代，国际上有人研制大型菲涅耳透镜，试图用于制作太阳能聚光集热器。菲涅耳透镜是平面化的聚光镜，重量轻，价格比较低，也有点聚焦和线聚焦之分，一般由有机玻璃或其他透明塑料制成，也有用玻璃制作的，主要用于聚光太阳能电池发电系统。

我国从 20 世纪 70 年代直至 90 年代，对用于太阳能装置的菲涅耳透镜开展了研制。有人采用模压方法加工大面积的柔性透明塑料菲涅耳透镜，也有人采用组合成型刀具加工直径 1.5m 的点聚焦菲涅耳透镜，结果都不大理想。近来，有人采用模压方法加工线性玻璃菲涅耳透镜，但精度不够，尚需提高。还有两种利用全反射原理设计的新型太阳能聚光器，虽然尚未获得实际应用，但具有一定启发性。一种是光导纤维聚光器，它由光导纤维透镜和与之相连的光导纤维组成，阳光通过光纤透镜聚焦后由光纤传至使用处。另一种是荧光聚光器，它实际上是一种添加荧光色素的透明板（一般为有机玻璃），可吸收太阳光中与荧光吸收带波长一致的部分，然后以比吸收带波长更长的发射带波长放出荧光。放出的荧光由于板和周围介质的差异，而在板内以全反射的方式导向平板的边缘面，其聚光比取决于平板面积和边缘面积之比，很容易达到 10～100，这种平板对不同方向的入射光都能吸收，也能吸收散射光，不需要跟踪太阳。

1.3.2　太阳能转换

太阳能是一种辐射能，具有即时性，必须即时转换成其他形式能量才能利用和储存。将太阳能转换成不同形式的能量需要不同的能量转换器，集热器通过吸收面可以将太阳能转换成热能，利用光伏效应太阳能电池可以将太阳能转换成电能，通过光合作用植物可以将太阳能转换成生物质能等。原则上，太阳能可以直接或间接转换成任何形式的能量，但转换次数越多，最终太阳能转换的效率便越低。

（1）太阳能-热能转换

黑色吸收面吸收太阳辐射，可以将太阳能转换成热能，其吸收性能好，但辐射热损失大，所以黑色吸收面不是理想的太阳能吸收面。选择性吸收面具有高的太阳吸收比和低的发射比，吸收太阳辐射的性能好，且辐射热损失小，是比较理想的太阳能吸收面。这种吸收面由选择性吸收材料制成，简称为选择性涂层。它是在 20 世纪 40 年代提出的，1955 年达到实用要求，70 年代以后研制成许多新型选择性涂层并进行批量生产和推广应用。我国自 70 年代开始研制选择性涂层，取得了许多成果，并在太阳能集热器上广泛使用，目前国内市场上的太阳能集热器产品基本已全部采用选择性吸收涂层，效果十分显著。

清华大学提出了太阳能选择性吸收涂层的专利申请。在氩气中用单个圆柱铝阴极溅射铝膜作底层，先后于 Ar-N_2 混合气和纯 CO 气中反应溅射成分渐变的 Al-N 复合材料，制备了太阳能选择性吸收层，其吸收率 $\alpha=93\%$，发射率 $\varepsilon=6\%$。该涂层与铜、不锈钢两个阴极溅射的优质铜/金属碳化物涂层相当，但溅射系统的结构比后者简单，溅射效率也比后者高，涂层放气量少，真空烘烤温度可降至 400～450℃，生产周期短，能耗低，还可以使用软化点低的玻璃。

上海中科院硅酸盐研究所采用真空镀膜工艺，控制气氛和压力制备出光谱选择性吸收黑铝涂层，其吸收率 $\alpha>87\%$，发射率 $\varepsilon<13\%$，衬底可用金属、玻璃、有机材料，可进行大面积连续生产。

北京市太阳能研究所1991年申请了两项专利，一项是氮化钛太阳能选择性吸收膜，采用的是三极磁控溅射离子镀膜方法，在氩气和氮气中把单靶金属钛溅射沉积到金属衬底上。金属衬底做光亮处理，加热到一定温度后加负偏压，在增强离化电极作用下进行溅射。另一项是氮氧化铝太阳能选择性吸收膜，采用磁控溅射铝靶，在氩气和反应气体中溅射沉积在金属吸热板上。金属吸热板进行光亮处理后作红外反射层，在氮、氧流量和负偏压不断变化的情况下进行溅射沉积，得到 AlN_xO_y 金属陶瓷型渐变吸收膜层。

目前，$Pt-Al_2O_3/Pt$，$Al-N-Al$ 和 $SS-C/Cu$ 等太阳光谱选择性吸收涂层也相继被研制和应用。$Pt-Al_2O_3/Pt$ 具有很好的光热转换性能和热稳定性，$Al-N-Al$ 与 $SS-C/Cu$ 吸收涂层在真空条件下将太阳光的能量转换成热能，用来获得热水的技术已得到了广泛应用，两者都具有较好的光热转换性能。

（2）太阳能-电能转换

电能是一种高品位能量，利用、传输和分配都比较方便。将太阳能转换为电能是大规模利用太阳能的重要技术基础，世界各国都十分重视，其转换途径很多，有光电直接转换，有光热电间接转换等。这里重点介绍光电直接转换器件——太阳能电池。世界上，1941年出现有关硅太阳能电池报道，1954年研制成效率达6%的单晶硅太阳能电池，1958年太阳能电池应用于卫星供电。在20世纪70年代以前，由于太阳能电池效率低，售价昂贵，主要应用在空间。70年代以后，对太阳能电池材料、结构和工艺进行了广泛研究，在提高效率和降低成本方面取得较大进展，地面应用规模逐渐扩大，但从大规模利用太阳能而言，与常规发电相比，当时的成本仍然太高。

我国于1958年开始太阳能电池的研究，取得不少成果。在产业规模快速扩大的带动下，我国光伏发电技术取得快速发展，光伏电池、组件等关键部件产业化量产技术达到世界领先水平；生产设备技术不断升级，实现国产化；光伏发电系统成套技术不断优化完善，智能化水平显著提升。

光伏电池组件技术快速迭代，产业化制造水平世界领先。我国光伏电池制造环节已实现了从传统"多晶铝背场"技术到"单晶PERC"技术的更新换代，主流规模化量产晶体硅电池平均转换效率从初期的18.5%提升至22.8%，实现跨越式发展。

此外，TOPCon（隧穿氧化层钝化接触）、HJT（异质结）、IBC（背电极接触）等新型晶体硅高效电池与组件技术产业化水平不断提高，头部企业多次刷新产业化生产转换效率世界纪录，已具备规模化生产能力与较强的国际竞争力。钙钛矿等新一代高效电池技术保持与世界齐头并进，研究机构多次创造钙钛矿电池实验室转换效率世界纪录，部分企业已开展产业化生产研究，并多次刷新产业化生产组件转换效率纪录。

（3）太阳能-氢能转换

氢能是一种高品位能源。太阳能可以通过分解水或其他途径转换成氢能，即太阳能制氢，其主要方法如下：

① 太阳能电解水制氢　电解水制氢是目前应用较广且比较成熟的方法，效率较高（75%～85%），但耗电大，用常规电制氢，从能量利用而言得不偿失。所以，只有当太阳能发电的成本大幅度下降后，才能实现大规模电解水制氢。

② 太阳能热分解水制氢　将水或水蒸气加热到3000℃以上，水中的氢和氧便能分解。这种方法制氢效率高，但需要高倍聚光器才能获得如此高的温度，一般不采用这种方法制氢。

③ 太阳能热化学循环制氢　为了降低太阳能直接热分解水制氢要求的高温，发展了一种热化学循环制氢方法，即在水中加入一种或几种中间物，然后加热到较低温度，经历不同的反应阶段，最终将水分解成氢和氧，而中间物不消耗，可循环使用。热化学循环分解的温度大致为 900～1200℃，这是普通旋转抛物面镜聚光器比较容易达到的温度，其分解水的效率在 17.5%～75.5%。存在的主要问题是中间物的还原，即使按 99.9%～99.99% 还原，也还要作 0.1%～0.01% 的补充，这将影响氢的价格，并造成环境污染。

④ 太阳能光化学分解水制氢　这一制氢过程与上述热化学循环制氢有相似之处，在水中添加某种光敏物质作催化剂，增加对阳光中长波光能的吸收，利用光化学反应制氢。日本有人利用碘对光的敏感性，设计了一套包括光化学、热电反应的综合制氢流程，每小时可产氢 97L，效率达 10% 左右。

⑤ 太阳能光电化学电池分解水制氢　1972 年，日本本多健一等人利用 n 型二氧化钛半导体电极作阳极，而以铂黑作阴极，制成太阳能光电化学电池，在太阳光照射下，阴极产生氢气，阳极产生氧气，两电极用导线连接便有电流通过，即光电化学电池在太阳光的照射下同时实现了分解水制氢、制氧和获得电能。这一实验结果引起世界各国科学家高度重视，认为是太阳能技术上的一次突破。但是，光电化学电池制氢效率很低，仅 0.4%，只能吸收太阳光中的紫外光和近紫外光，且电极易受腐蚀，性能不稳定，所以至今尚未达到实用要求。

⑥ 太阳光络合催化分解水制氢　从 1972 年以来，科学家发现三联吡啶钌络合物的激发态具有电子转移能力，并从络合催化电荷转移反应，提出利用这一过程进行光解水制氢。这种络合物是一种催化剂，它的作用是吸收光能、产生电荷分离、电荷转移和集结，并通过一系列偶联过程，最终使水分解为氢和氧。络合催化分解水制氢尚不成熟，研究工作正在继续进行。

（4）太阳能-生物质能转换

通过植物的光合作用，太阳能把二氧化碳和水合成有机物（生物质能）并放出氧气。光合作用是地球上最大规模转换太阳能的过程，现代人类所用燃料是远古和当今光合作用固定的太阳能，目前，光合作用机理尚不完全清楚，能量转换效率一般只有百分之几，今后对其机理的研究具有重大的理论意义和实际意义。

（5）太阳能-机械能转换

20 世纪初，俄国物理学家实验证明光具有压力。20 年代，苏联物理学家提出，利用在宇宙空间中巨大的太阳帆，在阳光的压力作用下可推动宇宙飞船前进，将太阳能直接转换成机械能。从"太阳帆"的概念提出到现在，已经过去了一百年左右的时间，随着人类的科技进步，"太阳帆"正一步一步地成为现实，其实"太阳帆"从原理上来看是非常简单的，光子本身具有能量，打在特定的物体上就会有动力产生，如果我们可以最大程度地利用光子，那么远距离、高速的宇宙航行就将成为现实。

1.3.3　太阳能储存

地面上接受到的太阳能受气候、昼夜、季节的影响，具有间断性和不稳定性。因此，太阳能储存十分必要，尤其对于大规模利用太阳能更为必要。太阳能不能直接储存，必须转换成其他形式能量才能储存。太阳能的储能形式分为热能储存、电能储存、氢能储存和机械能储存。

（1）热能储热

① 显热储存　利用材料的显热储能是最简单的储能方法。在实际应用中，水、沙、石子、土壤等都可作为储能材料，其中水的比热容最大，应用较多。20 世纪七八十年代曾有利用水和土壤进行跨季节储存太阳能的报道。但材料显热较小，储能量受到一定限制。

② 潜热储存　利用材料在相变时放出和吸入的潜热储能，其储能量大，且在温度不变情况下放热。在太阳能低温储存中常用含结晶水的盐类储能，如 10 水硫酸钠/水氯化钙、12 水磷酸氢钠等。但在使用中要解决过冷和分层问题，以保证工作温度和使用寿命。太阳能中温储存温度一般在 100℃ 以上、500℃ 以下，通常在 300℃ 左右。适宜于中温储存的材料有：高压热水、有机流体、共晶盐等。太阳能高温储存温度一般在 500℃ 以上，目前正在试验的材料有：金属钠、熔融盐等。1000℃ 以上极高温储存，可以采用氧化铝和氧化锗耐火球。

③ 化学储热　利用化学反应储热，储热量大，体积小，重量轻，化学反应产物可分离储存，需要时才发生放热反应，储存时间长。真正能用于储热的化学反应必须满足以下条件：a. 反应可逆性好，无副反应；b. 反应迅速；c. 反应生成物易分离且能稳定储存；d. 反应物和生成物无毒、无腐蚀、无可燃性；e. 反应热大，反应物价格低等。目前已筛选出一些化学吸热反应能基本满足上述条件，如 $Ca(OH)_2$ 的热分解反应，利用上述吸热反应储存热能，用热时则通过放热反应释放热能。但是，$Ca(OH)_2$ 在大气压下脱水反应温度高于 500℃，利用太阳能在这一温度下实现脱水十分困难，加入催化剂可降低反应温度，但仍相当高。所以，对化学反应储存热能尚需进行深入研究，一时难以实用。其他可用于储热的化学反应还有金属氢化物的热分解反应、硫酸氢铵循环反应等。

④ 塑晶储热　1984 年，美国在市场上推出一种塑晶家庭取暖材料。塑晶学名为新戊二醇（NPG），它和液晶相似，有晶体的三维周期性，但力学性质像塑料。它能在恒定温度下储热和放热，但不是依靠固-液相变储热，而是通过塑晶分子构型发生固-固相变储热。塑晶在恒温 44℃ 时，白天吸收太阳能而储存热能，晚上则放出白天储存的热能。美国对 NPG 的储热性能和应用进行了广泛的研究，将塑晶熔化到玻璃和有机纤维墙板中可用于储热，将调整配比后的塑晶加入玻璃和纤维制成的墙板中，能制冷降温。

⑤ 太阳池储热　太阳池是一种具有一定盐浓度梯度的盐水池，可用于采集和储存太阳能。由于它简单、造价低和宜于大规模使用，引起人们的重视。20 世纪 60 年代以后，许多国家对太阳池开展了研究，以色列还建成三座太阳池发电站。80 年代以后，我国对太阳池也开展了研究，初步得到一些应用。

（2）电能储存

电能储存比热能储存困难，常用的是蓄电池（storage battery），蓄电池是将化学能直接转化成电能的一种装置，是按可再充电设计的电池，通过可逆的化学反应实现再充电，通常是指铅酸蓄电池，它是电池中的一种，属于二次电池。

蓄电池是世界上广泛使用的一种化学"电源"，具有电压平稳、安全可靠、价格低廉、适用范围广、原材料丰富和回收再生利用率高等优点，是世界上各类电池中产量最大、用途最广的一种电池。

科技的发展、人类生活质量的提高，石油资源面临危机、地球生态环境日益恶化，形成了新型二次电池及相关材料领域的科技和产业快速发展的双重社会背景。市场的迫切需求，使新型二次电池应运而生。其中，高能镍镉电池、镍金属氢化物电池、镍锌电池、免维护铅酸电池、铅布电池、锂离子电池、锂聚合物电池等新型二次电池备受青睐，在中国得到广泛应用，形成产业并迅猛发展。

（3）氢能储存

氢可以大量、长时间储存。它能以气相、液相、固相（氢化物）或化合物（如氨、甲醇等）形式储存。

① 气相储存　储氢量少时，可以采用常压湿式气柜、高压容器储存；大量储存时，可以储存在地下储仓、由不漏水土层覆盖的含水层、盐穴和人工洞穴内。

② 液相储存　液氢具有较高的单位体积储氢量，但蒸发损失大。将氢气转化为液氢需要进行氢的纯化和压缩，正氢-仲氢转化，最后进行液化。液氢生产过程复杂，成本高，目前主要用作火箭发动机燃料。

③ 固相储氢　利用金属氢化物固相储氢，储氢密度高，安全性好。目前，基本能满足固相储氢要求的材料主要是稀土系合金和钛系合金。

（4）机械能储存

太阳能转换为电能，推动电动水泵将低位水抽至高位，便能以位能的形式储存太阳能；太阳能转换为热能，推动热机压缩空气，也能储存太阳能。但在机械能储存中最受人关注的是飞轮储能。飞轮储能思想早在一百年前就有人提出，但是由于当时技术条件的制约，在很长时间内都没有突破。直到 20 世纪六七十年代，才由美国宇航局（NASA）Glenn 研究中心开始把飞轮作为蓄能电池应用在卫星上。到了 90 年代后，由于在以下 3 个方面取得了突破，给飞轮储能技术带来了更大的发展空间。

① 高强度碳素纤维复合材料（拉伸强度高达 8.27GPa）的出现，大大增加了单位质量中的动能储量。

② 磁悬浮技术和高温超导技术的研究进展迅速，利用磁悬浮和真空技术，使飞轮转子的摩擦损耗和风损耗都降到了最低限度。

③ 电力电子技术的新进展，如电动/发电机及电力转换技术的突破，为飞轮储存的动能与电能之间的交换提供了先进的手段。储能飞轮是种高科技机电一体化产品，它在航空航天（卫星储能电池、综合动力和姿态控制）、军事（大功率电磁炮）、电力（电力调峰）、通信（UPS）、汽车工业（电动汽车）等领域有广阔的应用前景。

1.3.4　太阳能传输

太阳能不像煤和石油一样用交通工具进行运输，而是应用光学原理，通过光的反射和折射进行直接传输，或者将太阳能转换成其他形式的能量进行间接传输。

（1）直接传输

直接传输适用于较短距离，基本上有三种方法：

① 通过反射镜及其他光学元件组合，改变阳光的传播方向，达到用能地点；

② 通过光导纤维，可以将入射在其一端的阳光传输到另一端，传输时光导纤维可任意弯曲；

③ 采用表面镀有高反射涂层的光导管，通过反射可以将阳光导入室内。

（2）间接传输

间接传输适用于各种不同距离：

① 将太阳能转换为热能，通过热管可将太阳能传输到室内；

② 将太阳能转换为氢能或其他载能化学材料，通过车辆或管道等可输送到用能地点；

③ 空间电站将太阳能转换为电能，通过微波或激光将电能传输到地面。

太阳能传输包含许多复杂的技术问题，应认真进行研究，这样才能更好地利用太阳能。

1.4 中国太阳能利用技术发展概况及趋势

1.4.1 太阳能利用产业发展概况

目前，太阳能热利用主要分为太阳能的中低温应用和太阳能中高温应用。从太阳能热利用行业的现状看，太阳能中高温应用目前正处在研发与示范推广阶段，未来具有良好的市场前景；太阳能热水器产业因其与人民的日常生活密切相关，产品具有环保、节能、安全、经济等典型特点，仍是我国太阳能热利用的"主力军"。

我国现已成为世界上最大的太阳能光热应用市场，也是世界上最大的太阳能集热器制造中心。另外太阳能光热发电是太阳能光热技术应用的一个新领域，在光热利用产业中后来居上，发展势头十分迅猛。2020 年，我国太阳能热发电产业相关企事业单位数量达到 542 家。其中，聚光领域企事业单位数量最多，约为 167 家；其次是传储热领域，达到 104 家。与 2018 年相比，有较大幅度上升。截至 2022 年 11 月底，全国太阳能发电装机容量 3.7 亿千瓦（其中，光伏发电和光热发电分别为 37145 万千瓦和 57 万千瓦），同比增长 29.4%。截至 2022 年 11 月底，全国 6000kW 及以上电厂并网太阳能发电装机容量 2.3 亿千瓦。2022 年 1—11 月份，全国基建新增太阳能发电生产能力 6571 万千瓦，比上年同期多投产 3088 万千瓦。

1.4.2 光热利用技术

1.4.2.1 太阳能光热利用现状

2022 年，我国太阳能光热行业受疫情反复的影响，虽然上半年发展势头较猛，但市场规模整体呈现下滑趋势，全年总销售额为 379.6 亿元，同比 2021 年下降了 12.3%。至 2022 年底，我国太阳能光热应用总体保有量为 6.197 亿平方米（2584GWth）。

应用领域方面，太阳能热水市场仍然是行业发展的主战场，虽然受疫情、房地产等多因素影响，太阳能热水工程仍然有着顽强的生命力，受到广大客户的青睐。

虽然整体大幅下降，但细分市场中太阳能采暖仍有增长。近年来户式采暖日益成熟与完善，2022 年太阳能采暖应用实现了 9.5% 的增长。与此同时，各种储能技术的进步，成为太阳能光热发展的新动力，为太阳能采暖奠定了基础。

从整体产品趋势表现来看，太阳能热利用产业依然在平板化、模块化、智能化方向发展，价格竞争也日益激烈，市场工程化仍是行业发展的主要模式。

在目前各地政府积极鼓励大容量、长时段的储能配套的政策环境下，光热储能有望迎来快速增长期。截至 2022 年底，我国光热发电累计装机 588MW，在建项目 3.4GW，预计 2023—2024 年底前投运 1.3～2.0GW。

1.4.2.2 太阳能低温应用

太阳能热水系统中的核心部件——集热器主要包括真空管式和平板式两种形式，如

图 1-13 所示。玻璃真空管式集热器的耐压能力一般小于 0.1MPa，单位采光面积相对较少，设备可靠性较差，容易出现漏水、破碎、爆管等现象；但由于热水在真空条件下循环，因此传热损失小，热能利用率高，在冬季具有较好的抗冻性能。该产品的技术成熟度高，市场价格相对较高。相比之下，平板型集热器的运行压力可在

(a) 真空管式集热器　　　　(b) 平板式集热器

图 1-13　太阳能热水系统集热器

0.6MPa 以上，单位采光面积相对较大，设备可靠性高，构件模块化程度高，但其热损失较大，在冬季的抗冻性能较差，市场价格也相对较低。

从市场情况来看，玻璃真空管集热器占据了中国太阳能热水器市场的主导地位，尤其是在多风沙、冬季严寒的北方，其具有更好的环境适应性。而平板型集热器由于构件易于模块化、可靠程度高、安装便捷、可与储热系统分离等技术特点，因此其非常适宜作太阳能建筑一体化的功能建材，与建筑整体完美融合，其在欧美等发达国家已得到了广泛应用。近年来，随着中国对城市建筑规划和环境美化意识的增强，国内生产平板型集热器的厂商也在逐渐增多，其市场份额出现逐年上升的趋势，在中国南方很多城市已得到推广和使用，太阳能集热器"南板北管"的格局正在逐渐形成。

除上述集热器外，低温集热还可利用太阳池实现。太阳池是一个垂直深度方向含盐量具有一定梯度的盐水池，可形成一定厚度的非对流层，太阳的可见光和紫外线部分辐射能量被池底部浓盐水吸收。由于非对流层的存在，太阳能被底部浓盐水吸收并集热储存，太阳池底部温度一般可介于 70～100℃。中国对太阳池技术的研究始于 20 世纪 80 年代，与国外相比起步较晚。目前，国内太阳池技术还主要处于实验室研发阶段，主要开展了太阳池形成机理及模拟计算、太阳池的热量存储和应用、不同工质对太阳池稳定系数的影响、最佳运行温度等方面的研究。自然资源部天津海水淡化与综合利用研究所提出以不同浓度的卤水为工质，采用三层灌注法建立室外小型太阳池，通过盐度分布、温度分布等参数变化开展了太阳池的稳定运行及蓄热试验研究。研究结果表明，浓度梯度的变化将对太阳池的吸热和储热产生较大影响，随着运行时间的增加，太阳池的下对流层温度高于非对流层温度。

1.4.2.3　太阳能中高温应用

为了提高太阳能光热利用的效率和经济性，其根本途径在于提高太阳能的集热温度，提升收集后热能的品位，从而增加热能转化利用的效率，因此太阳能中高温集热技术是太阳能光热利用产业发展的重要组成部分。若将太阳能中高温集热用于发电，其太阳能利用效率与光伏发电系统相近，但由于系统采用了高效的集热器，在相同发电规模下系统的占地面积相对更少，并且产生的热能更便于储存管理，从而可保证电站输出功率更加平稳，输电品质更高。此外，中高温集热发电的独特优势还在于冬季可将发电后的余热用于居民供暖，从而进一步提高太阳能利用的综合效率和经济性。太阳能中高温集热技术关键在于如何设计和制造高效可靠的集热器，国际上普遍采用的集热器包括槽式集热器、蝶式集热器、塔式集热器以及菲涅尔透镜聚光集热器，见图 1-14。

其技术难点主要集中在以下 2 个方面。

① 集热器表面的吸热涂层　中高温集热器要获得高集热效率，首先要选用对光谱选择

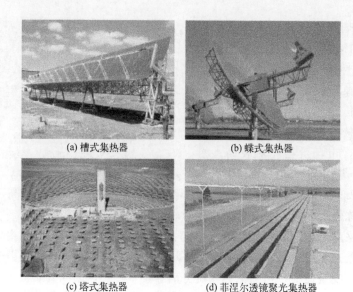

(a) 槽式集热器　　　　　　　　(b) 蝶式集热器

(c) 塔式集热器　　　　　　(d) 菲涅尔透镜聚光集热器

图 1-14　太阳能中高温集热器

性好的耐高温吸热涂层材料，使其保持对不同波长光波的高吸收率（0.3～2.5μm）和低发射率（2.5～30μm），同时保证其在 400～600℃ 的高温下具有良好的热稳定性，防止材料发生单晶氧化、晶粒长大和相分离扩散等现象。集热管基体材质一般选用不锈钢、碳钢等金属材料。由于吸热涂层对基体表面的微观结构具有很强的敏感性，因此对于基体表面的加工处理和涂覆工艺都需要进行严格控制，以保证涂层厚度均匀，吸热面温度一致。

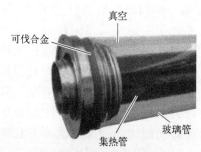

图 1-15　中高温真空集热管

② 集热金属管与真空玻璃间的密封连接　集热金属管与真空玻璃管间的密封连接是保障设备可靠运行的关键因素（如图 1-15 所示）。由于金属管与玻璃管在真空条件下的膨胀系数差距较大，导致金属管与玻璃管间密封困难。在密封连接时需要严格保证波形膨胀节在高温下的强度和刚度能与玻璃管相匹配，以及解决内外管工作时因温差而引起的失效（开裂）问题。此外，集热管在使用过程中还要承受内外层的轴向刚度和强度，因此连接处的机械性能必须满足循环工质的工况参数，保证集热管工作运行的可靠性。

1.4.3　光伏利用技术

1.4.3.1　太阳能光伏发电利用现状

2022 年，如图 1-16 所示国内光伏新增装机 87.41GW，同比增加 59.3%，再创历史新高，年度新增装机规模连续 10 年位居全球首位。其中，分布式光伏装机 51.11GW，占比 58.5%。2022 年由于供应链价格持续高企，集中式装机不及预期，对组件价格容忍度更高的工商业分布式光伏迅速崛起，新增规模 25.9GW，同比增长 200% 以上，占全年新增装机约 30%，支撑光伏装机较快增长。2022 年我国光伏制造端规模仍保持快速扩大态势。光伏产品出口额及出口量大幅提升，组件出口额和出口量均创历史新高。光伏技术进步持续推进，多晶硅生产能耗显著降低，硅片大尺寸和薄片化发展趋势明显，n 型电池推进速度加快，多家厂商在 2022 年规划或投产规模化 TOPCon 和异质结电池产线，组件最高功率进一步提升，行业龙头企业通过布局大尺寸电池、高功率组件进一步降低系统的度电成本，大尺寸、高功率组件市场占比快速提高。国内光伏电站投资成本略有降低，光伏企业上市融资速度明显加快。但与此同时，光伏发电建设仍存在诸多问题值得关注，如强制配储、强制产业配套、土地租金高昂、外送线路电网回购进度滞后等问题。

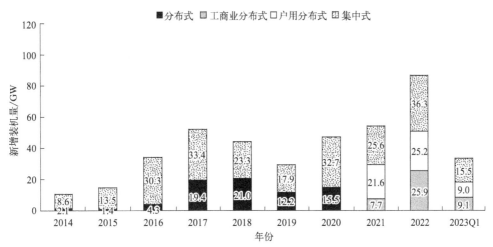

图 1-16　国内历年光伏各类型新增装机量

2023 年以来，产业链价格开启下行通道，刺激终端需求释放，一季度招标量处于高位，2022 年延迟的项目加速安装并网，需求持续向好。2023 年一季度，如图 1-17 所示，国内光伏发电新增装机 33.66GW，同比增长 154.81%，新增规模大幅超越其他电源，其中集中式新增 15.53GW，分布式新增 18.13GW，3 月单月光伏新增装机同比增长 465.5%。截至 2023 年 3 月，我国光伏累计装机容量已达 425.89GW，超越水电成为全国第二大电源类。

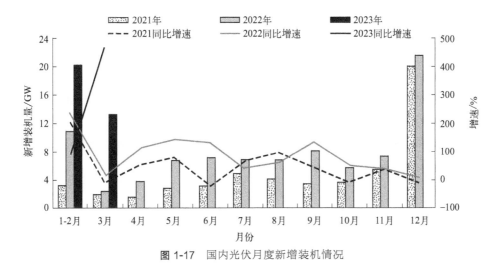

图 1-17　国内光伏月度新增装机情况

1.4.3.2　太阳能光伏/光热一体化应用

光伏电池在收集太阳能进行发电的同时，其自身温度也会不断升高。然而光伏转换效率通常随着温度的上升而下降，其温度每升高10℃，光电转换效率将会下降5％左右。如图1-18所示，为了提高光伏电池的转化效率，降低电池板的受热温度，将空气或液态工质对电池板进行循环冷却，实现在光伏电池输出电能的同时对外供给热能，即太阳能光伏/光热一体化（PV-T）。该技术不仅可以提高光伏电池的转化效率，而且还可以利用电池板收集的热能，提高太阳能的综合利用效率，减少系统的占地面积，降低使用成本。

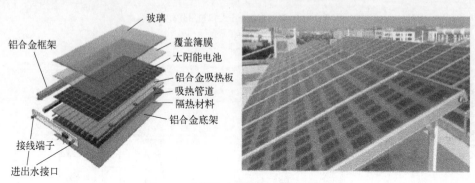

图 1-18 太阳能光伏/光热一体化技术

经试验研究发现，在无冷却方式运行时，太阳能电池板温度可达40～60℃，通过冷却后电池板温度可下降约20℃，同时保持发电效率在10％～13％，集热效率在55％～65％，太阳能综合利用效率达到70％以上。此外，该技术可根据用户对热能和电能的需求数量，调整光伏电池片的覆盖密度来改变PV-T输出的热电比例，从而进一步提高系统运行的经济性。尽管目前PV-T的生产成本还较高，但随着集成制造技术的发展和生产规模的扩大，光伏/光热一体化技术势必将成为太阳能利用产业发展的又一动力因素。

1.4.4 太阳能利用技术发展趋势

随着太阳能光热和光伏发电技术的不断完善以及市场的逐渐成熟，太阳能建筑一体化、多能互补以及多元化应用将成为太阳能利用产业发展的显著特征和未来趋势。

1.4.4.1 太阳能建筑一体化

由于太阳能光热、光电转换构件均已实现模块化，并且可与储能设备分离运行，因此采光部件与建筑的结合方式也更加灵活多样，其可以安装在建筑屋顶、坡屋面、外墙面、廊庭、阳台栏板、女儿墙、披檐、廊架等不同部位，使太阳能组件完全融入到建筑体系之中并与周围环境和谐统一（如图1-19所示）。中国太阳能建筑一体化技术还处于起步阶段，在太阳能与建筑相结合的工程中还需要开展深度设计，不断补充和完善相关的设计标准和施工规程，以保证在建筑设计时就充分考虑到太阳能部件的最佳安装运行参数和支撑结构的安全性，同时考虑屋面防水、保温、排水、避雷等各项措施，以及便于输能和储能系统的安放布置和操作维护等设计要素，真正将太阳能系统与建筑整体统一协调，达到"看到等于看不到"的效果。

1.4.4.2 太阳能海水淡化

利用太阳能进行海水或苦咸水淡化，其能量的利用方式无外乎两种：①利用太阳能产生热能以驱动海水相变过程蒸馏；②利用太阳能发电以驱动膜淡化过程（目前仍无法与常规能源海水淡化技术相比）。前者一般又可分为直接法和间接法两大类。顾名思义，直接法系统

图 1-19 太阳能建筑一体化

直接利用太阳能在集热器中产生蒸馏过程，而间接法系统的太阳能集热器与海水蒸馏部分是相分离的。比较常见的太阳能海水淡化结合方式如表 1-2 所示。

◎ **表 1-2 太阳能海水淡化方式**

太阳能利用	适用水质	淡化方式	
光热转换	海水/苦咸水	直接蒸馏（MED）	
	海水	间接蒸馏	多效蒸馏（MED） 多级闪蒸（MSF） 压汽蒸馏（MVC）
光伏转换	海水/苦咸水	反渗透（RO）	
	苦咸水	电渗析（ED）	

国家海洋局天津海水淡化与综合利用研究所与上海骄英能源科技有限公司合作，在海南省乐东县自主建造完成国内第一个太阳能光热海水淡化商业示范工程项目。该系统由线性菲涅尔式太阳能集热装置、太阳能蒸汽发生装置和低温多效蒸馏海水淡化装置 3 部分组成（如图 1-20 所示）。通过合理的工艺集成和技术耦合，该系统可充分发挥菲涅尔透镜太阳能集热和多效蒸馏海水淡化各自的技术优势，提高了太阳能海水淡化系统的稳定性和经济性。该示范工程的成功产水，为太阳能光热海水淡化装备技术的产业化应用奠定了基础，将为沿海地

图 1-20 线性菲涅尔式集热的多效蒸馏海水淡化系统

区及海岛利用开发提供用水保障。

1.4.4.3 多能互补与微能网

受可再生能源自然属性的限制，单一一种可再生能源难以解决用户全部的能源需求。通过将太阳能与其他形式能源配合使用，可实现各能源间的空间分布互补、时间季节互补和能源品味互补，从而确保系统能够稳定地供应用户所需的能量，推动能源、环境、资源的可持续性发展。多能互补系统可根据当地的资源条件、技术经济水平以及系统的用能需求和特点，因地制宜地发展太阳能与常规能源或风能、生物质能、地热能、海洋能等可再生能源相结合的多能互补系统。配合智能型电网和储能技术，实现多种能源的有机结合和综合管理，从而形成高效合理的微能网，满足用户多层次的能源需求。

1.4.4.4 太阳能多元化应用

除光热和光电转换以外，将太阳能与其他形式能源转化技术相结合是扩展太阳能应用领域的有效途径，同时也是实现各种能源品味对口、梯级利用的重要手段，因此多元化利用已成为太阳能技术发展的一项显著特征。图 1-21 列举了几种典型太阳能多元化利用的具体方式和工作原理。

太阳能＋空气/地源热泵以太阳能集热器配合热泵作为主要热源加热循环工质，以常规能源（电能、化石能源）为辅助加热系统，实现全天候不间断热源供给 [图 1-21(a)]。

太阳能空调是将太阳能光热或光电技术与除湿冷却、吸收式制冷、吸附式制冷、制冰蓄冷等技术相结合组建而成，为建筑提供室温调节、食品冷藏、冷冻保鲜等功能 [图 1-21(b)]。

太阳能通风是利用太阳能加热空气产生浮力效应，通过建筑内部结构建造太阳能烟筒或

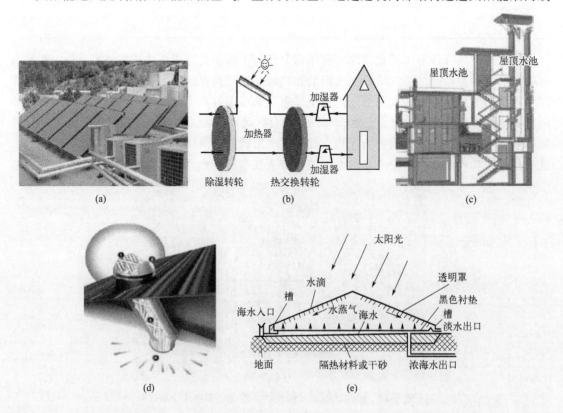

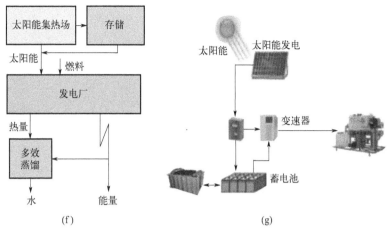

图 1-21　太阳能多元化利用技术

太阳能幕墙，实现建筑自然通风，改善内部空气条件［图 1-21(c)］。

太阳能照明利用反光或导光技术将外部太阳光引入建筑内部，利用自然光为办公室、走廊、地下室等不透光区域提供照明，节约建筑系统的电能消耗［图 1-21(d)］。

太阳能＋海水淡化一般有 3 种利用方式：

① 利用各种被动式或主动式太阳能蒸馏器直接加热海水实现蒸发淡化，可在能源紧缺、环境恶劣的条件下独立运行，环境适应性强，投资少［图 1-21(e)］；

② 主动式太阳能蒸馏系统，利用太阳能作为热源同步进行海水淡化与热发电的系统［图 1-21(f)］；

③ 利用太阳能光伏发电驱动反渗透淡化，可就地消耗分布式光伏系统所产生的电能，适用于中国西部内陆、东部沿海以及海岛等光照资源丰富但水资源匮乏地区［图 1-21(g)］。

1.5　传热基础

传热学是研究热能传递规律的一门科学。热能可以自发地从高温物体向低温物体传递，因此，只要存在温度差，就必然发生热能的传递过程。可见，热能的传递现象是日常生活和工程技术中常见的现象。

按照热传递过程中物质运动的特点，热量传递有三种基本方式：传导、对流和辐射。

1.5.1　传导

传导（又称导热）是指热量从物体中温度较高的部分传递到温度较低部分，或者从温度较高的物体传递到与之接触的温度较低的另一物体的过程。在导热过程中，物体各部分之间不发生相对的位移。

导热过程在固体、液体和气体中均可以发生。

在导热过程中，热量从物体的高温端传导到低温端。单位时间内通过单位横断面积的热量叫做"热流密度"，用 q 表示，单位是 W/m^2。热流密度的大小与导热两端的温度差成正比，与热量经过的路程长短（两端间的距离，也就是物体的厚度）成反比，即

$$q = \lambda \Delta t / \delta \tag{1-17}$$

式中，Δt 为高温端温度 t_1 与低温端温度 t_2 之差，即 $\Delta t = t_1 - t_2$，℃；δ 为物体厚度，m；λ 为比例系数，与物体材料的性质有关，称为导热系数（或导热率），W/(m·℃)。

1.5.2 对流

对流是指流体各部分之间发生相对位移时所引起的热量传递过程。对流仅能在流体（气体、液体）中发生，而且必然伴随有导热现象。

液体的运动可以靠风机、水泵等机具驱动，也可以是由于流体各部分冷热不同、密度不同所引起。前一种情况叫做强制流动；后一种情况称为自然对流，流体中温度高的部分密度小，温度低的部分密度大，轻者上浮、重者下沉，就发生流体内各部分的相对位移。如果上浮的高温部分受到冷却，就会下降；而若下沉的低温部分得到加热，则要上升。这样就会持续地发生循环流动，也就是自然对流。

工程技术上大量遇到的是流体流过另一物体（通常是固体）的表面时发生的两者之间的热量传递过程，称为"对流换热"过程。对流换热是流体的对流与导热联合作用的结果。

对流换热时，单位时间内单位面积（固体表面积）传递的热量 q（即热流密度）与温差成正比：

$$q = \mu_d \Delta t = \Delta t / R_d \tag{1-18}$$

式中，Δt 为换热的温差，即流体温度与固体表面温度之差，℃；μ_d 为比例系数，即对流换热系数，W/(m²·℃)；R_d 为对流换热的热阻，m²·℃/W，它是对流换热系数的倒数。

单位时间内的对流换热量为：

$$Q = Fq = F \Delta t / R_d = F \mu_d \Delta t \tag{1-19}$$

式中，F 为换热表面的面积，m²。

1.5.3 辐射

物体通过电磁波来传递热量的过程称为辐射。辐射能可以在真空中传播，而导热和对流则只能在存在气体、液体或固体介质时才能进行。

自然界中所有物体都在不停地向四周发出热辐射能，同时又不断地吸收着其他物体发出的热辐射能。辐射与吸收的综合结果是以辐射方式实现了物体之间的热量转移，即发生了"辐射换热"。当物体与周围环境处于热平衡时，辐射换热量为零，但辐射与吸收过程仍在不停地进行，只是辐射量与吸收量相抵消而已。进行辐射换热时，不仅发生热量传递，而且伴随着能量形式的转换，即热能转换成辐射能发出去和吸收到的辐射能转换成热能。

第2章

太阳能热水系统基本知识

2.1 太阳能热水系统概述

太阳能热水系统是利用太阳辐射能加热水的装置，它由集热器、贮水箱、管道、控制设备四部分组成。作为利用太阳能的一个设备整体，也称为太阳能热水装置。目前，在市场上广为销售的家用太阳能热水器，同样由上述四个部分组成。所以家用太阳能热水器实质上是一个最小的太阳能热水系统，和采光面积几千平方米的大型太阳能热水系统原理上是一样的。本书中所提到的热水系统不包括家用单台太阳能热水器。

太阳能热水系统按运行方式可分为三种：自然循环系统、直流式系统和主动循环系统。

太阳能热水系统按有无换热器可分为直接系统和间接系统。直接系统在集热器中直接加热供水，间接系统是利用换热器间接加热供水，间接系统同时也是主动循环系统。

2.1.1 自然循环式太阳能热水系统

自然循环系统是利用传热工质内部的温度梯度产生的密度差所形成的自然对流进行循环的热水系统。这种系统结构简单不需要附加动力，在自然循环中，为了保证必要的热虹吸压头，贮水箱应置于集热器上方，如图 2-1 所示。

以图 2-1(a) 为例，运行过程是水在集热器中受太阳辐射能加热，温度升高，加热后的水从集热器的上循环管进入贮水箱的上部，与此同时，贮水箱底部的冷水由下循环管流入集

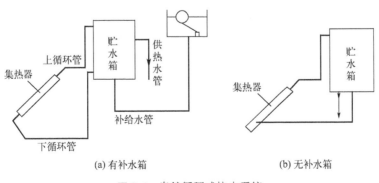

(a) 有补水箱　　　　　　　　　(b) 无补水箱

图 2-1 自然循环式热水系统

热器，经过一段时间后，水箱中的水形成明显的温度分层，上层水达到可使用温度。用热水时，由补给水箱向贮水箱底部补充冷水，将贮水箱上层热水顶出使用，其水位由补给水箱内的浮球阀控制。

这是国内最早采用的一种太阳能热水系统。其优点是系统结构简单，运行安全可靠，不需要辅助能源，管理方便。其缺点是为了维持必要的热虹吸压头，并防止系统在夜间产生倒流现象，贮水箱必须置于集热器的上方。这正是我国目前大量推广应用的热水系统设计。大型太阳能热水系统，不适宜采用这种自然循环方式。因为大型系统的贮水箱很大，要将贮水箱置于集热器上方，在建筑布置和荷重设计上都会带来很多问题。

2.1.2 直流式太阳能热水系统

直流式太阳能热水系统是传热工质一次流过集热器加热后便进入贮水箱或用水点的非循环热水系统，贮水箱的作用仅为贮存集热器所排出的热水，直流式系统有热虹吸型和定温放水型两种。

（1）热虹吸型

热虹吸型直流式太阳能热水系统由集热器、贮水箱、补给水箱和连接管道组成，如图 2-2 所示。

补给水箱的水位由箱中的浮球阀控制，使之与集热器出口（上升管）的最高位置一致。根据连通管的原理，在集热器无阳光照射时，集热器、上升管和下降管均充满水，但不流动。当集热器受到阳光照射后，其内部的水温升高，在系统中形成热虹吸压力，从而使热水由上升管流入贮水箱，同时补给水箱的冷水则自动经下降管进入集热器。太阳辐射愈强，则所得的热水温度愈高，量也愈多。早晨太阳升起一段时间以后，在贮水箱中便开始收集热水。这种虹吸型直流式太阳能热水系统的流量具有自动调节功能，但供水温度不能按用户要求自行调节。这种系统目前应用得较少。

（2）定温放水型

为了得到温度符合用户要求的热水，通常采用定温放水型直流式太阳能热水系统，如图 2-3 所示。该系统在集热器出口处安装测温元件，通过温度控制器，控制安装在集热器入口管道上的开度，根据温度调节水流量，使出口水温始终保持恒定的目的。这种系统不用补给水箱，补给水管直接与自来水管连接。系统运行的可靠性同样决定于电动阀和控制器的工作质量。

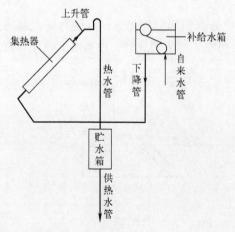

图 2-2 热虹吸型直流式热水系统

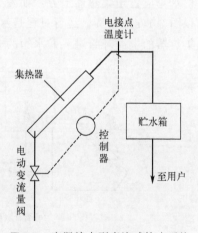

图 2-3 定温放水型直流式热水系统

直流式太阳能热水系统具有很多优点：

① 由于系统的补冷水由自来水直接供给，自来水具有一定的压头，保证了系统的水循环动力，因此系统中不需设置水泵；

② 贮水箱可以因地制宜地放在室内，既减轻了屋顶载荷，也有利于贮水箱保温，减少热损失；

③ 完全避免了热水与集热器入口冷水的掺混；

④ 可以取消补给水箱；

⑤ 系统管理得到大大简化；

⑥ 阴天，只要有一段见晴的时刻，就可以得到一定量的适用热水。

所以，定温放水型直流式太阳能热水系统特别适合于大型太阳能热水装置，布置也较为灵活。缺点是要求性能可靠的电磁阀和控制器，从而使系统较为复杂。但由于它具有很多优点，在能够得到性能可靠的电磁阀的条件下，应是一种结构合理、值得推广的太阳能热水系统。目前国内有一定的应用。

2.1.3　主动循环式太阳能热水系统

主动循环式太阳能热水系统（又称强制循环太阳能热水系统）是利用机械设备等外部动力迫使传热工质通过集热器或换热器进行循环的热水系统，如图 2-4 所示。这种系统在集热器和贮水箱之间的管路上设置水泵，作为系统中的水循环动力。系统中设有控制装置，根据集热器出口与贮水箱之间的温差控制水泵运转。在水泵入口处装止回阀，防止夜间系统中发生水倒流而引起热损失。

主动循环式太阳能热水系统使循环动力大大增加，有利于提高热效率，实现热水系统的多种功能及控制，是目前应用较广泛的一种热水系统形式。目前在大型太阳能热水工程中，可以用普通太阳能热水器串并联组成上述的各种系统，但

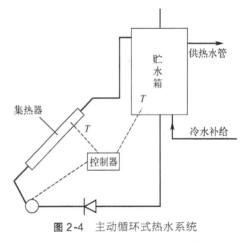

图 2-4　主动循环式热水系统

更常用的是真空管型集热器组成各种形式的热水系统。在后面的章节中将根据所用的集热装置的不同分别叙述。

2.2　太阳能热水系统设计现场勘察

2.2.1　现场勘察内容

① 了解和测量热水系统安装点有关资料：屋面尺寸（包括天面水池、楼梯间等其他构筑物的平面和高度），承重的墙、梁的分布情况，消防管及其他管、设备、设施的分布和高度尺寸。

② 屋面或安装点的负载能否满足热水系统的安装条件，同时用指南针测量屋面或安装

点的方位。

③ 集热器与前面遮阳物的距离；测量可能对集热器产生阴影的建（构）筑物的高度。

④ 水源：从天面水池接入时，要测量水池的最高水位和最低水位；从市政管网接入时，应了解在用水高峰季节和用水高峰时段的水压情况。

⑤ 电源：对热水系统配有用电设备的，需了解电压、输电线路可供容量及接驳位置和控制箱的安装位置，特别是加热装置为电热管时，应了解用户的供电容量和安装点的供电线路是否满足要求，如果用户是自己发电，还应了解频率、相电压、线电压情况。

⑥ 燃油（气）的供给：对已确认的使用燃油（气）作加热装置或辅助加热装置的，要了解燃油（气）接驳位置和燃气的种类、压力能否满足要求；对于已有地下储油设施的，或只设地面油泵的，自活动油车将油从地面抽入天面热水炉的日用油箱时，应与客户协商好天面油箱、地面油泵的位置及大小（日用油箱与燃油热水锅炉应有 7m 以上的安全距离）。

⑦ 冷热水交接位置：要了解冷水从哪里接驳，哪些位置需要供热水（开）水，与供水点的管网安装有关的建筑物平面及立面尺寸要测量准确。

⑧ 太阳能集热器的安装位置对建筑物屋面承载的要求：

a. 一般地区屋面的承载力应大于 $150kg/m^2$；

b. 沿海地区因有台风的影响，屋面的承载应大于 $200kg/m^2$。

2.2.2　工程现场查勘记录

2.2.2.1　工程内容

① 工程名称：＿＿＿＿＿＿＿＿＿＿＿＿＿＿＿＿＿＿＿＿＿＿＿＿＿＿＿

② 主体工程：＿＿＿＿＿＿＿＿＿＿＿＿＿＿＿＿＿＿＿＿＿＿＿＿＿＿＿

③ 辅助工程：＿＿＿＿＿＿＿＿＿＿＿＿＿＿＿＿＿＿＿＿＿＿＿＿＿＿＿

④ 其他内容：＿＿＿＿＿＿＿＿＿＿＿＿＿＿＿＿＿＿＿＿＿＿＿＿＿＿＿

2.2.2.2　工程概况

（1）地理位置：

＿＿＿＿＿省；＿＿＿＿＿市；纬度＿＿＿＿＿；经度＿＿＿＿＿。

（2）建筑物特点

① 建筑类型：框架□；砖混□；层数：＿＿＿＿＿；在建□；待建□；已建□；朝向＿＿＿＿＿；其他＿＿＿＿＿。

② 楼顶结构：立柱规格＿＿＿＿＿；横梁规格＿＿＿＿＿；承重（水箱）能力＿＿＿＿＿(t)：已核□、待核□。

③ 屋面特点：结构层厚度＿＿＿＿＿(mm)；防水层厚度＿＿＿＿＿(mm)；隔热层厚度＿＿＿＿＿(mm)；保护层厚度＿＿＿＿＿(mm)；平屋面□；斜屋面□；坡度＿＿＿＿＿(°)；女儿墙高度：＿＿＿＿＿(mm)。

④ 屋面环境

a. 楼梯间：数量＿＿＿＿＿(间)；高度（距屋面）＿＿＿＿＿(mm)；位置＿＿＿＿＿（左右端部、中间、其他）。

b. 屋面水池：数量＿＿＿＿＿(个)；高度（距屋面）＿＿＿＿＿(mm)；位置＿＿＿＿＿（左右端部、中间、其他）。

　　c. 天井：数量_____（个）；高度（距天面）_____（mm）；位置_____（左右端部、中间、其他）。

　　d. 楼面原有管道：冷水管高度（距屋面）_____（mm）、位置（距女儿墙）_____（mm）；热水管高度（距屋面）_____（mm）、位置（距女儿墙）_____（mm）；消防管高度（距天面）_____（mm）、位置（距女儿墙）_____（mm）。

　　e. 其他障碍物：名称、数量_____；高度（距屋面）_____（mm）；位置_____（左右端部、中间、其他）。

　　f. 四周障碍物：高度（距屋面）_____（mm）；位置（东、南、西、北方）_____（m）注：如不影响太阳能集热器的阳光照射，则该项不填。

　　g. 伸缩缝：高度（距屋面）_____（mm）；位置（距端部）_____（m）。

　　⑤ 冷水接口：管径 DN _____（mm）；水压_____（bar，$1bar = 10^5 Pa$）；水源（自来水、其他）_____；待建□，已建□；位置说明_____。注：如水源不是采用自来水，则要求了解并注明其硬度等水质情况。

　　⑥ 热水接口：管径 DN _____（mm）；待建□，已建□；位置说明_____。

　　⑦ 回水接口：管径 DN _____（mm）；待建□，已建□；位置说明_____。

　　⑧ 电源接口：线径（电源线、零线、接地线）_____（mm）；待建□，已建□；位置说明_____。

　　⑨ 避雷装置：待建□，已建□；位置说明_____。注：建筑物已建或待建的避雷系统的避雷功能如能覆盖安装的热水设备，则该项可不填。

2.2.2.3　设计要求

　　① 用水要求：日用水量_____（t）；用水温度_____（℃）；集中浴室□，每个洗浴间□；用水计量□；供水点_____（个）。

　　② 供水要求：24h 供水□；定时供水□，供水时段_____；回水要求□；用水器具（淋浴头□、水龙头□）；计量装置（水表□；IC 卡机□）。

　　③ 材料要求

　　a. 集热器（承压□；非承压□）；集热器（材料）_____集热器支架（材料）_____。

　　b. 水箱（材料）_____；方形□；圆形（立式□；卧式□）。

　　c. 循环管：镀锌管□、不锈钢管□、铜管□、PPR 管□、钢塑管□、其他_____。

　　d. 供水管：镀锌管□、不锈钢管□、铜管□、PPR 管□、钢塑管□、其他_____。

　　e. 冷水管：镀锌管□、不锈钢管□、铜管□、PPR 管□、钢塑管□、其他_____。

　　f. 回水管：镀锌管□、不锈钢管□、铜管□、PPR 管□、钢塑管□、其他_____。

　　g. 阀门：黄铜阀□、青铜阀□、不锈钢阀□、PPR 阀□、其他_____。

　　h. 泵类：管道泵□、多级泵□、变频泵□、其他□；品牌_____；材质（铸铁□、不锈钢□、其他□）。

　　④ 保温要求：水箱_____；管道（室内、外）_____。

⑤ 防雷装置材料_____；接地装置材料_____。

⑥ 抗风等级：_____。

⑦ 其他要求（防尘等）：_____。

2.2.2.4 现场勘探注意事项

① 工具：指南针、尺。

② 向甲方索取勘探现场的图纸，电子档最好。

③ 耐心与甲方沟通，圆满做好以上记录。

2.3 家用太阳能热水器串并联系统

2.3.1 系统原理

普通太阳能热水器串并联系统，即通过普通家用太阳能热水器串并联的组合加以控制器组成的系统。太阳能热利用行业发展早期，许多太阳能公司对这种热水系统应用得比较普遍，实践证明这种热水系统运行可靠，故障率低，效果良好，值得推广。其典型的原理如图 2-5 所示。

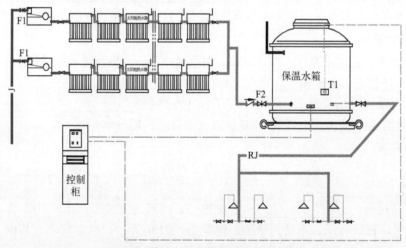

图 2-5 普通太阳能热水器串并联系统

系统运行过程如下。

① 第一次上水时，手动将浮球箱前的阀门 F1 打开，冷水进入浮球箱，然后进入太阳能热水器中，由于太阳能热水器和水位控制箱是连通的，故太阳能热水器水满之后，浮球箱中的浮球阀会自动关闭，停止进水。

② 当经过一天的阳光照射后，打开水箱前的阀门 F2，太阳能热水器中的热水会进入到工程保温水箱中，冷水再补充到太阳能热水器中，这样第二天晚上即可以使用热水，阀门 F2 以后将永远打开，这样就形成良性循环。即晚上将保温水箱中的热水使用后太阳能热水器中的热水补充进水箱，冷水再补充进太阳能热水器，到了第二天晚上太阳能热水器中的冷水又成了热水，周而复始，实现了热水的供应。

③ 工程水箱具有很好的保温效果，保证了热水长期存放而不致使热量散失很多，因而温度不会下降过多。同时工程水箱装有电加热装置，可以通过控制器来控制电加热的工作与停止，保证阴雨天也能供应热水，控制器还有显示水位、水温的功能，便于对热水情况进行了解。

通过对以上典型系统的介绍可以看出，该太阳能热水器串并联系统包含有自然循环系统和直流式系统，只不过该直流式系统不是温度控制型的，而是水量控制型的，即保证工程水箱的水常满，下面将对太阳能热水器串并联系统的应用形式作详细的介绍。

2.3.2　常用系统形式

太阳能热水器串并联系统根据使用的具体情况不同而有所不同。

（1）简易小型串并联系统（如图 2-6 所示）

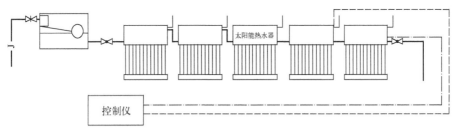

图 2-6　简易小型串并联系统原理图

此种系统一般由 3~5 台太阳能热水器串并联组成，通过水位控制箱控制上水，往往可带有单独的工程水箱，最后一台热水器带有电加热装置，通过控制仪控制水温水位，并控制电加热。其控制上水也可以由控制仪和电磁阀通过设定水位来实现。这种系统一般应用于供水量少、热水使用不严格的场合。

（2）普通太阳能热水器串并联系统（如图 2-5 所示）

其详细组成及运行见图 2-5 的运行介绍，目前这种形式的太阳能热水系统应用较普遍，故障率低，使用可靠。

（3）具有多种功能的串并联太阳能热水系统（如图 2-7 和图 2-8 所示）

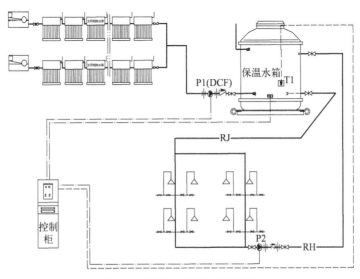

图 2-7　定时太阳能热水系统图

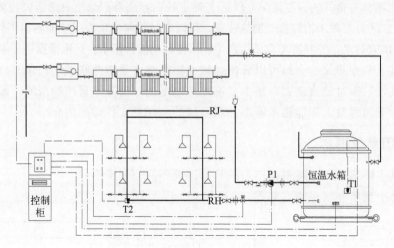

图 2-8　全日制太阳能热水系统

这种热水系统的集热部分与前两种相同，不同的是控制系统中增加了许多功能，主要有：

① 水温水位显示；

② 水位控制箱自动上水控制系统；

③ 自动电加热；

④ 出水断电；

⑤ 出水增压（自由落水水压不足时，可增加增压泵进行自动控制）；

⑥ 辅助能源换热（可采用除电以外的油、气等辅助能源）；

⑦ 管道定温循环或定时循环（保证一开即有热水）。

2.3.3　设计原则

在进行串并联式太阳能热水系统设计时，一般遵循下面的设计思路和原则。

（1）调查用户基本情况

① 环境条件　包括月均日辐照量、地处纬度、日照时间、环境温度等。

② 用水条件　用水量（总用水量/d）、用水方式（用水时间、用水次数）、用水温度、用水位置（水位落差）、用水流量。

③ 场地情况　场地面积、场地形状、建筑物承载能力、遮挡情况。

④ 水电情况　水压、电压、供应情况、冷水水温。

（2）确定系统的用水量及温度要求

一般家庭用水可根据《热水供应设计规范》，按淋浴用水每天每人次 40L（40℃）、盆浴用水每人次 100L（40℃）选择。对于其他用水场合如学校、宾馆、医院等集体用水，可根据用水频次、用水方式，参考相应的规范标准和用户共同确定。

（3）确定热水器的规格及数量

$$热水器台数＝每日用水量/热水器容量$$

① 设计热水系统时，应根据所选产品的型号、容量和热效率情况而适当调整。

② 在能保证安装、摆放的前提下，优先选择大容量的热水器。

（4）热水器的摆放和陈列

① 方向：集热器摆放面向正南或正南偏西 5°。

② 集热器东西方向之间间隔一般为 200mm，以便连接管路。

③ 热水器通过串并联组成系统，考虑到水流阻力因素，串联的热水器一般不超过 4 台。

④ 同程：集热器组应按同程方式布置成并联，即应使每个集热器的传热介质流入路径与回流路径长度相同，以使流量平均分配。

⑤ 辅助阀门。

⑥ 防水：在屋面作混凝土基础或在热水器支腿下面垫 1.5mm 橡胶板，以免破坏防水。

（5）工程水箱选择及摆放

① 工程水箱容量根据系统总水量确定，当系统总水量较少时（5t 以下），其水箱容量建议与总用水需求量一致；当系统总水量较大时（5t 以上），水箱容量可适当小一些，约在总水量的 50%～70% 之间，这样在保证使用效果的前提下有利于降低成本。

② 工程水箱主要储存热水，其应摆放在承重梁或承重墙上，一般要制作水箱基础，以便于承重和防水。

③ 当需要水箱有特殊功能，如辅助热源、盘管换热、水嘴位置、大小调整、出水增压、管路循环等，需要在设计中注明。

（6）管路设计

① 管路应尽量短，少拐弯，为了达到流量平衡和减少热损，绕行的管路应是冷水管或低温管路。

② 管路的通径面积应与并联的集热器或集热器组管路通径面积的总和相适应。

③ 当集热器阵列为多排或多层集热器组并联时，为了维修方便，每排或每层集热器组的进出口管道，应设辅助阀门。

④ 设计的系统采用顶水法获取热水时，通常使用浮球阀自动控制提供热水，在使用热水期间，水压应保证符合设计要求，否则此法不宜采用。

（7）控制系统

太阳能热水器串并联系统能实现以下功能，具体可根据控制柜的型号、功能来选择，特殊要求可定做：①自动上水（设定水位上水）；②水温水位显示；③自动电加热；④出水断电；⑤出水增压；⑥辅助能源加热；⑦管路定温循环等。

（8）防冻保温、管道支撑

防冻一般采用电热带和保温层结合的方式。保温层材料和厚度可根据当地的气候条件确定（见表 2-1），对北方地区特别是东北和西北，应采用加厚保温层，并设计电热带防冻。

表 2-1 室内热水供、回水管保温层厚度

管径 DN/mm	15～20	25～50	65～100	>100
保温层厚度/mm	20	30	40	50

管路应设计管路支撑，用来承受管道的重量，防止下垂弯曲，支撑应有足够的强度，对于立管的支撑，在 2.5m 以内应有一个支点；管道在支架上的固定应在保温前进行，管路如需在保温后固定，应使用硬质保温材料，管道系统中固定支点设置的最大安装距离应符合表 2-2～表 2-4 的要求。

⊡ 表 2-2　钢管支架最大间距

公称直径/mm		15	20	25	32	40	50	70	80	100	125	150	200
最大距离/m	保温管路	2	2.5	2.5	2.5	3	3	4	4	4.5	6	7	7
	不保温管路	2.5	3	3.5	4	4.5	5	6	6	6.5	7	8	9.5

⊡ 表 2-3　塑料管及复合管管道支架的最大间距

公称直径/mm		12	14	16	18	20	25	32	40	50	63	75
最大间距/m	垂直管	0.5	0.6	0.7	0.8	0.9	1.0	1.1	1.3	1.6	1.8	2.0
	水平管 冷水管	0.4	0.4	0.5	0.5	0.6	0.7	0.8	0.9	1.0	1.1	1.2
	水平管 热水管	0.2	0.2	0.25	0.3	0.3	0.35	0.4	0.5	0.6	0.7	0.8

⊡ 表 2-4　铜管管道支架的最大间距

公称直径/mm		15	20	25	32	40	50	65	80	100	125	150	200
最大间距/m	垂直管	1.8	2.4	2.4	3.0	3.0	3.0	3.5	3.5	3.5	3.5	4.0	4.0
	水平管	1.2	1.8	1.8	2.4	2.4	2.4	3.0	3.0	3.0	3.0	3.5	3.5

（9）其他事项

① 防垢　对水质比较差的地区，应考虑防垢的问题。

② 避雷　热水系统若不处于建筑物上避雷系统的保护范围之内，应按照 GB 50057 的规定，增设避雷措施。

③ 风载　系统安装在室外部分特别是高层建筑上，应能承受不少于 10 级风的负载。

2.3.4　设计实例

（1）用户基本情况

某一单位集体洗浴，每天下午 6:00 开始洗，8:00 停止，每天洗浴的人数为 80 人，集热器置于 3 楼楼顶，淋浴室在一楼。共有 20 个喷头，楼顶的面积为 30m（东西）×10m（南北），请根据以上的数据，设计太阳能热水工程。

（2）用水量的确定

根据《热水供应设计规范》，淋浴用水标准为：40L（40℃）/（人·d）。

所以，每天的总用水量为：40L/人×80 人=3200L。

基础水温按 15℃计算，则每天将 3200L 15℃的水加热到 40℃所需提供的热量为：

$$Q = 3200 \times 4.2 \times 10^3 \times (40 - 15) = 3.36 \times 10^8 (J)$$

（3）确定太阳能热水器的规格及数量

选用工程机系列中型号为 HSWI-30TT16-45° 的单机，其容量为 225L/台，则热水器的台数为：

$$n = 每日用水量/热水器容量 = 3200/225 = 15(台)$$

（4）太阳能热水器的摆放和陈列

HSWI-30TT16-45° 单机的外形尺寸为：2230mm×1415mm×1243mm（东西×南北×高度）

楼顶的面积为：30m（东西）×10m（南北）

方案一：将太阳能热水器沿东西方向摆成 3 排，每排 5 台，排与排之间的间距为 2.0m，每排中相邻两台太阳能热水器之间的间距为 0.2m。

则东西方向：2.23×5+0.2×4=11.95(m)<30(m)

南北方向：1.415×3+2.0×2=8.245(m)<10(m)

符合要求。

方案二：将热水器沿东西方向摆成两排，前排（南面）7 台，后排（北面）8 台，排与
排之间的间距为 2.5m，每排中相邻两台之间的间距为 0.2m。

则东西方向：2.23×8+0.2×7=19.24(m)<30(m)

南北方向：1.415×2+2.5=5.33(m)<10(m)

符合要求。

(5) 工程水箱的选择

① 水箱的容量　由上述计算可知，总用水量为 3200L，即 3.2t，选用 3t 的水箱。

② 电加热功率确定　采用电作为辅助能源，若在下午 2 点的时候水箱中的水温还没有
达到 40℃，就启动电加热；所选用的电加热的功率必须保证在连续阴雨的天气里，可以将
3.2t 15℃的水加热到 40℃。因此，电加热的功率为：

$$P=Q/t=3.36\times10^{8}/(4\times3600)=23333.33(W)\approx24(kW)$$

(6) 管路设计

方案一系统的管路连接如图 2-9 所示。

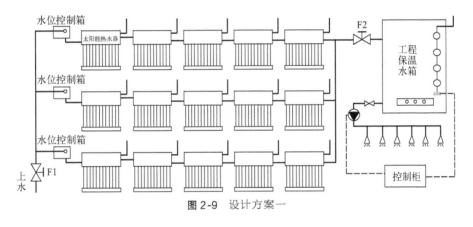

图 2-9　设计方案一

方案二系统的管路连接如图 2-10 所示。

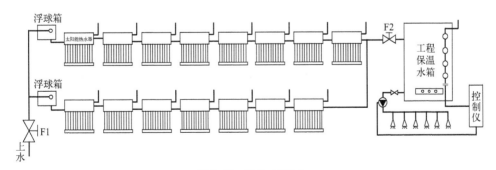

图 2-10　设计方案二

① 浮球箱　方案一中浮球箱选用 DN15mm 的浮球阀，方案二中浮球箱选用 DN25mm
的浮球阀。

② 管路连接和保温　分支管路上选用 $DN25mm$ 管道，总管路选用 $DN32mm$ 或 $DN40mm$ 的管道；室外和室内的管路均需采取保温措施，采用发泡聚乙烯保温材料作保温层并结合电加热带保温，外防护层采用 0.3mm 和 0.5mm 的镀锌板或镀铝锌板。

③ 增压泵　工程保温水箱放置在三楼，用水点在一楼，并且是集中用水，喷头较多，水压较小，所以在管路中设置增压泵。

④ 管路连接特点　和浮球箱连接的那一台太阳能热水器连入管路时均采用低进高出的方式，即进水管位置低，出水管位置高，这样可以减缓混水。

（7）系统控制

① 第一次上水时，将 F2 阀门关闭，F1 阀门打开，冷水通过浮球箱进入太阳能热水器，太阳能热水器水满之后，浮球阀关闭，停止上水。

② 经过一天的阳光照射后，打开阀门 F1，太阳能热水器中的热水进入工程保温水箱，同时冷水补充到太阳能热水器中，这样第二天晚上即可以使用热水，阀门 F1 以后将永远打开，形成良性循环。

③ 增压泵、电加热、水温、水位探头都由控制仪控制。增压泵下午 6：00 定时启动。

④ 电加热定时启动：下午 2：00 的时候，若水温低于 40℃，则启动电加热，达到 40℃ 时，停止电加热。

2.3.5　设计常见问题处理

（1）小型太阳能热水器

在小型太阳能热水器串并联系统中，不使用保温水箱，辅助电加热装在热水器水箱中，如图 2-11 所示。这种应用方式应根据使用情况灵活调整。

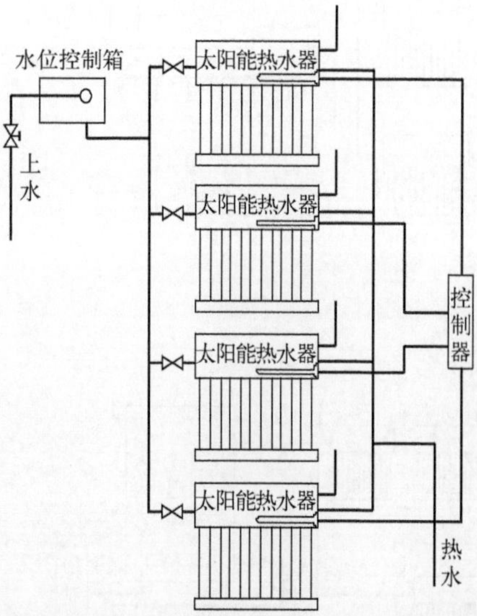

① 此种类型易出现的问题

a. 用水喷头多、用水量大。热水器串联，其一个出口（口径为一寸）偏小，满足不了要求，致使用水时热水流量太小，使用效果不好。

b. 由于热水器太少，为了避免冷水混得太快，有些设计将管路连接成低进高出，这样又造成用水时靠水位控制箱与热水器的落差顶水进行，水的流量太小。

c. 串联关系的太阳能热水系统，使用时或停止使用时大部分情况下每台热水器的水温都不相同，而显示并控制电加热的传感器只能装在一台热水器中，造成控制困难，使用效果差。

图 2-11　小型太阳能热水器串并联系统

② 解决措施

a. 若用户要求 24h 提供热水，则必须采用一个保温水箱，且带有电加热装置或辅助能源装置，由控制系统实施控制。

b. 若用户每天定时使用热水，则可采用热水器并联，通过水位控制箱上水。用水时水位控制箱关闭（可手动或自动），以免混水；用水完毕打开水位控制箱上水。每个热水器带有电加热装置，通过控制器控制，由于并联关系，传感器安装在哪个热水器中都可以（如图 2-12 所示）。

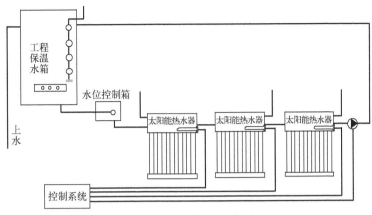

图 2-12　定时用水示意图

（2）大型太阳能热水器

将串并联大型太阳能热水系统进行循环，且热水器带有电加热装置，如图 2-13 所示，原理图及运行说明如下。

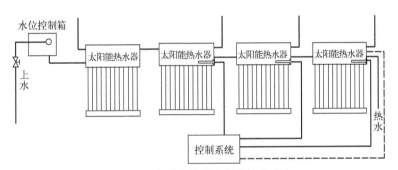

图 2-13　大型串并联太阳能热水系统

① 运行说明

a. 冷水补水时补进保温水箱中，保温水箱中的水再进入水位控制箱，通过水位控制箱保持水箱的水常满；

b. 当热水器水箱中的水热之后，循环泵启动，将热水循环进保温水箱，冷水再补充进来；

c. 热水器中电加热可根据需要，自动启动。

② 此时易出现的问题

a. 传感器安装在系统中有代表性的一台中，但在循环泵启动时，水很快被抽走，而冷水补充不及时，此时若电加热在工作，则造成干烧，水位频繁变化，电加热频繁启动，系统容易出现故障；

b. 同样的问题，每个水箱的温度不同，加热时温度不一致，造成能源的浪费。

③ 解决措施

a. 电加热装置全部装在保温水箱中；

b. 取消循环功能，采用自动补水功能。

2.4 真空管型集热器太阳能热水系统

真空管型集热器太阳能热水系统由真空管型太阳能集热器（习惯称为真空管型集热器）、管路、循环泵和控制系统组成，它采用的是主动循环，可实现多种控制功能。市场上对这种类型的系统需求越来越多，其主要特点是，系统可占用较少的楼顶空间，方便实现多种控制功能，并节约成本。

2.4.1 系统原理

（1）典型原理（如图 2-14 所示）

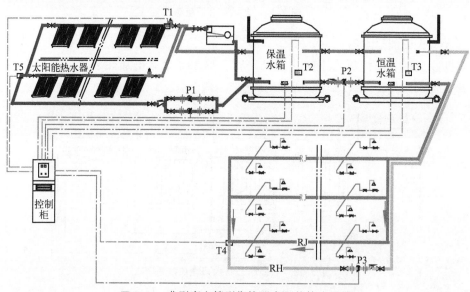

图 2-14 典型真空管型集热器太阳能热水系统

（2）系统运行过程

① 控制系统　显示水箱的水温和真空管型集热器的温度。

② 自动上水

a. 保温水箱的上水可以通过浮球箱实现自动上水，浮球箱与水箱连通，保持保温水箱中的水常满；

b. 保温水箱与恒温水箱在稍低于 4 个水位的位置利用管道连通，两个水箱的最高水位高度一致，使恒温水箱的水位与保温水箱水位一致。

③ 温差循环

a. 在真空管型集热器出水口处和保温水箱中各安装一个温度探头，当真空管型集热器的温度 T_1（温度探头 T1 显示温度，下同）高于水箱的温度 T_2，达到控制系统设定的启动温差时（即 $T_1 - T_2 \geqslant \Delta T_{启动}$），控制系统控制循环泵启动，保温水箱中的低温水进入到真空管型集热器中，真空管型集热器中的相对高温水被顶回保温水箱，使保温水箱中的水温升高，当二者的差值降到系统设定的停止温差时（$T_1 - T_2 \leqslant \Delta T_{停止}$），循环泵停止运行，如此反复进行，将热量传递到水箱，使水箱中的水温度不断升高；

b. 当保温水箱中的温度 T_3 高于恒温水箱的温度 T_2 达到设定值时，循环泵 P2 启动，当二者的差值降到系统设定的停止温差时，循环泵停止运行。

④ 管路循环　管路循环主要是针对室内的热水管道而言，为了保证一开即有热水，同时减少无效冷水的浪费，必须安装热水回水管路，采取管路循环措施。管路循环可以采用定时循环方式，也可以采用定温循环方式。当采用定温循环时，在室内热水回水管路中适当的位置安装温度探头和循环泵，设置一个温度范围来控制泵的运行。当探测点的温度 T_4 低于设定值（如 35℃）时，启动管路循环的循环泵 P3，将管路中的低温水打入恒温水箱，同时恒温水箱中的高温水进入管道，当探测点的温度达到设定值（如 40℃）时，循环泵停止。

⑤ 恒温控制（自动电加热）　恒温水箱中安装电热管，当探测到的恒温水箱中水的温度低于设定温度的时候，启动电加热管加热，达到设定温度后，加热停止。

⑥ 防冻电热　冬季，当保温水箱内的温度 T_2 低于 5℃，电加热启动，当达到 10℃，辅助电热停止。

⑦ 防冻循环　室外管道（保温水箱和真空管型集热器之间）在寒冷的冬天可能被冻，因此必须有防冻循环功能。当真空管型集热器安装的温度探头探测到温度 $T_5 \leqslant 10℃$ 的时候，启动循环泵将保温水箱中的热水打进真空管型集热器，防止管路结冻。

以上是典型的真空管型集热器太阳能热水系统的运行原理说明，根据客户的要求，还可以设计符合客户要求的控制系统功能，下面将对真空管型集热器太阳能热水系统做详细的介绍。

2.4.2　常用系统形式

2.4.2.1　典型的太阳能热水系统

其原理如图 2-14 所示，运行说明如前。这种系统采用两个水箱，应用于全日集中热水供应的场合，对于宾馆非常适用。

2.4.2.2　单水箱真空管型集热器太阳能热水系统

（1）系统运行原理（如图 2-15 所示）

（2）运行说明

这种系统适合用于对用水要求不太严格的场合，如企事业单位职工洗浴、学校学生洗浴等场合。这种系统的运行方式如下。

① 自动上水　上水通过电磁阀（或浮球箱）控制，可定时上水，也可以通过水位控制上水。

② 温差循环　保温水箱和真空管型集热器进行温差集热循环，当 $T_2 - T_1 \geqslant \Delta T_{启动}$ 的时候，启动循环泵 P1 将保温水箱中相对低温的水打入到真空管型集热器中，同时真空管型集热器中的高温水被顶出，流入保温水箱，真空管型集热器中的水温慢慢降低，当二者的差值降到系统设定的停止温差时（$T_2 - T_1 \leqslant \Delta T_{停止}$），循环泵 P1 停止运行。

③ 防冻循环　当温度探头探测到 $T_3 \leqslant 10℃$ 的时候，循环泵 P1 启动将保温水箱中相对高温水打入到真空管型集热器中，真空管型集热器中的低温水流入到保温水箱中，以免管路冻堵。

④ 管路循环　管路循环主要是针对室内的热水管道而言，为了保证一开即有热水，同

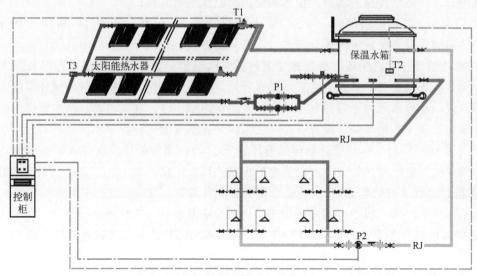

图 2-15　单水箱真空管型太阳能热水系统

时减少无效冷水的浪费，必须安装热水回水管路，采取管路循环措施，管路循环可以采用定时循环方式或延时循环。

⑤ 定时电热　在保温水箱中装有电加热管，设置钟控加热，在用水前两个小时检测水箱温度，若 $T_2 < 45℃$ 时，启动电加热，当 $T_2 ≥ 50℃$ 的时候，停止加热，保证热水供应。

2.4.2.3　三水箱真空管型集热器太阳能热水系统

（1）系统运行原理（如图 2-16 所示）

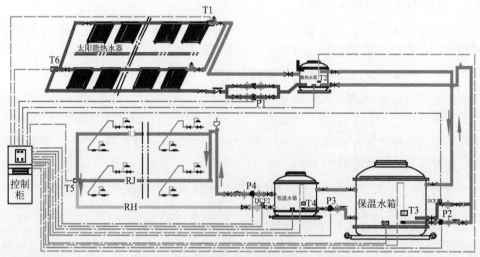

图 2-16　三水箱真空管型太阳能热水系统

（2）运行说明

系统采用三个水箱：一个为集热水箱，置于楼面；一个为保温水箱，置于楼下设备间；一个作为恒温水箱，置于楼下设备间内。

① 控制系统显示水箱的水温和真空管型集热器的温度。

② 自动上水：

　　a. 保温水箱的上水可以通过浮球箱（或电磁阀）实现自动上水，浮球箱与水箱连通，保持保温水箱中的水常满；

　　b. 保温水箱与恒温水箱在稍低于 4 个水位的位置利用管道连通，两个水箱的最高水位高度一致，使恒温水箱的水位与保温水箱水位一致；

　　c. 保温水箱与集热水箱间顶水运行，P2 将保温水箱中的水打入集热水箱，水满后回流到保温水箱，保持集热水箱水位常满。

　　③ 温差循环：

　　a. 在真空管型集热器出水口处和集热水箱中各安装一个温度探头，当真空管型集热器的温度 T_1 高于水箱的温度 T_2，达到控制系统设定的启动温差时（即 $T_1 - T_2 \geqslant \Delta T_{启动}$），控制系统控制循环泵启动，保温水箱中的低温水进入到真空管型集热器中，真空管型集热器中的相对高温水被顶回集热水箱，使集热水箱中的水温升高，当二者的差值降到系统设定的停止温差时（$T_1 - T_2 \leqslant \Delta T_{停止}$），循环泵停止运行，如此反复进行，将热量传递到水箱，使水箱中的水温度不断升高；

　　b. 当集热水箱中的温度 T_2 高于保温水箱的温度 T_3 达到设定值时，循环泵 P2 启动，当二者的差值降到系统设定的停止温差时，循环泵停止运行；

　　c. 当保温水箱中的温度 T_3 高于恒温水箱的温度 T_4 达到设定值时，循环泵 P3 启动，当二者的差值降到系统设定的停止温差时，循环泵停止运行。

　　④ 管路循环　管路循环主要是针对室内的热水管道而言，为了保证一开即有热水，同时减少无效冷水的浪费，必须安装热水回水管路，采取管路循环措施。管路循环采用定温循环方式，在室内热水回水管路中适当的位置安装温度探头和循环泵，设置一个温度范围来控制泵的运行。当探测点的温度 T_5 低于设定值（如 35℃）时，启动管路循环的循环泵 P4，将管路中的低温水打入恒温水箱，同时恒温水箱中的高温水进入管道，当探测点的温度达到设定值（如 40℃）时，循环泵停止。

　　⑤ 恒温控制（自动电加热）　恒温水箱中安装电热管，当探测到的恒温水箱中水的温度低于设定温度（如 45℃）时，启动电加热管加热，达到设定温度（如 50℃）后，加热停止。

　　⑥ 防冻电热　冬季，当集热水箱内的温度 T_2 低于 5℃，电加热启动，当达到 10℃，辅助电热停止。

　　⑦ 防冻循环　室外管道（集热水箱和真空管型集热器之间）在寒冷的冬天可能被冻，因此必须有防冻循环功能。当真空管型集热器安装的温度探头探测到温度 $T_6 \leqslant 10℃$ 的时候，启动循环泵将集热水箱中的热水打进集热器，防止管路结冻。

2.4.2.4　具有众多辅助功能的真空管型集热器太阳能热水系统

　　（1）太阳能热水系统与锅炉并联（如图 2-17 所示）

　　将燃油（气）锅炉并联在太阳能热水系统中作为辅助能源，在太阳能不足时补充能量。用燃油（气）锅炉作为辅助能源有很多优点，如升温快，成本比用电作为辅助能源低等，因此在太阳能热水系统中得到了较广泛的应用。这种系统还可以在恒温水箱中安装电热管作为备用的辅助能源，在锅炉出现故障的时候，可以启动电加热作为辅助能源。其他的常规功能如集热循环、防冻循环、管路循环等和双水箱太阳能热水系统是一样的。

　　燃油（气）锅炉和恒温水箱并联，通过温度探头探测到的恒温水箱中的水温来决定燃油（气）锅炉的启动和停止，当恒温水箱中的水温低于设定的温度的下限的时候，燃油（气）锅炉和恒温水箱之间的泵启动，将恒温水箱中的水送入燃油（气）锅炉，同时燃油（气）锅

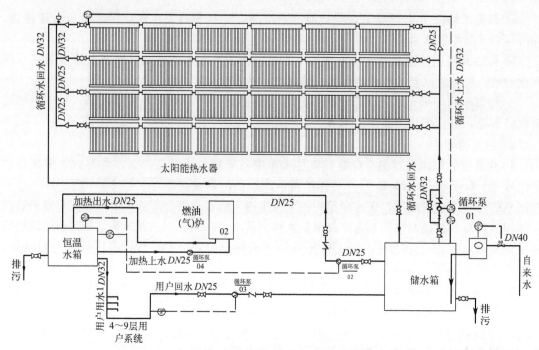

图 2-17　太阳能热水系统与锅炉并联

炉自动喷油点火，将水加热，加热后的水又进入到恒温水箱，恒温水箱中的水温升高，当水温升高到设定的温度上限的时候，燃油（气）锅炉停止运行。

（2）太阳能热水系统与锅炉串联（如图 2-18 所示）

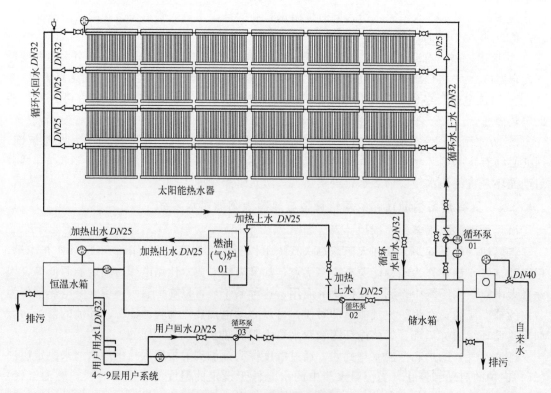

图 2-18　太阳能热水系统与锅炉串联

这种系统的特点是将燃油（气）锅炉串联在贮热水箱和恒温水箱之间，通过泵将贮热水箱中的水送入到燃油（气）锅炉，再经燃油（气）锅炉进入恒温水箱。燃油（气）锅炉探测进入炉中的水的温度，当水的温度低于恒温水箱设定的温度时，就启动锅炉加热，否则水只通过锅炉而不被加热。

2.4.3　设计原则

在进行真空管型集热器太阳能热水系统设计时，一般遵循下面的设计思路和原则。

（1）调查用户基本情况

① 环境条件　包括月均日辐照量、地处纬度、日照时间、环境温度等。

② 用水条件　用水量（总用水量/d）、用水方式（用水时间，用水频次）、用水温度、用水位置（水位落差）、用水流量。

③ 场地情况　场地面积、场地形状、建筑物承载能力、遮挡情况。

④ 水电情况　水压、电压、供应情况、冷水水温。

（2）确定系统的用水量及温度要求

一般家庭用水可根据《热水供应设计规范》，按淋浴用水每天每人次 40L(40℃)、盆浴用水每人次 100L(40℃) 选择。对于其他用水场合如学校、宾馆、医院等集体用水，可根据用水频次、用水方式，参考相应的规范标准和用户共同确定。

（3）真空管型集热器的集热面积

在确定真空管型集热器的面积时要考虑到以下几个问题。

① 系统需要的总热量 Q　要考虑到损失（包括管道、水箱、排气等的散热）。

② 辐照量　太阳能热水系统一般是以春秋季节为设计依据的，因为如果以冬季为设计依据则系统的投资太大，在其他的三个季节里尤其是夏季能量盈余太多，造成浪费，而如果以夏季为设计依据的话，集热面积小，系统的投资也相应降低，但是在其他季节尤其冬季，能量严重不足，影响使用。我们选择用户所在地的 3 月份和 9 月份的平均月辐照量的均值 H 作为依据来设计。

③ 日照时间 T　用户所在地春秋季节每天的日照时间，多为 6～8h。

④ 真空管型集热器的效率　目前真空管型集热器的效率在 55％ 左右。

集热面积公式为：

$$M=\frac{Q}{\dfrac{H}{30}\times55\%\times T\times3600}=\frac{Q}{66HT} \tag{2-1}$$

（4）热水器的摆放和陈列

① 方向：真空管型集热器摆放面向正南或正南偏西 5°。

② 真空管型集热器东西方向之间间隔一般为 200mm，以便连接管路；热水器南北方向的间距按照下式计算：

$$D=H\mathrm{ctg}\alpha \tag{2-2}$$

式中，D 为前后两排热水器的间距，m；H 为热水器高度，m；α 为冬至日正午太阳高度角。

③ 热水器通过串并联组成系统，考虑到水流阻力因素，串联的热水器一般不超过 6 台。

④ 同程：真空管型集热器组应按同程方式布置成并联，即应使每个真空管型集热器的

传热介质流入路径与回流路径长度相同，以使流量平均分配。

⑤ 辅助阀门。

⑥ 防水：在屋面作混凝土基础或在热水器支腿下面垫 1.5mm 橡胶板，以免破坏防水。

（5）工程水箱选择及摆放

① 工程水箱容量根据系统总水量确定，当系统总水量较少时（5t 以下），其水箱容量建议与总水量一致，当系统总水量较大时（5t 以上），水箱容量可适当小一些，约在总水量的 50%～70% 之间，这样在保证使用效果的前提下有利于降低成本。

② 工程水箱主要储存热水，其应摆放在承重梁或承重墙上，一般要制作水箱基础，以便于承重和防水。

③ 当需要水箱有特殊功能，如辅助热源、盘管换热、水嘴位置、大小调整、出水增压、管路循环等，需在设计中注明。

（6）管路设计

① 管路应尽量短，少拐弯，为了达到流量平衡和减少热损，绕行的管路应是冷水管或低温管路。

② 管路的通径面积应与并联的真空管型集热器或真空管型集热器组管路通径面积的总和相适应。

③ 当真空管型集热器阵列为多排或多层真空管型集热器组并联时，为了维修方便，每排或每层真空管型集热器组的进出口管道应设辅助阀门。

④ 设计的系统采用顶水法获取热水时，通常使用浮球阀自动控制提供热水，在使用热水期间，水压应保证符合设计要求，否则此法不宜采用。

（7）控制系统

真空管型串并联系统能实现以下功能，具体可根据控制柜的型号、功能来选择，特殊要求可定做：①自动上水（设定水位上水）；②水温水位显示；③自动电加热；④出水断电；⑤出水增压；⑥辅助能源加热；⑦管路定温循环等。

（8）防冻保温、管道支撑

① 防冻一般采用电热带和保温层结合的方式。保温层材料和厚度可根据当地的气候条件而不同，对北方地区特别是东北和西北，应采用加厚保温层，并设计电热带防冻。

② 管路应设计管路支撑，用来承受管道的重量，防止下垂弯曲，支撑应有足够的强度，对于立管的支撑，在 2.5m 以内应有一个支点；管道在支架上的固定，应在保温前进行，管路如需在保温后固定，应使用硬质保温材料。

（9）其他事项

① 防垢　对水质比较差的地区，应考虑防垢的问题。

② 避雷　热水系统若不处于建筑物上避雷系统的保护范围之内，应按照 GB 50057 的规定，增设避雷措施。

③ 风载　系统安装在室外部分特别是高层建筑，应能承受不少于 10 级风的负载。

2.4.4　设计实例

2.4.4.1　用户基本情况和要求

广州某大酒店 4～9 层，共 402 个床位，每人每天提供 45℃ 热水 140t；要求 24h 提供热水。

2.4.4.2　工程设计方案及说明

（1）方案设计

采用真空管联集管集热器，结合相关的管路、管件以及控制装置组成太阳能热水系统，为用户提供满足使用要求的热水，用电能作为辅助能源。

（2）主要设备选型

① 真空管型集热器

a. 真空管型集热器型号及参数　选用型号为 HJI-24LX18-38°的单层真空管型集热器，其技术参数见表 2-5。

⊡ **表 2-5　HJI-24LX18-38° 集热器技术参数**

型　号	采光面积/m^2	管长/mm	直径/mm	管数/支	功率/匹
HJI-24LX18-38°	$3.6m^2$	1800	$\phi 58$	24	1.93

注：表中功率是太阳能照度 $800W/m^2$，瞬时日效率为 50% 时热水器的功率。1 匹 = 735W。

b. 真空管型集热器面积及台数

ⅰ. 系统总用水量确定。按照每人每天 50℃ 热水 140L 的标准设计，则每天用水总量为 $402 \times 140 = 56280(L)$。

ⅱ. 集热器面积及台数。真空管型集热器，在太阳辐照 $\geqslant 800W/m^2$ 的条件下，每天能产生 60℃ 热水 100～120L，按照每天产生 60℃ 热水 110L（相当于 50℃ 热水 132L）计算，共需要集热器面积为 $56280/132 = 426(m^2)$，需要安装 HJI-24LX18-38° 真空管型集热器 120 台，楼顶实际能安装 115 台集热器，总面积为 $414m^2$。

c. 集热器阵列　将整个系统分成 4 个小系统，其中有 3 小系统配 30 台集热器，另外一个配 25 台集热器，每个小系统配 1 个 14t 的保温水箱。

② 保温水箱　系统安装保温水箱 4 个，每个容积 14t。

③ 燃油（气）锅炉　6×10^5 kcal（1cal = 4.18J，下同）"斯大"常压立式热水锅炉 1 台，型号为 CLHS0.7，"炬炼"燃烧器。

④ 水泵　每个小系统装配 WILO-LG 热水循环泵 1 台，室内安装 WILO-LG 热水循环泵 2 台，参数见表 2-6。

⊡ **表 2-6　热水循环泵参数**

型　号	电　源	输出功率/W	扬程/m	最大排水量/(m³/h)	吸/出水口径/mm
PH-251E	220V	250	7.5	18.6	65
PH-400E	50Hz	400	16/19.5	18.6/15	80

（3）系统工作原理

系统安装调试好以后安装以下的方式运行。

① 定温放水　系统采用定温放水的方式运行，依靠自来水的压力给真空管型集热器上水（若自来水的压力不够，通过泵上水）。根据真空管型集热器中的温度控制 DCF（常闭电磁阀）的开启和关闭。当真空管型集热器中充满水的时候，在太阳的辐射下，真空管型集热器中的水温升高，当升高到 $T_1 \geqslant 55℃$ 的时候，DCF 打开，自来水进入真空管型集热器，将其中的热水顶入到保温水箱中，同时自身的温度慢慢降低，当降低到 $T_1 \leqslant 50℃$ 的时候，DCF 关闭，停止上水，真空管型集热器中的水温又开始升高，升高到 $\geqslant 55℃$ 时又开始下一

个定温放水的过程。（定温放水的温度在 40～60℃ 之间可调）

② 温差循环　温差循环由 14t 保温水箱的水位和水温来控制。当水箱水满以后，DCF 关闭（不再受 T_1 的控制），当 $T_1-T_2 \geqslant 5℃$，循环泵 P1 启动，当 $T_1-T_2 \leqslant 3℃$ 时，循环泵 P1 停止。到水箱中的水位 $\leqslant 3/4$ 时，不再温差循环，开始定温放水。

③ 管路循环　根据温度传感器探测到 T_3 的大小来控制 P2 的启动与停止，来实现管路循环，保证一开即有热水的目的。当 $T_3 \leqslant 30℃$，P2 启动，当 $T_3 \geqslant 40℃$，P2 停止。（温度可以在 30～50℃ 之间设定）。

④ 辅助能源　系统采用燃油（气）锅炉作为辅助能源，当 $T_2 \leqslant 48℃$，锅炉启动，开始加热，加热到 $T_2 \geqslant 50℃$ 时，锅炉停止加热。

⑤ 最低水位保护　当天气不好时，定温放水启动的次数少，水箱中的水量不够，为了保证用水，设置最低水位保护。根据 14t 水箱的水位来控制 DCF 的开启和关闭，实现最低水位保护功能。当 14t 水箱中的水位 $\leqslant 1/4$ 时，DCF 打开（不再受 T_1 控制），自来水通过真空管型集热器补入到保温水箱中，当 14t 水箱的水位 $\geqslant 1/2$ 时，DCF 关闭，停止补水。

2.4.4.3　工程设计图内容

① 设计施工说明：主要内容工程概况、设计依据、设计范围、集热器面积计算书、系统方案、安全、管道及阀门、保温及防护、施工、系统压力试验及检验方法，电气、其他。

② 图例、主要设备、材料表、通用大样图。

③ 系统原理图：含系统图和系统控制说明。

④ 太阳能热水系统设备布置平面图。

⑤ 设备基础平面图和做法详图。

⑥ 太阳能热水系统设备支架平面图和立面图。

⑦ 太阳能热水系统管路平面图和局部详图。

⑧ 太阳能热水系统电气平面图、系统图和控制箱电气原理图。

2.4.5　设计常见问题处理

（1）管路连接

管路连接方式，集热器组的连接方式有三种。

① 串联　一台集热器的出口与另一台集热器的入口相连。

② 并联　一台集热的出、入口分别与另一台集热器的出、入口相连。

③ 混联　若干集热器并联，各并联集热器组之间再串联，称为并串联。或若干集热器串联，各串联集热器组之间再并联，称为串并联。

自然循环式太阳能热水系统，因热虹吸压头较小，所以一般都采用阻力较小的集热器组并联方式。为防止流量分配不均，一般一组并联集热器的面积不超过 $30m^2$。强制循环式太阳能热水系统，因采用水泵进行循环，压头较大，可根据系统布置，灵活采用串并联或并串联的连接方式。如图 2-19 所示。

（2）管路布置

在集热器连接方式确定之后，管路布置是否正确，对热水系统的效率也有一定的影响。热水系统集热器管中布置形式有多种，这里介绍两种常用的管路布置形式。

① 等程管路系统　即系统中每个集热器进出管路的长度基本相等。图 2-20 表示几种典

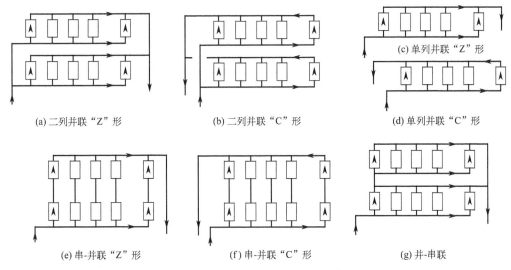

(a) 二列并联 "Z" 形　　　　(b) 二列并联 "C" 形　　　　(c) 单列并联 "Z" 形

(d) 单列并联 "C" 形

(e) 串-并联 "Z" 形　　　　(f) 串-并联 "C" 形　　　　(g) 并-串联

图 2-19　强制循环热水系统集热器连接方案

型的等程管路系统布置方式。图 2-20(a) 的布置是贮水箱在热水系统中间,其特点是热阻力小,热效率高,但增加了管道长度和零件。图 2-20(b) 是贮水箱在一侧的等程布置方式,这种布置增加了管路长度和零件,同时也增加了流阻损失。因此,若贮水箱设在集热器的一侧,不宜采用等程管路系统。

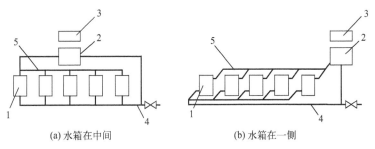

(a) 水箱在中间　　　　　　　(b) 水箱在一侧

图 2-20　等程管路系统
1—集热器;2—贮水箱;3—补给水箱;4—下集管;5—上集管

② 不等程管路系统　即系统中每个集热器进出水管长度不等。这种管路系统的特点是循环管路较短,管道零件也比等程管路系统少,因此流阻也较小。图 2-21 表示两种不等程管路系统,图 2-21(a) 与图 2-21(b) 都是贮水箱布置在集热器组一侧,两者相比,图 2-21(b) 系统的循环管路要短得多,不但可以节省管道和零件,而且还减小了流阻。图 2-21(b)系统,集热器下面的集热回水管公用,而集热器出水管分别单独接入贮水箱。这种方式循环效果好,在集热器组数量不多的情况下,适宜采用此种管路布置方式。若集热器太多,则接入贮水箱的管路太长,会增加管道散热损失和管道阻力。

(3) 排气

在太阳能热水系统中,排气是非常重要的,特别是真空管型集热器组成的热水系统中。在真空管型太阳能热水系统中,由于采用主动循环,大多应用排气阀(无压式的),少部分应用排气管。排气应做成下细上粗的形状,以减少水的溢出。北方地区采用排气阀和排气管

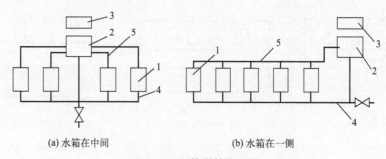

(a) 水箱在中间　　　　　　　　(b) 水箱在一侧

图 2-21　不等程管路系统

1—集热器；2—贮水箱；3—补给水箱；4—下集管；5—上集管

时应做好防冻处理。

（4）U 形弯和单向阀

在真空管型热水系统中，为防止联集箱内水流失，造成炸管情况，应采取措施对水截留。方法如图 2-22 所示。在联集箱进水端要安装单向阀，出水端安装 U 形弯。这样，当水泵停止上水循环时，水不会从进水端产生倒流，也不会从联集箱中流入水箱，避免炸管并保证测温的准确性。

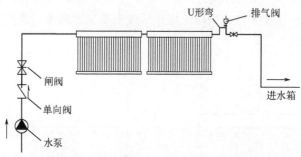

图 2-22　安装单向阀、U 形弯示意图

（5）防炸管

有时系统运行到一定临界点时（如水箱与集热器温度均达到 95℃以上时），产生的温差达不到设定的温差，循环泵不启动，时间长了以后，联集箱内水蒸发，产生空晒，等达到温差循环条件时，泵启动，冷水进入真空管型集热器，会造成炸管情况。

这种情况下，可采用定时循环和温差循环双重控制，保证白天能定时循环 3 次以上就能很好地避免炸管现象。

2.4.6　工程设计和使用禁忌

① 热水系统加装 U 形弯　真空管型热水系统在设计时，其真空管型集热器的进水端及出水端应加 U 形弯，防止水的流失及倒流。如图 2-22 所示 U 形弯的高度必须超出真空管内水位 100mm 以上，但也不宜过高。加 U 形弯的目的是防止循环泵停止运转后，由于工程水箱的位置较低，真空管内的水流进水箱内，真空管内水很少，阳光曝晒，出现炸管的情况。

② 热水系统试水后马上运行　由于真空管型集热器内水很少，试水后若停止运行，时间稍长而阳光很好的情况下，由于阳光曝晒，水蒸发、沸腾会将真空管炸破。故热水系统应在正式运行前再试水。

③ 单台热水器串并联热水系统管路连接方式　单台热水器串并联热水系统连接时，靠近浮球箱的一台宜接成低进高出式（当工程很大时，串联 6 台以上，应接成低进高出式 2 台），其余连接成低进低出，这样既保证了冷水不会很快流进水箱，又保证了热水器里的热水对水箱的及时补充。

④ 多串联，少并联　设计热水系统时，特别是真空管型集热器式太阳能热水系统，其管路的设计原则是在保证管路等程的前提下，尽量少并联，多串联，其并联组数不宜超过 6 组，并联太多，易造成循环流量不均衡，阀门调节不能保证流量均匀，这样会造成系统热效率下降。

⑤ 循环泵不能过小　在真空管型太阳能热水系统中，循环泵的流量及扬程均需比计算稍大一些，保证温差循环的正常运行，避免水在循环时，集热器内水温很高，降不下来，致使温差循环不能停止。这样，会造成集热器内热量不能充分到达水箱，效率降低，故循环泵宜大不宜小。

⑥ 系统加单向阀　系统设计中注意按系统水流动的方向加装单向阀，防止水的倒流及用户混水阀出现故障，冷水沿热水管道上升，造成系统出现故障的假象。

⑦ 等程原则　此为管路设计中的基本原则，目的是保证各循环管路阻力一致，从而保证系统循环、流量均衡，使热效率达到最大。

⑧ 管路匹配　设计过程中，一定要计算各管路的管径，过细的管路会增加系统阻力，降低循环流量，用水管路流量达不到用户要求，故管径一定要匹配。

⑨ 泵的选择　系统中无论是循环泵还是增压泵，都应选择质量好的热水泵，如格兰富或威乐水泵。

⑩ 管道循环温度设定　有些热水系统有管道循环功能，此时一定要注意管道循环的停止温度要低于水箱内部实际温度 10℃左右。避免两者温度过于接近或管道循环停止温度高于水箱内实际温度，这样会造成循环泵长时间工作而停不下来。

⑪ 电热带功率匹配　热水系统设计防冻问题时若采用电热带防冻，则一定要设计好电热带长度、数量，避免电热带过长，功率过大。

⑫ 排气阀　真空管型太阳能热水系统在设计时宜采用排气阀，一般在真空管型集热器的进水端和出水端各安装一个排气阀，然后每隔 3 台真空管型集热器安装一排气阀，排气阀要保温好，防止冬天被冻。

2.5　平板型集热器太阳能热水系统设计

集热器单体并联：集热器直接连成一排的方式叫单体并联，见图 2-23。

图 2-23　单体并联

集热器连接级数：一个单体并联的出口与另一个单体并联的入口相连接时，第一个单体并联为一级，第二个单体并联为二级，两个单体并联的组合称为一级串联组合，依此类推。

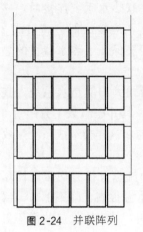

图 2-24　并联阵列

集热器阵列：若干个集热器单体并联或串联的组合称为集热器阵列，见图 2-24。

2.5.1　自然循环平板太阳能系统设计

自然循环系统（图 2-1）是靠热虹吸作用进行循环，其蓄热水箱底部应较最末端集热器阵列上循环管顶部水平面高出 300mm 以上，以防止夜间储热水箱的水逆循环；它具有结构简单，造价相对较低，故障率低等特点。

（1）安装面积

每一个独立的系统集热面积小于 50m^2 时应优先选择。

（2）集热器的连接方式

① 单体并联　集热器块数一般不超过 6 块，见图 2-25。

② 并联阵列　每一个单体并联不超过 6 块，每个并联阵列不超过 3 个单体并联为宜，见图 2-26。

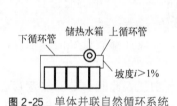

图 2-25　单体并联自然循环系统　　　　**图 2-26　并联阵列自然循环系统**

（3）上、下循环管的连接方式

因为是自然循环，故要求系统的上、下循环管弯头尽可能少一些，否则，循环阻力过大，会影响系统的热效率。当采用一个独立系统不能克服管道弯头过多的问题时，可考虑设几个单一的自然循环系统，但必须注意上、下循环管与集热器蓄热水箱的连接绝不能有反坡现象，应沿水流的方向有 1% 的坡度，上循环管与水箱连接时严禁使用 90° 弯头，应使用 135° 弯头，以免产生气堵，严重影响循环效果，见图 2-25 和图 2-26。

（4）循环管管径的选择

管径太大会增加散热面积，管径太小会增加循环阻力，因此，上、下循环管的流通截面积应等于几个集热器单体并联进出口与循环管接驳时截面积总和的 70%～90%，见表 2-7。

▣ 表 2-7　集热器单体并联数量与管径对照表

集热器单体并联数量/个	1	2	3	4	5	6	7	8
管径DN /mm	25	32	40	50	50	50	50	65

（5）水箱设置

每个自然循环系统设一个蓄热水箱，也可几个系统共用一个蓄热水箱，见图 2-27。

2.5.2　强制循环平板太阳能系统设计

强制循环是利用水泵使集热器与蓄热水箱内的水进行循环，它的特点是蓄热水箱的位置不受集热器位置制约，可任意设置，我们一般采用温差控制方式循环，即利用蓄热水箱下部的温度传感器与集热器阵列末端上循环出口的温度传感器之间的温度差控制水泵的启动运行。实际工程设计时，一般为避免温差循环泵的频繁启动，其温差循环泵启动工作时的温差值通常随季节变化情况在 5～8℃ 之间设定，而泵停止工作的温差控制下限一般可按 2～3℃ 设定，见图 2-28。

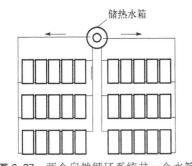

图 2-27　两个自然循环系统共一个水箱

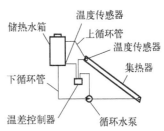

图 2-28　强制循环原理图

（1）安装面积

强制循环布置具有很大的灵活性，通常可做成并联、串联或串并联结合等多种组合形式。并联连接时应注意流量平衡，串联时也要尽可能使流经各组阵列的流量不致过大，以免系统阻力过大。对于集热器面积＞60m²，≤280m²（甚至 300m²）的系统，根据集热器安装地点的建筑平面结构状况，既可设计成单个独立强制循环系统，也可分设成多个独立强制循环系统；但单个系统的集热面积较小时，则其单位面积工程造价就相对较高，而单个系统集热面积较大时，则循环管路较长，系统管道阻力增大从而对循环泵的扬程要求较高，导致增加循环泵的功率和增大管道的安装密封要求。实际进行工程设计时，应从技术和经济等方面综合考虑，合理布局选择优化设计方案。

（2）集热器的连接方式（图 2-29 和图 2-30）

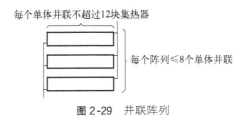

图 2-29　并联阵列

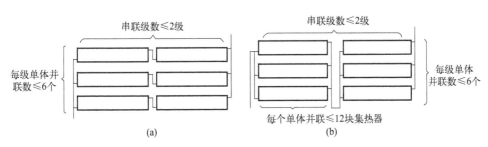

图 2-30　串并联阵列方式

（3）上、下循环管的连接方式

上、下循环管应为同程式连接设计。上、下循环管与蓄热水箱的距离尽量缩短，弯头尽可能少一些，以减少管道的阻力；要求上循环管有不小于 0.3% 的坡度，并在容易产生积气的地方装设排气阀，防止产生气堵而影响循环效果，见图 2-31。

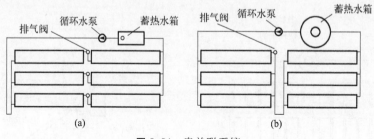

图 2-31　串并联系统

（4）循环管管径的选择

上、下循环管的流通截面积应不小于集热器串、并联后与循环管的接驳口总的截面积的 60%，见表 2-8。

⊡ 表 2-8　集热器组数与循环管径对照表

集热器组数/组	1	2	3	4	5	6
循环管管径 DN /mm	20	25	32	32	40	40

（5）水箱设置

每个系统可设一个或多个蓄热水箱，也可几个系统共用一个蓄热水箱，水箱与集热器安装距离可远可近，可高可低，但必须考虑到系统循环管路增长之后，管道的散热损失增大，见图 2-32。

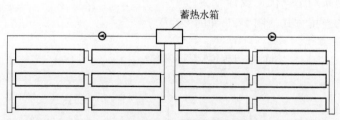

图 2-32　两个串并联系统共一个水箱的强制循环系统

（6）强制循环泵的选型

泵的小时流量按系统日产水量的 50%～70% 选择，系统（独立系统）的日产水量按太阳能集热面积乘以每平方米产水量（如 $70L/m^2$）计算，水泵扬程按系统总水头损失的 1.1～1.3 倍选择，对于单级并联或两级并串联阵列也可按表 2-9 选择。

⊡ 表 2-9　太阳能强制循环泵选择表

集热器面积 /m²	单体并联块数/块	单体并联组数/组	串联级数	循环管径 DN /mm	水泵扬程 /m	水泵流量 /(m³/h)
60～80	5～8	4～6	1～2 级	32	15	2.5～3.5
80～100	5～10	5～8	1～2 级	32	20	3.3～4.2

集热器面积 /m²	单体并联 块数/块	单体并联 组数/组	串联级数	循环管径DN /mm	水泵扬程 /m	水泵流量 /(m³/h)
100~150	5~12	6~10	2级	40	20	4.2~6.3
150~200	7~12	8~12	2级	40	25	6.3~8.4
200~250	7~12	9~12	2级	50	32	8.4~10.5
250~280	11~12	11~12	2级	50	20	10.5~12

循环泵选型计算范例1：见图2-33，系统集热面积为 $78m^2$，按循环流量 $78m^2 \times 70L/m^2 \times 64\% = 3510L/h$ 设计；主管径 $DN32mm$，根据循环管各管段长度、流量选择适当管径，查水力计算表计算各管段沿程水头损失，按30%计局部损失，集热器阵列总阻力按每块集热器0.5~1m左右计。本系统水力计算见表2-10。从计算结果可知，所需循环泵总扬程11.53m（循环流量 $3.51m^3/h$），选择ISG32-125A水泵，流量 $3.1m^3/h/4.5m^3/h/5.8m^3/h$，扬程17.6m/16m/14.4m，电机功率0.55kW。

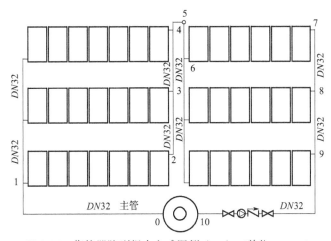

图 2-33 集热器阵列组合方式图例（一）（单位： mm）

⊡ 表 2-10 太阳能循环管路水力计算一

管段编号	管段长度 /m	流量 /(L/h)	管径 /mm	流速 /(m/s)	沿程水头损失	
					每米损失/mmH₂O	管段损失/mmH₂O
0~1	10.5	3510	32	1.12	111	1166
1~2	集热器阵列7.5	1170	按20估算	1.18	258	1935
2~3	3	1170	32	0.38	13	39
3~4	3	2340	32	0.75	50	150
4~5	2	3510	32	1.12	111	222
5~6	2	3510	32	1.12	111	222
6~7	集热器阵列6.5	1170	按20估算	1.18	258	1677
7~8	3	1170	32	0.38	13	39
8~9	3	2340	32	0.75	50	150

续表

管段编号	管段长度/m	流量/(L/h)	管径/mm	流速/(m/s)	沿程水头损失	
					每米损失/mmH$_2$O	管段损失/mmH$_2$O
9～10	11	3510	32	1.12	111	1221
管段沿程水头损失合计：6821mmH$_2$O						
按沿程水头损失30%计算局部水头损失合计：6821mmH$_2$O×30%＝2046mmH$_2$O						
系统总水头损失＝6821mmH$_2$O＋2046mmH$_2$O＝8867mmH$_2$O						
水泵扬程＝系统总水头损失×1.3＝11.5mmH$_2$O						

注：1mmH$_2$O＝9.8Pa。

循环泵选型计算范例2：见图2-34，系统为2个一级并联，主管管径配置如图所示。根据循环管各管段长度、流量选择适当管经，查水力计算表计算各管段沿程水头损失，按30%计局部损失，集热器阵列总阻力按每块集热器0.5～1m左右计。该系统水力计算见表2-11。从计算结果可知，所需循环泵总扬程按主管采用DN32mm和DN40mm两种配置计算（循环流量3.51m^3/h）分别选择：主管DN32mm时，所需水泵扬程11.5m，可选择ISG32-125A水泵，流量3.1m^3/h、4.5m^3/h、5.8m^3/h，扬程17.6m、16m、14.4m，电机功率0.55kW；主管DN40mm时，所需水泵扬程5.09m，也可选择ISG32-125A水泵，流量3.1m^3/h、4.5m^3/h、5.8m^3/h，扬程17.6m、16m、14.4m，电机功率0.55kW。

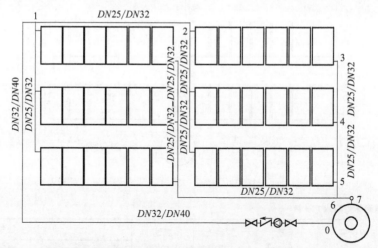

图2-34 集热器阵列组合方式图例（二）（单位：mm）

⊡ 表2-11 太阳能循环管路水力计算二

管段编号	管段长度/m	流量/(L/h)	管径/mm	流速/(m/s)	沿程水头损失	
					每米损失/mmH$_2$O	管段损失/mmH$_2$O
0～1	24	5040	32/40	1.61/1.2	228.43/105.3	5482/2527
1～2	7.5	2520	25/32	1.48/0.81	288.15/57.11	2161/428
2～3	集热器阵列6.5	840	按20估算	0.9	51	332
3～4	3	840	25/32	0.53/0.29	36/7.7	108/23
4～5	3	1680	25/32	0.99/0.54	129/25.4	387/76

管段编号	管段长度/m	流量 /(L/h)	管径 /mm	流速 /(m/s)	沿程水头损失	
					每米损失 /mmH$_2$O	管段损失 /mmH$_2$O
5~6	1	2520	25/32	1.48/0.81	288.15/57.11	288/57
6~7	4.5	5040	32/40	1.61/1.2	228.43/105.3	1028/474
管段沿程水头损失合计：主管 DN32mm 时为 9786mmH$_2$O；主管 DN40mm 时为 3917mmH$_2$O						
按沿程水头损失 30%计算局部水头损失合计：主管 DN32mm 时为 2936mmH$_2$O；主管 DN40mm 时为 1175mmH$_2$O						
系统总水头损失：主管 DN32mm 时为 9786+2936=12722(mmH$_2$O)；主管 DN40mm 时为 3917+1175=5092(mmH$_2$O)						
主管 DN32 时，水泵扬程=12.722×1.3=16.54(mH$_2$O)						
主管 DN40 时，水泵扬程=5.092×1.3=6.62(mH$_2$O)						

注：1. 1mmH$_2$O=9.8Pa。

2. 循环管路管道流速一般可选择 1.0~1.5m/s 左右，对环境有特殊要求的场合管道流速可选择小一些，具体需根据实际情况灵活处理。

（7）强制循环泵的控制

强制循环泵应设计安装在下循环总管上，将蓄热水箱内的水抽入集热器并将其热水顶回蓄热水箱，对于水箱水位低于最高位置集热器的应在泵前设置单向止回阀，以防止集热器内的水倒流回蓄热水箱，使集热器空晒而影响热效率。其水泵受温差控制器控制，温差控制器有高、低温传感器 2 个，高温传感器装在集热器末端阵列中最高温度点的上循环管上，检测集热器内水的温度；低温探头装在蓄热水箱距底部 50mm 处的外臂上，检测未进入集热器前水的温度。它是利用 2 个温度传感探头之间的温差控制水泵的启动运行，所采用的温差控制器的温差设定值为：当温差达到 5~8℃时，水泵启动；当温差小于 2~3℃时，水泵停止。对于可以调整温差控制值的，在冬季可以将该值调小一些，见图 2-35。

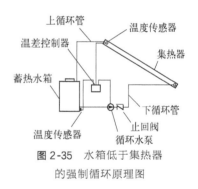

图 2-35　水箱低于集热器的强制循环原理图

2.5.3　定温放水系统设计

定温放水是通过温度控制器控制电磁阀或水泵，用水源压力或水泵加压，将集热器内的热水顶入蓄热水箱内，这种系统的特点是只要有太阳就能得到一定温度的热水，它的另一个特点是可以与温差控制式强制循环方式一同使用，这样能有效地利用热水，见图 2-36。

（1）安装面积

单个独立系统不宜超过 280m^2。

（2）集热器的连接方式

见图 2-29 和图 2-30。

（3）集热器进出口管道的连接方式

进出口管道应为同程式连接设计。进出口管道与蓄热水箱的距离尽量缩短，弯头尽可能少一些，以减少管道的阻力；要求出水管有 0.3%的坡度，并在容易产生积气的管上装设排气阀，防止产生气堵而影响水流，见图 2-37。

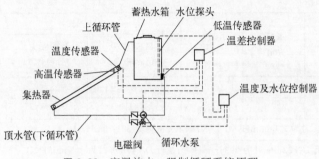

图 2-36　定温放水+强制循环系统原理

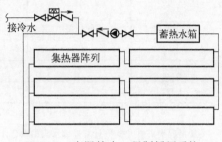

图 2-37　定温放水+强制循环系统

（4）进出口管径的选择

进出口管径的流通截面积应不小于集热器串、并联后与进出口管道接驳口总的截面积的 60%，见表 2-12。

⊡ 表 2-12　集热器组数与进出口管径对照表

集热器组数/组	1	2	3	4	5	6
进出口管径DN /mm	20	25	32	32	40	40

（5）水箱设置

每个系统可设一个或多个蓄热水箱，也可几个系统共用一个蓄热水箱，见图 2-38。

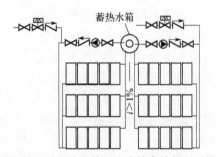

图 2-38　两个并联共一个水箱自然循环系统

（6）电磁阀和水泵的选择

① 在冷水压力足够的情况下，选择电磁阀来控制水流，因电磁阀的流通截面积较小，所以其选型原则应比进水管管径大一个规格。

② 在冷水压力不够的情况下，应选择水泵加压来控制水流。其选型原则是其流量等于系统的日产水量的 25% 即可，水泵的扬程应通过计算系统的阻力大小来确定。

（7）电磁阀和水泵的控制

电磁阀或水泵受集热器阵列中出水口处最高水温点的水温控制，其感温探头装在集热器的出口处。

第3章

集中集热、分户储热式太阳能热水系统

3.1 集中集热、分户储热太阳能热水系统原理及特点

集中集热、分户储热式太阳能热水系统是指将太阳能集热器集中、统一规划安装成为一个系统，储水箱、辅助保障系统以终端用户为单位独立设置的太阳能热水系统。如图 3-1 所示。

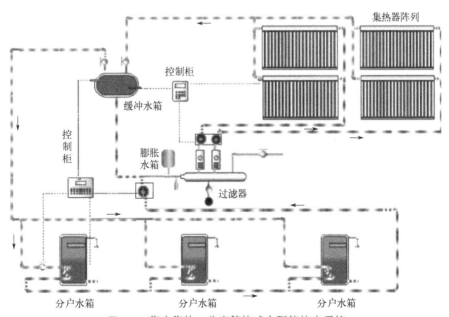

图 3-1 集中集热、分户储热式太阳能热水系统

集中集热、分户储热式太阳能热水系统具有以下特点：

① 集热器安装在楼顶层，不影响建筑外观；

② 集热器统一安装，集热循环管路少，水箱容积小，占用公共空间面积小；

③ 热水系统供应为分户式，储水、辅助加热均在户内，减少了辅助系统、供水系统的运行费用及热损失；

④ 热水系统分户供应，无热水计费、辅助电费计量收取问题。

集中集热、分户储热式太阳能热水系统运行原理如图 3-2 所示，每个系统设计由相应数量的平板集热器和循环水泵、连接管道、缓冲水箱和分户（储热）水箱、室内控制系统组成，以满足 24h 用水的需求，每户配备 80L 承压水箱，采用盘管进行换热。每户室内水箱配备一个常闭电磁阀和一套控制仪。

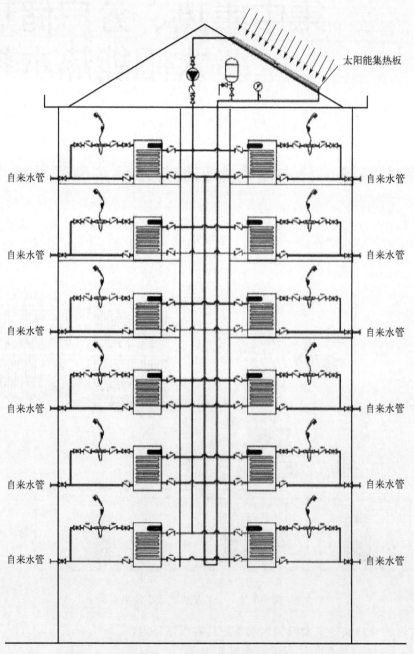

图 3-2　集中集热、分户储热式太阳能热水系统运行原理

系统分为两部分：①太阳能集热系统；②分户换热系统。

（1）太阳能集热系统

太阳能集热系统由平板集热器、缓冲水箱、循环泵、控制柜、管路等组成。

集热温差循环：当集热器温度 T_1 和水箱温度 T_2 的温差达到设定值（如 10℃）时，集热器与缓冲水箱之间的循环水泵启动，通过循环加热使缓冲水箱升温；当温差低于设定温度（如 5℃）时，循环水泵关闭，停止循环。

管道换热循环：当水箱温度 $T_2 \geqslant 45℃$ 且和主管道最不利点的管路温度 T_3 的温差达到设定值（如 10℃）时，换热循环水泵 P2 启动，主管道内温度较低的水流回水箱，当 $T_2 \leqslant 40℃$ 或 T_2 与 T_3 的温差低于设定温度（如 5℃）时，换热循环水泵 P2 停止，停止循环。

以上功能由系统电控柜进行控制。

（2）分户换热系统

分户换热系统由缓冲水箱、分户（储热）水箱、室内控制仪表、循环泵和管路等组成。

分户换热循环开始：室内控制仪表检测室内分户（储热）水箱的温度和主管道温度的温差＞5℃且分户（储热）水箱温度＜60℃时，分户（储热）水箱前电磁阀处于开启状态，此时一旦循环泵启动，就会与每户分户（储热）水箱进行热交换。

分户换热循环停止：当室内分户（储热）水箱温度和主管道温度的温差＜5℃或室内分户（储热）水箱温度≥60℃时，分户（储热）水箱前电磁阀关闭，主管道与分户（储热）水箱之间停止换热。

当住户室内分户（储热）水箱中电加热启动时（无论自动或手动），电磁阀强行处于关闭状态，不受换热循环功能控制；当电加热关闭时，电磁阀开启或关闭状态受换热循环功能控制。

自动电加热：每户室内控制仪自动设置，定时加热。在设定时间段内，当室内分户（储热）水箱温度低于设定温度 5℃时，电加热自动启动；当室内分户（储热）水箱温度达到设定值时，停止电加热。

手动电加热：控制仪具有手动电加热功能，方便用户不同时段能用到热水，为充分利用太阳能热水系统，推荐使用定时加热，白天充分利用太阳光加热系统，在用水前 3h 启动定时加热，满足用水需求。

室内控制仪电加热的设定温度在 60℃以下（如 55℃），这样，系统换热循环时由于太阳能系统缓冲水箱的温度高于设定的电加热温度，所以基本上不会将用户电加热的热量带走。

室内管路定时和手动延时循环：室内仪表可进行三次定时管路循环和单次手动延时 20～30s 循环，方便热水使用，减少冷水流失和等待热水时间。此部分功能需要设计室内循环管道和循环泵来实现，用于室内用热水点和储热水箱较远、客户要求即开即热的情况，一般不建议设计此功能。

3.2　集中集热、分户储热式太阳能热水系统的六种应用模式

（1）模式一：热媒＋膨胀罐、电磁阀分户控制（北方）

以每个单元为单位设计太阳能热水系统。每个系统设计由相应数量的平板集热器和循环水泵、连接管道、膨胀罐和室内分户（储热）水箱、室内控制系统组成，以满足 24h 用水的

需求，每户配备 80L 承压分户（储热）水箱，采用盘管进行换热。每户室内水箱配备一个常闭电磁阀和一套控制仪，如图 3-3 所示。本系统主要用于用户不多，循环管道较短的情况，一般为 7 层以下的楼房。

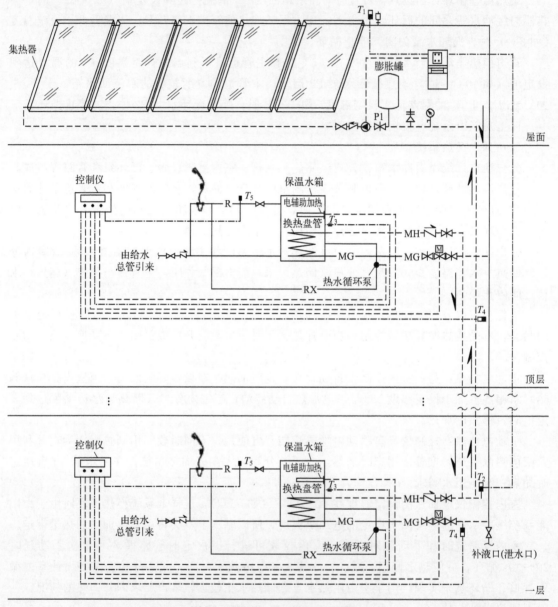

图 3-3 热媒＋膨胀罐、电磁阀分户控制（北方）

（2）模式二：热媒＋膨胀罐、统一控制（北方）

以每个单元为单位设计太阳能热水系统。每个系统设计由相应数量的平板集热器和循环水泵、连接管道、膨胀罐和室内分户（储热）水箱、室内控制系统组成，以满足 24h 用水的需求，每户配备 80L 承压分户（储热）水箱，采用盘管进行换热。每户室内水箱配备一套控制仪，如图 3-4 所示。本系统主要用于用户不多，循环管道较短的情况。

太阳能集热系统采用集热定温循环：当集热器温度 T_1 到达设定值（如 60℃）时，集热循环水泵 P1 启动，将集热器的热量输送到换热管道中，当集热器温度 T_1 低于设定温度（如 50℃）时，集热循环水泵 P1 关闭，停止循环。

分户换热与太阳能集热系统是同步进行的，循环水泵 P1 循环时即对用户的分户（储热）水箱进行了换热，当循环水泵 P1 停止时，换热也随之停止。

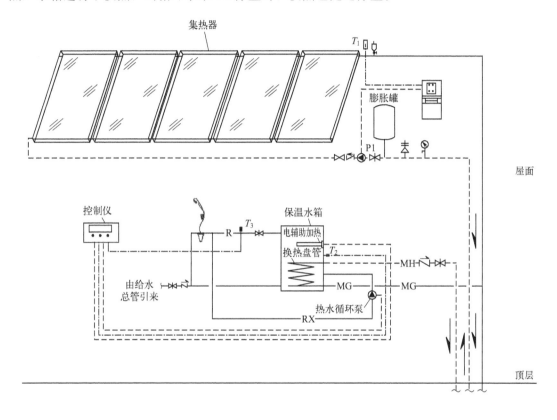

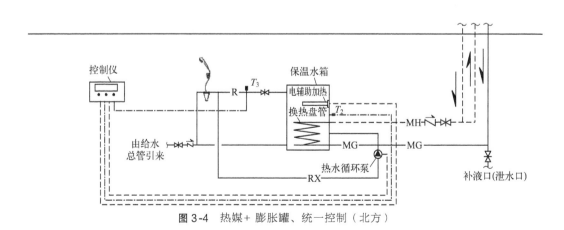

图 3-4　热媒＋膨胀罐、统一控制（北方）

（3）模式三：热媒＋常压水箱、分户控制（北方）

以每个单元为单位设计太阳能热水系统。每个系统设计由相应数量的平板集热器和循环水泵、连接管道、太阳能缓冲水箱、板式换热器和室内分户（储热）水箱、室内控制系统组成，以满足 24h 用水的需求，每户配备 80L 分户（储热）承压水箱，采用盘管进行换热。每户室内水箱配备一个常闭电磁阀和一套控制仪，如图 3-5 所示。太阳能集热系统介质为防冻液，常压水箱内为水，水箱容量约为正常配水量的 1/10。

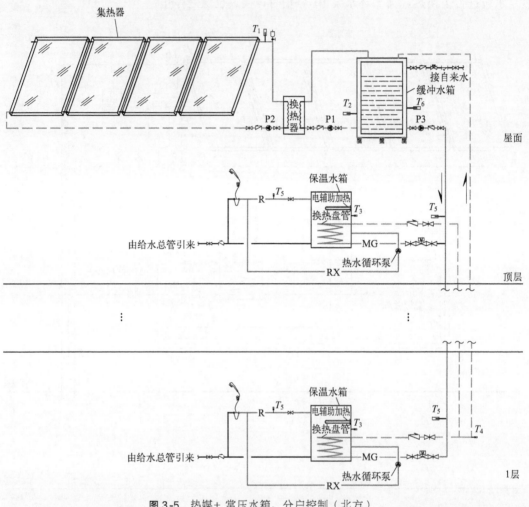

图 3-5　热媒＋常压水箱、分户控制（北方）

（4）模式四：热媒＋常压水箱、统一控制（北方）

以每个单元为单位设计太阳能热水系统。每个系统设计由相应数量的平板集热器和循环水泵、连接管道、太阳能缓冲水箱、板式换热器和室内分户（储热）水箱、室内控制系统组成，以满足 24h 用水的需求，每户配备 80L 承压分户（储热）水箱，采用盘管进行换热。每户室内水箱配备一套控制仪，如图 3-6 所示。太阳能集热系统介质为防冻液，常压水箱内为水，水箱容量约为正常配水量的 1/10。

分户换热设定为定温循环，建议循环温度为 60～55℃，即在缓冲水箱温度 T_4 达到 60℃时，换热循环开始，换热循环水泵 P3 启动，缓冲水箱内热水流经每户的 80L 承压分户（储热）水箱，进行换热后，再流回缓冲水箱。当缓冲水箱温度 T_4 低于 55℃时，换热循环停止。时间控制：在夜间 12:00—早晨 7:00 之间，分户换热循环停止，防止夏季晚上循环不停。该功能由系统电控柜进行控制。

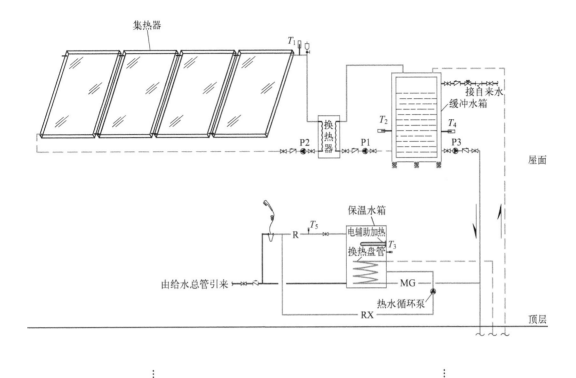

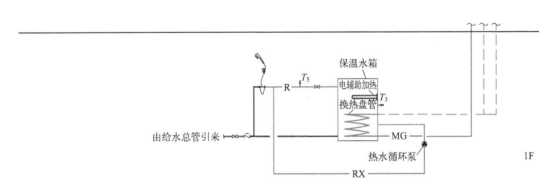

图 3-6　热媒+常压水箱、统一控制（北方）

（5）模式五：水+常压水箱、分户控制（南方）

以每个单元为单位设计太阳能热水系统。每个系统设计由相应数量的平板集热器和循环水泵、连接管道、太阳能缓冲水箱和室内分户（储热）水箱、室内控制系统组成，以满足24h用水的需求，每户配备80L承压分户（储热）水箱，采用盘管进行换热。每户室内分户（储热）水箱配备一个常闭电磁阀和一套控制仪，如图3-7所示。系统介质为水，水箱容量约为正常配水量的1/10。

分户换热循环开始：室内控制仪表检测室内分户（储热）水箱（80L承压水箱）的温度 T_3 和主管道的温度 T_5，当 $T_5 - T_3 > 5℃$ 且 $T_3 < 60℃$ 时，分户（储热）水箱前电磁阀处于开启状态，此时一旦循环泵启动，就会与每户小储水箱进行热交换。

分户换热循环停止：当 $T_5 - T_3 < 2℃$ 或 $T_3 \geq 60℃$ 时，分户（储热）水箱前电磁阀关

闭，主管道与分户（储热）水箱之间停止换热。时间控制：在夜间 12:00—早晨 7:00 之间，分户换热循环停止，防止夏季晚上循环不停。

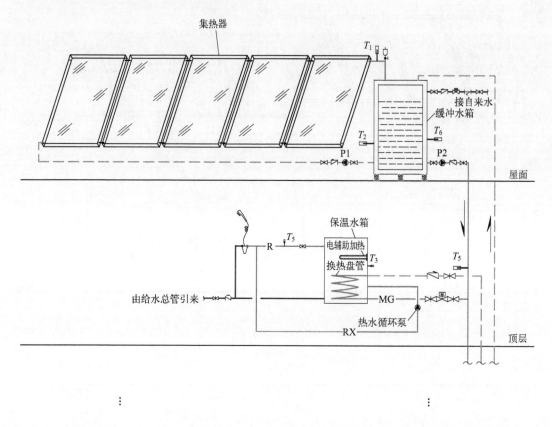

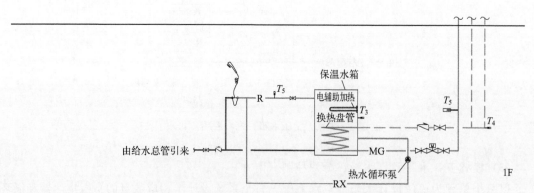

图 3-7 水+常压水箱、分户控制（南方）

（6）模式六：水＋常压水箱、统一控制（南方）

以每个单元为单位设计太阳能热水系统。每个系统设计由相应数量的平板集热器和循环水泵、连接管道、太阳能缓冲水箱和室内分户（储热）水箱、室内控制系统组成，以满足 24h 用水的需求，每户配备 80L 承压分户（储热）水箱，采用盘管进行换热。每户室内水箱配备一套控制仪，如图 3-8 所示。

集中集热、分户储热系统模式特点见表 3-1。

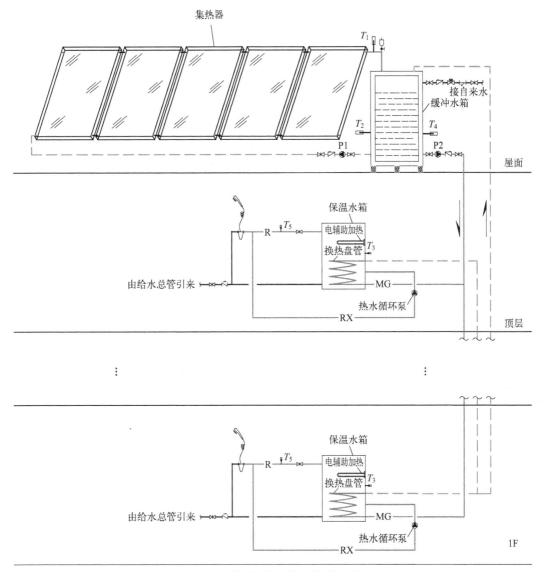

图 3-8　水 + 常压水箱、统一控制（南方）

⊡ **表 3-1　集中集热、分户储热系统模式特点**

序号	系统模式	应用场合	特点分析
1	热媒＋膨胀罐、分户控制（整个系统用防冻液，采用单泵循环，每户装一个电磁阀，通过总控制柜和每户的控制仪控制）	北方结冰地区，多层住宅，换热管道较短	1. 换热管道短，热损失小 2. 分户控制，系统较合理，用户热量不转移 3. 系统安装、维修复杂，故障率高，成本高
2	热媒＋膨胀罐、统一控制[整个系统用防冻液，采用单泵循环，每户不装电磁阀，通过总控制柜控制，控制仪只控制分户（储热）水箱的电加热]	北方结冰地区，多层住宅，换热管道较短	1. 换热管道短，热损失小 2. 统一控制，用户热量会有少量转移，即在系统运行早期（早晨），部分水温高的储水箱的热量被分配到其他温度低的水箱。后期这种情况会减弱、消失 3. 系统安装、维修简单，故障少，使用稳定，成本较少

续表

序号	系统模式	应用场合	特点分析
3	热媒＋常压水箱、分户控制（集热系统采用防冻液，通过换热器、泵使热量进入太阳能缓冲水箱，太阳能缓冲水箱与分户（储热）水箱换热采用水，共三泵循环控制，每户安装电磁阀）	北方结冰地区，小高层、高层住宅，换热管道长	1. 集热、换热分开控制，通过太阳能缓冲水箱集热到一定温度再换热，减少了换热管道热损失，系统更合理 2. 系统增加板式换热器和水泵，成本上升，但换热系统采用水而不是防冻液，成本下降很多。使用成本低，故障和维修成本低 3. 分户控制，系统合理，用户热量不转移，系统安装、维修复杂，故障率高，成本高
4	热媒＋常压水箱、统一控制（集热系统采用防冻液，通过换热器、泵使热量进入太阳能缓冲水箱，太阳能缓冲水箱与分户（储热）水箱换热采用水，共三泵循环控制，每户不安装电磁阀）	北方结冰地区，小高层、高层住宅，换热管道长	1. 集热、换热分开控制，通过太阳能缓冲水箱集热到一定温度再换热，减少了换热管道热损失，系统更合理 2. 统一控制，用户热量会有少量转移，即在系统运行早期（早晨），部分水温高的分户（储热）水箱热量被分配到其他温度低的水箱。后期这种情况会减弱、消失 3. 系统增加板式换热器和水泵，成本上升，但换热系统采用水而不是防冻液，成本下降很多。使用成本低，故障和维修成本低 4. 系统安装、维修简单，故障少，使用稳定，成本较少
5	水＋常压水箱、分户控制（整个系统工质用水，采用双泵循环，先使太阳能热量进入太阳能缓冲水箱，太阳能缓冲水箱与分户（储热）水箱换热，每户装一个电磁阀，通过总控制柜和每户的控制仪控制）	南方非结冰地区	1. 集热、换热分开控制，通过太阳能缓冲水箱集热到一定温度再换热，减少了换热管道热损失，系统更合理 2. 分户控制，系统合理，用户热量不转移 3. 系统安装、维修复杂，故障率高，成本高
6	水＋常压水箱、统一控制（整个系统工质用水，采用双泵循环，先使太阳能热量进入太阳能缓冲水箱，太阳能缓冲水箱与分户（储热）水箱换热，每户不装电磁阀，通过总控制柜控制）	南方非结冰地区	1. 集热、换热分开控制，通过太阳能缓冲水箱集热到一定温度再换热，减少了换热管道热损失，系统更合理 2. 统一控制，用户热量会有少量转移，即在系统运行早期（早晨），部分水温高的分户（储热）水箱热量被分配到其他温度低的水箱。后期这种情况会减弱、消失 3. 系统安装、维修简单，故障少，使用稳定，成本较少

3.3 集中集热、分户储热系统施工方案

3.3.1 施工流程

安装准备→支架基础制作→支架安装→集热器安装→分户换热水箱安装→系统管路安装→管路系统试压→管路系统冲洗或吹洗→电气系统安装→系统调试运行→管道保温。

3.3.2　安装准备

① 根据设计要求开箱核对集热器的规格型号是否正确，配件是否齐全。

② 清理现场，画线定位。

③ 准备好设备和工具。

a. 机械：垂直吊运机、套丝机、砂轮锯、电锤、电钻、电焊机、电动试压泵等。

b. 工具：套丝板、管钳、活扳手、钢锯、压力钳、手锤、煨弯器、电气焊工具等。

c. 其他用具：钢卷尺、盒尺、直角尺、水平尺、线坠、量角器等。

3.3.3　支架基础制作

对制作水泥墩式基础，有下面的要求和做法。

（1）质量要求

① 混凝土墩与楼面结合牢固，混凝土墩外观光滑、美观；

② 根据楼面结构（坡度），保证混凝土墩横向在一个水平面上，纵向可由集热器支架调节高度。

（2）工艺流程

放线→制作水泥墩（同时将预埋件植入）→水泥墩养护。

（3）操作工艺

① 首先用墨斗按设计图纸尺寸放好线；

② 其次用模具（尺寸按图纸）制作混凝土水泥墩；

③ 在预埋的同时，将基座预埋件植入；

④ 基座水泥墩制作完毕后，对水泥墩进行养护。

3.3.4　支架安装

① 支架应按设计要求安装在主体结构上，位置准确，与主体结构固定牢靠。预留钢件与支架连接，通过连接件直接将集热器与建筑连接均可。也可采用钢丝绳与膨胀挂钩形式；采用钢丝绳连接具体如下：a. 钢丝绳的每一端必须采用两个 U 形环；b. 钢丝绳采用直径 10mm 的环花兰螺丝拉紧绷直；c. 钢丝绳一端和集热器相连，另一端同建筑主体连接。同建筑主体连接处应采用通墙螺栓或 5mm 厚的铁板用 4 个膨胀螺栓固定在建筑主体上，然后在其上面焊接固定。通墙螺栓直径大于 16mm，一端焊接固定点，另一端安装加强板用螺母进行固定；膨胀螺栓采用 10mm×150mm 的。

② 集热器支架角度应符合设计要求。集热器倾角应与当地纬度一致，若侧重夏季使用，倾角宜为当地纬度减 10°；如侧重在冬季使用，倾角宜为当地纬度加 10°。

③ 集热器安装方向应符合设计要求。集热器朝向不应超出正南偏东或西 10°范围；水平放置的集热器不受朝向限制。

④ 使用 40mm×40mm×4mm 角钢制作的支架，相邻两个三角支架的间距一般不应超过 2.5m；当必须超过 2.5m 时，应采取合理的抗弯加固措施，以确保支架的抗弯强度。

⑤ 所有钢结构支架的材料（如角钢等）焊接时，在不影响其承压、抗弯强度的情况下，

应选择利于排水的方式放置，以防止积水。

⑥ 支承太阳能热水系统的钢结构支架应与建筑物接地系统可靠连接，支架处于建筑物的防雷保护区内时，钢结构支架应与避雷线、网多点焊接；支架处于建筑物的防雷保护区之外时，应单独制作避雷装置。

⑦ 焊缝应外形均匀，焊道与焊道、焊道与钢材过渡平滑，焊渣和飞溅物应清除干净。集热器支架焊接完毕后，应按设计要求做防腐处理。

3.3.5 集热器安装

① 集热器安装倾角和定位应符合设计要求。集热器应与建筑主体结构或集热器支架牢靠固定，防止滑脱。

② 集热器与集热器之间的连接应按照设计规定的连接方式连接，且密封可靠，无泄漏，无扭曲变形。

③ 集热器之间的连接件，应便于拆卸和更换。

3.3.6 分户水箱安装

① 确认墙体能承受水箱装满水后总重的 4 倍，否则应采取加固措施。

② 确定水箱的安装位置。应保证水箱的位置适合人员操作和观察。水箱底部不要太低，以留出有效空间供住户应用。

③ 根据图纸在墙体上钻两个孔，将膨胀螺栓塞入孔中，用扳手旋紧，且挂钩方向垂直向上。具体参数根据水箱大小和使用形式按相应说明书进行操作。

④ 将水箱抬起，挂在挂钩上，检查是否牢固。

⑤ 管路连接。冷、热水管道安装应按照水暖安装规范执行，自来水进口加装泄压阀。上、下循环管路按设计要求进行安装。上、下循环管路要圆滑，尽量避免直角。当采用盘管水箱时，其循环进出口在水箱侧面。

3.3.7 系统管路安装

按照图纸设计要求进行管路安装。

① 明装管路成排安装时，直线部分互相平行。曲线部分按以下要求安装：

a. 当管道水平或垂直并行时，与直线部分保持等距；

b. 当管道水平上下并行时，弯管部分的曲率半径一致。

② 冷、热水管路同时安装应符合下列规定：

a. 上、下平行安装时，热水管在冷水管上方；

b. 垂直平行安装时，热水管在冷水管左侧。

③ 系统水平管路留有利于排气的坡度，凡未注明坡度值或方向的，系统管道应顺水抬头安装，坡度不小于 0.3%；但开式系统太阳能的热水管应低头敷设，坡度不小于 0.3%，以利于热水尽快流入水箱。系统管路最高点设排气阀。

④ 管道支、吊、托架的安装应符合下列规定：

a. 固定在建筑上的管道支、吊、托架不得影响建筑物结构的安全；

b. 管道支、吊、托架应位置正确，埋设应平整牢固；

c. 固定支架与管道接触应紧密，固定应牢靠；

d. 滑动滑托与滑槽两侧留有 3～5mm 的间隙，支架灵活，纵向移动量符合设计要求；

e. 无热伸缩长管道的吊架、吊杆垂直安装；有热伸缩长管道的吊架、吊杆向热膨胀的反方向偏移；

f. 太阳能集热系统循环管路和热水供应系统管路的支架，在管道和支架间加衬非金属垫或套管，以避免形成热桥，导致过度散热。

g. 管路支托架焊接完毕后，做防腐处理。

⑤ 阀门安装符合以下规定：

a. 阀门安装前，检查阀门是否关闭严密；

b. 每列或每排集热器总进出管口均加装闸阀，便于检修；

c. 阀门装在容易操作地方，阀门安装时加活接，以便于维修拆卸；

d. 截止阀安装时，阀门的安装方向正确，不能装反；

e. 需要快速打开的阀门，采用球阀或蝶阀。

⑥ 安装水泵时，符合以下规定：

a. 水泵就位前，水泵基础的强度、位置、尺寸和螺栓孔位置必须符合设计规定；

b. 安装水泵前，应检查水泵的型号是否与设计图纸相符合；

c. 安装时，应按照厂家要求的方式安装，安装方向应正确；

d. 水泵进水端应安装阻力小的闸阀，以减小水流阻力，水泵出水端应安装调压作用明显的截止阀，以便于调整系统压力；

e. 水泵周围应留有足够的维修空间；

f. 水泵运转前应灌满水，以防止水泵干转损坏水泵，自吸水泵运转前还要注意排除泵腔内的空气。

3.3.8　管路系统试压（水压）

① 热水管的试验压力，应为系统工作压力的 1.5 倍，但不得小于 0.6MPa。

② 直埋在地坪面层和墙体内的管道，水压试验必须在浇捣和封堵前进行，试压合格后方可继续施工。

③ 热熔连接的管道，水压试验必须在管道连接 24h 后进行。

④ 水压试验应符合以下规定：

a. 试验前，管道应固定，接头需明敷，且不得连接配水器具；

b. 压力表安装在试验管段的最低处，压力精度为 0.01MPa；

c. 从管段最低处缓缓地向管道内充水，充分排除管道内的空气，进行水密性试验；

d. 对管道缓缓升压，升压宜用手动泵，升压时间不小于 10min；

e. 升压至规定的试验压力后，稳压 1h，压力降不得超过 0.05MPa；

f. 在工作压力的 1.15 倍状态下，稳压 2h，压力降不得超过 0.03MPa；

g. 试验过程中，各连接处不得有渗漏现象；

h. 在 30min 内允许两次补压，升至规定试验压力。

⑤ 水压试验合格后，将管端与配水件接通，以管网设计工作压力供水，将配水件分批同时开启，各配水点出水应畅通。

3.3.9　管路系统吹洗或冲洗

（1）水冲洗

① 水冲洗管道应用洁净水，冲洗不锈钢管所用水的氯离子浓度必须小于 25mg/L；

② 冲洗流速不低于 1.5m/s；

③ 水冲洗应连续进行，以排出口的水色透明度与入口水目测一致为合格。

（2）空气吹扫

① 空气吹扫流速≥20m/s，吹扫压力不得超过管道的设计压力。

② 吹扫时用锤（不锈钢管用木锤）敲打管子，对焊缝、死角和管底部位重点敲打，但不得损伤管子。

③ 当目测排气无烟尘时，应在排气口处用白布或用涂白漆的木板检验，5min 内白布上无铁锈、尘土、水分及其他杂物为合格。

3.3.10　电气系统安装

（1）电气控制柜的安全注意事项

① 在接通电源之前应检查电控箱内所有螺栓是否因运输振动造成松动；

② 务必连接好地线，否则可能造成触电或火灾；

③ 勿用潮湿的手去操作开关，否则可能引起触电；

④ 送电前，确认转换开关在手动位置，否则会导致设备突然启动，造成严重后果。

（2）电气控制柜的主电路

控制柜对各项负载均做可靠的保护，内部构成均采用国标电器件，保证系统的正常运转。

（3）控制箱的控制电路

控制箱对系统采用手动和自动两种方式。手动时将开关置于手动位置后，可通过相应按钮开启或停止该项的操作，所有仪表均不能控制启停，只做显示。当把开关置于自动位置时，系统进入自动控制状态，通过各项传感器反馈到仪表，再通过用户对仪表设置后，进行相应的控制。

（4）温度传感器安装

① 安装温度传感器前，检查传感器有无缺陷，各组成部分是否松动，不锈钢套管有无砂眼等。传感器应安装在设计图纸要求的位置。图纸未标明的，安装在能够准确反映所需温度并便于维修的位置。具体要求如下：

a. 太阳能温度探头安装在最能反映太阳能温度的地方。对于平板集热器，温度探头应插入到某一列最后一个集热器出水端的集热器盲管内。

b. 水箱温度探头安装在储水箱内与用热水口同一水平面上。

② 温度传感器接线符合如下要求：

a. 探头芯线外引导线与接线端子连接时，用力适中，不能太紧或太松，以防止连接线损伤或接触不良。

b. 接线端子往外接线时，普通温度控制仪的接线可采用≥0.5mm^2 的三芯护套线，并采用同接线螺丝和导线规格相配的专用接线头连接；条件恶劣容易腐蚀的地方，应做过锡处理。做到连接牢固，接触良好，避免腐蚀，尽量减小接触电阻；接线裸露的部位用绝缘套管或绝缘胶带包扎，导线上加装线号标志。

　　c. 所有外接导线加穿线管保护，穿线管符合设计要求，可采用 PVC 穿线管，穿线管的直径应大于所穿线总线径的 1.5 倍。

　　d. 穿线管与传感器接线盒之间采用塑料波纹软管过渡连接。传感器接线盒出线口应朝下，并作防水处理，以利于防雨。

3.3.11　系统调试运行

　　系统在安装完毕后投入使用前，需要进行系统调试。系统调试包括设备单机或部件调试和系统联动调试。系统设备单机或部件调试应包括水泵、阀门、电磁阀、电气及自动控制设备、监控显示设备、辅助能源加热设备等调试。系统联动调试主要指按照实际运行进行调试。

　　(1) 设备单机或部件调试

　　① 检查水泵安装方向。在设计负荷下连续运转 2h，水泵应工作正常，无渗漏、无异常振动和响声，电机电流和功率不得超过额定值，电机温度在正常范围内。

　　② 检查电磁阀安装方向。手动通断电试验时，电磁阀应开启正常，动作灵活，密封严密。

　　③ 温度、温差、水位、流量等仪表应显示正常，动作准确。

　　④ 电气控制系统应达到设计要求的功能，控制动作准确可靠。

　　⑤ 剩余电流保护装置动作应准确可靠。

　　⑥ 防冻保护装置、过热保护装置等应工作正常。

　　⑦ 各种阀门应开启灵活，密封严密。

　　⑧ 辅助能源加热设备工作正常，加热能力达到设计要求。

　　(2) 系统联动调试

　　① 调整系统各个分支回路的调节阀门，使各回路流量平衡。

　　② 调试辅助能源加热系统使其与太阳能热水系统加热能力匹配。

　　③ 调整电磁阀使阀前阀后压力处于设计要求的压力范围内。

　　系统联动调试完成后，连续运行 48h，设备及主要部件的联动要协调，动作准确，无异常现象。

3.3.12　管道保温

　　① 根据设计要求选用合格的保温材料，保温材料厚度符合设计要求。

　　② 保温固定、支承件的设置：垂直管道和设备每隔一段距离须设保温层承重环（或抱箍），其宽度为保温层厚度的 2/3。钉用于固定保温层时，间隔 250~350mm；用于固定金属外保护层时，间隔 500~1000mm；并使每张金属板端头不少于 2 个钉，采用支承圈固定金属外保护层时，每道支承圈间隔为 1200~2000mm。并使每张金属板有两道支承圈。

　　③ 管壳用于小于 $DN350mm$ 管道保温，选用的管壳内径应与管道外径一致，施工时，张开管壳切口部套于管道上。水平管道保温时。切口位于管道的侧下方。对于有复合处保温层的管壳，应拆开切口部搭头内侧的防护纸，将搭接头按压贴平。相邻两段管壳要靠紧，缝隙处用胶带粘贴。

　　④ 保温制品的拼缝宽度，一般不得大于 5mm，且施工时需注意错缝。当使用两层以上

的保温制品时，不仅同层应错缝，而且里外层应压缝，其搭接长度不宜小于50mm。当外层管壳绝热层采用胶带封缝时，可不错缝。

⑤ 当弯头部位保温层无成型制品时，应将普通直管壳截断，加工敷设成虾米腰状。$DN \leqslant 70mm$ 的管道，或因弯管半径小不易加工成虾米腰时，可采用保温棉毡、垫绑扎。

⑥ 金属保护层常用镀锌薄钢板或铝合金板。

⑦ 安装前，金属板两边先压出两道半圆凸缘。对于设备保温，为加强金属板强度，可在每张金属板对角线上压两条交叉筋线。

⑧ 垂直方向保温施工：将相邻两张金属板的半圆凸缘重叠搭接，自下而上，上层板压下层板，搭接50mm。当采用销钉固定时，用木锤对准销钉将薄板打穿，去除孔边小块渣皮，套上3mm厚胶垫，用自锁紧板套入压紧（或M6螺母拧紧），当采用支撑圈、板固定时，板面重叠搭接处尽可能对准支撑圈、板，先用 $\phi 3.6mm$ 钻头钻孔，再用自攻螺钉M4×15紧固。

⑨ 水平管道的保温，可直接将金属板卷合在保温层外，按管道坡向，自下而上施工；两板环向半圆凸缘重叠，纵向搭口向下，搭接处重叠50mm。搭接处先用 $\phi 4mm$（或 $\phi 3.6mm$）钻头钻孔，再用抽芯铆钉或自攻螺钉固定，铆钉或螺钉间距为150～200mm。

⑩ 在已安装的金属护壳上，严禁踩踏或堆放物品。当不可避免时，应采取临时防护措施。

第**4**章

设备及配件

4.1 水泵

4.1.1 水泵的定义

泵是把远动机的机械能转换成液体能量的机器。泵用来增加液体的位能、压能、动能（高速流体）。

原动机（电机、柴油机等）通过泵轴带动叶轮旋转，对液体作功，使其能量增加，从而使所需量的液体由吸水池经泵的过流部件输送到要求的高处或要求的压力的地方。

水泵是在人们日常生活中，直接或间接地输送必要的流体的机器。它具有不可缺少的两种能力——吸力和推力。

4.1.2 水泵的分类

水泵的分类见表 4-1。

⊡ 表 4-1 水泵的分类

按结构原理分类	非储存式水泵	离心水泵	螺旋式水泵	单头或多头螺式水泵
			汽轮式水泵	单头或多头汽轮式水泵
		螺旋桨式水泵	轴流水泵	
			混流水泵	
		黏性(摩擦)水泵	黏性水泵	单头或多头水泵
	储存式水泵	往返式水泵	活塞水泵	水平或直立活塞水泵
			插棒式水泵	水平或直立插棒式水泵
			隔板式水泵	
			叶轮水泵	
		旋转式水泵	齿轮水泵	外接或内接式水泵
			偏离水泵	叶轮或滑轮水泵
			螺丝水泵	单螺丝或双螺丝水泵

按结构原理分类	其他水泵	潜水泵	潜水型黏性水泵	
			潜水型螺旋水泵	
			潜水型汽轮水泵	
			潜水型混流水泵	
		喷流水泵		
		泡沫喷射水泵		
		射流水泵		
按动力系统分类	电动机式水泵	交流型电动机	水平型	联轴直联式水泵
				电机同轴的水泵
				与传动带直联的水泵
				由传动带驱动的水泵
			直立型	
		直流型电动机		
		潜水型电动机	直立型	用于深水井的潜水泵
				用于土木建筑的潜水泵
				用作设备的潜水泵
			水平型	用于喷水的潜水泵
				用于加压的潜水泵
	手动水泵	叶轮水泵		
		隔板式水泵		
		手动式试验用水泵		
		加压水泵		
	发动机式水泵			
	无动力水泵	射流水泵		
按不同液体的分类	抽清水用水泵	潜水泵		
		深水泵	活塞式水泵	
			喷流式水泵	
			潜水型电水泵	
			气压水泵	
	排污用水泵	直立型污水泵(船底排水泵)		
		潜水型污水泵(潜水型船底排水泵)		
		直立型排污泵(非定时水泵)		
		潜水泵排污泵		
	温水型水泵	取暖用热水循环泵		
		供浴水用水泵		
		锅炉供水水泵		
		抽温泉用水泵		
	特殊液体水泵	混凝土传送泵		
		砂浆传送泵		
		运行水泵	化学用水泵	
			高黏度水泵	
			海水用水泵	
			纤维浆水泵	
	抽冷水用水泵			
	散热用水泵			
	油压泵			

4.1.3　水泵的选定

① 抽水量多而扬程低的情况　工、农业用（PU-MODEL）。
② 抽水量少而扬程高的情况　家庭用。
③ 抽水量多而扬程高的情况　多头水泵或采用工农业用机的直联体。
④ 抽水量非常多而扬程低的情况　混流、蓄流泵或农业用机的并联体。
⑤ 深水井（距水面 8m 以上）　深水泵或深水潜水泵（PC&PLS-MODEL）。
⑥ 特殊液体：先选择化学用水泵等机种，然后仔细察看水源是什么，以及能抽多少，能推出多高（PM-MODEL），根据察看的结果选定机种。在这种情况下，输送管要加长，应考虑管道的损失量。

4.1.4　抽冷水水泵的安装

（1）场地的选择
适合于安装水泵的场地有：① 水井上面或者水井附近的适当场所；② 能够防雨而湿度低的地方；③ 不被直射光照射的地方；④ 水泵的噪声传得不远的地方；⑤ 安装水泵的地基牢固的地方；⑥ 排除故障和进行维修容易的地方。上述条件一般很难全部满足，因此应选择能够满足大部分条件的场地。
（2）吸管的安装（图 4-1）

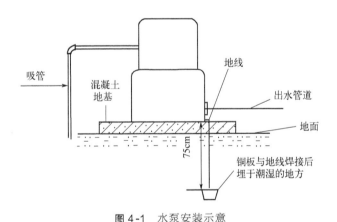

图 4-1　水泵安装示意
注：安装水泵时，必须接好地线。

安装吸管从水井附近开始。地面不宽敞时，在水井正上方连接管道，如地面宽敞，可在地面完成所有的管道连接作业后放入井内。
① 在管道终端装上过滤器。如果是自吸泵接上 PVC 管道的可利用冷却方式，在管内涂抹黏结剂后插入过滤器。
② 最好是事先定好吸管长度。要提高水泵效率应尽量缩短吸程高度。吸管应露出水面 3m 并离开井底 30cm 以上。
③ 吸管尽量缩短长度，并尽量减少不必要的弯头设置，把管道排成直线。
④ 吸管的水平配管密封安装，应适当地弄高水泵那一头。
⑤ 把吸管支撑好，以免吸管重量被加在水泵上。

⑥ 背压阀门应在安装之前进行漏水检查，然后竖直地进行安装。

⑦ 吸管的连接部位，应加以彻底封闭，以免漏气、漏水。注意：水泵的扬水性能大多取决于吸管系统，因此特别注意加以密封。

（3）出水管道的安装

出水管的安装，各种水泵具有共同点，一般从水泵开始。

① 在出水管上装控制阀，检查故障时方便。

② 管道长度尽量缩短，并少用弯头。

③ 水平配管要埋于地下。为防止受冻，埋入深度以 30cm 以上为好。

④ 在日后增设供水栓的地方，装上 T 形管，并用东西堵住。

⑤ 出水管道布设完后，在埋入之前，应进行试验性运转，以确认是否漏水。

⑥ 由于供水栓因磨损容易漏水，故应使用质量好的产品。

⑦ 在混凝土建筑物内布设管道时，应考虑管道的强度和寿命，最好使用镀锌管道。

4.1.5 水泵会出现的各种问题

4.1.5.1 空隙现象（cavitation）

① 流体在管内流动时，流体的某个部分因压力降到相当于流体温度的气压水准以下，而产生一些气泡。当这些气泡又到达压力高的地方时，会伴随着噪声而消失。这时，管道护膜和管道会出现受损现象。吸管方面产生空隙现象，会使水泵不能运转。

② 要防止空隙现象的出现，最重要的是尽量降低水泵的安装高度来缩短吸程。

4.1.5.2 水锤（water hammer）

（1）什么时候会发生水锤

水锤是复杂的现象，它的发生原因主要有如下几点：

① 水泵运转时，因停电而动力突然消失以及管道的形状产生变化而发生；

② 管内流动的水被电子阀之类的阀门突然阻断时；

③ 阀门被打开而水泵停止运转，因逆水阀关闭缓慢，导致出水管内的水倒流。

（2）为什么会发生水锤

水锤的出现原因在于惯性。例如，站满了人的电车急刹车时，人们都会向前倾倒，后面反而安静，但过不了一会，车加速时人们又马上向后倾倒，有时车窗玻璃因受不了冲击而破损，水泵的情况也差不多，当运转中的水泵突然失去动力时，水因惯性继续向前流动，水泵近处的水就失去应有的密度和压力，有时会出现真空状态（第一阶段），然后，被冲向前的水急剧倒流，产生很大压力（第二阶段），这时管道如不结实，会导致破损。倒流时，逆水阀急速关闭，也因同样原因产生高压使出水管破损，从电车的例子可以想到，在管内流动的水，其流速和被堵的速度越快，水锤效应就越大。

（3）水锤容易产生的条件和难以产生的条件

从计算上看，有许多产生因素，因而其条件也有许多方面，如表 4-2。

▫ 表 4-2 水锤产生的条件

项　目	容易发生的条件	难以发生的条件
管内流速	越快越容易发生	越慢越不容易发生

续表

项　　目	容易发生的条件	难以发生的条件
水泵、电动机的转动惯性	越小越容易发生	越大越不容易发生
管道长度	管道越长(大约 1.00m 以上)应越加注意	管道越短越不易发生
管道形状	有凸型部位 在这部分出现水柱分离	
逆水阀的种类	普通逆水阀 (关闭缓慢,会伴随很强的倒流)	快速逆水阀(未产生倒流时关闭) 慢速逆水阀(慢慢地随倒流关闭)

(4) 减轻水锤的方法

水锤的产生分两个阶段,其防止对策也因各阶段不同而不同。其主要方法如下。

① 第一阶段 (防止产生负压和水柱分离的现象)

a. 给水泵装上整速轮。这是应用最广的方法,用增压水泵惯性的方法来防止出水量的急减。

b. 配备调压水槽。设在水泵突然停转时管内压力会下降的管道部位上,给管道补充水。

c. 配置空气调节器。用以补充压缩空气和加压的水。

d. 在一个方向,配置调压水槽。

e. 管道内的压力比水箱水面低时,可以给管道内加水。反之就不能。

f. 设置空气阀。管道内产生负压时,注入空气。

另外,还有降低管内流速和改变管道形状等方法。

② 第二阶段 (水流开始倒流,压力上升时,采取防范措施)

a. 使用急速逆水阀,这广泛用于多用途水泵。

b. 如果倒流增大后,急速关闭阀门,压力会大幅度增加。因此,在发生倒流之前,利用弹簧的压力,尽快关闭阀门。

c. 采用由油压方式徐徐关闭的慢速逆水阀。

4.1.6　其他应注意的事项

① 离心泵和摩擦泵的扬程和叶轮圈数的二次幂按比例发生变化。

② 任何水泵的出水量和叶轮转圈数成比例发生增减。

③ 离心泵和摩擦泵所耗的动力,和叶轮转圈数的三次幂成比例发生增减。

④ 安装调试时,不能抽上水来,90% 以上可看作吸管内进入空气。

⑤ 两台以上水泵的直联、并联运转。水泵的实际运转,通常考虑到保障维修和经济效率,采用 2~3 台共用的复合运转方式。复合运转方式有并联运转和直联运转两种方式,见表 4-3。

⊡ 表 4-3　水泵的直联与并联

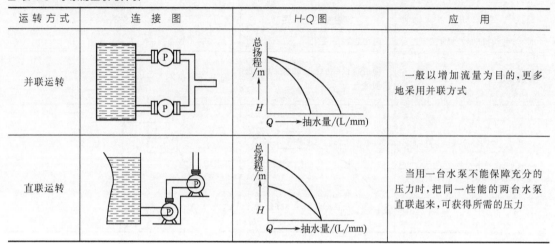

运转方式	连接图	H-Q 图	应用
并联运转		总扬程/m ↑H；Q →抽水量/(L/mm)	一般以增加流量为目的，更多地采用并联方式
直联运转		总扬程/m ↑H；Q →抽水量/(L/mm)	当用一台水泵不能保障充分的压力时，把同一性能的两台水泵直联起来，可获得所需的压力

直联运转：如果抽水量是一样的，那么其扬程可达单台运转时 2 倍。

并联运转：如果扬程是一样的，那么其抽水量可达单台运转时 2 倍。

4.1.7　水泵的基本用语

水泵的基本用语见表 4-4。

⊡ 表 4-4　水泵的基本用语

用语	解释
运转点	在性能曲线图上表示水泵实际运转状态的点，它是当时的扬程曲线和阻力曲线的交叉点
扬程	在水泵入水口和出水口，液体的单位重量分别所具有的能量差
实际扬程	吸水面和出水面之间的垂直距离
总扬程	把实际扬程和总损失量加在一起的扬程
推出高度	在水泵基准线上，可往上推出的高度
吸入高度	在水泵基准线上，可往上吸入的高度
水泵效率	受动力和水泵驱动力之比 $\eta = \dfrac{16.3QH}{P}$（H 为总扬程；η 为效率；P 为电动机的驱动力；Q 为抽水量）
密度	单位体积的质量 $\rho = \dfrac{m}{V}$（ρ 为密度；m 为质量；V 为体积）
泵输送液体的重度	$\gamma = \rho g$（ρ 为泵输送液体的密度；g 为重力加速度）
相对密度	一种物质的密度与相同状态（测试，压力）下的水的密度之比。水的相对密度是 1
压力	垂直作用于单位面积上的力
总压力	加在整个作用面的力
大气压	把覆盖在地球上的空气叫做大气。把这个大气的压力叫做大气压［标准大气压：1atm=760mmHg=10.33mAq（Aq 为水高）=1.01×10⁵Pa］
层流	流体粒子秩序井然地一层一层地滑动
乱流	流体粒子作不规则地运动

4.1.8　家用水泵型号标记方法

家用水泵型号标记方法见图 4-2。

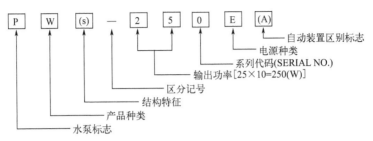

图 4-2　家用水泵型号标记方法
注：（　）内标记，按状态应用。

4.1.9　文字和数字的简略表达方法

（1）自动装置区别标志

只限于装有自动装置的机种，标上 AUTOMATION 的头一个字母"A"。没有这种记号的，属于非自动型。

（2）水泵种类标志（表 4-5）

▣ **表 4-5　水泵种类标志**

水泵种类		记　号
WESTCO PUMP	浅水井用	W
CONVERTIBLE	深水井用	C
UNIVERSAL PUMP	工、农业用	U
HOT WATER CIRCULATION PUMP	热水循环用	H
MAGNET PUMP	化学液体用	M
HANDY PUMP	用于多种目的	F
DRAIN PUMP	排污,潜水型	D

例如，PW-252EA 表示：浅水井用水泵，输出功率为 250W，电源为单相 220V，自动式。

但 PH-035/6M，PF-064M 为例外。

4.1.10　电气用语

（1）电压

像水从水位高的地方流向水位低的地方一样，电也从电位高的地方流向电位低的地方。在电气现象中与水位差相应的电位差，就叫做电压，用伏特（V）表示。

（2）电流

和水流相对应的电气现象就叫做电流，单位安培（A）。

（3）电阻

和水路相应的电气现象叫做电路。电流的大小随电路的阻电性的大小发生变化，把这种阻电性就叫做电阻，单位欧姆（Ω）。

（4）欧姆定律

表示电压、电流以及电阻之间关系的公式：

$$电流\ I(A) = \frac{电压\ V(V)}{电阻\ R(\Omega)}$$

（5）直流电，交流电及其周率

① 直流电　如图 4-3(a) 所示，把不随时间发生变化，只有一定强弱运动方向的，叫做直流电。

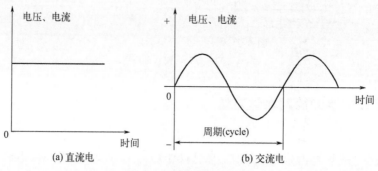

(a) 直流电　　　　　　　　(b) 交流电

图 4-3　直流电与交流电

② 交流电　如图 4-3(b) 所示，把电压、电流的强弱方向随时间发生周期变化的叫做交流电。

③ 周率　把周期性变化的波形叫做周期波。其波形变化变回到原状态为止的，叫做 1 周期。1s 内的周期变化数，就叫做周率，用 Hz 表示。

（6）单相和三相（图 4-4）

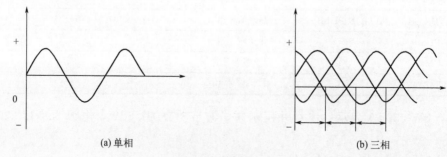

(a) 单相　　　　　　　　　(b) 三相

图 4-4　单相与三相

① 单相（交流电）　在一个电路上，流动一个正弦波形电流。

② 三相（交流电）　在一个电路上，有三个正弦波形电流在流动时各自保持 1/3 周率（电位角变为 120°）的电位差，就叫做三相交流电。为了区别各个相，通常把三相表示为 U 相、V 相、W 相。

（7）电力（电能）

在单位时间内，被变换或被传送的能量，就叫做电力，其单位为瓦特（W）。

（8）电力量

电力量是电力的总量，它是电力与时间相乘之积。其单位为瓦特·时（W·h）或千瓦·

时（kW·h）。

$$电力(W)\times 时间(h)=电力量(W\cdot h)$$

（9）负荷

一般把消耗的电力或动力，叫做负荷。负荷有电负荷、机械负荷、热负荷等多种。

（10）输入、输出

输入是指从外部供到机器里的电力（消耗电力）或动力。但输入并不完全变为输出。机器本身会产生摩擦损失、热损失等，所以，输出应该从输入减去这些损失。

即：输出＝输入－损失

（11）效率

效率是输入与输出之比率，一般用％表示。

$$效率=\frac{输出}{输入}\times 100\%=\frac{输入-损失}{输入}\times 100\%$$

（12）损失

指由于电变成热、振动、声音等能量，而没有对电器输出功率起作用的电力消耗。电损失包括滞电损失、涡电损失以及无负荷电流造成的损失，机械损失包括轴承、风扇、空气等的摩擦所带来的损失以及由电流负荷造成的线圈电阻的损失。

（13）温度上升

电机运转时的损失，大部分变为热，使电机温度升高。运转开始后的一段时间内温度持续上升，但过 2～5h 后，通过外壳和通风等所散发掉的热量和机器的发热量趋于一致，温度不再上升。从所测定的最高温度减去周围环境温度就是上升的温度。

（14）额定值

额定值是指电机所保证的使用限度。指定与输出相对应的使用限度以及电源、频率、转数。把这些叫做额定输出、额定电源、额定转数，并把它们的数值标示在铭牌上。

额定：电器有多种多样的使用条件（见表 4-6），例如有以一定的输出连续工作的鼓风机，有像机床用电机那样，运转时常常反复全负荷、轻负荷、停止等状态的电机类电器。

▫ 表 4-6　额定种类列表

额 定 种 类	使 用 条 件
连续性额定(continuous rating)	以全负荷连续运转
短时间额定(short time rating)	以全负荷,在指定时间内运转
反复性额定(periodic rating)	指定条件下,以一定的负荷运转和反复周期性停机使用的时候,在不超过规定的温升等其他一切条件下的额定

4.1.11　吸程定量和扬程定量

4.1.11.1　吸程定量＝吸程高度＋吸管损失系数

（1）吸程高度

从水泵中心到井水面的垂直高度，见图 4-5。

① 水泵中心因水泵的种类不同而异，但大体上在水泵底板 20～40cm 左右的地方；

② 在 3 月、9 月时，井水面下降，因此以缺水季节的最低水面为基准；

③ 应考虑运转中的水位下降。

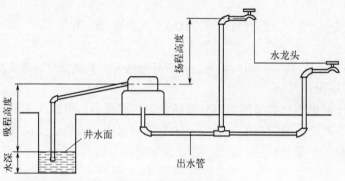

图 4-5　水泵安装示意

（2）吸管损失系数

吸管损失系数＝每米摩擦系数×（管道全长＋阀门接头的相应直观状态）

阀门、接头类的直观状态见表 4-7。

表 4-7　阀门、接头类的直观状态表　　　　　　　　　　　　　　　　　　　　　m

| 管径 | | 90° 弯头 | 45° 弯头 | 90° T 形管分流用 | 90° T 形管直流用 | 控水阀门 | 逆水阀门 |
公称通径 DN/mm	尺寸代号 /in						
15	1/2	0.6	0.36	0.9	0.18	0.12	2.4
20	3/4	0.75	0.45	1.2	0.24	0.15	3.6
25	1	0.90	0.54	1.5	0.27	0.18	4.5
30	$1\frac{1}{4}$	1.20	0.72	1.8	0.36	0.24	5.4
40	$1\frac{1}{2}$	1.50	0.90	2.1	0.45	0.30	6.6
50	2	2.10	1.20	3.0	0.60	0.39	8.4
65	$2\frac{1}{2}$	2.40	1.50	3.6	0.75	0.48	10.2
80	3	3.00	1.80	4.5	0.90	0.60	12.0
90	$3\frac{1}{2}$	3.60	2.10	5.4	1.08	0.72	15.0
100	4	4.20	2.40	6.3	1.20	0.81	16.5
125	5	5.10	3.00	7.5	1.50	0.99	21.0
150	6	6.00	3.60	9.0	1.8	1.20	24.0

注：1. 口径不同的插头、衬套管与 45°弯头几乎相同。

2. 斜角阀门、背压阀门和逆水阀门几乎相同。

3. 90°T 形管分流用、直流用示意图如图 4-6 所示。

4. 1in＝25.4mm。

硬质 PVC 管（内面光滑的管）摩擦阻力线见图 4-7。

从水泵中心到井面的垂直高度和吸管的管路损失加在一起的吸程定量为 8m 以内时用浅水井，8m 以上时用深水井（从理论上说，吸程高度为 10.33m，这毕竟是理论上的数据，实际上由于水中含有空气或水自身的蒸发，不能形成完全的真空，能吸的实际高度为 8～9m）。

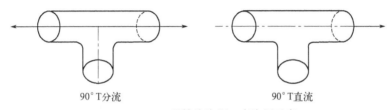

90°T分流　　　　　　　　　90°T直流

图 4-6　90°T 形管分流用、直流用示意

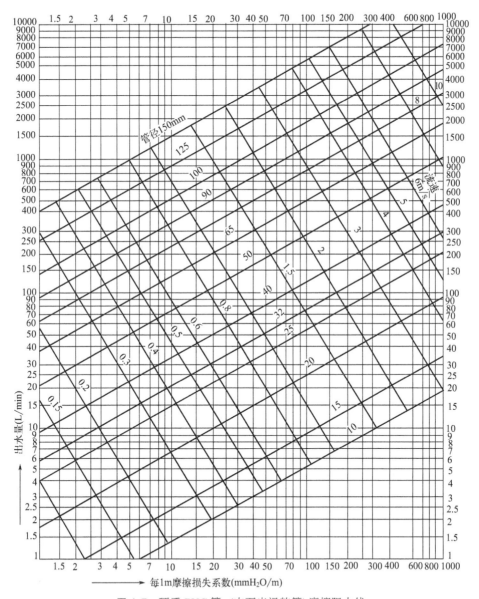

图 4-7　硬质 PVC 管 (内面光滑的管) 摩擦阻力线

　　如果遇到吸程高度比规定的吸程高度多出 1～1.5m，不能用浅水泵的情况，可设地下室。降低水泵位置后，用浅水泵。这样做，不需要地面设置面积，防寒效果也好。但是为了便于检修，地下室应该设得宽敞些。

吸程定量举例（图 4-8）：

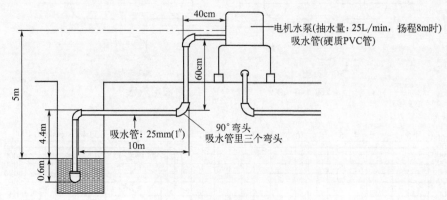

图 4-8　水泵安装示意（一）

计算：

$$吸程定量＝吸程高度＋吸水管损失系数$$

（1）吸程高度：从图 4-8 中可以看到吸程高度为 5m。

（2）吸水管损失系数：每 1m 摩擦损失系数×（管道全长＋阀门、接头的相应直观状态）。

① 查图 4-7，在出水量约 25L/min，管径 25mm（1″）的时候，每 1m 的摩擦损失系数为：$26\text{mmH}_2\text{O/m}$。

② 吸水管全长：4.4＋10＋0.6＋0.4＝15.4（m）。不包括水中的管道长度 0.6m。

③ 查 4-7 知 90°弯头的数值为 0.90m，0.90m×3＝2.7m。

吸程定量＝5＋0.026×（15.4＋2.7）＝5＋0.47＝5.47（m）

吸程定量为 8m 以内，可以充分利用浅水井。

4.1.11.2　扬程定量＝扬程高度＋出水管损失系数

（1）扬程高度

从水泵中心到最高的水龙头的垂直高度见图 4-5。

（2）出水管损失系数

出水管损失系数＝每 1m 摩擦系数×（管道全长＋阀门接头的相应直观状态）

阀门、接头的相应直观状态及摩擦系数见表 4-7 及图 4-7。

水龙头在 2、3 层等高度时，先调查扬程定量是否充分，然后选择水泵。自动水泵的扬水能力决定于装在水泵上的压力开关的关闭压力数值。即：压力为 0.1kgf/cm^2 时，能够垂直推上 1m。

$$P=\gamma H=1000\text{kgf/cm}^2\times H=1000H(\text{kgf/cm}^2)=0.1H(\text{kgf/cm}^2)$$

式中，P 为水压，kgf/cm^2；γ 为水的单位体积重量，1000kgf/m^2，$1\text{kgf}=9.80\text{N}$；H 为系数。

所以，$P=0.1H$ 或 $H=10P$。

然而实际扬程定量，因有水平配管长度和弯管，可用下列计算式计算：

$$扬程定量＜压力开关的关闭压力$$

扬程定量计算举例（图 4-9）：

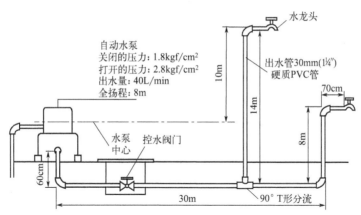

图 4-9　水泵安装示意（二）

计算：

$$扬程定量＝扬程高度＋出水管损失系数$$

① 从图 4-9 中可以看出扬程高度为 10m。

② 出水管损失系数：每 1m 摩擦损失系数×（管道全长＋阀门、接头数的相应直观状态）。

a. 查图 4-7，在出水量为 40L/min，管径 30mm 的时候，每 1m 摩擦损失系数为 30mmH$_2$O/m；

b. 管道全长＝0.6m＋30m＋14m＋8m＋0.7m＋0.7m＝54m；

c. 查表 4-7 知 90°弯头的数值为 1.2m，90°T 形管分流用的数值为 1.8m，控水阀门的数值为 0.24m，图中有 90°弯头 4 个，90°T 形管分流 1 个，控水阀门 1 个，故 1.20×4＋1.8＋0.24＝6.84(m)。

$$出水管损失系数＝0.03×(54＋6.84)＝1.83(m)$$

扬程定量＝10m＋1.83m＝11.83m

自动水泵压力开关的关闭压力：1.8kgf/cm²，$H＝10P＝10×1.8$kgf/cm²＝18m

压力开关的关闭压力＞扬程定量，很好。

4.1.11.3　供水管的口径选取

① 为了定好屋内供水管的口径，普遍使用表 4-8 的供水均等表来确定供水管的口径。

⊡ **表 4-8　供水均等表**

管道口径 /mm	6	8	10	15	20	25	32	40	50	65	80	90	100	125	150
6	1														
8	2.1	1													
10	4.5	2.1	1												
15	8.2	3.8	1.8	1											
20	16	7.7	3.6	2	1										
25	30	14	6.6	3.7	1.8	1									
30	60	28	13	7.2	3.6	2	1								
40	88	41	19	11	5.3	2.9	1.5	1							

续表

管道口径/mm	6	8	10	15	20	25	32	40	50	65	80	90	100	125	150
50	164	77	36	20	10.0	5.5	2.8	1.9	1						
65	255	120	56	31	15.5	8.5	4.3	2.9	1.6	1					
80	439	206	97	54	27	15	7	5	2.7	1.7	1				
90	632	297	139	78	38	21	11	7.2	3.9	2.5	1.4	1			
100	867	407	191	107	53	29	15	9.9	5.3	3.4	2	1.4	1		
125	1525	716	355	188	93	51	26	17	9.3	6	3.5	2.4	1.8	1	
150	2414	1133	531	297	147	80	41	28	15	9.5	5.5	3.8	2.8	1.6	1

例如，在表 4-8 中，15mm 管 11 个和 40mm 管 1 个，意味着它们的流量关系均等。

② 器具的同时使用率。在有些配管系统中，观察数量很多的水龙头的使用情况，就会发现，并不是所有的水龙头同时被使用，在某个时刻同时被使用的水龙头只是一部分，把这个同时使用的比率，叫做器具的同时使用率，大体上和表 4-9 相同。

▣ **表 4-9 器具的同时使用率**

器具数	2	3	4	5	10	15	20	30	50	100
同时使用/%	100	80	75	70	53	48	44	40	36	33

例 1：给 15mm 的 10 个水龙头供水的主管的口径应为多少？

在表 4-9 中，10 具器具的同时使用率是 53%。

$$10×53\%=5.3$$

即：在 10 个水龙头中，可能被同时使用的水龙头数，最多时为 5.3 个左右。

随之，查表 4-8，能够充分满足 15mm 管 5.3 个的流量的主管口径是 30mm。

例 2：有一个家庭用公寓，共 16 户。每个家庭都设有厨房下水道、洗脸池、浴缸、洗涤用下水道各 1 个，那么这个公寓供水主管的口径应多大？（连接各器具的支管口径定为 15mm）

水龙头数＝16 个家庭×4 个/家庭＝64 个

在表 4-9，64 个的同时使用率为约 35%。

$$64×0.35=22.4 个$$

在表 4-8 中，使用相当于 31 个 15mm 管的 65mm 主管。

4.1.12 自动式与非自动式

（1）自动式（图 4-10）。

① 压力表和水面表显示水箱内的压力及水量状态；

② 在水箱上部装有安全阀，防止因过高压力而出现的水箱破裂等事故；

③ 逆水阀防止水的倒流。

自动式因有压力水箱的压力开关，水泵自动运转，可与自来水一起使用，因此，一般用于家庭。

压力水箱储存水泵抽上来的水，并同时压缩内部空气进行自动运转。

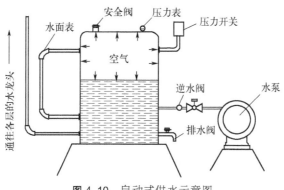

图 4-10 自动式供水示意图

（2）非自动式

没有压力水箱和压力开关。使用时，要推上电源开关，用于给高架水箱注水，也用于冰箱等的冷却用水，可长时间连续使用。

与高架水箱的水位或浮动开关连接起来，就可根据水位变化自动运转。这种方法多用于公寓的公用水、学校及宿舍等一次供水量很多的地方和停电时也不能断水的医院等场所。

4.1.13 出水量的选择

水的使用量也和扬程一样非常重要。应选择符合顾客需要的出水量的水泵。水使用量一般随着文化程度的提高而增加，也随季节和气候发生变化。平均使用量夏季增加 20%，冬季减少 20%。确定出水使用量可采用居住人员数、使用的器具数等方法。

（1）根据居住人数定用水量的方法

建筑物内居住人员 1 人 1 天的用水量（见表 4-10）乘以居住人员数，算出整个建筑内的一天用水量。一天用水量在同一天也随时间发生很大变化，一般建筑内用水最多的时间是在早晨上班时的一个小时。深夜用水量几乎接近于零（图 4-11）。

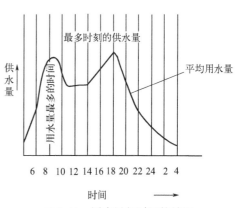

图 4-11 用水量与时间的关系

□ 表 4-10 建筑平均用水量

用 途	1 人 1 天用水量/L	参 考
一般家庭	100～200	
公寓	50～200	
学校	25～40	以师生员工的 1/3～1/4 计算
旅馆	80～100	每一个客人的用水量
医院	150～180	每一个住院患者的用水量
工厂	150～200	以职工总数的 1/2 计算

注：用水量为把自来水和井水加在一起的合计数值，自来水和井水的使用比例为 40%：60%。

（2）根据使用的器具数定用水量的方法（表 4-11）

⊡ 表 4-11　各种建筑物内每个生活用具的用水量　　　　　　　　　　　　　　　　　L/d

建筑类别 生活用具	办公用建筑	学　校	医　院	公　寓	工　厂
大便器（清洗阀）	900	600	750	200	750
大便器（清洗栓）	1200	800	1000	240	1000
小便器（清洗阀）	400	240	480	150	420
洗涤器	240	140	180	120	—
洗脸器	960	900	400	200	—
洗脸池	1200	720	600	550	—
浴缸	—	—	—	760	—

（3）水泵的扬程与出水量的关系

$$全扬程＝吸程＋扬程$$

如图 4-12 所示，水泵具有随全扬程的增加减小其出水量的特点。

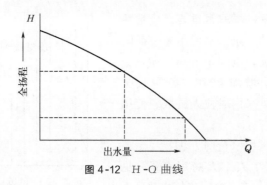

图 4-12　H-Q 曲线

4.1.14　水泵故障的发现

（1）故障类型

① 因电机不转动而不出水。

② 电机虽转动，但不出水。

③ 虽能出水，但水泵继续转动不停。

④ 不再用水时，水泵继续转动。

⑤ 水泵的启动、停止次数频繁。

⑥ 异常声音及噪声。

（2）故障分析

① 因电机不转，不出水　井水泵用把电机的转动传给水泵叶轮的方法来转动叶轮，使水泵内部形成真空，使水能够抽上来。电机不转动当然就不能抽水。电机不转，不出水的故障原因及处理方法见表 4-12。

· 表 4-12　电机不转，不出水的故障原因及处理方法

现　象	原　因	处 理 方 法
一点声音也没有	安全装置的保险丝断线	检查
	电源插座和插头接触不良	查看插头或修理插头
	电源线或主线断线	检查，并替换电源线或主线
	烧损防止器启动	消除烧损防止器被启动的原因
	压力开关的接触，接触点不太好或启动不良	检查并替换附件
	电机线圈断线	检修，委托给专门工厂进行修理
发生"嗡"的声音	主线圈或启动线圈发生短路	检查后委托给专门工厂修理
	主线圈断路	检查后委托给专门工厂修理
	启动线圈断线	检查后委托给专门工厂修理
	轴密封装置被蒙上污物因而引起启动不良	用运转手柄转动电机后轴
	电容器的破损及短路	用万用表测电阻，替换电容器
	错把三相当单相	测 3 线之间有没有电压
	转子铁芯被安错	检查后替换转子
	轴承损坏	检查后替换轴承
	电压低	测通电时的电压，请电力公司解决
	叶轮与叶轮罩，内壳接触	转动电机轴，进行分解修理

　　② 电机转动而不出水　电机转动时不出水，是因为产生水泵本身负压的部分（吸轴）或吸水管有毛病，进入空气。电机转动而不出水的故障原因、检查方法及处理方法见表 4-13。

　　③ 虽出水，但水泵（自动泵）继续转动不停　虽出水，但完全关闭水龙头而水泵继续转动不停，或压力开关被启动，需要很长时间。原因主要是因为压力开关自身的故障，而水箱内压升到压力开关所需压力也不启动，或水泵上部（外套、叶轮外罩及叶轮）零件的磨损、变形，造成水泵上部里边间隙过大，从而降低功能。虽出水，但水泵继续转动不停的故障原因、检查方法及处理方法见表 4-14。

· 表 4-13　电机转动而不出水的故障原因、检查方法及处理方法

原　因	检 查 方 法	处 理 方 法
井水枯竭（水位下降）	测水深及管道长度	修理配管（把浅水井改为深水井）
吸水管进入空气	检查吸水管各连接部位，查看有无破损（但也有随空气吸入量的不同，所以出现的现象不同的情况，也有以低效率运转的情况）	修理配管
密封件审入空气	检查密封件的漏水情况	替换新的密封件
逆水阀故障	①阀门打不开时，把引水注满引水口也不出水（使用延性测定仪） ②阀门关不住时，引水注不满引水口就流出水来	①分解阀门，除掉铁锈、异物等 ②阀门套过于凹凸不平时，替换新阀门。作为应急措施可把阀门套掉过头来使用

续表

原　因	检查方法	处理方法
引水不足	①如有水平配管应注意其倾斜度 ②查看引水量	①与水泵接触进水管水平段逆水流方向应有0.5％以上的下降坡度 ②引水量应使其水位超过叶轮中心线
空气调节器故障	①空气调节器皮囊有孔。转动水泵，并把手放在球形盖帽部位，有空气吸入就说明皮囊有孔（正常时，只有启动、停止时有反应） ②外壳与外罩的组装不够紧密	①替换皮囊，作为应急措施先堵住空气调节器的连接部位进行临时运转，新的部件备齐后加以替换 ②把外壳和外罩的螺丝松下来，把它们重新对接好之后，再上紧螺丝。如果外壳、外罩变形严重，应替换新的
压力阀调节不良	打开底盖，用延性测定仪（或压力测量仪）测压力	用规定压力加以调整 750W：2.3～2.4kgf/cm² 400W：1.4kgf/cm²
过滤器被堵（特别是过滤口）	在吸水管上按延性测定仪（或真空测定仪）测定其真空程度	清洗过滤器

⊡ 表4-14　虽出水，但水泵继续转动不停的故障原因、检查方法及处理方法

原　因	检查方法	处理方法
压力开关故障	打开盖板，用延性测定仪（或压力测定仪设定工作压力）	检查，委托专门工厂进行维修，不能维修时，替换新品
电压低	测定水泵运转时的电压（向顾客问在晚上水泵运转时，日光灯或电灯有无异常）	①替换从主开关到水泵的电线 ②请电力公司解决
水泵上部的变形、磨损	打开盖板用压力测量仪测定运转时的最高压力	替换水泵上部（叶轮罩、外套），根据变形、磨损程度没有必要全部替换时，则按顺序替换
吸程高度太高	测定从水泵中心到井水面的距离，计算吸程量	吸程高度太高时，就在水泵上部内发生真空现象，水泵功能急剧下降，出水量也减少
没有按吸程高度安装合适的过滤器	测定从水泵中心到井水面的吸程高度	接上适合吸程高度的过滤器（参照过滤器条件表）

注：压力开关不能修理时，应替换新品。

④ 不再用水时水泵继续转动　其故障原因、检查方法及处理方法见表4-15。

⊡ 表4-15　不再用水时水泵继续转动的故障原因、检查方法及处理方法

原　因	检查方法	处理方法
配管（出水管）漏水	检查配管漏水处（特别注意连接部位出现裂缝）	修理配管破损部位
水龙头漏水	检查水龙头是否漏水	修理水龙头（替换垫圈）
密封机体漏水	①检查机械的封口的漏水情况 ②检查各密封件的漏水情况	①替换机械的封口 ②修理漏水部分
逆水阀门不能完全关闭	拆下来进行检查	清洗或修理阀门

⑤ 水泵（自动泵）启动，停止次数频繁　其故障原因、检查方法及处理方法见表4-16。即使使用小量的水，也使压力开关开启，关上水龙头则使压力开关关闭，这是压力水箱内的

空气量减少的缘故,在这种情况下,稍微用水,则箱内压力急剧上升。

⊡ 表 4-16 水泵启动、停止次数频繁的故障原因、检查方法及处理方法

原 因	检 查 方 法	处 理 方 法
空气调节器性能不良	把手放在球形盖上(在手上沾上水,感觉更好),辨认运转时的工作状态	换空气调节器
水箱内没有空气		打开法兰,放掉水箱内的全部水,补充空气(放掉水,空气就自动进入)
出水管口径或水龙头口径太小	检查管道直径计算出水管的扬程	使用符合规定尺寸的出水管,把水龙头换成大的

4.2 变频供水

4.2.1 变频调速给水的基本原理

目前,变频调速生活给水在建筑给水中应用越来越广,其主要原因是:

① 变频调速给水的供水压力可调,可以方便地满足各种供水压力的需要。

在设计阶段可以降低对供水压力计算准确度的要求,因为随时可以方便地改变供水压力。但在选泵时应注意,泵的扬程宜大一些,因为变频调速其最大压力受水泵限制。最低使用压力也不应太小,因为水泵不允许在低扬程大流量下长期超负荷工作,否则应加大变频器和水泵电机的容量,以防止发生过载。

② 目前,变频器技术已很成熟,在市场上有很多国内外品牌的变频器,这为变频调速供水提供了充分的技术和物质基础。

变频器已在国民经济各部门广泛使用。任何品牌的变频器与变频供水控制器配合,即可实现多泵并联恒压供水。因为建筑供水的应用广泛,有些变频器设计生产厂家把变频供水控制器直接做在供水专用变频器中;这种变频器具有可靠性好,使用方便的优点。

③ 变频调速恒压供水具有优良的节能效果。

由水泵-管道供水原理可知,调节供水流量,原则上有两种方法:一是节流调节,开大供水阀流量上升,关小供水阀流量下降;二是调速调节,水泵转速升高供水流量增加,转速下降流量降低。对于用水流量经常变化的场合(例如生活用水),采用调速调节流量,具有优良的节能效果。

我国国家科委和国家经贸委在《中国节能技术政策大纲》中把泵和风机的调速技术列为国家“九五”计划重点推广的节能技术项目。应当指出,变频恒压供水节能的效果主要取决于用水流量的变化情况及水泵的合理选配,为了使变频恒压供水具有优良的节能效果,变频恒压供水宜采用多泵并联的供水模式。

由多泵并联恒压变频供水理论可知多泵并联恒压供水,只要其中一台泵是变频泵,其余全是工频泵,就可以实现恒压变量供水。在变频恒压变量供水当中,变频泵的流量是变化的,当变频泵是各并联泵中最大,即可保证恒压供水。多泵并联恒压供水,在设计上可做到在恒压条件下各工频泵的效率不变(因工况不变),并使之处于高效率区工作,变频泵的流

量是变化的，其工作效率随流量而改变。因为采用多泵并联恒压供水，变频泵的功率降低，从而可以降低多泵并联变频恒压供水系统的能耗，改善节能状况。

多泵并联恒压供水系统采用具有自动睡眠功能的变频器，当用水流量接近于零，变频泵能自动睡眠停泵，从而可以做到不用水时自动停泵而没有能量损耗，具有最佳的节能效果。

多泵并联变频恒压变量供水的工作模式通常是这样的：当用水流量小于一台泵在工频恒压条件下的流量，由一台变频泵调速恒压供水；当用水流量增大，变频泵的转速自动上升；当变频泵的转速上升到工频转速，为使用水流量进一步增大，由变频供水控制器控制，自动启动一台工频泵投入，该工频泵提供的流量是恒定的（工频转速恒压下的流量），其余各并联工频泵按相同的原理投入。

在多泵并联变频恒压变量的供水情况下，当用水流量下降，变频调速泵的转速下降（变频器供电频率下降）；当频率下降到零流量的时候，变频供水控制器发出一个指令，自动关闭一台工频泵使之退出并联供水。为了减少工频泵自动投入或退出时的冲击（水力的或电流的冲击），在投入时，变频泵的转速自动下降，然后慢慢上升以满足恒压供水的要求。在退出时，变频泵的转速应自动上升，然后慢慢下降以满足恒压供水的要求。上述频率自动上升、下降由供水变频控制器控制。

另一种变频供水模式通常叫做恒压变量循环软启动并先开先停的工作模式。在这种供水模式中，当供水流量少于变频泵在恒压工频下的流量时，由变频泵自动调速供水，当用水流量增大，变频泵的转速升高。当变频泵的转速升高到工频转速，由变频供水控制器控制把该台水泵切换到由工频电网直接供电（不通过变频器供电）。变频器则另外启动一台并联泵投入工作。随用水流量增大，其余各并联泵均按上述相同的方式软启动投入。这就是循环软启动投入方式。

当用水流量减少，各并联工频泵按次序关泵退出，关泵退出的顺序按先投入先关泵退出的原则由变频控制器单板计算机控制。

由上述可见，对于变频恒压变量给水通常有两种工作模式，一是变频泵固定方式，二是变频循环软启动工作方式。在变频泵固定方式中，各并联水泵是按工频方式自动投入或退出的。因为变频泵固定不变，当用水流量变化，变频泵始终处于运行状态，因此变频泵的运行时间最长。为了均衡各水泵的运行时间，对于变频泵固定运行方式，可以设计成变频泵定时轮换运行方式。即当某一台变频泵运行一定时间后，由变频控制器控制变频泵自动进行轮换。例如：开始时 1 泵变频，2 泵和 3 泵工频，当 1 泵变频运行 T 时间后（T 可按序设定）自动轮换为 2 泵变频，3 泵和 1 泵工频；在此状态下运行 T 时间后自动轮换为 3 泵变频，1 泵和 2 泵工频……如此反复进行定时轮换。

显然，具有变频泵自动轮换控制的变频恒压变量供水系统，变频泵是定时改变的，即任何一台并联泵都有可能成为变频泵。由变频恒压变量供水理论可知，为了保证恒压供水，变频泵必须是各并联泵中的最大者。为此，对于变频恒压供水且变频泵自动定时轮换的水机，各并联水泵的大小应相同以保证恒压供水。

按变频器工作原理，在运行中的变频器不允许在其输出端进行切换；否则在切换过程中会使变频器中的某些电子器件受到大电流冲击而降低其寿命。在变频泵自动轮换过程中，为了保护变频器，在进行自动切换之前应先使变频器停止运行，再在其输出端进行切换。切换好后再重新启动变频器而恢复正常运行。因此，自动轮换控制的电路比较复杂，会增加变频控制柜的造价并降低其使用可靠性。

变频恒压变量供水系统具有变频泵自动轮换功能，其优点是各并联泵可定时轮换到变频运行，使各并联泵的磨损均衡。但是，在任一台泵变频运行时，万一水泵故障有可能使变频器保护跳闸而停止工作。各并联水泵是由变频器控制运行的，当变频器跳闸，必然使所有并联水泵停机而中断供水。

因此，当水泵的可靠性一定，具有自动轮换控制功能的变频恒压供水机的供水可靠性将低于不具备自动轮换控制功能的变频恒压供水机。在这里我们认为，供水可靠性是主要矛盾。因此，不主张采用具有自动轮换控制功能的变频恒压给水系统。多泵并联，循环软启动的变频恒压给水系统，同样存在上述变频恒压自动轮换工作模式的缺点。为了保证恒压供水，同样要求各并联泵的大小相同。

综上所述，为保证供水可靠性，不主张采用自动轮换和变频循环软启动的工作模式。清华紫光集团自动化工程部在其《ABB 恒压供水系统用户手册》中说，"循环软启动！这是一个危险的诱惑，很多搞恒压供水的人热衷于发展此项技术，但我们的建议是否定的……"我们赞同清华紫光集团自动化工程部的上述学术见解，不热衷于搞变频循环软启动供水。

由水泵-管路供水原理可知，当节流损耗等于零，则供水系统具有最佳的节能效果，此时水泵的供水扬程完全消耗在供水高度和供水流阻损失上。这种变频调整供水称为理想的变压变量供水，这种供水系统的扬程-流量曲线和管路系统的流阻-流量曲线重合。在理想的变压变量供水系统中，在用水点，其扬程恒定，属于恒压供水。在实际建筑中，用水点是多处，不是一处，因此很难确定何处是恒压用水点。变压变量供水系统没有通用性，在工程上很少应用。一种实用的变压变量供水系统叫做准变压变量供水系统；在准变压变量供水系统中，其恒压值随用水流量增加而跃阶上升。例如多泵并联恒压供水，当一台泵工作，其恒压值为 P_1；再投入一台泵，其恒压值自动变为 $P_1 + \Delta P_1$；当二、三、四台及更多泵投入，其恒压值分别自动变为 $P_1 + \Delta P_1 + \Delta P_2$，$P_1 + \Delta P_1 + \Delta P_2 + \Delta P_3$，$P_1 + \Delta P_1 + \Delta P_2 + \Delta P_3 + \Delta P_4$……其中 P_1，ΔP_1，ΔP_2，ΔP_3，ΔP_4……可按需要设定；因此，准变压变量系统（设备）的供水特性可以十分接近理想的变压变量供水特性，具有优良的节能效果，这种供水系统（设备）具有通用性。例如国际上著名的 ABB 供水专用变频器就具有上述的准变压变量供水控制功能。

事实上，在建筑供水当中，准变压变量供水模式也很少应用，因为在实际使用当中，很难给出 ΔP_1，ΔP_2，ΔP_3 等的具体参数。

4.2.2　水泵变频调速应用的注意事项

近几年变频调速在供水系统中发展很快，但在实际应用中仍然存在着较大的盲目性，导致节能效果不尽人意。下面将以水泵为例，针对影响其调速范围、节能效果的一些主要因素，进行对症分析和探讨，以及在此基础上得出变频调速的适用范围。

4.2.2.1　变频调速与水泵节能

水泵节能离不开工况点的合理调节。其调节方式不外乎以下两种：①管路特性曲线的调节，如关阀调节；②水泵特性曲线的调节，如水泵调速、叶轮切削等。在节能效果方面，改变水泵性能曲线的方法，比改变管路特性曲线要显著得多。因此，改变水泵性能曲线成为水泵节能的主要方式。而变频调速在改变水泵性能曲线和自动控制方面优势明显，因而应用广泛。但同时应该引起注意的是，影响变频调速节能效果的因素很多，如果盲目选用，很可能事与愿违。

4.2.2.2 影响变频调速范围的因素

水泵调速一般是减速问题。当采用变频调速时，原来按工频状态设计的泵与电机的运行参数均发生了较大的变化，另外如管路特性曲线、与调速泵并列运行的定速泵等因素，都会对调速的范围产生一定影响。超范围调速则难以实现节能的目的。因此，变频调速不可能无限制调速。一般认为，变频调速不宜低于额定转速的 50%，最好处于 75%～100%，并应结合实际经计算确定。

（1）水泵工艺特点对调速范围的影响

理论上，水泵调速高效区为通过工频高效区左右端点的两条相似工况抛物线的中间区域 OA_1A_2（见图 4-13）。实际上，当水泵转速过小时，泵的效率将急剧下降，受此影响，水泵调速高效区萎缩为 PA_1A_2（显然，若运行工况点已超出该区域，则不宜采用调速来节能了）。图中 H_0B 为管路特性曲线，则 CB 段成为调速运行的高效区间。为简化计算，认为 C 点位于曲线 OA_1 上，因此，C 点和 A_1 点的效率在理论上是相等的。C 点就成为最小转速时水泵性能曲线高效区的左端点。

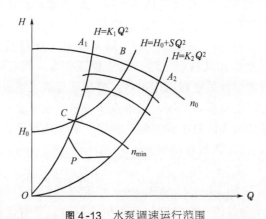

图 4-13 水泵调速运行范围

A_1—工频高效区左端点；A_2—工频高效区右端点；B—设计最大工况点；

$H=K_1Q^2$ 为通过 A_1 点的相似工况抛物线；$H=K_2Q^2$ 为通过 A_2

点的相似工况抛物线；$H=H_0+SQ^2$ 为管路特性曲线

因此，最小转速可这样求得：

由于 C 点和 A_1 点工况相似，根据比例律有：

$$(Q_C/Q_1)^2 = H_C/H_1$$

C 点在曲线 $H=H_0+SQ^2$ 上有：

$$H_C = H_0 + SQ_C^2$$

其中，H_C、Q_C 为未知数，解方程得：

$$H_C = H_1H_0/(H_1 - SQ_1^2)$$

$$Q_C = Q_1[H_0/(H_1 - SQ_1^2)]^{1/2}$$

根据比例律有：

$$n_{\min} = n_0[H_0/(H_1 - SQ_1^2)]^{1/2}$$

（2）定速泵对调速范围的影响

实践中，供水系统往往是多台水泵并联供水。由于投资昂贵，不可能将所有水泵全部调速，所以一般采用调速泵、定速泵混合供水。在这样的系统中，应注意确保调速泵与定速泵都能在高效段运行，并实现系统最优。此时，定速泵就对与之并列运行的调速泵的调速范围产生了较大的影响。主要分以下两种情况：

① 同型号水泵一调一定并列运行时，虽然调度灵活，但由于无法兼顾调速泵与定速泵的高效工作段，因此，此种情况下调速运行的范围是很小的。

② 不同型号水泵一调一定并列运行时，若能达到调速泵在额定转速时高效段右端点扬程与定速泵高效段左端点扬程相等，则可实现最大范围的调速运行。但此时调速泵与定速泵绝对不允许互换后并列运行。

（3）电机效率对调速范围的影响

在工况相似的情况下，一般有 $N \propto n_3$，因此随着转速的下降，轴功率会急剧下降，但若电机输出功率过度偏移额定功率或者工作频率过度偏移工频，都会使电机效率下降过快，最终都影响到整个水泵机组的效率。而且自冷电机连续低速运转时，也会因风量不足影响散热，威胁电机安全运行。

4.2.2.3　管路特性曲线对调速节能效果的影响

虽然改变水泵性能曲线是水泵节能的主要方式，但是在不同的管路特性曲线中，调速节能效果的差别却是十分明显的。为了直观起见，这里采用图 4-14 说明。在设计工况相同的 3 个供水系统里（即最大设计工况点均为 A 点，均需把流量调为 Q_B），水泵型号相同，但管路特性曲线却不相同，分别为：

① $H = H_1 + S_1 Q^2 (H_0 = H_1)$

② $H = H_2 + S_2 Q^2 (H_0 = H_2, H_1 > H_2)$

③ $H = S_3 Q^2 (H_0 = H_3 = 0)$

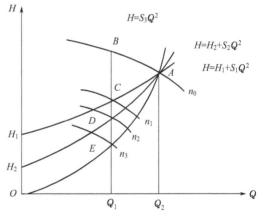

很显然，若采用关阀调节，则 3 个系统满足流量 Q_B 的工况点均为 B 点，对应的轴功率为 N_B；若采用调速运行，则 3 个系统满足流量 Q_B 的工况点分别为 C，D，E 点，其对应的运行转速分别为 n_1，n_2，n_3，相

图 4-14　管路特性曲线对调整节能影响示意

应的轴功率分别为 N_C，N_D，N_E。由于 $N \propto QH$，所以各点轴功率满足 $N_B > N_C > N_D > N_E$。

可见，在管路特性曲线为 $H = H_0 + S Q^2$ 的系统中采用调速节能时，H_0 越小，节能效果越好。反之，当 H_0 大到一定程度时，受电机效率下降和调速系统本身效率的影响，采用变频调速可能不节能甚至反而增加能源浪费。

4.2.2.4　两种调速供水方式节能效果比较

在供水系统中，变频调速一般采用以下 2 种供水方式：变频恒压变流量供水和变频变压变流量供水。其中，前者应用得更广泛，而后者技术上更为合理，虽然实施难度更大，但代表着水泵变频调速节能技术的发展方向。

（1）变频恒压（变流量）供水

所谓恒压供水方式，就是针对离心泵"流量大时扬程低，流量小时扬程高"的特性，通

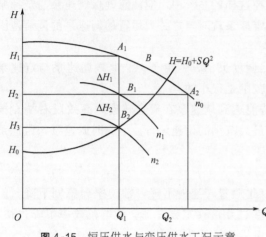

图 4-15　恒压供水与变压供水工况示意

过自控变频系统，无论流量如何变化，都使水泵运行扬程保持不变，即等于设计扬程。若采用关阀调节，当流量由 $Q_2 \to Q_1$ 时，则工况点由 A_1 变为 A_2，浪费扬程 $\Delta H = H_1 - H_3 = \Delta H_1 + \Delta H_2$。若采用变频恒压供水，则自动将转速调至 n_1，工况点处于 B_1 点（参见图 4-15）。由于变频调速是无级变速，可以实现流量的连续调节，所以，恒压供水工况点始终处于直线 $H = H_2$ 上，在控制方式上，只需在水泵出口设定一个压力控制值，比较简单易行。显然，恒压供水节约了 ΔH_1，而没有考虑 ΔH_2。因此，它不是最经济的供水调节方式，尤其在管路阻力大，管路特性曲线陡曲的情况下，ΔH_2 所占的比重更大，其局限性就显而易见。

（2）变频变压（交流量）供水

变压供水方式控制原理和恒压供水相同，只是压力设置不同。它使水泵扬程不确定，而是沿管路特性曲线移动（参见图 4-15）。当流量由 $Q_2 \to Q_1$ 时，自动将转速调至 n_2，工况点处于 B_2 点。此时水泵轴功率 N_2 小于恒压供水水泵轴功率 N_1。变压供水理论上避免了流量减少时扬程的浪费，显然优于恒压供水。

但变压供水本质上也是一种恒压，不过将水泵出口压力恒定变成了控制点压力恒定，它一般有 2 种形式：

① 由流量 Q 确定水泵扬程　流量计将测得的水泵流量 Q 反馈给控制器，控制器根据 $H = H_0 + SQ^2$ 确定水泵扬程 H，通过调速使 H 沿设计管路特性曲线移动。但在生产实践中情况比较复杂。对于单条管路输水系统，是可以得到与之对应的一条管路特性曲线的。而在市政供水管网中，则很难得到一条确定的管路特性曲线。在实践中，只能根据管网实际运行情况，通过尽可能接近实际的假设，计算出近似的管路特性曲线。

② 由最不利点压力 H_m 确定水泵扬程　即需在管网最不利点设置压力远传设备，并向控制室传回信号，控制器据此使水泵按满足最不利点压力所需要的扬程运行，由于管网最不利点往往距离泵站较远，远传信号显得不太方便，而且，在市政供水系统中，由于管网的调整、用水状况的变化等随机因素的影响，都会使实际最不利点和设计最不利点发生一些偏差，给变压供水的实施带来困难。

4.2.2.5　结论

① 变频调速是一种应用广泛的水泵节能技术，但却具有较为严格的适用条件，不可能简单地应用于任何供水系统，具体采取何种节能措施，应结合实际情况区别对待。

② 变频调速适用于流量不稳定，变化频繁且幅度较大，经常流量明显偏小以及管路损失占总扬程比例较大的供水系统。

③ 变频调速不适用于流量较稳定，工况点单一以及静扬程占总扬程比例较大的供水系统。

④ 变频变压供水优于变频恒压供水。

4.3　锅炉

太阳能是一种取之不尽、用之不竭的洁净能源，在常规能源日益短缺、环境污染日益严重的今天，人们越来越重视太阳能的利用，但是太阳能资源分散，而且受季节气候的影响大，所以在利用太阳能的过程中必须辅以常规能源，如电加热，燃气、燃油锅炉等。大型太阳能热水系统往往和锅炉结合起来使用，以下是对锅炉的一些简单介绍。

4.3.1　锅炉的定义和分类

（1）锅炉的定义

锅炉是利用燃料燃烧释放出的能量或其他形式的能量将工质（中间热载体）加热到一定参数的设备。从能源的利用角度来看它是一种能源转换设备。这种传输热量的中间热载体属于二次能源，它的用途就是向用能设备提供能量。当中间的热载体用于在热机中进行热-功转换时，就叫做"工质"。如果中间热载体只是向热设备传输、提供热量以进行热利用，则通常称为"热媒"。

（2）锅炉的分类

可以从各个不同的角度对锅炉进行分类，按照工质及其输出状态分为蒸汽锅炉和热水锅炉，按能源分为燃煤锅炉、燃油锅炉、电锅炉、余热锅炉等。

① 蒸汽锅炉　其供热能力从能源的转换角度来看应该用额定供热量（额定热功率）来表示，单位为 kW，但是，习惯上用额定出力（额定蒸发量）来表示。额定出力是在额定的出口蒸汽参数、额定的给水温度、使用设计燃料和保证设计效率的条件下连续运行所应达到的每小时产汽量（蒸发量）。额定出力也叫做铭牌蒸发量或锅炉容量。蒸发量用符号 D 表示，单位是 kg/h 或 t/h。

从能源转换的角度，锅炉的产品应该是其供出的热量，即水在锅炉内转换成蒸汽的过程中所吸收的热量。

蒸汽锅炉供出的热量为：

$$Q = D(i_q - i_{gs})/3600$$

式中，Q 为锅炉供热量，kW；D 为锅炉蒸发量，kg/h；i_q 为出口蒸汽比焓，kW/kg；i_{gs} 为锅炉给水比焓，kW/kg。

蒸汽锅炉的供热品位用额定的出口蒸汽压力（MPa）和温度（℃）表示。

② 热水锅炉　其供热能力用额定供热量（热功率）表示，单位为 kW，可按下式计算：

$$Q = Gc(t_{rs} - t_{hs})/3600$$

式中，G 为供出热水量，kg/h；t_{rs} 为出口热水温度，℃；t_{hs} 为进口回水温度，℃；c 为水的平均比热容，kJ/(kg·℃)。

热水锅炉的供热品位用额定的出口热水温度、压力和额定进口回水温度表示。

4.3.2　工业锅炉型号表示方法

（1）型号的组成

工业锅炉产品的型号表示方法见能源行业标准 NB/T 47034—2021，余热锅炉产品锅炉型号编制格式见图 4-16。

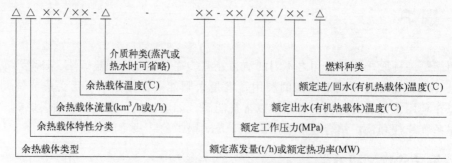

图 4-16　余热锅炉产品锅炉型号编制格式

（2）锅炉本体型式代号（表 4-17）

⊡ **表 4-17　锅炉本体型式代号**

锅炉本体型式	代号
立式水管	LS
立式火管	LH
立式无管	LW
卧式外燃	WW
卧式内燃	WN
单锅筒纵置式	DZ
单锅筒横置式	DH
双锅筒纵置式	SZ
双锅筒横置式	SH
管架式	GJ
盘管式	PG

注：卧式水火管锅炉本体型式代号为 DZ。

（3）燃烧设备型式或燃烧方式代号（表 4-18）

⊡ **表 4-18　燃烧设备型式或燃烧方式代号**

燃烧设备型式或燃烧方式		代号
燃烧设备形式	固定炉排	G
	固定双层炉排	C
	下饲炉排	A
	链条炉排	L
	往复炉排	W
	倒转炉排	D
	振动炉排	Z
燃烧方式	液化床（循环流化床）燃烧	F(X)
	悬浮燃烧（室燃）	S

（4）燃烧种类代号（表 4-19）

□ 表 4-19　燃烧种类代号

燃烧种类		代号
Ⅱ类无烟煤		WⅡ
Ⅲ类无烟煤		WⅢ
Ⅰ类烟煤		AⅠ
Ⅱ类烟煤		AⅡ
Ⅲ类烟煤		AⅢ
褐煤		H
贫煤		P
水煤浆	Ⅰ级	JⅠ
	Ⅱ级	JⅡ
	Ⅲ级	JⅢ
煤粉		F
生物质成型燃料	Ⅰ级	SCⅠ
	Ⅱ级	SCⅡ
	Ⅲ级	SCⅢ
生物质散料		SS
油［柴（轻）油、重油］		Y
气（天然气、液化石油气、人工煤气）		Q

4.3.3　锅炉的构成和工作过程

（1）锅炉的构成

锅炉的核心构成部分是"锅"和"炉"。"锅"是容纳水和蒸汽的受压部件，包括锅筒（也叫汽包）或锅壳、受热面、集箱（也叫联箱）、管道等，组成完整的水-汽系统，其中进行着锅内过程——水的加热和汽化、水和蒸汽的流动、汽水分离等。"炉"是燃料燃烧的场所，即燃烧设备和燃烧室（也叫炉膛）。广义的"炉"是指燃料、烟气这一侧的全部空间。

锅和炉是通过传热过程相互联系在一起的。锅和炉的分界面就是受热面，通过受热面进行着放热介质（火焰、烟气）向受热介质（水、蒸汽或空气）的传热。受热面从放热介质吸收热量并向受热介质放出热量。

（2）锅炉的工作过程

① 在锅炉中主要进行着三个主要过程：

a. 燃料在炉内燃烧，其化学贮藏能以热能的形式释放出来，使火焰和燃烧产物（烟气或灰渣）具有高温。

b. 高温火焰和烟气通过"受热面"向工质（热媒）传递热量。

c. 工质（热媒）被加热，其温度升高或者汽化为饱和蒸汽，或再进一步加热为过热蒸汽。

以上三个过程是相互关联并同时进行的，实现着能量的转换和传递。

② 伴随着能量的转换和转移还进行着物质的流动和变化：

a. 工质（例如给水或回水）进入锅炉、最后以蒸汽（或热水）的形式供出。

b. 燃料（例如煤）进入炉内燃烧，其可燃部分燃烧后连同原来含有的水分转化为烟气，其原来含有的灰分则残存为灰渣。

c. 空气进入炉内参加燃烧反应，过剩的空气也混在烟气中排出。

水-汽系统、烟-灰系统和风-烟系统是锅炉的三大主要系统，这三个系统的工作也是同时连续地进行的。

通常将燃料和烟气这一侧所进行的过程（包括燃烧、放热、排渣、气体流动等）总称为"炉内过程"；把水-汽这一侧进行的过程（水和蒸汽流动、吸热、汽化、汽水分离、热化学过程等）总称为"锅内过程"。

4.3.4 工业锅炉用的燃料

（1）燃料分类

工业锅炉使用的燃料可以分为四类：

① 固体燃料　烟煤、无烟煤、褐煤、泥煤、油页岩、石煤、煤矸石、木屑（锯末）、甘蔗渣、稻糠等。

② 液体燃料　重油、渣油、柴油等。

③ 气体燃料　天然气、石油气、高炉煤气、焦炉煤气等。

④ 电。

（2）能源当量热值及平均折算热值（参见第 5 章 5.10.1 节内容）

能源当量热值主要用来进行热水系统经济效益分析、计算，根据各种能源的当量热值可计算出各种能源的消耗量。

（3）应用举例

例：2000L 水温度从 20℃加热到 60℃，采用下列几种方式加热，其能源消耗量分别是多少？

①燃煤锅炉，效率为 65%；②燃油锅炉，效率为 80%；③燃气锅炉，效率为 85%；④电锅炉，效率为 95%。

计算：

2000L 水 20℃加热到 60℃，所需热量为：

$$Q = 2000 \times (60 - 20) \times 4.18 = 334.4 \times 10^3 \text{(kJ)}$$

① 耗煤量 $= 334.4 \times 10^3 / (29298 \times 65\%) = 17.56 \text{(kg)}$

② 耗油量 $= 334.4 \times 10^3 / (46040 \times 80\%) = 9.08 \text{(kg)}$

③ 耗气量 $= 334.4 \times 10^3 / (50226 \times 85\%) = 7.83 \text{(m}^3)$

④ 耗电量 $= 334.4 \times 10^3 / (3600 \times 95\%) = 97.78 \text{(kW} \cdot \text{h)}$

4.3.5 锅炉的效率

（1）效率表达式

$$\eta = \frac{Q_1}{Q_r} \times 100\%$$

式中，Q_1 为被工质吸收的热量；Q_r 为煤的总发热量。

（2）锅炉效率的种类

从不同的角度出发，锅炉效率可以有不同的含义。

① 设计效率　这是设计锅炉的估算效率，是预期设计的锅炉投入运行后，按照设计工况运行时可以达到并且应该达到的效率，它是反映锅炉性能的一项指标。

② 鉴定效率　这是锅炉作为产品进行鉴定试验时获得的效率，它是对设计效率的验证。鉴定试验应该按照设计工况进行，鉴定效率应该不低于设计效率而又与之接近。

③ 测试效率　这是锅炉进行热平衡测试时获得的效率，热平衡测试是在一定工况（不一定为设计工况）下进行的，测试效率标志着锅炉在测试工况下运行的热经济性，它是反映锅炉性能水平的一项指标。

④ 平均运行效率　工业锅炉在使用过程中，其负荷、参数、燃料、燃烧工况、操作人员都是不断变化的，因而瞬时效率是随时间而变的。任何测试效率都是在测试期内将工况固定而获得的，不能代表测试期以外的锅炉实际使用效率。

反映锅炉使用实效的是"平均运行效率"。平均运行效率不能靠一时一次的测定来获得，必须通过在整个统计期内日常运行中连续计量、测试、记录、累计，用统计方法来确定。

$$平均运行效率 = \frac{统计期内累计有效的热量}{统计期内累计的供给热量} \times 100\%$$

4.3.6　锅炉与太阳能热水系统结合的方式

在大型的太阳能热水系统中，往往安装燃油或燃气锅炉和太阳能结合使用。燃油、燃气锅炉在太阳能热水系统中的应用，主要有串联连接和并联连接两种方式。

4.4　电磁阀

4.4.1　概述

电磁阀是工业过程控制系统常用的开关或自动调节的元件，以实现对系统介质的遥控或程控，以电磁力转换为机械力来实现开关目的，由于电磁阀具有体积小、重量轻、操作容易、维护方便等优点，应用已日趋广泛。

4.4.2　电磁阀分类

追溯电磁阀的发展史，到目前为止，国内外的电磁阀从原理上分为三大类（直动式、分步直动式、先导式），而从阀瓣结构和材料上的不同与原理上的区别又分为六个分支小类（直动膜片结构、分步膜片结构、先导式膜片结构、直动活塞结构、分步活塞结构、先导活塞结构）。

（1）直动式电磁阀

① 原理　通电时，电磁线圈产生电磁力把关闭件从阀座上提起，阀门打开；断电时，电磁力消失，弹簧力把关闭件压在阀座上，阀门关闭。

② 特点　在真空、负压、零压时能正常工作，但一般通径不超过 25mm。

（2）分步直动式电磁阀

① 原理　它由主阀与导阀组成，动作分步实现，电磁力直接接到主阀芯，是一种直动

和先导式相结合的原理。当入口与出口压差≤0.05MPa，通电时，电磁力直接把先导小阀和主阀关闭件依次向上提起，阀门打开。当入口与出口压差＞0.05MPa，通电时，电磁力先打开先导小阀，主阀下腔压力上升，上腔压力下降，从而利用压差把主阀向上推开；断电时，先导阀和主阀利用弹簧力或介质压力推动关闭件，向下移动，使阀门关闭。

② 特点　在压差等于零及真空时亦能可靠动作，但功率消耗较大，通径受一定限制，通径较大时要求竖直安装。

（3）先导式电磁阀

① 原理　它由先导阀与主阀组成，两者由通道联系着，通电时，电磁力把先导孔打开，上腔室压力迅速下降，在关闭件周围形成上低下高的压差，推动关闭件向上移动，阀门打开；断电时，弹簧力把先导孔关闭，入口压力通过旁通孔迅速进入上腔室在关闭件周围形成下低上高的压差，推动关闭件向下移动，关闭阀门。

② 特点　流体压力范围上限很高，但必须满足流体压差条件。

4.4.3　选型要领

电磁阀选型首先应该依次遵循安全性、可靠性、适用性、经济性四大原则，其次是根据六个方面的现场工况（即管道参数、流体参数、压力参数、电气参数、动作方式、特殊要求）进行选择。

4.4.4　选型依据

（1）根据管道参数选择电磁阀的通径规格（即 DN）、接口方式

① 按照现场管道内径尺寸或流量要求来确定通径（DN）尺寸。

② 接口方式，一般＞DN50mm 要选择法兰接口，≤DN50mm 则可根据用户需要自由选择。

（2）根据流体参数选择电磁阀的材质、温度组别

① 腐蚀性流体宜选用耐腐蚀电磁阀和全不锈钢；食用超净流体宜选用食品级不锈钢材质电磁阀。

② 高温流体要选择采用耐高温的电工材料和密封材料制造的电磁阀，而且要选择活塞式结构类型的。

③ 流体状态一般有气态、液态和混合状态。

④ 流体黏度：通常在 50cst（1cst＝1mm^2/s）以下可任意选择，若超过此值，则需选用高黏度电磁阀。

（3）根据压力参数选择电磁阀的原理和结构品种

① 公称压力：这个参数与其他通用阀门的含义是一样的，是根据管道公称压力来定。

② 工作压力：如果工作压力低则必须选用直动或分步直动式；最低工作压差在0.04MPa 以上时直动式、分步直动式、先导式均可选用。

（4）电气选择

电压规格优先选用 AC220V、DC24V；但其余规格可作特殊要求。

（5）根据持续工作时间长短来选择常闭、常开或可持续通电

① 当电磁阀需要长时间开启，并且持续的时间多于关闭的时间应选用常开型。

② 要是开启的时间短或开和关的时间不多时，则优先选用常闭型。

③ 但是有些用于安全保护的工况，如炉窑火焰监测、锅炉加温系统，则不能选常开，应选用可持续长期通电型。

（6）根据环境要求选择辅助功能（防爆、信号反馈、止回、手动、防水防尘、潜水）

① 易燃易爆场合：必须选用相应防爆等级的防爆电磁阀（必须经国家相关防爆检测合格，并取得相应防爆合格证书方可选用）。

② 需要反馈电磁阀启闭状态及介质流动情况的电信号，选用带信号装置的电磁阀。

③ 需要阻止介质倒流，选用带止回功能电磁阀。

④ 需要对电磁阀进行手动操作时，选用带手动装置的电磁阀。

⑤ 农业园艺喷灌、灌溉，或除尘场合应选用防水、防尘品种（防护等级在 IP54 以上）。

⑥ 用于音乐喷泉、跑泉、跳泉等的水路控制采用专为音乐喷泉特别设计的喷泉系列电磁阀。

4.4.5　安装须知

① 安装前应仔细阅读产品的使用说明书，查核产品是否完全符合使用要求，熟悉安装要点，做好准备工作，并校对铭牌所标参数与所选用产品的参数是否一致。

② 接管之前用 0.3MPa 的压力对管道进行充分冲洗，把管道中的金属粉末密封材料残留、锈垢等完全清除；注意介质的洁净度，电磁阀的工作介质应清洁，无颗粒杂质，如果介质内混有尘垢、杂质等将妨碍电磁阀的正常工作，建议电磁阀前（入水口处）安装过滤器，蒸汽管路电磁阀前安装疏水阀；电磁阀内件表面上的污物及过滤器须定期清洁干净。

③ 电磁阀一般是定向的，不可装反，电磁阀上箭头或标记应与管道流向一致，不得安装在有溅水或漏水的地方。一般电磁阀的电磁线圈部件应竖直向上，垂直于管道，有些产品有特别规定，应按说明书安装。

④ 接管时注意，密封材料不可使用过量。如螺纹连接时，接管螺纹应保持在有效长度内，并在端部半螺距处用锉刀倒棱，自端部起 2 牙处开始缠绕密封带，不然过量的密封带或黏结剂将进入电磁阀的内腔，而发生妨碍正常动作的事故。

⑤ 安装时用扳手或管钳固定好阀体，再拧上接管，千万不可将力作用在电磁线圈组件上而引起变形，使电磁阀难以正常工作。

⑥ 电磁阀不宜装在管道低凹处，以免蒸汽冷凝水、杂质等沉淀在阀内而妨碍动作；装在容器的排出管道中，注意不可自容器底部引出，而应装在容器底部稍上位置。

⑦ 普通型电磁阀不可在易燃易爆危险场合使用。如果介质会引起水锤现象，那么应该选用具有防水锤功能的电磁阀或采取相应的防范措施。在冰冻场所使用时，须用隔热材料对管道加以保护或在管道上设置加热器。

⑧ 在管道刚性不足或有水锤现象的情况下，建议把阀前后的管子用支架固定，以防电磁阀工作时引起振动。

⑨ 电磁阀前后管道上需装压力表，以便观察管道压力。

⑩ 电磁阀安装处应有一定的预留空间，以便日常保养与定期维修。

⑪ 要确认一下，电磁阀本身及它与接管连接处是否有泄漏。对线圈引出线的连接要核对，特别是三根引出线的场合。电气回路要接入相应的保险线，作为电气回路的保护。

⑫ 连接于电磁阀的电器元件，如继电器、开关和接触器等，开阀时触点不应振动，否

则工作将不可靠，并影响其电磁阀寿命。

⑬ 在电磁阀发生故障时，为了及时隔离电磁阀，并保证系统正常运行，最好采用旁路隔离装法（见图 4-17）。当电磁阀安装在支路时，电磁阀的口径应比主管道的阀门口径小（见图 4-18）。应注意支路上的阀门必须关闭。

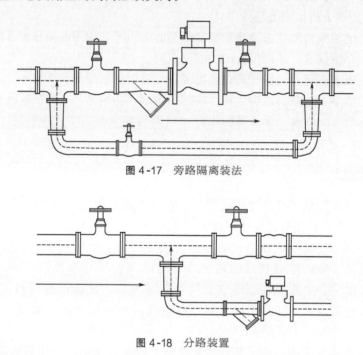

图 4-17　旁路隔离装法

图 4-18　分路装置

4.4.6　使用和维护

① 建议使用单位指派专人负责使用和维护。

② 每年 1～2 次的定期检修是电磁阀可靠工作和长寿的最佳方法。电磁阀内部的下列四种情况，是妨碍电磁阀正常工作与缩短寿命的原因：a. 使用中介质发生变化；b. 接管内生锈；c. 空压机的油氧化，产生碳粒焦油等杂物，混入管道；d. 管道中有尘粒污垢等杂质。

③ 电磁阀安装后或长时间停用后再次投入运行时须通入介质试动作数次，工作正常后方可正式使用。

④ 蒸汽阀长时间停用后再次投入运行时，应排净凝结水后试动作数次，工作正常后方可投入运行。

⑤ 在维护之前，必须切断电源，卸去介质压力。

⑥ 线圈组件不宜拆开。

⑦ 拆开电磁阀进行清洗时，可使用煤油、三氯乙烯等溶液，但应注意橡胶件可能会溶胀，因此更换橡胶件。

⑧ 拆开清洗时，各零部件要按顺序恢复原状装好。

4.4.7　常见故障分析与排除方法

常见故障分析与排除见表 4-20。

⊡ 表 4-20 常见故障分析与排除

故　　障	原因分析	处理方法
通电不动作	电源接线接触不良 电源电压变动不在允许范围内 线圈短路或烧坏	接好电源线 调整电压在正常范围内 更换线圈
开阀时流体不能通过	流体压力或工作压差不符合 流体黏度或温度不符合 阀芯与动铁芯周围混入杂垢、杂质,阀前过滤器或导阀孔堵塞 使用时工作频率太高或寿命到期	调整压力或工作压差或更换适合的产品 更换适合的产品对内部进行清洗,阀前必须安装过滤阀 及时清洗过滤器或导阀孔 改选产品型号或更换新产品
关阀时流体不能切断	流体黏度不符合 流体温度不符合 弹簧变形或寿命到期 阀座有缺陷或黏附脏物 密封垫脱出、缺陷或变形 平衡孔或节流孔堵塞 使用时工作频率太高或寿命到期	更换合适的产品 更换合适的产品 加垫片或更换弹簧 清洗、研磨或更新 更新、重新装配 及时清洗 则改选产品型号或改换新产品
外漏	管道连接处松动 管道连接外密封件损坏	拧紧螺栓或接管螺纹 更换密封件
内泄漏严重	流体温度不符合 导阀座与主阀座有杂质或缺陷 导阀与主阀密封垫脱出或变形 弹簧装配不良、变形或寿命到期 使用时工作频率太高	调整流体温度或更换 如有则清洗或研磨修复或更换 更换密封垫 更换弹簧 改选产品型号或更换新产品
通电时噪音过大	紧固件松动 电压波动不在允许范围内 流体压力或工作压差不适合 流体黏度不符合 衔铁吸合面有杂质	拧紧 调整到正常范围内 调整压力或工作压差或更换产品 更换适合的产品 及时清洗

4.5　恒温阀

　　恒温混水阀（图 4-19）是专为热水系统研制的配套产品，广泛应用于电热水器、太阳能热水器及集中供热水系统，并可配套应用于电热水器和太阳能热水器。用户可以根据需要自行调节冷热水混水温度，所需温度可以迅速达到并且稳定下来，保证出水温度恒定，且不受水温、流量、水压变化的影响，解决洗浴中水忽冷忽热的问题，当冷水中断时，混水阀可以在几秒钟之内自动关闭热水，起到安全保护作用。

4.5.1　工作原理

　　在恒温混水阀的混合出口处，装有一个热敏元件，利用感温元件的特性推动阀体内阀芯

图4-19 恒温混水阀

移动，封堵或者开启冷热水的进水口。在封堵冷水的同时开启热水，当温度调节旋钮设定某一温度后，不论冷、热水进水温度、压力如何变化，进入出水口的冷热水比例也随之变化，从而使出水温度始终保持恒定，调温旋钮可在产品规定温度范围内任意设定，恒温混水阀将自动维持出水温度。

4.5.2　安装及注意事项

① 红色标记的是热水进口，蓝色标记的是冷水进口。

② 设定温度后，如进水温度或压力有变化，出水温度变化值在±2℃。

③ 如果冷热水压力不一致，应在进水口加装单向止回阀防止冷热水互串。

④ 如果冷热水压力比值超过8∶1，应在压力大的一侧加装限流减压阀以保证混合水阀能正常调节。

⑤ 在选用及安装时注意公称压力、混水温度范围等要求是否与产品参数相符。

4.5.3　使用调节及注意事项

① 调节温度时应把水流量开到最大。

② 调节钮正旋方向是降温，逆旋方向是升温，初次调节注意从低温方向往高温方向调节，以防烫伤。

③ 调节钮低温方向的尽头是关闭热水，高温方向的尽头是关闭冷水，如果热水温度不高，可以关闭冷水只用热水洗浴，但使用后应注意调回低温区域，以免下次使用时发生烫伤。

④ 如果冷热水进水压力不一致，且没有安装单向止回阀，应注意每次使用后，将调温钮调到低温方向尽头，即关闭热水状态，最大程度防止冷热水互串。

4.6　不锈钢水管的应用

我们平时的生活并不注意水管的存在，但水管每天却实实在在地影响着我们的生活。如果发现水管漏水，我们会为之操心，可能还会付出水管投资10倍以上的费用来弥补损失。其实，水管对我们生活的影响不仅仅是费用，它还影响我们一生的健康。如果水管的耐腐蚀性能达不到我们健康的标准，它就是一个可怕的污染源，我们将天天使用被污染的水，在不知不觉中我们的健康受到了损害。据美国马丁福克斯博士介绍，心脏病、高血压、癌症、皮肤病、肠胃病等许许多多的疾病都与人们的日常喝水和用水有关。

4.6.1　腐蚀种类

水管材料被腐蚀是水质污染的原因之一，其主要的腐蚀现象为下面几种。

（1）水流腐蚀

水压加速水的流动，保障家庭的用水，不停地冲刷着水管的表面。许多水管材料因自身强度不足或耐磨损性能较差，不能承受大于 1.5m/s 的流速，而被轻易侵削，使得水管材料中的有害物质成为健康杀手。

（2）水质腐蚀

自来水中的 pH 值、空气、溶解氧、杂质、水处理剂、细菌等都可以是水管腐蚀的原因。一些金属水管材料没有较好的钝化作用，又不能抵御水处理剂和细菌的侵蚀而被水质腐蚀，产生"红水"或"蓝水"。

（3）温度腐蚀

温度对水管的腐蚀起着加速作用。一些管材在热水的输送，或者水管环境温度变化时加剧了腐蚀。一些水管材料甚至在 40℃ 时就开始析出有害物质，并产生异味。在高温下一些管材内壁腐蚀速度比常温下会提高数倍，腐蚀面积扩大，大大缩短了管材的使用年限。

4.6.2　不锈钢材料的环保性能

不锈钢材料是一种公认的可以植入人体的健康材料。几乎在涉及人体健康的所有运用领域，都可以看到不锈钢材料。它已经被广泛地运用在食品加工输送管道中，包括饮料、乳品、酿造，制药工业等；还广泛用于对材料安全性和清洁性要求极高的医用人体植入物，如各种人体钢支架、人体内钢钉、人造骨骼、人造牙齿等。用不锈钢制成的不锈钢水管同样也是一种标准的环保材料。

① 满足健康要求　不会对水质造成二次污染，达到国家直接饮用水标准的需要。

② 可以 100% 的回收利用　不会给子孙后代留下不可以处理的垃圾。

③ 节约水资源　它的强度超过所有的水管材料，极大地降低了水管受外力漏水的可能性，大量地节约了水资源。

④ 降低输送成本　耐腐蚀性能优越，在长期使用过程中不会结垢，内壁光洁如故，输送能耗低，节约输送成本，是输送成本最低的水管材料。

⑤ 减少热能损失　其保温性能是铜材料水管的 24 倍，大大降低了热水输送中的热能损耗。

4.6.3　不锈钢材料抵御腐蚀的特性

（1）用独特的钝化膜抵御腐蚀

不锈钢与氧化剂发生反应可以形成一层薄而致密的氧化膜，阻止了氧化反应的进一步发生。我们把这种现象叫做钝化。其他金属水管材料或者没有钝化作用，或者钝化作用非常弱，这就是不锈钢水管材料超出其他金属水管材料的关键原因之一。

（2）用自身的强度抵御腐蚀

不锈钢 304 材料的抗拉强度大于 $530(N/mm^2)$，要高出一般水管材料 2～10 倍，而且有良好的延展性和韧性。不锈钢的耐磨损性能是一般水管材料的 4～50 倍。不锈钢材料能经受高达 20m/s 的高速水流，冲蚀、涡流、水锤不会对不锈钢材料造成任何影响。

（3）用良好的耐温性能抵御腐蚀

不锈钢可以在 －270～400℃ 的温度下长期安全工作。无论是高温还是低温，不锈钢材料都不会析出有害物质，材料性能稳定。这几乎在所有的一般的金属管材或塑料类管材中都难以做到的。

（4）用表面光洁度防止腐蚀

不锈钢焊管是用优质的冷轧卷板生产的，表面光洁度达到工业镜面级（2B级），有效防止了"杂质凝聚"，杜绝了"臭水"的出现。

4.6.4 不锈钢水管的经济性

除了健康性能以外，不锈钢水管的另一个突出特点就是它的经济性能，这是由于水管安装的隐蔽性决定的。

水管安装和所有的隐蔽工程安装一样，都有"投资小，损失大"的特点。与水管类似工程的还有：隐蔽电线、电话线、电视线、宽带网等工程（家庭装潢千万注意隐蔽工程的材料质量）。所谓投资小就是水管投资占总投资比例极小，如果按家庭装潢投资计算大约为2.0%；所谓损失大就是如果选择材料不当，给客户造成的损失将是水管第一次投资的10～30倍之间，这种损失包括：漏水造成的财产损失、维修或更新中的装潢损失、水管材料的再投资损失、误工损失、服务损失等。

所以，选择隐蔽性工程材料的关键性要求长寿命和高可靠性。离开了"长寿命"和"高可靠性"就没有经济性可言。

不锈钢水管可以与建筑物等寿命，没有财产损失、装潢损失、再投资损失、误工损失。在建筑物的寿命期内不锈钢管材总投资不到标准镀锌水管的25%，如果将损失计算在内，不锈钢水管的总投资不到镀锌水管的1/10。所以说不锈钢水管是极为经济的水管材料。

4.6.5 不锈钢水管与铜水管、塑料水管的性能比较

不锈钢水管与铜水管的性能比较见表4-21，与塑料类水管的性能比较见表4-22。

⊡ 表4-21 不锈钢水管与铜水管的性能比较表

项　目		不锈钢管 (304)	铜　管	说　明
耐腐蚀性能	钝化性能	强	极弱	铜管与不锈钢耐腐蚀的差异
	大气环境腐蚀：CO_2，H_2O，SO_2，H_2S	不腐蚀	会腐蚀	在一般的大气环境中，铜容易腐蚀，产生铜绿
	水中空气；水中3%溶解氧；pH值碱度低或酸性高；软水；耐铜细菌	不腐蚀	会腐蚀	铜管发生"蓝水"的原因之一
	氯离子	≤200mg/L	≤70mg/L	铜管大约为不锈钢管的35%；铜管发生"蓝水"的原因之一
	温泉中的硫化物	不腐蚀	会腐蚀	铜管发生"蓝水"的原因之一
	水流腐蚀	可以 ≥6m/s	应该 ≤1.5m/s	耐水流的冲刷，铜不足不锈钢的17%，大水流会使铜管产生生溃腐蚀，是铜管弯头首先被腐蚀的关键因素，也是铜管发生"蓝水"的原因之一
	热水循环结构腐蚀	可以≥100℃	应该≤50℃	铜管热水循环结构中腐蚀严重，铜管发生"蓝水"的原因之一

项　目		不锈钢管(304)	铜　管	说　明
物理性能	抗拉强度/(N/mm²)	≥530	≥210	铜管强度不足不锈钢的40%。受外界影响更容易漏水
	热传导率(100℃)/[cal/(cm·s·℃)]	0.039	0.934	
	热膨胀系数(0~100℃)/℃	17.3×10⁻⁶	17.6×10⁻⁶	
	水管外观	长期光亮	2年变色	外观差距较大
	卫生指标	无	蓝水	铜水管"蓝水"无法根治
使用寿命/年		≥100	6~40	在不锈钢的6%~40%之间

4.6.6　不锈钢水管的安装

在不锈钢水管安装过程中，其管道接头形式有下列三种趋势：

① 室内装修放弃焊接接头　中国建设部2002年3月5日第110令《住宅室内装饰装修管理办法》第十一条规定：室内装修"不得擅自动用明火和进行焊接作业"，主要原因是：焊接施工难度大，漏水率高，施工费用高，污染环境、施工风险高。

② 嵌入式安装放弃螺纹接头　国家《建筑给水薄壁不锈钢管管道工程技术规程》（T/CECS 153—2018）规定：螺纹式管件不能做嵌入式的安装。因为螺纹接头在隐蔽环境下，或嵌入式安装条件下，会随着振动产生漏水，这将给客户带来财产损失和环境损失。

③ 隐蔽部位用"死"接头　在隐蔽工程或嵌入式安装条件下，消除"活"接头，将接头一次性做"死"，消除松动的可能，减少漏水隐患。

表 4-22　不锈钢水管与塑料类水管的性能比较表

项　目		不锈钢管(304)	塑料类管	比较说明
物理性能	抗拉强度/(N/mm²)	≥530	≥49	塑料类产品强度仅为不锈钢的9.2%。强度不足是受外力影响漏水的因素之一
	耐磨损性能	高	低	水流冲刷往往是材料被腐蚀的原因之一
	紫外线照射	无老化问题	老化严重	塑料管材在光线下老化严重
	热膨胀系数(0~100℃)/℃	17.3×10⁻⁶	70×10⁻⁶	塑料管材的膨胀系数是不锈钢的4倍。过高的膨胀系数在环境温度变化时会导致水管漏水
	低温适应	≤-270℃	必须0℃否则有脆性变化	塑料管材不适应低温环境
	高温适应	≥400℃	在高温下有害物质易析出	塑料管材不耐高温，燃烧时会产生有毒气体
	耐腐蚀	优	优	

续表

项 目		不锈钢管(304)	塑料类管	比 较 说 明
健康环保	环境激素	无	部分有	影响人的内分泌系统
	杂质凝聚	不易	容易	材料内壁光洁度和密度低容易产生"臭水"
	隐患水	无	部分有	使用不明的回用材料造成"隐患水"
	有害物质析出	无	容易析出	
	异味产生	无	高温产生异味	影响水质
	环保性能	100％回收	不可降解不可回用	塑料管材不能100％回收
使用寿命/年		≥100	5～20	不足不锈钢的1/4

历经50余年，德国工业家率先垂范的卡压式管件（图4-20），在欧洲、亚洲、美洲等地区已形成蓬勃发展之势，成为连接不锈钢管材的主流产品，就其原因归纳其特点如下：

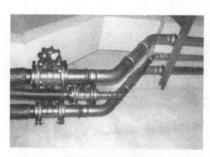

不锈钢卡压管件的安装

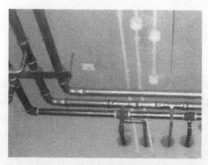

不锈钢卡压管件的安装

不锈钢各种螺纹管件

各种卡压式不锈钢三通

各种卡压式不锈钢对接

图4-20 卡压式管件及安装

① 适合不锈钢材料 卡压式管件满足了人们选择健康材料——不锈钢水管的要求，从根本上解决了水管的健康、环保、经济、可靠等相互统一的问题。

② 连接可靠安全 卡压式接头连接强度高，抗振动。将连接部位一次性做"死"，避免了"活接头"松动的可能性，如房屋振动、水锤振动、管道共振、地震造成的松动。

③ 施工便利快捷 管件的现场焊接或套丝作业施工吃力、漏水率高、污染环境、容易造成风险。卡压式管件现场安装极为便利，安装时间仅为焊接管件或套丝管件的1/3，缩短

了工期，降低了费用，避免了漏水，减少了风险。

④ 适合嵌入式安装 卡压式管件满足了嵌入式安装的要求，极大地降低了隐蔽环境中水管漏水的可能性，降低了维修和更新的危险。满足了国家《建筑给水薄壁不锈钢管管道工程技术规程》（T/CECS 153—2018）要求（螺纹式管件不能做嵌入式安装）。管件接头紧凑，不会对建筑物墙体造成结构性的损坏。

⑤ 免维护，免更新，经济性能优越 在建筑物的使用期内，不需要对管件进行更新和维护，大量地节约了环境更新成本，客户财产损失和服务损失趋向于零。

4.6.7 不锈钢水管在发达地区的应用

从 20 世纪 80 年代开始，因为卫生和经济原因，发达国家开始大规模使用不锈钢水管，并延展到亚洲的国家和地区，特别是东南亚地区。

在日本，不锈钢水管已经风行 30 多年，占水管市场的 85% 以上。

东亚和东南亚是不锈钢水管发展最快的地区之一，据统计，在 2020 年底，韩国、新加坡、马来西亚、菲律宾、泰国等，在冷水、热水和直饮用水应用领域不锈钢水管的年销售比例已经达 80% 以上。

在德国，不锈钢材料几乎成为自来水管材唯一的选择。

在意大利，1995 年起意大利各城市普遍采用一种挖沟的技术将输水主管道更换成不锈钢管道，经验表明不锈钢管道耐腐蚀，强度高，能够耐地面下沉和地震，寿命最少为 70 年，比塑料管等代用管材更经济。

在瑞典，KarlsKoga 市经过 10 年试验，将球墨铸铁和 PVC 埋地供水主管道全部更换为 316 不锈钢管道。

在英国，苏格兰医院过去采用的是铜水管，但苏格兰偏软的水质导致铜水管的腐蚀和失效，政府花巨资研究失效原因和解决方案，最后将冷热水管道全部更换成不锈钢管材。

随着人们对供水质量的要求越来越高，不锈钢水管必将在供水中得到广泛的应用。

4.7 电子水处理器

4.7.1 产品介绍

电子水处理器（图 4-21）采用物理办法对水进行高频电磁场处理，测试证明饮用水经处理后仍能达到国家规定的《生活饮用水卫生标准》（GB 5749）的各项指标，适用于一般生活、工业用水的处理。DS 系列电子水处理器可以取代钠离子交换器，广泛适用于锅炉、

图 4-21 电子水处理器

热交换系统、冷却水循环和中央空调系统，具有造价低、体积小、好安装、易维修、操作简单、使用经济、节约能源等优点，是一种很有实用价值的防垢除垢设备。

4.7.2 工作原理

GP 系列电子水处理器利用电子元件产生高频电信号，使水经过水处理器时，物理结构发生变化——原来缔合链状大分子断裂成单个水分子，水中溶解盐的正负离子被单个水分子包围，运动速度降低，有效碰撞次数减少，静电引力下降，从而在受热面或管壁上无法结垢，达到了防垢的目的，同时由于水的偶极距增大，使它与盐的正负离子吸引能力增大，其结果使受热面或管壁原来的水垢变得松软，脱落，因此又有除垢效果。

4.7.3 安装及注意事项

① 在热水采暖系统中，水处理器应安装在循环水回水管道上，不能安在补水管上。安装位置离锅炉或换热器越近越好。在水处理器与用水设备之间应安装逆止阀。

② 在中央空调系统中，水处理器应安装在循环水管道上，不能安装在补水管上。安装位置越靠近需重点防垢的设备，处理效果越明显。如果系统管网较长，建议在冷却塔和热交换器进水部分加装一台，增强防垢效果。

③ 水处理器应安装在水泵出水部位，在吸水部位安装会影响水泵后面设备的防垢效果。如果为了防止水泵叶轮结垢，应安装在水泵吸水口。

④ 水处理器进出水口连接法兰按《钢制管法兰　第 1 部分：PN 系列》（GB/T 9124.1—2019）中板式平焊法兰设计，常规有 1.0MPa 和 1.6MPa 两种，订货与安装时必须注明。

⑤ 安装水处理器系统，必须有排污装置，排污不良会直接影响水处理效果。水的浓缩倍率不得超过原水的 2.5～3 倍。

⑥ 经过处理的水在 8h 内有防垢、杀菌、灭藻作用。超过一定时间水逐渐恢复原状，失去作用。因此不能储藏备用。在水处理设备和用水设备之间不能有水箱或水池。

⑦ 对于结垢较严重的设备，安装水处理设备之前应预先清洗整个系统，以防老垢脱落堵塞管道。

⑧ 在间断性用水系统，如中央空调、采暖等，在停机前两周应适量投加一些预膜剂或缓蚀剂随机运行，在系统管壁上生成保护膜，以防氧化锈蚀。常用的缓蚀剂有：十二胺、十八胺、磷酸一酯、磷酸二酯、焦磷酸酯、甲叉磷酸型、同碳二酸型等。使用浓度约为 10～20mg/L。

4.7.4 接线注意事项

① 电源线长度 1.5m，适应电压 220V，上下浮动不得超过 6%，否则应配稳压器。

② 高频电磁水处理器输出导线为 75Ω 的屏蔽电缆，输出线不能任意换线与加长。导线的两极不能接错，否则会影响使用或发生事故。粗线为正极，压在辅机中心电极上。在带电的情况下，正极绝对不能与辅机法兰接触，一经接触，会造成短路，击穿主要电子元件和损坏整个主机。细线为负极（黑色电线），压在辅机下法兰盘边沿的固定螺母上。

③ 高压静电水处理器导线采用高压绝缘专用线，用户不得擅自更换。

④ 设备运行时，输出指示灯亮。如该灯不亮时检查灯泡是否损坏，检查输出导线连接处是否断开及锈蚀。设备在室外安装时，主机部分及导线连接处，应做防水防雨设施，避免

短路。

4.7.5 选型须知

① 确定电子水处理器的型号 从工作原理上分为：高频（GP）和静电高压（GJ）。适用电源 220V。

② 确定规格（进出水管道法兰盘的内径。比如 $DN100mm$ 或 $4''$） 确定所选用电子水处理器的管径，它的价格与管径成正比，管径越大价格越高，因此选型时应将所需要配套的管径（法兰内径）搞清楚，以免因选配不合适影响施工。管道流量的大小不作为选型标准。

③ 确定设计压力 确定管径尺寸之后，要查一下设计图纸，看看对电子水处理器辅机有无压力要求。因为 0.6MPa、1.0MPa、1.6MPa、2.0MPa 等设计压力不同，法兰盘的厚度及螺孔个数也不同，同样的公称直径会因为不同的设计压力，导致法兰无法连接，在订货选型时请务必注意。

④ 确定进出水口的方向 进出水口径的连接有多种形式，如直通式、左右式等，可以根据施工现场的管道位置，选择进出水口的方向及开口位置。安装时进水口要低于出水口，以防止窝气。

⑤ 确定室内外安装 电子水处理设备是由电子元器件组成的，应防潮防水防火。辅机上面有正负极，也应防潮防水。一般都安装在室内，如必须安装在室外，应在选型与订购时说明。

⑥ 确定用途 空调系统、采暖系统、冷却水循环系统、热水锅炉、茶浴炉等。

4.7.6 技术参数

产品技术参数见表 4-23。

▫ 表 4-23 产品技术参数

项 目		参 数	项 目	参 数
输入电源		220V,50Hz	处理水总碱度	500mg/L 以内($CaCO_3$)
输出电压	高频电场型	小于 45V	电导率	$<3000\mu s/cm(20℃)$
	高压静电型	大于 17000~22000V	处理水温度	5~95℃
电极绝缘电阻		$>1000\Omega$	工作环境温度	5~45℃
有效范围		2000m	阻垢率	>85%
辅机工作压力		0.6~1.6MPa	灭藻率	>95%
处理水总硬度		≤700mg/L(以 $CaCO_3$ 计)	杀菌率	>95%

4.7.7 产品图样及特点介绍

电子水处理器产品图样见图 4-22。

电子水处理器产品特点如下。

（1）防垢除垢

GP 系列电子水处理器利用电子元件产生高频电信号，在局部范围内形成高频电磁场。水经处理后，水的物理结构发生变化，水分子聚合度降低，偶极矩增大，极性增加，原来缔合链状大分子断裂成单个水分子，水中溶解盐的正负离子被单个水分子包围，运动速度降

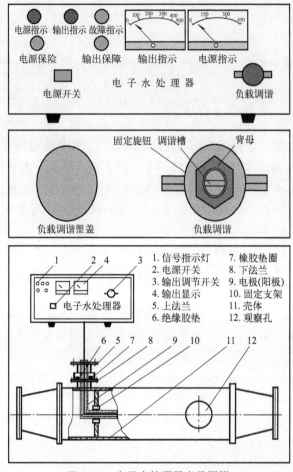

图 4-22 电子水处理器产品图样

低，有效碰撞次数减少，静电引力下降，从而在受热面上或管壁上无法结垢。处理后的水中产生活性氧，对已结垢的系统，活性氧能破坏水垢分子间的电子结合力，改变其晶体结构，使坚硬的老垢变为疏松的软垢，逐渐脱落，从而达到防垢除垢的目的。

早期的电子水处理器无及时排污功能，水垢脱落在循环水系统中无法及时排出管网外，水的浊度一直居高不下，水的溶解度易处于饱和状态，这种水质的热效益极差。故此，运用了排污体系的电子水处理器是业内的技术突破，是循环水优良水质的有力保证。

（2）杀菌灭藻

水经过高频电场处理后，水中细菌和藻类的生态环境发生变化，水中的溶解氧得到活化，外电场破坏了细胞膜上的离子通道，改变了调节细胞功能的原控电流，直接影响细菌的生命，破坏其正常代谢直至死亡。另外，活性氧自由基对微生物机体也产生一系列有害作用，细菌和藻类的生存条件丧失，微生物机体受到损害，达到杀菌灭藻的目的。

（3）防腐蚀

电子水处理器辅机外壳与金属管路作为共同阴极，抑制了电化学腐蚀。微生物滋生被控制，管道内水垢被清除，使管网腐蚀的两大原因（微生物腐蚀和沉积腐蚀）均被有效抑制，而活性氧在管壁上生成的氧化膜也起到了很好的防蚀作用。

太阳能热水系统设计计算分析

5.1 太阳能热水系统的选择

太阳能热水系统的选择应符合现行标准《建筑给排水设计标准》（GB 50015），遵循如下原则。

① 公共建筑宜采用集中集热、集中供热太阳能热水系统。

② 住宅类建筑宜采用集中集热、分散供热太阳能热水系统或分散集热、分散供热太阳能热水系统。

③ 小区设集中集热、集中供热太阳能热水系统或集中集热、分散供热太阳能热水系统时应符合下列规定：

a. 宾馆、公寓、医院、养老院等公共建筑及有使用集中供应热水要求的居住小区，宜采用集中热水供应系统；

b. 小区集中热水供应应根据建筑物的分布情况等采用小区共用系统、多栋建筑共用系统或每幢建筑单设系统，共用系统水加热站室的服务半径不应大于 500m；

c. 普通住宅、无集中沐浴设施的办公楼及用水点分散、日用水（按 60℃计）小于 5m^3 的建筑宜采用局部热水供应系统；

d. 当普通住宅、宿舍、普通旅馆、招待所等组成的小区或单栋建筑设集中热水供应时，宜采用定时集中热水供应系统；

e. 全日集中热水供应系统中的较大型公共浴室、洗衣房、厨房等耗热量较大且用水时段固定的用水部位，宜设单独的热水管网定时供应热水或另设局部热水供应系统；

f. 太阳能集热系统宜按分栋建筑设置，当需合建系统时，宜控制集热器阵列总出口至集热水箱的距离不大于 300m。

④ 太阳能热水系统应根据集热器构造、冷水水质硬度及冷热水压力平衡要求等经比较确定采用直接太阳能热水系统或间接太阳能热水系统。

⑤ 太阳能热水系统应根据集热器类型及其承压能力、集热系统布置方式、运行管理条件等经比较采用闭式太阳能集热系统或开式太阳能集热系统；开式太阳能集热系统宜采用集热、贮热、换热一体间接预热承压冷水供应热水的组合系统。

⑥ 集中集热、分散供热太阳能热水系统采用由集热水箱或由集热、贮热、换热一体间接预热承压冷水供应热水的组合系统直接向分散带温控的热水器供水，且至最远热水器热水管总长度不大于 20m 时，热水供水系统可不设循环管路。

5.2 太阳能集热系统集热器总面积的计算

5.2.1 直接太阳能热水系统集热器总面积的计算

$$A_{jz} = \frac{Q_{md} f}{b_j J_t \eta_j (1 - \eta_1)} \tag{5-1}$$

式中，A_{jz} 为直接太阳能热水系统集热器总面积，m^2；Q_{md} 为平均日耗热量，kJ/d；f 为太阳能保证率；b_j 为集热器面积补偿系数；J_t 为集热器总面积的平均日太阳辐照量，$kJ/(m^2 \cdot d)$，按附录三选取；η_j 为集热器总面积的年平均集热效率；η_1 为集热器系统的热损失。

5.2.2 间接太阳能热水系统集热器总面积的计算

$$A_{jj} = A_{jz} \left(1 + \frac{U_L A_{jz}}{K F_{jr}} \right) \tag{5-2}$$

式中，A_{jj} 为间接太阳能热水系统集热器总面积，m^2；U_L 为集热器热损失系数，$kJ/(m^2 \cdot ℃ \cdot h)$，应根据集热器产品的实测值确定，平板型可取 $14.4 \sim 21.6 kJ/(m^2 \cdot ℃ \cdot h)$，真空管型可取 $3.6 \sim 7.2 kJ/(m^2 \cdot ℃ \cdot h)$；$K$ 为水加热器传热系数，$kJ/(m^2 \cdot ℃ \cdot h)$；F_{jr} 为水加热器加热面积，m^2。

5.3 太阳能热水系统主要设计参数的选择

（1）设计热水用水定额

太阳能热水系统的设计热水用水定额应按表 5-1 中平均日热水用水定额确定。

⊡ 表 5-1 热水用水定额

序号	建筑物类型		单位	用水定额/L		使用时间/h
				最高日	平均日	
1	普通住宅	有热水器和淋浴设备	每人每日	40~80	20~60	24
		有集中热水供应（或家用热水机组）和淋浴设备	每人每日	60~100	25~70	
2		别墅	每人每日	70~110	30~80	24
3		酒店式公寓	每人每日	80~100	65~80	24
4	宿舍	居室内设卫生间	每人每日	70~100	40~55	24 或定时供应
		设公用盥洗卫生间	每人每日	40~80	35~45	

续表

序号	建筑物类型		单位	用水定额/L		使用时间/h
				最高日	平均日	
5	招待所、培训中心、普通旅馆	设公用盥洗室	每人每日	25～40	20～30	24 或定时供应
		设公用盥洗室、淋浴室	每人每日	40～60	35～45	
		设公用盥洗室、淋浴室、洗衣室	每人每日	50～80	45～55	
		设单独卫生间、公用洗衣室	每人每日	60～100	50～70	
6	宾馆客房	旅客	每床位每日	120～160	110～140	24
		员工	每人每日	40～50	35～40	8～10
7	医院住院部	设公用盥洗室	每床位每日	60～100	40～70	24
		设公用盥洗室、淋浴室	每床位每日	70～130	65～90	
		设单独卫生间	每床位每日	110～200	110～140	
		医务人员	每人每班	70～130	65～90	8
	门诊部、诊疗所	病人	每病人每次	7～13	3～5	8～12
		医务人员	每人每班	40～50	35～50	8
		疗养院、休养所住房部	每床位每日	100～160	90～110	24
8	养老院、托老院	全托	每床位每日	50～70	45～55	24
		日托	每床位每日	25～40	15～20	10
9	幼儿园、托儿所	有住宿	每儿童每日	25～50	20～40	24
		无住宿	每儿童每日	20～30	15～20	10
10	公共浴室	淋浴	每顾客每次	40～60	35～40	12
		淋浴、浴盆	每顾客每次	60～80	55～70	
		桑拿浴(淋浴、按摩池)	每顾客每次	70～100	60～70	
11	理发师、美容院		每顾客每次	20～45	20～35	12
12	洗衣房		每千克干衣	15～30	15～30	8
13	餐饮业	中餐酒楼	每顾客每次	15～20	8～12	10～12
		快餐店、职工及学生食堂	每顾客每次	10～12	7～10	12～16
		酒吧、咖啡厅、茶座、卡拉 OK 房	每顾客每次	3～8	3～5	8～18
14	办公楼	坐班制办公	每人每班	5～10	4～8	8～10
		公寓式办公	每人每日	65～100	25～70	10～24
		酒店式办公	每人每日	120～160	55～140	24
15	健身中心		每人每次	15～25	10～20	8～12
16	体育场(馆)	运动员淋浴	每人每次	17～26	15～20	4
		会议厅	每座位每次	2～3	2	4

注：1. 本表以 60℃热水温度为计算温度。

2. 学生宿舍使用 IC 卡计费用热水时，可按每人每日最高用热水定额 25～30L、平均日用水定额 20～25L。

3. 表中平均日用水定额仅用于计算太阳能热水系统的集热器面积和计算节水用水量。平均日用水定额应根据实际统计数据选用；当缺乏实测数据时，可采用本表中的低限值。

（2）平均日耗热量

$$Q_{md} = q_{mr} m b_1 C \rho_r (t_r - t_L^m) \tag{5-3}$$

式中，q_{mr} 为平均日热水用水定额，L/（人·d）或 L/（床·d），见表 5-1；m 为用水计算单位数（人数或床位数）；b_1 为同日使用率（住宅建筑为入住率）的平均值，应按使用工况确定，当无条件时可按表 5-2 取值；t_L^m 为年平均冷水温度，℃，可参照城市当地自来水厂年平均水温值计算，当无水温资料时，可按表 5-3 选取。

▣ 表 5-2　不同类型建筑 b_1 值

建筑物名称	b_1
住宅	0.5～0.9
宾馆、旅馆	0.3～0.7
宿舍	0.7～1.0
医院、疗养院	0.8～1.0
幼儿园、托儿所、养老院	0.8～1.0

注：分散供热、分散集热太阳能热水系统的 $b_1 = 1$。

▣ 表 5-3　冷水计算温度　　　　　　　　　　　　　　　　　　　　　　　℃

区域			地面水	地下水	区域			地面水	地下水
东北	黑龙江		4	6～10	东南	浙江		5	15～20
	吉林		4	6～10		江苏	偏北	4	10～15
	辽宁	大部	4	6～10			大部	5	15～20
		南部	4	10～15		江西大部		5	15～20
华北	北京		4	10～15		安徽大部		5	15～20
	天津		4	10～15		福建	北部	5	15～20
	河北	北部	4	6～10			南部	10～15	20
		大部	4	10～15		台湾		10～15	20
	山西	北部	4	6～10	中南	河南	北部	4	10～15
		大部	4	10～15			南部	5	15～20
	内蒙古		4	6～10		湖北	东部	5	15～20
西北	陕西	偏北	4	6～10			西部	7	15～20
		大部	4	10～15		湖南	东部	5	15～20
		秦岭以南	7	15～20			西部	7	15～20
	甘肃	北部	4	10～15		广东、港澳		10～15	20
		秦岭以南	7	15～20		海南		15～20	17～22
	青海	偏东	4	10～15	西南	重庆		7	15～20
	宁夏	偏东	4	6～10		贵州		7	15～20
		南部	4	10～15		四川大部		7	15～20
	新疆	北疆	5	10～11		云南	大部	7	15～20
		南疆	—	12			南部	10～15	20
		乌鲁木齐	8	12		广西	大部	10～15	20
东南	山东		4	10～15			偏北	7	15～20
	上海		5	15～20		西藏		—	5

（3）太阳能保证率

太阳能保证率 f 应根据当地的太阳能辐照量、系统耗热量的稳定性、经济性及用户要求等因素综合确定，见表 5-4。

⊡ **表 5-4　太阳能保证率 f 值**

年太阳能辐照量/[MJ/(m²·d)]	f /%
≥6700	60～80
5400～6700	50～60
4200～5400	40～50
≤4200	30～40

注：1. 宿舍、医院、疗养院、幼儿园、托儿所、养老院等系统负荷较稳定的建筑取表中上限值，其他类建筑取下限值。

2. 分散集热、分散供热太阳能热水系统可按表中上限值取值。

（4）集热器总面积补偿系数

集热器总面积补偿系数 b_j 应根据集热器的布置方位及安装倾角确定。当集热器朝向布置的偏离角≤15℃，安装倾角为当地纬度 $\phi \pm 10°$ 时，b_j 取 1；当集热器布置不符合上述规定时，应按现行标准《民用建筑太阳能热水系统应用技术标准》（GB 50364）的规定进行集热器面积的补偿计算，b_j 按附录四选取。

（5）集热器总面积的平均集热效率

集热器总面积的平均集热效率 η_j 应根据经过测定的基于集热器总面积的瞬时效率方程在归一化温差为 0.03 时的效率值确定。分散集热器、分散供热系统的 η_j 经验值为 40%～70%；集中集热系统的 η_j 应考虑系统型式、集热器类型等因素的影响，经验值为 30%～45%。

（6）集热器系统的热损失

集热器系统的热损失 η_l 应根据集热器类型、集热管路长短、集热水箱（罐）大小及当地气候条件、集热系统保温性能等因素综合确定，当集热器或集热器组紧靠集热水箱（罐）时，η_l 取 15%～20%；当集热器或集热器组与集热水箱（罐）分别布置在两处时，η_l 取 20%～30%。

（7）水加热器的加热面积

$$F_{jr} = \frac{Q_g}{\varepsilon K \Delta t_j} \tag{5-4}$$

式中，F_{jr} 为水加热器的加热面积，m²；Q_g 为设计小时供热量，kJ/h；K 为传热系数，kJ/(m²·℃·h)；ε 为水垢和热媒分布不均匀影响传热效率的系数，采用 0.6～0.8；Δt_j 为热媒与被加热水的计算温度差，℃，按下文确定，无数据时可按 5～10℃ 取值。

（8）水加热器热媒与被加热水的计算温度差

① 导流型容积式水加热器，半容积式水加热器：

$$\Delta t_j = \frac{t_{mc} + t_{mz}}{2} - \frac{t_c + t_z}{2} \tag{5-5}$$

式中，t_{mc}、t_{mz} 为热媒的初温和终温，℃；t_c、t_z 为被加热水的初温和终温，℃。

② 快速式水加热器、半即热式水加热器：

$$\Delta t_j = \frac{\Delta t_{max} + \Delta t_{min}}{\ln \dfrac{\Delta t_{max}}{\Delta t_{min}}} \qquad (5\text{-}6)$$

式中，Δt_{max} 为热媒与被加热水在水加热器一端的最大温度差，℃；Δt_{min} 为热媒与被加热水在水加热器另一端的最小温度差，℃。

5.4 太阳能热水系统有效容积的计算

（1）集中集热、集中供热太阳能热水系统

集中集热、集中供热太阳能热水系统的集热水加热器或集热水箱（罐）宜与供热水加热器或供热水箱（罐）分开设置，串联连接，辅助热源设在供热设施内，其有效容积按下列计算：

① 集热水加热器或集热水箱（罐）的有效容积计算：

$$V_{rx} = q_{rjd} A_j \qquad (5\text{-}7)$$

式中，V_{rx} 为集热水加热器或集热水箱（罐）有效容积，L；A_j 为集热器总面积，m^2，$A_j = A_{jz}$ 或 $A_j = A_{jj}$；q_{rjd} 为集热器单位轮廓面积平均日产 60℃ 热水量，$L/(m^2 \cdot d)$。

q_{rjd} 根据集热器产品的实测结果确定。当无条件时，根据当地太阳能辐照量、集热器面积大小等选用下列数值：直接太阳能热水系统 $q_{rjd} = 40 \sim 80 L/(m^2 \cdot d)$；间接太阳能热水系统 $q_{rjd} = 30 \sim 55 L/(m^2 \cdot d)$。

② 供热水加热器或供热水箱（罐）的有效容积按现行标准《建筑给排水设计标准》（GB 50015）中第 6.5.11 条确定。

（2）集中集热、分散供热太阳能热水系统

① 当分散供热用户采用容积式热水器间接换热冷水时，其集热水箱的有效容积计算：

$$V_{rx1} = V_{rx} - b_1 m_1 V_{rx2} \qquad (5\text{-}8)$$

式中，V_{rx1} 为集热水箱的有效容积，L；m_1 为分散供热用户的个数（户数）；V_{rx2} 为分散供热用户设置的分户容积式热水器的有效容积，L，应按每户实际用水人数确定，一般取 $60 \sim 120 L$。

V_{rx1} 除按上式计算外，还宜留有调节集热系统超温排回的一定容积。其最小有效容积不应小于 3min 热媒循环泵的设计流量且不宜小于 800L。

② 当分散供热用户采用热水器辅热直接供水时，其集热水箱的有效容积按式（5-7）计算。

5.5 集中集热、集中供热的间接太阳能水加热器选型原则

① 当集热器总面积 $A_j < 500 m^2$ 时，宜选用板式快速水加热器配集热水箱（罐），或选用导流型容积式或半容积式水加热器集热。

② 当集热器总面积 $A_j \geqslant 500 m^2$ 时，宜选用板式快速水加热器配集热水箱集热。

5.6　太阳能热水系统水泵选型计算

　　水泵是在人们日常生活中，直接或间接地输送必要的流体的机器。它具有不可缺少的两种能力——吸力和推力。

　　水泵是给水系统中的主要升压设备。在建筑内部的给水系统中，一般采用离心式水泵，它具有结构简单、体积小、效率高、流量和扬程在一定范围内可以调整等优点。选择水泵应以节能为原则，使水泵在给水系统中大部分时间保持高效运行。当采用设水泵、水箱的给水方式时，通常水泵直接向水箱输水，水泵的出水量与扬程几乎不变，选用离心式恒速水泵即可保持高效运行。对于无水量调节设备的给水系统，在电源可靠的条件下，可选用装有自动调速装置的离心式水泵。目前调速装置主要采用变频调速器，用水泵出口压力或网管末端压力控制调节水泵的转速，来改变水泵的流量、扬程和功率，使水泵变流量供水时保持高效运行。因水泵只有在一定的转速变化范围内才能保持高效运行，故选用调速泵与恒速泵组合供水方式可取得更好的效果。在给水系统微量用水时，为避免水泵工作效率降低导致水温上升，可选用并联配有加压泵的小型气压水罐的变频调速供水装置，在这种情况下停止变频调速泵，利用气压水罐中压缩空气的压力向系统供水。

5.6.1　选择水泵时遵循的原则

　　① 在太阳能热水系统中，在满足扬程和流量要求的条件下，应选择功率较小的泵。

　　② 在强迫循环系统中，水温≥50℃时宜选用耐热泵。

　　③ 泵与传热工质应有很好的相容性。水泵的流量、扬程应根据给水系统所需的流量、压力确定。由流量、扬程查水泵性能表即可确定其型号。

5.6.2　流量的计算

　　在生活给水系统中，无水箱调节时，水泵调节量要满足系统高峰用水要求，应根据设计秒流量确定；有水箱调节时，水泵流量可按最大时流量确定。

　　根据水泵在系统中的作用，可分为集热循环泵、给水泵、管道循环泵。要确定水泵的流量需计算集热循环流量、整个系统的设计小时用水量、管道循环流量。

　　(1) 强制循环的太阳能集热系统设计循环泵的流量和扬程计算

　　① 集热循环水泵的流量等同于集热系统循环流量，计算如下：

$$q_x = q_{gz} A_j \tag{5-9}$$

　　式中，q_x 为集热系统循环流量，L/s；q_{gz} 为单位轮廓面积集热器对应的工质流量，L/($m^2 \cdot s$)，按集热器产品实测数据确定，当无条件时，可取 0.015～0.020L/($m^2 \cdot s$)，真空管型集热器取下限值，平板型集热器取上限值。

　　② 开式太阳能集热系统循环水泵扬程应按下式计算：

$$H_b = h_{jx} + h_j + h_z + h_f \tag{5-10}$$

　　式中，H_b 为循环水泵扬程，kPa；h_{jx} 为集热系统循环流量通过循环管路的沿程与局部阻力损失，kPa；h_j 为集热系统循环流量通过集热器的阻力损失，kPa；h_z 为集热器顶与水箱最低水位之间的几何高差，kPa；h_f 为附加压力，kPa，取 20～50kPa。

③ 闭式太阳能集热系统循环水泵扬程应按下式计算：

$$H_b = h_{jx} + h_e + h_j + h_f \qquad (5\text{-}11)$$

式中，h_e 为集热系统循环流量通过水加热器的阻力损失，kPa。

（2）设计小时用水量的计算

① 全日制供应热水的可按下式计算：

$$Q_h = K_h \frac{m q_r}{T} \qquad (5\text{-}12)$$

式中，Q_h 为最大小时热水用水量，L/h；q_r 为热水用水定额，L/h，见表 5-1；m 为用水计算单位数，人或床；T 为热水供应时间，h；K_h 为小时变化系数（全日制供应热水时），见表 5-5。

⊡ 表 5-5 热水小时变化系数 K_h 值

类别	住宅	别墅	酒店式公寓	宿舍（居室内设卫生间）	招待所培训中心、普通旅馆	宾馆	医院、疗养院	幼儿园、托儿所	养老院
热水用水定额 /[L/(人或床·d)]	60～100	70～110	80～100	70～100	25～40 40～60 50～80 60～100	120～160	60～100 70～130 110～200 100～160	20～40	120～160
使用人（床）数	100～6000	100～6000	150～1200	150～1200	150～1200	150～1200	50～1000	50～1000	150～1200
K_h	4.8～2.75	4.21～2.47	4.00～2.58	4.8～3.2	3.84～3.00	3.33～2.60	3.63～2.56	4.80～3.20	3.20～2.74

注：1. 表中热水用水定额与表 5-1 中最高日用水定额对应。

2. K_h 应根据热水用水定额高低、使用人（床）数多少取值，当热水用水定额高、使用人（床）数多时取低值，反之取高值。使用人（床）数小于或等于下限值及大于或等于上限值时，K_h 就取上限值及下限值，中间值可用定额与人（床）数的乘积作为变量内差值求得。

② 定时供应热水的可按下式计算：

$$Q_h = \sum \frac{q_h n_o b}{100} \qquad (5\text{-}13)$$

式中，Q_h 为最大小时热水用水量，L/h，见表 5-6；q_h 为卫生器具一小时的热水用水量，L/h；n_o 为同类型卫生器具数；b 为卫生器具同时使用的百分数。

b 的取值，公共浴室和工厂、学校、剧院、体育馆等浴室中的淋浴器和洗脸盆按 100 计算；客房中设有浴盆的宾馆、旅馆按 60～70 计算，其他器具不计；医院、疗养院的病房卫生间的浴盆按 25～30 计算，其他器具不计；全日制供应热水的住宅，每户设有浴盆时，仅计算浴盆，其他器具不计；住宅一户带多个卫生间时，可只按一个卫生间计算。住宅多浴盆可按表 5-7 采用。

（3）热水系统循环流量的计算

① 全天供应热水系统的循环流量，按下列公式计算：

$$q_s = \frac{Q_s}{1.163 \Delta t \rho_r} \qquad (5\text{-}14)$$

式中，q_s 为循环流量，L/h；Q_s 为配水管道系统的热损失，W，应经过计算确定，初步设计时可按设计小时的耗热量的 3%～5% 采用；Δt 为配水管道的热水温度差，℃，根据系统的大小确定，一般可采用 5～10℃；ρ_r 为热水密度，kg/L。

☐ **表 5-6　卫生器具的一次和小时热水用水定额及水温**

序号	卫生器具名称			一次用水量 /L	小时用水量 /L	使用水温 /℃
1	住宅、旅馆、别墅、宾馆、酒店式公寓	带有淋浴器的浴盆		150	300	40
		无淋浴器的浴盆		125	250	40
		淋浴器		70～100	140～200	37～40
		洗脸盆、盥洗槽水嘴		3	30	30
		洗涤盆（池）		—	180	50
2	宿舍、招待所、培训中心	淋浴器	有淋浴小间	70～100	210～300	37～40
			无淋浴小间	—	450	37～40
		盥洗槽水嘴		3～5	50～80	30
3	餐饮业	洗涤盆（池）		—	250	50
		洗脸盆	工作人员用	3	60	30
			顾客用	—	120	30
		淋浴器		40	400	37～40
4	幼儿园、托儿所	浴盆	幼儿园	100	400	35
			托儿所	30	120	35
		淋浴器	幼儿园	30	180	35
			托儿所	15	90	35
		盥洗槽水嘴		15	25	30
		洗涤盆（池）		—	180	50
5	医院、疗养院、休养所	洗手盆		—	15～25	35
		洗涤盆（池）		—	300	50
		淋浴器		—	200～300	37～40
		浴盆		125～150	250～300	40
6	公共浴室	浴盆		125	250	40
		淋浴器	有淋浴小间	100～150	200～300	37～40
			无淋浴小间	—	450～540	37～40
		洗脸盆		5	50～80	35
7	办公楼	洗手盆		—	50～100	35
8	理发室、美容院	洗脸盆			35	35
9	实验室	洗脸盆		—	60	50
		洗手盆		—	15～25	30
10	剧场	淋浴器		60	200～400	37～40
		演员用洗脸盆		5	80	35
11	体育场馆	淋浴器			30	30035

续表

序号	卫生器具名称			一次用水量 /L	小时用水量 /L	使用水温 /℃
12	工业企业生活间	淋浴器	一般车间	40	360～540	37～40
			脏车间	60	180～480	40
		洗脸盆或盥洗槽水嘴	一般车间	3	90～120	30
			脏车间	5	100～150	35
13	净身器			10～15	120～180	30

注：1. 引用自《建筑给水排水设计标准》（GB 50015—2019）表 6.2.1-2。

2. 学生宿舍等建筑的淋浴间，当使用 IC 卡计费用水时，其一次用水量和小时用水量可按表中数值的 25%～40% 取值。

⊡ 表 5-7 住宅浴盆同时使用百分数 %

浴盆数	1	2	3	4	5	6	7	8	9	10	15
同时使用百分数	100	85	75	70	65	60	57	55	52	49	45
浴盆数	30	25	30	40	50	100	150	200	300	400	≥1000
同时使用百分数	42	39	37	35	34	31	29	27	26	25	24

② 定时供应热水系统的循环流量，应按管网中的热水容量每小时循环 2～4 次计算循环流量。

③ 循环水泵的流量，可采用设计小时流量的 25% 估算。

5.6.3　水泵扬程的确定

5.6.3.1　当水泵与室外给水管网直接相连时

$$H_b \geqslant H_1 + H_2 + H_3 - H_0 \tag{5-15}$$

式中，H_b 为水泵扬程，m；H_1 为引入管与最不利点的高差，m；H_2 为计算管路的总水头损失，m；H_3 为最不利点配水龙头的流出水头，m；H_0 为室外给水管网所能提供的最小压力，m。

5.6.3.2　水头损失的计算

太阳能集热系统流量确定之后针对具体的管路可以计算出该支路的沿程阻力损失和局部阻力损失，即管路压降。热水管网的水头损失应遵守下列规定。

（1）管段沿程水头损失

$$h_y = iL \tag{5-16}$$

式中，h_y 为管段的沿程水头损失，kPa；i 为单位长度的沿程水头损失，kPa/m；L 为管段长度，m。

（2）给水管道单位长度的沿程水头损失

$$i = 105 C_h^{-1.85} d_i^{-4.87} q_g^{1.85} \tag{5-17}$$

式中，i 为单位长度的沿程水头损失，kPa/m；C_h 为海澄-威廉系数；d_i 为管道计算内径，m；q_g 为给水设计流量，m³/s。

对于各种塑料管、内衬（涂塑）管，$C_h = 140$；对于铜管，$C_h = 130$；对于铜管，不锈钢管，衬水泥、树脂的铸铁管，$C_h = 130$；对于普通钢管、铸铁管，$C_h = 100$。

设计计算时，也可直接利用该公式编制的水力计算表，由管段的设计秒流量 q_g，控制流速 v 在正常范围内，查得管径和单位长度的水头损失。

当管段的流量确定后，流速的大小将直接影响到管道系统技术、经济性。流速过大易产生水锤，引起噪声，损坏管道或附件，并将增加管道的水头损失，提高给水管道所需的压力；流速过小，又将造成管材的浪费。考虑以上的因素，设计时给水管道的流速应控制在正常范围内（见表 5-8）。

▫ 表 5-8　给水管道的水流速度

公称直径/mm	15～20	25～40	50～70	≥80
水流速度/(m/s)	≤1.0	≤1.2	≤1.5	≤1.8

（3）局部水头损失

局部水头损失按下列管网沿途水头损失的百分数采用：

① 生活给水管网为 25%～30%；

② 生产给水管网，生活、消防共用给水管网，生活、生产、消防共用给水管网均为 20%。

（4）真空管水头损失

水流通过真空管型集热器的水头损失，因系统不同而不同，应该通过试验，测出具体产品不同串并联模式下的流量和压降的函数关系。为简化计算，根据经验，取沿程水头损失的 10%～30% 或取 0.1Pa/台。

（5）最大高差 ΔH

系统最高处离水箱底部约 4m。

（6）热水供应系统中的热水循环水泵的扬程

$$H_b = h_p + h_s \tag{5-18}$$

式中，H_b 为循环水泵的扬程；h_p 为循环水量通过配水管网的水头损失，kPa；h_s 为循环水量通过回水管网的水头损失，kPa。

① 初步设计阶段循环水泵的扬程计算。机械循环热水供、回水管网的水头损失可按下式估算：

$$H_1 = R(L + L') \tag{5-19}$$

式中，H_1 为热水管网的水头损失，kPa；R 为单位长度的水头损失，kPa/m，可按 $R=0.1\sim0.15$kPa/m 估算；L 为自水加热器至最不利点的供水管长，m；L' 为自最不利点至水加热器的供水管长，m。

② 循环水泵的扬程可按下式估算：

$$H_b = 1.1(H_1 + H_2) \tag{5-20}$$

式中，H_b 为循环水泵的扬程，kPa；H_1 为管道水头损失，kPa；H_2 为水加热设备水头损失，kPa，容积式水加热器、导流型容积式水加热器、半容积式水加热器可忽略不计。

5.7　系统管路保温的计算分析

绝热材料，是指用于建筑维护结构或热工设备、管道，阻抗热流传递的材料或材料的复合体，既包括保温材料又包括保冷材料。绝热材料的意义，一方面是为了满足建筑空间或热工设备的热环境，另一方面是为了节约能源。

暴露在大气中的热水管道，存在大量的散热损失，为了节约能量，减少系统的热损失，必须对管道进行保温。保温材料种类众多，在选用不同的保温材料的时候，应该做到既满足系统的使用要求，又尽可能地节约材料，降低成本。

5.7.1 管道保温层的设计

5.7.1.1 材料导热系数

导热系数 λ，单位 W/(m·℃)，是表征物质导热能力的热物理参数，在数值上等于单位导热面积、单位温度梯度，在单位时间内的导热量。数值越大，导热能力越强，数值越小，绝热性能越好。该参数的大小主要取决于传热介质的成分和结构，同时还与温度、湿度、压力、密度以及热流的方向有关。成分相同的材料，导热系数不一定相同，即便是已经成型的同一种保温材料制品，其导热系数也会因为使用的具体系统、具体环境而有所差异。

为了计算方便，根据相关的部门标准和国标的相关规定，选择材料的导热系数作为设计标准。

（1）硬质聚氨酯泡沫塑料

硬质聚氨酯泡沫塑料是用聚醚与多异氰酸酯为主要原料，再加入阻燃剂、稳泡剂和发泡剂等，经混合搅拌、化学反应而成的一种微孔发泡体，其导热系数一般在 0.016～0.055W/(m·℃)，使用温度为-100～100℃。

按照《高密度聚乙烯外护管硬质聚氨酯泡沫塑料预制直埋保温管及管件》（GB/T 29047—2021），对于设备及管道用的硬质聚氨酯塑料泡沫的基本要求如表5-9所示。

▢ 表5-9 设备及管道用的硬质聚氨酯塑料泡沫的基本要求

项目	性能指标	条件
保温层任意位置密度	≥55kg/m³	工作钢管公称尺寸小于或等于 $DN500$mm 时
	≥60kg/m³	工作钢管公称尺寸大于 $DN500$mm 时
压缩应力	≥0.3MPa	径向压缩轻度或径向相对形变为10%时
吸水率	≤10%	
闭孔率	≥90%	
导热系数 λ	≤0.033W/(m·℃)	老化前的聚氨酯泡沫塑料在50℃状态下
径向泡孔平均尺寸	≤0.5mm	

注：计算中取 λ=0.033W/(m·℃)=0.119kJ/(h·m·℃)。

（2）聚苯乙烯泡沫塑料

聚苯乙烯泡沫塑料简称 EPS，是以聚苯乙烯主要原料，经发泡剂发泡而成的一种内部有无数密封微孔的材料。可发性聚苯乙烯泡沫塑料的导热系数在 0.033～0.044W/(m·℃)，安全使用温度为-150～70℃；硬质聚苯乙烯塑料泡沫的导热系数在 0.035～0.052W/(m·℃)。

根据 GB 10801.1—2021 的规定，对绝热用聚苯乙烯塑料泡沫物理机械性能要求见表5-10。

▫ 表 5-10　绝热用聚苯乙烯塑料泡沫物理机械性能要求

项目		单位	性能指标						
			I	II	III	IV	V	VI	VII
压缩强度		kPa	≥60	≥100	≥150	≥200	≥300	≥500	≥800
尺寸稳定性		%	≤4	≤3	≤2	≤2	≤2	≤1	≤1
水蒸气透过系数		ng/(Pa·m·s)	≤6	≤4.5	≤4.5	≤4	≤3	≤2	≤2
吸水率		%	≤6	≤4			≤2		
熔结性①	断裂弯曲负荷	N	≥15	≥25	≥35	≥60	≥90	≥120	≥150
	弯曲变形	mm	≥20						
表观密度偏差②		%	±5						

① 断裂弯曲负荷或弯曲变形有一项能符合指标要求即为合格。
② 表观密度由供需双方协商决定。

（3）聚乙烯塑料泡沫

聚乙烯塑料泡沫的导热系数一般在 0.035～0.056W/(m·℃)，根据《民用建筑热工设计规范》(GB 50176—2016) 中的规定，聚乙烯塑料泡沫料的导热系数<0.047W/(m·℃)。计算中取 $\lambda = 0.047\text{W/(m·℃)} = 0.1692\text{kJ/(h·m·℃)}$。

（4）岩棉

岩棉是一种无机人造棉，生产岩棉的原料主要是一些成分均匀的天然的硅酸盐矿石。岩棉的化学成分为：SiO_2（40%～50%），Al_2O_3（9%～18%），Fe_2O_3（1%～9%），CaO（18%～28%），MgO（5%～18%），其他（1%～5%）。不同岩棉制品的导热系数一般在 0.035～0.052W/(m·℃)，最高使用温度为 65℃。

根据《绝热用岩棉、矿渣棉及其制品》(GB/T 11835—2016) 的规定，散棉的导热系数≤0.044W/(m·℃)，岩棉毡、垫及管壳、筒等在常温下的导热系数一般在 0.047～0.052W/(m·℃)。

计算中取 $\lambda = 0.052\text{W/(m·℃)} = 0.1872\text{kJ/(h·m·℃)}$。

5.7.1.2　保温层厚度的计算

（1）保温层厚度的计算公式

$$\delta = 3.41 d_w^{1.2} \lambda^{1.35} t^{1.75} / q^{1.5} \tag{5-21}$$

式中，δ 为保温层厚度，mm；d_w 为管道的外径，mm；λ 为保温层的导热系数，kJ/(h·m·℃)；t 为未保温的管道的外表面的温度，℃；q 为保温后的允许热损失，kJ/(m·h)。

（2）允许热损

根据建设部 2009 年颁布的《全国民用建筑工程设计技术措施·给水排水》中的规定，当管道中的流体的温度为 60℃时，允许的热损如表 5-11 所示。

▫ 表 5-11　管道允许的热损

内径公称尺寸/mm	20	25	32	40	50	70
允许热损/[kJ/(m·h)]	63.8	83.7	100.5	104.7	121.4	150.7

（3）参数确定

① 管道的外径 d_w　内径 20mm、40mm、50mm 的管道（钢）的外径分别为 33.5mm、48mm、60mm。

② 保温层的导热系数 λ 　根据 5.7.1.1 中提到的材料导热系数确定。

③ 未保温的管道的外表面的温度 t 　由于钢的导热系数很大，管道壁又薄，所以可以认为管道的外表面的温度和流体的温度相等（误差不超过 0.2℃）。

④ 根据公式计算的保温层厚度如表 5-12 所示。

⊡ 表 5-12 　不同材料的保温层厚度 　　　　　　　　　　　　　　　　　　　　　　mm

公称管径 ＼ 保温材料	聚氨酯	聚苯乙烯	聚乙烯	岩棉
25	24	29	36	43
40	25	30	36	43
50	25	30	36	43

5.7.1.3　结果验证和实际热损

（1）模型的建立

如图 5-1 所示是包裹着保温材料的管道的横截面。设管道中的热水温度为 t_1，管道内壁的温度是 t_2，管道和保温材料接触处的温度为 t_3，保温材料外表面的温度为 t_4，管道所处空间的温度为 t_5；设管道的内径是 r_1，外径是 r_2，保温材料的外径是 r_3。

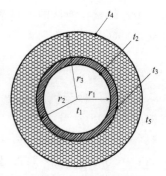

图 5-1　管道横截面图

设管道材料的导热系数为 λ_1，保温材料导热系数为 λ_2，管内热水和管外空气与管壁间的对流换热系数分别 α_1、α_2。

由传热学公式可知，热水通过管道壁和保温层传热给空气的过程总热阻为：

$$R=\frac{1}{2\alpha_1\pi r_1}+\frac{\ln\frac{r_2}{r_1}}{2\pi\lambda_1}+\frac{\ln\frac{r_3}{r_2}}{2\pi\lambda_2}+\frac{1}{2\alpha_2\pi r_3}=R_1+R_2+R_3+R_4 \tag{5-22}$$

式中，R_1 为管内对流换热热阻，$R_1=\frac{1}{2\alpha_1\pi r_1}$；$R_2$ 为管壁导热热阻，$R_2=\frac{\ln\frac{r_2}{r_1}}{2\pi\lambda_1}$；$R_3$ 为保温层导热热阻，$R_3=\frac{\ln\frac{r_3}{r_2}}{2\pi\lambda_2}$；$R_4$ 为保温层外对流换热热阻，$R_4=\frac{1}{2\alpha_2\pi r_3}$。

热水通过管道壁和保温层传递给空气的热量为：

$$q=\frac{t_1-t_5}{R_1+R_2+R_3+R_4} \tag{5-23}$$

由于所计算的管道材料为铸铁、钢或者铜，其导热系数都很大，而且管道壁的厚度很小，所以其热阻可以忽略，认为其外壁温度和其中热水的温度相等；同时，为了计算的简便可以将 R_4 忽略，这样得出的结果将比实际的值偏大，但若在偏大的情况下仍满足表 5-13 的要求，则精确的结果肯定也能满足。

所以

$$q\approx\frac{t_1-t_5}{R_3} \tag{5-24}$$

（2）结果验证

在采用同一种保温材料并且厚度也相同的条件下，如果环境的温度不相同，管道的热损是不一样的。为了验证所选用的保温层是否符合使用要求，现根据一月份（全年温度最低的月份）的平均气温的高低来分别进行验证，结果如表 5-13 所示。

⊡ 表 5-13　不同保温材料一月份实际热损

公称管径 /mm	保温材料	导热系数 /[kJ/(h·m·℃)]	保温层厚度/mm	不同温度下一月份实际热损/[kJ/(h·m)]				
				≥10℃	≥0℃	≥-10℃	≥-20℃	≥-30℃
25	聚氨酯	0.126	24	45.24	54.28	63.33	72.37	81.42
	聚苯乙烯	0.1476	29	46.15	55.38	64.61	73.84	83.07
	聚乙烯	0.1692	36	46.34	55.61	64.88	74.14	83.41
	岩棉	0.1872	43	46.25	55.50	64.75	73.99	83.24
40	聚氨酯	0.126	25	56.34	67.61	78.88	90.15	101.41
	聚苯乙烯	0.1476	30	57.19	68.62	80.06	91.49	102.93
	聚乙烯	0.1692	36	58.02	69.62	81.22	92.82	104.43
	岩棉	0.1872	43	57.29	68.75	80.20	91.66	103.12
50	聚氨酯	0.126	25	66.35	79.62	92.88	106.15	119.42
	聚苯乙烯	0.1476	30	66.90	80.28	93.66	107.04	120.40
	聚乙烯	0.1692	36	67.42	80.91	94.34	107.87	121.36
	岩棉	0.1872	43	66.14	79.37	92.59	105.82	119.05

从表 5-13 可以看出，在所选用的保温材料质量合格（满足国标或相关的行业标准）的情况下，上面计算出的最小厚度是满足使用要求的（热损不超过规定值）。

（3）分区

在采用同一种保温材料并且厚度也相同的条件下，如果环境的温度不相同，管道的热损是不一样的。为了验证所选用的保温层是否符合使用要求，现根据一月份（全年温度最低的月份）的平均气温的高低把全国划分为五个区（表 5-14）。

⊡ 表 5-14　全国温度分区

分区	地区	一月份平均气温
A	台湾、香港、澳门、海南、广东、广西、福建、云南	≥10℃
B	贵州、湖南、湖北、重庆、四川、江西、安徽、浙江、上海、江苏	≥0℃
C	河南、山东、山西、陕西、河北、北京、天津、宁夏、西藏东南部、甘肃南部、辽宁南部	≤-10℃
D	西藏、青海、新疆、甘肃北部、辽宁、吉林	≤-20℃
E	黑龙江、内蒙古东北部、新疆北部	≤-30℃

（4）计算结果验证

将表 5-12 中的结果用 $q \approx \dfrac{t_1 - t_5}{R_3}$ 分别对五个区验证，结果见表 5-15。

▣ 表 5-15　验证结果

公称管径/mm	保温材料	导热系数/[kJ/(h·m·℃)]	保温层厚度/mm	一月份实际热损/[kJ/(h·m)]				
				A区	B区	C区	D区	E区
25	聚氨酯	0.126	24	45.24	54.28	63.33	72.37	81.42
	聚苯乙烯	0.1476	29	46.15	55.38	64.61	73.84	83.07
	聚乙烯	0.1692	36	46.34	55.61	64.88	74.14	83.41
	岩棉	0.1872	43	46.25	55.50	64.75	73.99	83.24
40	聚氨酯	0.126	25	56.34	67.61	78.88	90.15	101.41
	聚苯乙烯	0.1476	30	57.19	68.62	80.06	91.49	102.93
	聚乙烯	0.1692	36	58.02	69.62	81.22	92.82	104.43
	岩棉	0.1872	43	57.29	68.75	80.20	91.66	103.12
50	聚氨酯	0.126	25	66.35	79.62	92.88	106.15	119.42
	聚苯乙烯	0.1476	30	66.90	80.28	93.66	107.04	120.40
	聚乙烯	0.1692	36	67.42	80.91	94.34	107.87	121.36
	岩棉	0.1872	43	66.14	79.37	92.59	105.82	119.05

从表 5-15 可以看出，在所选用的保温材料质量合格（满足国标或相关的行业标准）的情况下，表 5-12 中列出的最小厚度是满足使用要求的（热损不超过规定值）。

（5）建议选用厚度

在实际工程中选用保温材料的时候，其厚度不得低于表 5-12 中列出的最小厚度。为了使管道保温达到好的效果，建议保温层厚度选用表 5-16 中的值。

▣ 表 5-16　保温层厚度建议选用值

保温材料	聚氨酯	聚苯乙烯	聚乙烯	岩棉
保温层厚度/mm	30	35	40	50

注：若管道中的流体温度在 50℃ 左右，由于管道的允许热损降低，则保温层厚度可以在上表的基础上再增加 5~10mm。

5.7.2　防水防潮层的设计

绝热材料的绝热原理都是利用气体的导热系数比固体低而将材料作成微孔的结构，来获得绝热性能优良的制品的。由于空隙的存在，材料不可避免地要吸收水分，然而，水的导热系数 $\lambda = 0.5818W/(m·℃)$，比静止空气的 $\lambda = 0.02326W/(m·℃)$ 要大，所以当环境的湿度较高的时候，材料的平衡含水率将相应地提高，导热系数相应地增大，使保温性能降低。因此，在绝热层的外面必须有防水防潮处理。

在外保护层可以起到防水防潮作用的情况下，可以不作单独的防水防潮层，但若外保护层的防水防潮效果不好时，必须单独作防水防潮处理。可以在绝热层和外保护层之间加几层塑料薄膜来防水。

5.7.3　外保护层的设计

外保护层施工质量的好坏直接影响绝热层的绝热性能。外保护层主要起到两个作用：①防水、防潮；②防止绝热层机械损伤和风化、腐蚀。

太阳能热水系统管道的外保护层常用的一般有两类：一类是采用金属外保护层，主要是镀锌薄钢板、薄铝合金板和不锈钢板使用金属外保护层外形美观，使用寿命长，但是材料成本高，并且需要专门的加工设备；另一类是箔布外保护层，最常用的是胶黏剂玻璃布等。

5.7.4　家用太阳能热水器水箱保温层效果计算

太阳能热水器水箱内胆采用 SUS304 不锈钢板焊接，外壳采用锌彩板，保温层采用聚氨酯整体发泡而成，容水量为 150L，厚度为 68.5mm，进行以下的假设：

① 水箱内的水静止不动，内胆的厚度不计，聚氨酯保温层内表面的温度和保温水箱内水温相同为 t_1，外壳的厚度不计，保温层外壁的温度和环境温度相同为 t_2；

② 水箱为标准的圆柱状；

③ 水箱水温恒定。

保温水箱的热损主要包括两个部分，桶壁和上下端盖，设桶壁的热流密度为 q_1，上下端盖的热流密度为 q_2，聚氨酯保温材料的导热系数为 λ，保温材料厚度为 δ，桶壁高度 L，桶壁保温层的内半径为 r_1，外半径为 r_2，端盖的面积分别为 A，则根据相关的传热学公式，有

$$q_1 = \frac{\lambda(t_1 - t_2)}{\delta} \tag{5-25}$$

$$q_2 = \frac{2\pi\lambda(t_1 - t_2)}{\ln\left(\frac{r_2}{r_1}\right)} \tag{5-26}$$

则水箱的热损为：

$$Q = 2q_1 A + q_2 L \tag{5-27}$$

当 $t_1 - t_2 = 40℃$ 时，150L 的容水量，该水箱的热损 Q 及 24h 内温降见表 5-17。

⊡ **表 5-17　水箱热损及温降**

水箱外径 /mm	水箱长度 /mm	λ/δ	$\dfrac{2\pi\lambda}{\ln\left(\frac{r_2}{r_1}\right)}$	Q/W	24h 温降/℃
520	1596	0.41	0.575	37.58	3.51

由上述数据可知，当水箱内热水和环境温差为 40℃ 时，盛满水的水箱 24h 损失的热量仅可导致 150L 热水降温 3.51℃（若水箱水温和环境温差小于 40℃，则 24h 内的温降就会小于 3.51℃）。

5.8　太阳能热水系统防雷设计

雷电灾害是主要的气象灾害之一，雷击不仅会造成人员伤亡，还会导致火灾、爆炸、建筑物损坏等事故。随着社会经济的不断发展，建设规模也越来越大，高层建（构）筑物、大型公共建筑物、住宅小区等的通讯设施和居民家用电器迅速增加，尤其是安装在大楼顶部的太阳能热水器广泛使用，在一定程度上诱发了雷击事故的发生，使雷击灾害事故率不断增加，给国家和人民群众的生命财产安全造成了严重的损失和危害。

根据对雷击目标造成损害的不同方式，雷击灾害可分为两种，一是直接雷击，即雷电直接命中建筑物、太阳能设施等目标，产生瞬时高温、高压和强大的机械力、强烈的冲击波，造成建筑物的损坏和人员伤亡；另一种是感应雷击，即雷电产生的电磁脉冲在各种导线上感应出几万至上百万伏的雷电过电压，这些浪涌电压可沿着线路进入建筑物，毁坏内部的信息系统、自动化系统和其他电子设备，甚至造成人员伤亡。

雷电防护，既要考虑直击雷防护，又要做好感应雷击的防护。

5.8.1 直击雷防护

（1）防雷装置

防直击雷系统由接闪器、引下线和接地装置等共同构成。我们把防直击雷系统称为外部防雷系统。

用金属接闪器（包括避雷针、避雷网、避雷带等），其高端比建筑物以及太阳能热水器顶端更高，吸引闪电，把闪电的强大电流传导到大地中去，从而防止闪电电流经过热水器。它是防雷击危害最直接、最有效的防护措施。而引下线数量的多少直接影响分流效果，引下线多，每根引下线通过的雷电流就少，其感应范围及强度就小。

① 接闪器　利用其高出被保护物的突出地位把雷电引向自身，然后通过引下线和接地装置把雷电流泄入大地，从而使被保护物免遭雷击。

② 引下线　明装引下线一般采用圆钢或扁钢，优先采用圆钢。采用圆钢时其直径不应小于 8mm；采用扁钢时，其截面不应小于 $(25 \times 4)\,mm^2$。引下线应沿建筑物外墙敷设，并经最短路径接地。

③ 接地装置　由接地体和接地线组成。接地体可分为人工接地体和自然接地体。专门以接地为目的，埋入地中的金属物体为人工接地体。凡是与土壤有紧密接触的自然导体兼作接地体时，称为自然接地体。接地线与接地体连接处一般应焊接。

外部防雷系统的主要作用是防止雷击的巨大能量直接作用在建筑物或热水器上造成财物损坏以及防止巨大的雷击电流沿热水器的供电、供水管道导入室内，造成设备损坏及人身伤害。

（2）防雷措施

① 避雷针高度应按照其要保护的范围来确定（见滚球法确定避雷针的保护范围）。

② 避雷针固定与焊接要竖直、牢固，焊接处采取先刷防腐漆二道，然后刷银粉漆处理。

③ 太阳能热水器支架、水箱等金属部件必须有可靠的金属连接，并且每台（每组）热水器有两处与大楼顶部的避雷带进行可靠焊接，避雷针与避雷带进行可靠焊接。

④ 圆钢与圆钢的焊接要采用双边焊，焊接长度大于圆钢直径的 6 倍，扁钢与扁钢的焊接要采用全边焊，焊接长度大于扁钢宽度的 2 倍，焊接处采取先刷防腐漆二道，然后刷银粉漆处理。

（3）滚球法确定单支避雷针的保护范围

当避雷针高度 h 小于或等于 h_r（滚球半径，第一类防雷建筑为 30m；第二类防雷建筑为 45m；第三类防雷建筑为 60m）时：

① 距地面 h_r 处作一平行于地面的平行线；

② 以针尖为圆心，h_r 为半径，作弧线交于平行线的 A、B 两点；

③ 以 A、B 为圆心，h_r 为半径作弧线，该弧线与针尖相交并与地面相切，从此弧线起

到地面止就是保护范围，保护范围是一个对称的锥体，如图 5-2 所示；

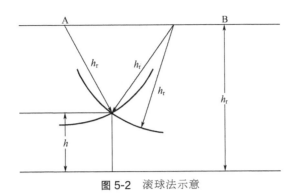

图 5-2　滚球法示意

④ 避雷针在 h_x 高度的 xx' 平面上的保护半径，按下列计算式确定：

$$r_x = \sqrt{h(2h_r - h)} - \sqrt{h_x(2h_r - h_x)} \tag{5-28}$$

$$r_0 = \sqrt{h(h_r - h)} \tag{5-29}$$

式中，r_x 为避雷针在 h_x 高度的 xx_1 平面上的保护半径，m；h_r 为滚球半径，m；h_x 为被保护物的高度，m；r_0 为避雷针在地面上的保护半径，m。

5.8.2　感应雷防护

感应雷防护只能通过等电位连接、屏蔽、合理布线、共用接地系统和安装各类电涌保护器件等来进行有效的防护。我们把感应雷防护系统称为内部防雷系统。

（1）电涌保护器（SPD）

SPD 的工作原理是当电网中由于雷击感应产生瞬间脉冲电压时，SPD 会在纳秒内导通，将脉冲电压短路于地泄放，后又恢复为高阻状态，从而不影响用户设备的用电。

一般情况下，SPD 的安装应按照三级保护原理进行，第一级在建筑物总配电箱内安装 SPD（一般通流量在 40kA 以上）；第二级在单元楼的配电箱内加装二级 SPD（一般为 20kA 左右）；通过前两级保护后，系统残压仍会达到 800V 以上，并不能完全保证太阳能热水器系统安全，因此还应在热水器的温控仪及其他电器设备上安装电涌保护元器件作为三级保护。这样可以将低于 1500V 的高压瞬间转变成 6V 左右的安全电压，有效地保证了太阳能温控仪的正常使用。

（2）屏蔽

屏蔽是利用各种金属屏蔽体来阻挡和衰减施加在电子设备上的电磁干扰和过电压能量。

（3）电位连接

所谓等电位连接是在电气装置或某一空间内，将各金属导电部分以合适的方式互相连接，使其电位相等或相近，从而消除或减少其间的电位差。由于电位差的降低，有效地减少了人身电击、电气火灾和爆炸等电气事故的发生。在防雷电装置中等电位连接是必不可少的，当在建筑物上设置防雷装置时，引下线上的雷电高电位可能对建筑物内的人体和金属部分发生跳击，从而导致人身伤亡或火灾、爆炸等事故。为此需将引下线与建筑物内的等电位连接系统用导线连通，使之处于同一高电位。由于不存在电位差，自然不会发生跳击引起事故。

具体操作如下（结合图5-3）：

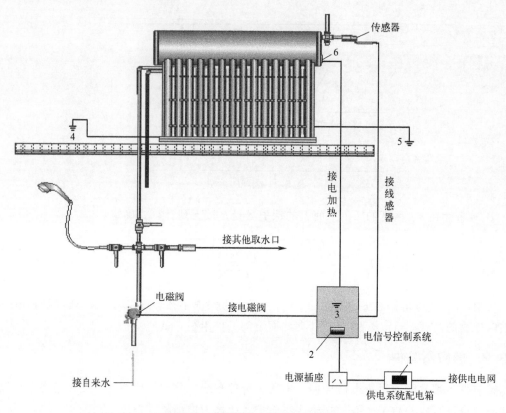

图5-3 太阳能热水器安装示意图

1—电涌保护器（SPD），安装在建筑物总配电箱以及单元配电箱；2—温控仪的电源线进入处加装电源保护元器件；
3—等电位连接端子，温控仪电源线的PE线（接地保护线），传感器屏蔽线在此处做等电位连接；4,5—每台
热水器支架有两处与楼顶避雷带进行可靠连接；6—等电位连接端子，室内引来的电源PE线（接地保护线）、
屏蔽线、金属支架等在此处（接线盒）等电位连接

① 水温水位测控仪信号线、电加热电源线等物理线路必须为金属屏蔽线，金属屏蔽层与电源线的PE线（接地保护线）全部汇集到一起与太阳能热水器金属支架可靠等电位连接。

② 水温水位测控仪信号线、电加热电源线等线路的金属屏蔽线均应连接在一起与室内供电插座的PE线（接地保护线）进行等电位连接。

（4）接地

不管采用何种雷电防护措施，其目的都是将雷电能量泄放入地，接地装置系统的好坏直接影响到防雷的效果和质量。因此接地妥当与否，历来成为防雷技术上特别受重视的项目，是防雷工程的重点和难点。

（5）合理布线

在布置热水器的信号线、电加热线等线路时，必须考虑线路与防雷设施的关系。合理布线是防雷工程的重要措施。太阳能热水器防雷设施安装完成后，要在防雷专家的指导下进行全面检测验收，以保证达到防雷设计整体要求。每年在雷雨季节来临前，也应做好全面的检测。

对太阳能热水器进行防雷可大大减少雷击的危害，但并不能完全防止雷害的发生。为了安全，在雷雨天气里，建议不要使用太阳能热水器，并把电源插头拔下。

5.9　太阳高度角、方位角计算及遮挡距离的确定

（1）太阳高度角

$$\alpha = 90° - \theta \tag{5-30}$$

式中，α 为太阳高度角；θ 为太阳天顶角。

（2）太阳天顶角

$$\cos\theta = \cos\phi\cos\delta\cos\omega + \sin\phi\sin\delta \tag{5-31}$$

式中，θ 为太阳天顶角；ϕ 为纬度；δ 为太阳赤纬角；ω 为时角。

（3）方位角（时角）

$$\omega = 15 \times (12 - T_s) \tag{5-32}$$

式中，T_s 为真太阳时（小时），用 24h 的时钟。

（4）真太阳时

$$T_s = T_{is} + E + (L_{sm} - L_i) \tag{5-33}$$

$$E = -14.2\sin[(n+7)(180/111)] \qquad n = 1 \sim 106$$

$$E = 4\sin[(n-106)(180/59)] \qquad n = 107 \sim 166$$

$$E = -6.5\sin[(n-166)(180/80)] \qquad n = 167 \sim 246$$

$$E = 16.4\sin[(n-247)(180/113)] \qquad n = 247 \sim 365$$

式中，T_{is} 为当地标准时间（时和分）；E 为时差（分）；L_{sm} 为当地时区的标准子午线经度（度）；L_i 为当地经度；n 为计算日在一年中的通算日数。

（5）太阳赤纬角

$$\delta = 0.36 - 22.9\cos(0.9856n) - 0.37\cos(2 \times 0.9856n) -$$
$$0.15\cos(3 \times 0.9856n) + 4\sin(0.9856n) \tag{5-34}$$

（6）前后两排热水器的间距

$$D = H\mathrm{ctg}\alpha \tag{5-35}$$

式中，D 为前后两排热水器的间距，m；H 为热水器高度，m；α 为冬至日正午太阳高度角。

5.10　经济效益分析计算（F-Chart）

5.10.1　其他能源有关参数

（1）能源当量热值（表 5-18）

▣ 表 5-18 能源当量热值

类　别		单　位	当量热值/kJ	折算热值	
				kJ	kg 标准煤
电能		kW·h	3599.5	11925	0.407
蒸汽(低压)		kg	2687.7～2762.4	3976	0.136
石油制品	汽油	kg	43116	47422	1.619
	柴油		46040	50639	1.729
	煤油		43111	47422	1.619
	重油		41855	46040	1.571
	渣油		37670	41436	1.414
	燃料油		41310	45455	1.551
炼制品	焦炭	kg	28416	33484	1.143
	城市燃气		16742	32228	1.100
	焦炉气		17998	21179	0.723
炼厂气		m³	43948	48343	1.650
液化石油气		m³	50226	55249	1.886

注：标准煤的当量热值为 29298kJ/kg。

（2）锅炉效率及能源费用（表 5-19）

▣ 表 5-19 锅炉效率及能源费用

类　别	燃煤锅炉	燃油锅炉	燃气锅炉	电锅炉
效率	65％	80％	85％	95％
能源费用		柴油：3.5 元/kg	城市燃气：1.5 元/m³	0.5 元/(kW·h)

5.10.2 不同热水系统经济性对比

不同热水系统经济性对比见表 5-20。

▣ 表 5-20 不同热水系统经济性对比

项　目	太阳能热水系统	燃油锅炉（5×10⁴kcal）	燃气锅炉（5×10⁴kcal）	电锅炉（或电热水器）
设备投资/万元	17.87	3.0	3.5	4.0
使用寿命/年	15	5	5	5
15 年设备总投资/万元	17.87	9.0	10.5	12.0
每年使用天数	325	365	365	365
15 年能源费用/万元	3.56	35.23	39.08	54.22
15 年人工费用/万元	无	5.4	5.4	5.4
15 年运行总费用/万元	21.43	49.63	54.98	71.62
相对投资回收期(以太阳能热水系统和其他相比较)		6.5	5.85	4.49

注：1. 以上各个系统投资均未考虑银行利率；
2. 燃油锅炉系统价格包括燃油锅炉、水箱、油箱、抽油泵、锅炉房、管道管件保温材料等；
3. 燃气锅炉系统价格包括燃气锅炉、水箱、锅炉房、管道管件保温材料、入户费等；
4. 电锅炉系统价格包括电锅炉、锅炉房、管道管件保温材料等。
5. 1cal＝4.2J。

5.10.3　F-Chart 分析

借助 F-Chart 软件进行太阳集热系统的经济分析，以 HM-18TT18/φ58-33°太阳能热水器为例与电热水器进行对比，以经济分析周期为变量进行最佳经济效益分析，确定出在太阳寿命周期内能够为客户节省的资金，如图 5-4～图 5-7 所示。

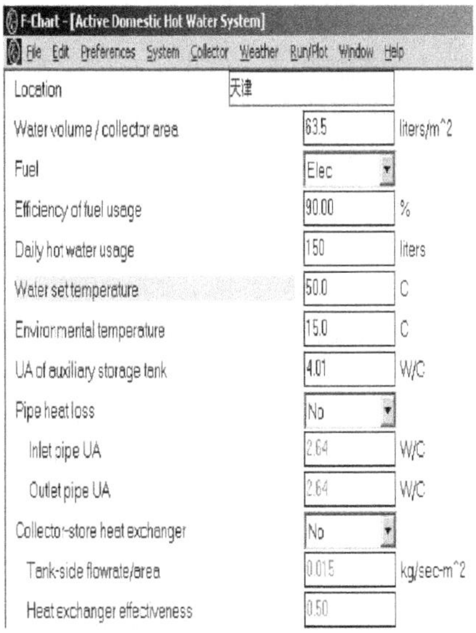

系统设置	中文翻译
Active Domestic Hot Water System	主动式热水循环系统
Location	地点
Water volume/collector area	水箱容量与集热面积比值
Fuel	辅助燃料(电力)
Efficiency of fuel usage	辅助燃料利用效率
Daily hot water usage	系统日用水量
Water set temperature	水的设置温度
Environmental temperature	环境温度
UA of auxiliary storage tank	贮水箱热损失系数
Pipe heate loss	管道损失
Inlet pipe UA	管道进口损失系数
Outlet pipe UA	管道出口损失系数
Collector-store heat exchanger	热交换器换热系数
Tank-side flowrate/area	水箱侧单位面积流量
Heat exchanger effectiveness	换热器效率

图 5-4　系统设置

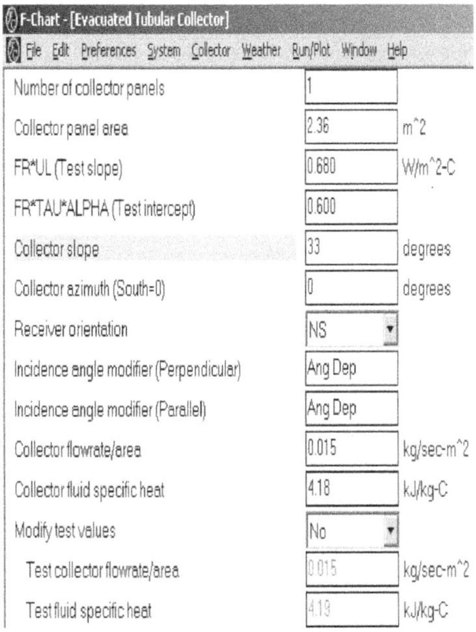

集热器参数	中文翻译
Number of collector panels	集热器数量
Collector panel area	集热器集热面积
FR*UL (Test slope)	集热器瞬时效率斜率
FR*TAU*ALPHA (Test ntercept)	集热器瞬时效率截距
Collector slope	集热器倾斜角
Collector azimuth (South=0)	集热器方位角(正南为0°)
Receiver orientation	集热器采光方向
Incidence angle modifier (Perpendicular)	集热器入射角修正因子(垂直的)
Incidence angle modifier (Parallel)	集热器入射角修正因子(水平的)
Collector flowrate/area	单位面积上集热器传热介质流速
Collector fluid specific heat	集热器传热介质比热
Modify test values	修正值
Test collector flowrate/area	测试单位面积上集热器传热介质流速
Test fluid specific heat	测试流体比热

图 5-5　集热器参数设置

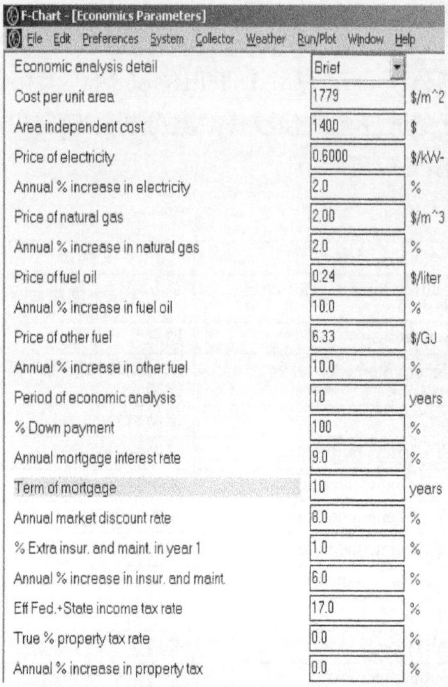

经济参数表	中文翻译
Economic analysis detail	详细经济分析
Cost per unit area	每平方米集热器价格
Area independent cost	集热器总价格
Price of electricity	电价格
Annual % increase in lectricity	每年电增长率
Price of natural gas	天然气价格
Annual % increase in natural gas	每年天然气增长率
Price of fuel oil	燃油价格
Annual % increase in fuel oil	每年燃油增长率
Price of other fuel	其他燃料价格
Annual % increase in other fuel	每年其他燃料增长率
Period of economic analysis	经济分析周期
% Down payment	预付定金
Annual mortgage interest rate	每年的抵押利率
Term of mortgage	抵押期限
Annual market discount rate	每年的市场贴现率
% Extra insur. and maint. in year 1	一年额外的保险及维修费用
Eff Fed.+State income tax rate	国家所得税率
True % property tax rate	真实财产税率
Annual % increase in property tax	每年物业税增长率

图 5-6　经济参数设置

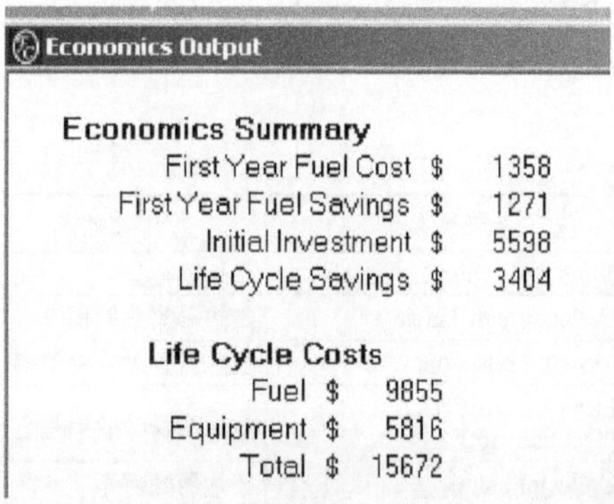

经济分析	中文翻译
Economics	经济概要
First Year Fuel Cost	第一年燃料费用
First Year Fuel Savings	第一年燃料节省费用
Initial Investment	初期投资
Life Cycle Savings	寿命周期内节省费用
Life Cycle Costs	生命周期内费用
Fuel	寿命周期内燃料费用
Equipment	设备投资
Total	总投资

图 5-7　HM-18TT18/ϕ58-33° 太阳能热水器分析结果

5.11　换热器的计算

5.11.1　换热器的传热过程

换热器计算的基础是热平衡方程式和传热方程式。

（1）热平衡方程式

$$Q = q_{m1}C_1(t'_1 - t''_1) = q_{m2}C_2(t''_2 - t'_2) \tag{5-36}$$

式中，Q 为流体传递的热量，kJ；t'_1 为热流体进口温度，℃；t''_1 为热流体出口温度，℃；t'_2 为冷流体进口温度，℃；t''_2 为冷流体出口温度，℃；q_{m1} 为热流体的质量流量，kg/s；q_{m2} 为冷流体的质量流量，kg/s；C_1 为热流体的定压比热容，kJ/kg；C_2 为冷流体的定压比热容，kJ/kg。

上式指明了换热器运行的热平衡，即：能量守恒原则，热流体被冷却所提供的热量 Q_h（kJ/s 或 W），除了散失到外界环境的热损失之外，必然是传给冷流体升温所需要的热量 Q_c（kJ/s），由于散失的热量相对而言所占的比例很小，所以可以忽略不计。于是

$$Q_h = Q_c = Q \tag{5-37}$$

（2）传热方程式

对于间壁式换热器，无论管式或板式，热量将从热流体经由管壁或者平壁的导热传往冷流体的热量传递过程就是传热过程。

$$Q = kF(t_1 - t_2) = kF \Delta t \tag{5-38}$$

式中，k 为传热系数，W/(m^2·℃)或 kJ/(m^2·℃·s)；F 为换热面积，m^2。

（3）通过平壁的传热

对于平壁的传热过程，传热系数为：

$$k = \cfrac{1}{\cfrac{1}{\alpha_1} + \cfrac{\delta}{\lambda} + \cfrac{1}{\alpha_2}} \tag{5-39}$$

式中，α_1，α_2 分别为平壁两侧流体与壁面的对流换热表面传热系数；λ 为平壁的导热系数；δ 为平壁的厚度。

5.11.2　换热器的热计算

（1）平均温差

在换热器的热计算中，传热方程式是基本方程式。考虑到换热器中温度的变化，温差需使用整个传热面上的平均温差 Δt_m。

顺流和逆流时的平均温差可统一用下面的对数平均温差公式计算：

$$\Delta t_m = \frac{\Delta t_{max} - \Delta t_{min}}{\ln \cfrac{\Delta t_{max}}{\Delta t_{min}}} \tag{5-40}$$

式中，Δt_{max} 为换热器两端温差中的最大者；Δt_{min} 为两端温差中最小者。

（2）设计计算

计算目的：求出确定形式换热器所需的换热面积 F，并进一步计算管长或板长 L 等。显然未知量是 F。

计算步骤：

① 根据给定条件，由式（5-36）求 Q、q_m 或进出口温度中未知的那个温度；

② 确定流动形式，计算平均温差 Δt_m；

③ 布置换热器，计算传热系数 k；

④ 根据传热方程式求出所需的传热面积，并进一步求得管长或板长。

（3）校核计算

计算目的：对传热面积 F 已知的换热器，移作它用时核算其能否完成新的换热任务，一般未知量为 t_1''，t_2'' 和 Q。

计算步骤：

① 确定一种流体的出口温度 t''_1（或 t''_2），用热平衡方程式求出另一种流体的出口温度 t''_2（或 t''_1）；

② 用热平衡方程式求 Q'；

③ 根据流动方式，求解平均温差 Δt_m；

④ 根据换热器结构，计算对流换热表面传热系数 h 和传热系数 k；

⑤ 由传热方程 $Q'' = kF(t_1 - t_2)$，计算 Q''，若 Q'' 和 Q' 相等或相近（偏差 $<\pm 5\%$），计算结束。否则，重复步骤①至⑤。

例题：

有一台逆流式水-水换热器，$t'_1 = 90℃$，$q_{m1} = 9000\text{kg/h}$，$t'_2 = 32℃$，$q_{m2} = 13500\text{kg/h}$，传热系数 $k = 7\text{W/(m}^2 \cdot ℃)$，要求将冷水加热到 $50℃$，试确定换热器的传热面积。

解： 根据以上我们的计算步骤：

① 确定热水的出口温度

$$Q = q_{m1}C_1(t'_1 - t''_1) = q_{m2}C_2(t''_2 - t'_2)$$

$$t''_1 = t'_1 - \frac{q_{m2}(t''_2 - t'_2)}{q_{m1}} = 90 - \frac{\frac{13500}{3600} \times (50 - 32)}{\frac{9000}{3600}} = 63(℃)$$

② 用热平衡方程式求 Q'

$$Q' = q_{m1}C_1(t'_1 - t''_1) = \frac{9000}{3600} \times 4.18 \times (90 - 63) = 282.15(\text{W})$$

③ 计算平均温差 Δt_m

由于是逆流，所以

$$t_{max} = 90 - 32 = 58(℃)$$

$$t_{min} = 63 - 50 = 13(℃)$$

$$\Delta t_m = \frac{\Delta t_{max} - \Delta t_{min}}{\ln \frac{\Delta t_{max}}{\Delta t_{min}}} = 30(℃)$$

④ 计算传热面积 F

$$Q = kF\Delta t_m$$

$$F = \frac{Q}{k\Delta t_m} = \frac{Q'}{k\Delta t} = \frac{q_{m1}C_1(t'_1 - t''_1)}{k\Delta t_m} = 1.34(\text{m}^2)$$

注：以上计算要注意单位换算。

（4）常用板式换热器的传热系数（表 5-21）

▣ 表 5-21　板式换热器的传热系数

工作介质		传热系数/[W/(m² · ℃)]
水-水	水平平直波纹板	3500～4000(约为管壳式的2～3倍)
	人字形波纹板	4500～5200
	浅密波纹板	6000～7000
蒸汽-水	制冷剂、冷凝器	1500～2000(约为管壳式的2～3倍)
	制冷剂、蒸发器	1000～1500(约为管壳式的2～3倍)

续表

工作介质	传热系数/[W/(m² · ℃)]
水蒸气-水	3000~4000
水蒸气(或热水)-油	800~930
冷水-油	400~580
油-油	170~350
烟气-水(板壳式)	300~400

5.11.3　换热器传热强化与削弱

在换热器和实际工程中，常常遇到需要强化和削弱传热的问题。

(1) 强化传热

传热基本方程式如下：

$$Q = kF(t_1 - t_2) = \frac{\Delta t_m}{R_k} \tag{5-41}$$

由以上公式可知，强化传热的两个基本途径是：加大传热温差和减小传热的总热阻。

① 加大传热温差　加大传热温差的途径有：

a. 提高热流体温度和降低冷流体温度；

b. 改变流体流程。

② 减小传热总热阻　根据总热阻由传热过程各热阻串联组成原理，可采用的措施有：

a. 减少导热阻，如定期吹灰，消除污垢；

b. 减少对流换热热阻，即在表面传热系数的一侧加装肋片，适当增加流体流速，增加流体的扰动和混合以破坏边界层等；

c. 减少辐射热阻，可采用增加系统黑度、增加物体间角系数等措施。

(2) 削弱传热

隔热保温技术上采用：与强化传热相反，除减少传热温差外，工程上削弱传热的主要措施是在平壁上敷设保温层，热阻总是随保温层厚度的增加而增加，从而达到削弱传热的目的，即采用所谓的隔热保温技术。这一技术包括保温层材料的选择，厚度的确定，先进的保温结构以及工艺、检测技术等。

5.12　集热器流量及管道管径的计算

5.12.1　集热器流量设计

对于太阳能热水系统，集热循环管路为闭合回路，则管道计算流量为循环流量，按下列公式计算：

$$q = AQ_s \tag{5-42}$$

式中，q 为循环流量，L/h；Q_s 为集热循环流量，由于太阳辐照量的不确定性，真空管热水系统的集热循环流量无法准确计算，一般采用每平方米集热器的流量为 0.01~0.02L/s，即

$36 \sim 72 \mathrm{L}/(\mathrm{h} \cdot \mathrm{m}^2)$；$A$ 为太阳能集热器的总集热面积，m^2。

假设，集热循环流量取 $50\mathrm{L}/(\mathrm{h} \cdot \mathrm{m}^2)$，太阳能集热器的总集热面积为 $100\mathrm{m}^2$，经计算集热器循环流量为 $5000\mathrm{L}/\mathrm{h}$。

5.12.2 太阳能集热系统支路流量的确定

太阳能集热系统中支路流量按下面的公式计算：

$$G = 60000 \times \frac{xyzd\left(l - \dfrac{l'}{1000}\right)E\eta}{c\rho\Delta t} \tag{5-43}$$

式中，G 为各支路流量，L/min；x、y、z 分别为真空管支数/台、串联台数、并联级数；d 为真空管内管直径，mm；l 为真空管管长，m；l' 为真空管在尾座、保温层和水箱内部分的长度，mm；E 为太阳辐射强度，W/m^2；η 为集热器集热效率；c 为工质比热，$\mathrm{J}/(\mathrm{kg} \cdot ℃)$；$\rho$ 为工质密度，kg/m^3；Δt 为进出口温差，$℃$。

上述公式中有三个量需要说明：

① 太阳辐射强度 E　根据当地太阳辐照情况而定，一般为 $600 \sim 1000\mathrm{W}/\mathrm{m}^2$。
② 集热器集热效率 η　根据集热系统用途（瞬时热效率）而定，一般为 $60\% \sim 84\%$。
③ 进出口温差 Δt　根据集热器类型及集热器串联台数而定，一般为 $8 \sim 10℃$。
举例如下。

已知：15 支 210 "U" 管式真空管集热器 5 台串联、16 组并联，其支路流量为

$$G = 60000 \times \frac{15 \times 16 \times 5 \times 0.047 \times \left(2.10 - \dfrac{20+30}{1000}\right) \times 760 \times 0.72}{3.56 \times 10^3 \times 1045 \times 8} = 127.5(\mathrm{L}/\mathrm{min})$$

得 16 组并联后的总流量为 $127.5\mathrm{L}/\mathrm{min}$，则 5 台串联每个支路的流量为 $7.97\mathrm{L}/\mathrm{min}$，6 台串联每个支路的流量为 $9.56\mathrm{L}/\mathrm{min}$。即每台的流量为 $1.59\mathrm{L}/\mathrm{min}$，每平方集热面积的流量为 $0.012\mathrm{L}/\mathrm{s}$，在国标值 $0.01 \sim 0.02\mathrm{L}/\mathrm{s}$ 之间，所得结果在国标推荐流量的范围内。

5.12.3 集热循环主管道管径确定

$$d_\mathrm{j} = \sqrt{4q/\pi v} \tag{5-44}$$

式中，q 为设计流量，$\mathrm{L}/(\mathrm{s} \cdot \mathrm{m}^2)$，一般取 $0.01 \sim 0.02\mathrm{L}/(\mathrm{s} \cdot \mathrm{m}^2)$，即 $0.6 \sim 1.2\mathrm{L}/(\mathrm{min} \cdot \mathrm{m}^2)$；$d_\mathrm{j}$ 为管道计算内径，m；v 为流速，m/s，一般取 $0.8 \sim 2.0\mathrm{m}/\mathrm{s}$。

上式中流速的确定，根据我国《建筑给水排水设计标准》中的规定，通过技术经济分析，并考虑室内环境产生噪声允许范围来选用；集热系统的流速可以按表 5-22 选取并计算。

⊡ 表 5-22　管径与流速选择表

公称直径/mm	15～20	25～40	≥50
水流速度/(m/s)	≤0.8	≤1.0	≤1.2

假设，设计流量为 $100\mathrm{L}/\mathrm{min}$（即 $0.00167\mathrm{m}^3/\mathrm{s}$），流速取 $1\mathrm{m}/\mathrm{s}$，经计算得管道计算内径为 $0.046\mathrm{m}$，即可选用 $DN50\mathrm{mm}$ 的管道。

5.13　膨胀罐及集热器效率计算

5.13.1　膨胀罐总容积计算

$$V = \frac{(\rho_1 - \rho_2)P_2}{(P_2 - P_1)\rho_2}V_C \tag{5-45}$$

式中，V 为膨胀水箱总容积，L；ρ_1 为加热前水加热储热器内水的密度，kg/L；ρ_2 为加热后热水的密度，kg/L；P_1 为膨胀水罐处的管内水压力（绝对压力），MPa；P_1=管内工作压力＋0.1；P_2 为膨胀水罐处管内最大允许压力（绝对压力），MPa，其数值可取 $1.05P_1$；V_C 为系统内热水总容积，L，当管网系统不大时，V_C 可按水加热设备的容积计算。

ρ_1 相应的水温可按下述情况设计计算：加热设备为多台的全日制热水供应系统，可按最低热水回水温度计算，其值一般可取 40～50℃。即膨胀水罐只考虑正常供水状态下吸收系统内水温升的膨胀量，而水加热设备开始升温阶段的膨胀量及其引起的超压可由膨胀水罐及安全阀联合工作来解决，借以减少膨胀水罐的容积；加热设备为单台，且为定时供热水的系统，可按进加热设备的冷水温度计算。

表 5-23 为 V_C=1000L 时，不同压力变化条件下的 V 值，可供设计计算参考。

⊡ 表 5-23　不同压力变化的 V 值

$\dfrac{P_2}{P_2 - P_1}$	10	12	14	16	18	20	22	24	26	28	30
V_1/L	71	85	100	114	128	142	157	171	185	199	241
V_2/L	168	201	235	265	302	335	369	402	436	470	503

注：V_1 为按水加热设备加热前、后的水温 45℃、60℃计算的总容积 V 值；V_2 为按水加热设备加热前、后的水温 10℃、60℃计算的总容积 V 值。

5.13.2　太阳能集热器平均集热效率计算方法

① 太阳能集热器的集热效率应根据选用产品的实际测试效率公式进行计算。

$$\eta = \eta_0 - UT^* \tag{5-46}$$

式中，η 为以 T^* 为参考的集热器热效率，%；η_0 为 T^*=0 时的集热器热效率，%；U 为以 T^* 为参考的集热器总热损失系数，W/(m²·K)；T^* 为归一化温差，(m²·K)/W。

也可根据下述的测试效率公式进行计算：

$$\eta = \eta_0 - a_1 T^* - a_2 G(T^*)^2 \tag{5-47}$$

式中，a_1 和 a_2 为以 T^* 为参考的常数；G 为太阳辐照度，W/m²。

$$T^* = (t_i - t_a)/G \tag{5-48}$$

式中，t_i 为集热器工质进口温度，℃；t_a 为环境温度，℃。

② 短期蓄热太阳能供热采暖系统计算太阳能集热器集热效率时，归一化温差计算的参数选择应符合下列原则：

a. 直接系统的 t_i 取供暖系统的回水温度，间接系统的 t_i 等于供暖系统的回水温度加换热器的换热温度。

b. t_a 取当地 12 月的月平均室外环境空气温度。

c. 总太阳辐照度 G 应按下式计算。

$$G = H_d / 3.6 S_d \qquad (5\text{-}49)$$

式中，H_d 为当地 12 月集热器采光面上的太阳总辐射月平均日辐照量，$kJ/(m^2 \cdot d)$；S_d 为当地 12 月的月平均每日的日照小时数，h。

③ 季节蓄热太阳能供热采暖系统计算太阳能集热器集热效率时，归一化温度计算的参数选择应符合下列原则：

a. 直接系统的 t_i 取供暖系统的回水温度，间接系统的 t_i 等于供暖系统的回水温度加换热器的换热温度。

b. t_a 取当地的年平均室外环境空气温度。

c. 总太阳辐照度 G 应按照下式计算。

$$G = \frac{H_y}{3.6 S_y} \qquad (5\text{-}50)$$

式中，H_y 为当地集热器采光面上的太阳总辐射年平均日辐照量，$kJ/(m^2 \cdot d)$；S_y 为当地的年平均每日的日照小时数，h。

5.14 辅助加热量计算

① 容积式水加热器或储热容积与其相当的水加热器、热水机组，按下式计算：

$$Q_g = Q_h - 1.163 \frac{\eta V_r}{T}(t_r - t_1)\rho \qquad (5\text{-}51)$$

式中，Q_g 为容积式水加热器的设计小时供热量，W；Q_h 为热水系统设计小时耗热量，W；η 为有效储热容积系数，容积式水加热器 $\eta = 0.75$，导流型容积式水加热器 $\eta = 0.85$；V_r 为总储热容积，L，单水箱系统取水箱容积的 40%，双水箱系统取供热水箱容积；T 为辅助加热量持续时间，h，$T = 2\sim4h$；t_r 为热水温度，℃，按设计水加热器出水温度或储水温度计算；t_1 为冷水温度，℃，宜按表 5-3 采用；ρ 为热水密度，kg/L。

② 半容积式水加热器或储热容积与其相当的水加热器，热水机组的供热量按设计小时耗热量计算。

③ 半即热式、快速式水加热器及其他无储热容积的水加热设备的供热量按设计秒流量计算。容积式和半容积式水加热器使用的热媒主要为蒸汽或热水。

④ 以蒸汽为热媒的水加热器设备，蒸汽耗量按下式计算：

$$G = 3.6k \frac{Q_g}{i'' - i'} \qquad (5\text{-}52)$$

式中，G 为热媒耗量，kg/h；k 为热媒管道热损失附加系数，$k = 1.05\sim1.10$；i'' 为饱和蒸汽的热焓，kJ/kg，见表 5-24；i' 为凝结水的焓，kJ/kg。

⊡ 表 5-24 饱和蒸汽的热焓

蒸汽压力/MPa	0.1	0.2	0.3	0.4	0.5	0.6
温度/℃	120.2	133.5	143.6	151.9	158.8	165.0
焓/（kJ/kg）	2706.9	2725.5	2738.5	2748.5	2756.4	2762.9

⑤ 以热水为热媒的水加热器设备，热媒耗量按下式计算：

$$G = \frac{kQ_g\rho}{1.163(t_{mc} - t_{mz})} \tag{5-53}$$

式中，t_{mc}、t_{mz} 分别为热媒的初温与终温，℃，由经过热力性能测定的产品样本提供；1.163 为单位换算系数。

⑥ 油、燃气耗量按下式计算：

$$G = 3.6k\frac{Q_h}{Q\eta} \tag{5-54}$$

式中，Q 为热源发热量，kJ/kg 或 kJ/m³；η 为水加热设备的热效率；见表 5-25。

⊡ 表 5-25 热源发热量及加热装置效率

热源种类	消耗量单位	热源发热量	加热设备热效率 η [1]/%
轻柴油	kg/h	41800～44000kJ/kg	约 85
重油	kg/h	38520～46050kJ/kg	
天然气	m³/h	34400～35600kJ/m³	65～75(85)
城市煤气	m³/h	34400～35600kJ/m³	65～75(85)
液化石油气	m³/h	34400～35600kJ/m³	65～75(85)

① 括号内为热水机组，括号外为局部加热。

5.15 管网设计计算

5.15.1 热水供应系统管路流量设计

热水供应系统的管路流量按照给水系统的设计秒流量计算。

（1）住宅建筑热水供应系统的设计秒流量

① 根据住宅配置的卫生器具给水当量、使用人数、用水定额、使用时数及小时变化系数，按下式计算出最大用水时卫生器具给水当量平均出流概率：

$$U_0 = \frac{q_0 m K_h}{0.2 N_g T \times 3600} \tag{5-55}$$

式中，U_0 为热水供应管道的最大用水时卫生器具给水当量平均出流概率，%；q_0 为最高日用水定额，L；m 为每户用水人数；K_h 为小时变化系数，冷水按表 5-26 选用，热水按表 5-27～表 5-29 选用；N_g 为每户设置的卫生器具给水当量数；T 为用水时数，h；0.2 为一个卫生器具给水当量的额定流量，L/s。

▣ 表 5-26　住宅最高日生活用水定额及小时变化系数

住宅类别		卫生器具设备标准	用水定额 /[L/（人·d）]	小时变化系数 K_h
普通住宅	Ⅰ	有大便器、洗涤盆	85～150	3.0～2.5
	Ⅱ	有大便器、洗脸盆、洗涤盆、洗衣盆、热水器和淋浴设备	130～300	2.8～2.3
	Ⅲ	有大便器、洗脸盆、洗涤盆、洗衣机、集中热水供应（或家用热水机组）和淋浴设备	180～320	2.5～2.0
别墅		有大便器、洗脸盆、洗涤盆、洗衣机、洒水栓，家用热水机组和淋浴设备	200～350	2.3～1.8

▣ 表 5-27　住宅、别墅的热水小时变化系数 K_h 值

居住人数	≤100	150	200	250	300	500	1000	3000	≥6000
K_h	5.12	4.49	4.13	3.88	3.70	3.28	2.86	2.48	2.34

▣ 表 5-28　旅馆的热水小时变化系数 K_h 值

居住人数	≤150	300	450	600	900	≥1200
K_h	6.84	5.61	4.97	4.58	4.19	3.90

▣ 表 5-29　医院的热水小时变化系数 K_h 值

床位数	≤50	75	100	200	300	500	≥1000
K_h	4.55	3.78	3.54	2.93	2.60	2.23	1.95

② 根据计算管段上的卫生器具给水当量总数，按下式计算得出该管段的卫生器具给水当量的同时出流概率：

$$U=\frac{1+\alpha_c(N_g-1)^{0.49}}{\sqrt{N_g}}$$ (5-56)

式中，U 为计算管段的卫生器具给水当量同时出流概率；α_c 为对应于不同 U_0 的系数，查《建筑给水排水设计标准》（GB 50015—2019）附表 C 中的表 C.0.1～表 C.0.3；N_g 为计算管段的卫生器具给水当量总数。

③ 根据计算管段上的卫生器具给水当量同时出流概率，按下式计算得计算管段的设计秒流量：

$$q_g=0.2UN_g$$ (5-57)

式中，q_g 为计算管段的给水设计秒流量，L/s。

④ 有两条或两条以上具有不同最大用水时卫生器具给水当量平均出流概率的给水支管的给水干管，该管段的最大时卫生器具给水当量平均出流概率按下式计算：

$$\bar{U}_0=\frac{\sum U_{0i}N_{gi}}{\sum N_{gi}}$$ (5-58)

式中，$\bar{U}_0$ 为给水干管的卫生器具给水当量平均出流概率；U_{0i} 为支管的最大用水时卫生器具给水当量平均出流概率；N_{gi} 为相应支管的卫生器具给水当量总数。

（2）集体宿舍、旅馆、宾馆、医院、疗养院、幼儿园、养老院、办公楼、商场、客运站、会展中心、中小学教学楼、公共厕所等建筑热水供应系统的设计秒流量

$$q_g = 0.2\alpha\sqrt{N_g} \tag{5-59}$$

式中，α 为根据建筑物用途而定的系数，应按表 5-30 选用。

注意：

① 如计算值小于该管段上的一个最大卫生器具给水额定流量时，应采用一个最大的卫生器具给水额定流量作为设计秒流量。

② 如计算值大于该管段上按卫生器具给水额定流量累加所得流量值时，应按卫生器具给水额定流量累加所得流量值确定。

③ 有大便器延时自闭冲洗阀的给水管段，大便器延时自闭冲洗阀的给水当量，均以 0.5 计，计算得到的 q_g 附加 1.10L/s 的流量后，为该管段的给水设计秒流量。

④ 综合楼建筑的 α 值应按加权平均法计算。

▣ **表 5-30　根据建筑物用途而定的系数值（α 值）**

建筑物名称	α 值	建筑物名称	α 值
幼儿园、托儿所、养老院	1.2	医院、疗养院、休养所	2
门诊部、诊疗所	1.4	集体宿舍、旅馆、招待所、宾馆	2.5
办公楼、商场	1.5	客运站、会展中心、公共厕所	3
学校	1.8		

（3）工业企业的生活间、公共浴室、职工食堂或营业餐厅的厨房、体育场馆运动员休息室、剧院的化妆间、普通理化实验室等建筑热水供应系统的设计秒流量

$$q_g = \sum q_0 N_0 b \tag{5-60}$$

式中，q_0 为同类型的一个卫生器具给水额定流量，L/s；N_0 为同类型的卫生器具个数；b 为卫生器具的同时给水分数，应按表 5-31～表 5-33 选用。

注意：

① 如计算值小于该管段上一个最大卫生器具给水额定流量时，应采用一个最大的卫生器具给水额定流量作为设计秒流量。

② 大便器自闭式冲洗阀应单列计算，当单列计算值小于 1.2L/s 时，以 1.2L/s 计；大于 1.2L/s 时，以计算值计。

▣ **表 5-31　工业企业生活间、公共浴室、剧院化妆间、体育馆运动员休息室等卫生器具同时给水分数**

卫生器具名称	同时给水分数/%			
	工业企业生活间	公共浴室	剧院化妆室	体育场馆运动员休息室
洗涤盆(池)	33	15	15	15
洗手盆	50	50	50	50
洗脸盆、盥洗槽水嘴	60～100	60～100	50	80
浴盆	—	50	—	—
无间隔淋浴器	100	100	—	100
有间隔淋浴器	80	60～80	60～80	60～100
大便器冲洗水箱	30	20	20	20
大便器自闭式冲洗阀	2	2	2	2

续表

卫生器具名称	同时给水分数/%			
	工业企业生活间	公共浴室	剧院化妆室	体育场馆运动员休息室
小便器自闭式冲洗阀	10	10	10	10
小便器(槽)自动冲洗水箱	100	100	100	100
净身盆	33	—	—	—
饮水器	30～60	30	30	30
小卖部洗涤盆	—	50	—	50

注：健身中心的卫生间，可采用本表体育场馆运动员休息室的同时给水分数。

⊡ 表 5-32　职工食堂、营业餐厅厨房设备同时给水分数

厨房设备名称	同时给水分数/%	厨房设备名称	同时给水分数/%
污水盆(池)	50	器皿洗涤机	90
洗涤盆(池)	70	开水器	50
煮锅	60	蒸汽发生器	100
生产性洗涤机	40	灶台水嘴	30

注：职工或学生饭堂的洗碗台水嘴，按比例 100％同时给水，但不与厨房用水叠加。

⊡ 表 5-33　实验室化验水嘴同时给水分数

化验水嘴名称	同时给水分数/%	
	科学研究实验室	生产实验室
单联化验水嘴	20	30
双联或三联化验水嘴	30	50

（4）热水系统的热水循环流量计算

全天供应热水系统的循环流量，按下式计算：

$$q_x = \frac{Q_s}{1.163\Delta t \rho} \tag{5-61}$$

式中，q_x 为循环流量，L/h；Q_s 为配水管道系统的热损失，W，应经计算确定，初步设计时，可按设计小时耗热量的 3％～5％采用；Δt 为配水管道的热水温度差，℃，根据系统大小确定，一般可采用 5～10℃；ρ 为热水密度，kg/L。

定时供应热水的系统，应按管网中的热水容量每小时循环 2～4 次计算循环流量。

5.15.2　管网的水力计算

（1）管网热水流速的确定

热水管道内的流速，宜按表 5-34 选用。

⊡ 表 5-34　热水管道内的流速

公称直径 DN/mm	15～20	25～40	≥50
流速/(m/s)	≤0.8	≤1.0	≤1.2

（2）热水管道阻力的确定

热水管道的沿程水头损失可按式（5-17）计算，管道的计算内径应考虑结垢和腐蚀引起过水断面缩小的因素。

① 热水管道的配水管的局部水头损失，宜按管道的连接方式，采用管（配）件当量长度法计算。当管道的管（配）件当量长度资料不足时，可按下列管件的连接状况，按管网的沿程水头损失的百分数取值。

a. 管（配）件内径一致，采用三通分水时，取 25%～30%；采用分水器时，取 15%～20%。

b. 管（配）件内径略大于管道内径，采用三通分水时，取 50%～60%；采用分水器分水时，取 30%～35%。

c. 管（配）件内径略小于管道内径，采用三通分水时，取 70%～80%；采用分水器分水时，取 35%～40%。

② 热水管道上附件的局部阻力可参照以下计算。

a. 管道过滤器的局部水头损失，宜取 0.01MPa。

b. 管道倒流防止器的局部水头损失，宜取 0.025～0.04MPa。

c. 水表的水头损失，应选用产品所给定的压力损失计算。在未确定具体产品时，可按下列情况取用：住宅的入户管上的水表，宜取 0.01MPa；建筑物或小区引入管上的水表，宜取 0.03MPa。

d. 比例式减压阀的水头损失，阀后动水压宜按阀后静水压的 80%～90%确定。

（3）热水供应系统的回水管管径计算

热水供应系统的回水管管径应通过计算确定，初步设计时，可参照表 5-35 确定。

▫ 表 5-35　热水回水管管径

热水供水管管径/mm	20～25	32	40	50	65	80	100	125	150	200
热水回水管管径/mm	20	20	25	32	40	40	50	65	80	100

为了保证各立管的循环效果，尽量减少干管的水头损失，热水供水干管和回水干管均不宜变径，可按其相应的最大管径确定。

5.15.3　疏水器计算

① 下列情况下设置疏水器：

a. 用蒸汽作热媒间接加热的水加热器、开水器的凝结水回水管上应每台单独设疏水器。但能确保凝结水出水温度不大于 80℃ 的设备可以不装疏水器。

b. 蒸汽管向下凹处的下部、蒸汽立管底部应设疏水器，以及时排掉管中积存的凝结水。

② 疏水器前应设过滤器以确保其正常工作。

③ 疏水器处一般不装旁通阀，但在下列情况下应在疏水器后装止回阀：

a. 疏水器后有背压或凝结水管有抬高时；

b. 不同压力的凝结水接在一根母管上时。

④ 疏水器宜在靠近用汽设备并便于维修的地方装设。

⑤ 疏水器后的少量凝结水直接排放时，应将泄水管引至排水沟等有排水设施的地方。

⑥ 疏水器一般可选用浮动式或热动力式疏水器。

⑦ 疏水器管径不可按凝结水管径来确定，应按其最大排水量、进出口最大压差、附加

系数三项因素选择计算。

a. 最大排水量 Q

$$Q=K_0 G \tag{5-62}$$

式中，Q 为疏水器最大排水量，kg/h；K_0 为附加系数，见表 5-36；G 为换热设备的最大凝结水量，kg/h。

⊡ 表 5-36 附加系数 K_0

名称	压差 $\Delta p \leqslant 0.2\text{MPa}$	压差 $\Delta p > 0.2\text{MPa}$	名称	压差 $\Delta p \leqslant 0.2\text{MPa}$	压差 $\Delta p > 0.2\text{MPa}$
上开口浮筒式疏水器	3.0	4.0	浮球式疏水器	2.5	3.0
下开口浮筒式疏水器	2.0	2.5	喷嘴式疏水器	3.0	3.2
恒温式疏水器	3.5	4.0	热动力式疏水器	3.0	4.0

b. 疏水器进出口压差

$$\Delta p = p_1 - p_2 \tag{5-63}$$

式中，Δp 为疏水器进出口压差，MPa；p_1 为疏水器前压力，MPa，对于水加热器等换热设备，$p_1 = 0.7p_z$（p_z 为进入设备的蒸汽压力）；p_2 为疏水器后压力，MPa。

当疏水器后凝结水管不抬高，自流坡向开式水箱时，$p_2 = 0$，当疏水器后凝结水管道较长，又需抬高接入闭式凝结水箱时，p_2 按下式计算。

$$p_2 = \Delta h + 0.01H + p_3 \tag{5-64}$$

式中，Δh 为疏水器后至凝结水箱之间的管道压力损失，MPa；H 为疏水器后回水管的抬高高度，m；p_3 为凝结水箱内压力，MPa。

⑧ 仅作排除管中冷凝积水用的疏水器可选用 $DN15\text{mm}$、$DN20\text{mm}$ 的疏水器。

5.16 平板集热器支架结构抗风荷载计算

以平板集热器常见的支架安装方式（图 5-8）为例，进行支架结构抗风荷载的计算。

5.16.1 总荷载计算

（1）固定荷载

$$G_单 = G_M + G_K$$

式中，G_M 为平板集热器荷载，N；G_K 为支架等荷载，N。

平板集热器荷载 343N（单块集热器）；支架荷载 142N，介质荷载 14.7N。

故　　$G_单 = 343 + 142 + 14.7 = 499.7(\text{N})$

（2）风荷载

作用在集热器上的风荷载标准值按下式计算：

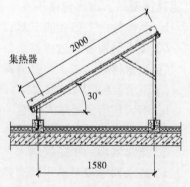

图 5-8　平板集热器支架侧视图

$$w_k = \beta_z \mu_s \mu_z w_0 = 1.69 \times 1.3 \times 1.5 \times 0.75 \approx$$
$$2.472 (kN/m^2) = 2472 (N/m^2)$$

式中，w_k 为风荷载标准值，kN/m^2；β_z 为高度 z 处的阵风系数（见表 5-37）；取 1.69（按 C 类建筑高度 100m 选取）；μ_s 为风荷载体型系数，按《建筑结构荷载规范》（GB 50009—2012）中各种截面的杆件体型系数取 1.3（见表 5-38）；μ_z 为风压高度变化系数，C 类地区 100m 高度取 1.5，见表 5-39［《建筑结构荷载规范》（GB 50009—2012）］；w_0 为基本风压，kN/m^2，按十二级风取 0.75 kN/m^2。

⊡ 表 5-37　不同离地高度的阵风系数

离地面高度/m	地面粗糙度类别			
	A	B	C	D
5	1.65	1.70	2.05	2.40
10	1.60	1.70	2.05	2.40
15	1.57	1.66	2.05	2.40
20	1.55	1.63	1.99	2.40
30	1.53	1.59	1.90	2.40
40	1.51	1.57	1.85	2.29
50	1.49	1.55	1.81	2.20
60	1.48	1.54	1.78	2.14
70	1.48	1.52	1.75	2.09
80	1.47	1.51	1.73	2.04
90	1.46	1.50	1.71	2.01
100	1.46	1.50	1.69	1.98
150	1.43	1.47	1.63	1.87
200	1.42	1.45	1.59	1.79
250	1.41	1.43	1.57	1.74
300	1.40	1.42	1.54	1.70
350	1.40	1.41	1.53	1.67
400	1.40	1.41	1.51	1.64
450	1.40	1.41	1.50	1.62
500	1.40	1.41	1.50	1.60
550	1.40	1.41	1.50	1.59

⊡ 表 5-38　风荷载体型系数

类别	体型及体型系数 μ_s
各种截面的杆件	⌐ ⊢⊣ + $\mu=+1.3$ ◇ I ⌐

⊡ 表 5-39　风压高度变化系数

离地面或海平面 高度/m	地面粗糙度类别			
	A	B	C	D
5	1.09	1.00	0.65	0.51
10	1.28	1.00	0.65	0.51
15	1.42	1.13	0.65	0.51
20	1.52	1.23	0.74	0.51
30	1.67	1.39	0.88	0.51
40	1.79	1.52	1.00	0.60
50	1.89	1.62	1.10	0.69
60	1.97	1.71	1.20	0.77
70	2.05	1.79	1.28	0.84
80	2.12	1.87	1.36	0.91
90	2.18	1.93	1.43	0.98
100	2.23	2.00	1.50	1.04

　　注：地面粗糙度可分为 A、B、C、D 四类，A 类指近海海面和海岛、海岸、湖岸及沙漠地区；B 类指田野、乡村、丛林、丘陵以及房屋比较稀疏的乡镇；C 类指有密集建筑群的城市市区；D 类指有密集建筑群且房屋较高的城市市区。

　　（3）单块集热器的风荷载

$$W=\omega_k \times A_s=2472\text{N/m}^2 \times 2\text{m}^2=4944\text{N}$$

　　总荷载（本方案中不考虑积雪荷重和地震荷重）：

$$总荷载=G_单+W=500\text{N}+4944\text{N}=5444\text{N}$$

5.16.2　单排支架强度复核

　　单排支架采用 40mm×40mm×4mm 热镀锌角钢制作，尺寸及形式见图 5-9。

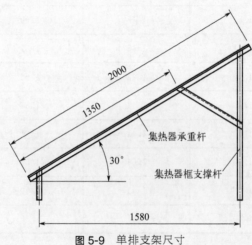

2000

1350

30°

集热器承重杆

集热器框支撑杆

1580

图 5-9　单排支架尺寸

（1）集热器承重杆强度复核

① 弯曲应力-最大弯矩 M 计算　弯矩计算方式见表 5-40。

⊡ **表 5-40　弯矩计算方式**

载荷图形	支座反力	最大弯矩	跨中挠度
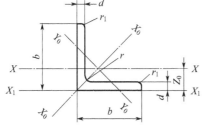	$R_A = R_B = \dfrac{ql}{2}$	$M_{\max} = \dfrac{ql^2}{8}$	$f_{\max} = \dfrac{5ql^4}{384EI}$

由表 5-40 得：

$$M = ql^2/8 = (5444 \div 6) \times 1.35^2 \div 8 \approx 206.7 \, (\text{N} \cdot \text{m})$$

式中，q 为均布线荷载标准值，N/m，集热器承重框由 6m 长的 40mm×40mm×4mm 热镀锌角钢制作；l 为最不利作用力的长度，m，本次计算取图 5-9 中斜面中最长的一段 1.35m。

② 最大弯曲正应力计算　在横截面上离中性轴最远的各点处，弯曲正应力最大，其值为

$$\sigma_{\max} = \frac{M}{W_x} = 206.7 \times 100/1.60 \approx 12918.75 \, (\text{N/cm}^2) = 129.1875 \, (\text{MPa})$$

式中，W_x 为截面系数（见表 5-41），因为杆件采用的是 4 号（厚度为 4mm）角钢，其截面系数 $W_x = 1.60\text{cm}^3$。

⊡ **表 5-41　等边角钢截面尺寸、截面面积、理论重量及截面特性**

说明：
b—边宽度；
d—边厚度；
r—内圆弧半径；
r_1—边端圆弧半径；
Z_0—重心距离。

型号	截面尺寸/mm			截面面积/cm²	理论重量/(kg/m)	外表面积/(m²/m)	惯性矩/cm⁴				惯性半径/cm			截面模数/cm³			重心距离/cm
	b	d	r				I_x	I_{x1}	I_{x0}	I_{y0}	i_x	i_{x0}	i_{y0}	W_x	W_{x0}	W_{y0}	Z_0
2	20	3	3.5	1.132	0.89	0.078	0.40	0.81	0.63	0.17	0.59	0.75	0.39	0.29	0.45	0.20	0.60
		4		1.459	1.15	0.077	0.50	1.09	0.78	0.22	0.58	0.73	0.38	0.36	0.55	0.24	0.64
2.5	25	3		1.432	1.12	0.098	0.82	1.57	1.29	0.34	0.76	0.95	0.49	0.46	0.73	0.33	0.73
		4		1.859	1.46	0.097	1.03	2.11	1.62	0.43	0.74	0.93	0.48	0.59	0.92	0.40	0.76
3.0	30	3		1.749	1.37	0.117	1.46	2.71	2.31	0.61	0.91	1.15	0.59	0.68	1.09	0.51	0.85
		4		2.276	1.79	0.117	1.84	3.63	2.92	0.77	0.90	1.13	0.58	0.87	1.37	0.62	0.89
		3	4.5	2.109	1.66	0.141	2.58	4.68	4.09	1.07	1.11	1.39	0.71	0.99	1.61	0.76	1.00
3.6	36	4		2.756	2.16	0.141	3.29	6.25	5.22	1.37	1.09	1.38	0.70	1.28	2.05	0.93	1.04
		5		3.382	2.65	0.141	3.95	7.84	6.24	1.65	1.08	1.36	0.7	1.56	2.45	1.00	1.07

续表

型号	截面尺寸/mm			截面面积/cm²	理论重量/(kg/m)	外表面积/(m²/m)	惯性矩/cm⁴				惯性半径/cm			截面模数/cm³			重心距离/cm
	b	d	r				I_x	I_{x1}	I_{x0}	I_{y0}	i_x	i_{x0}	i_{y0}	W_x	W_{x0}	W_{y0}	Z_0
4	40	3	5	2.359	1.85	0.157	3.59	6.41	5.69	1.49	1.23	1.55	0.79	1.23	2.01	0.96	1.09
		4		3.086	2.42	0.157	4.60	8.56	7.29	1.91	1.22	1.54	0.79	1.60	2.58	1.19	1.13
		5		3.792	2.98	0.156	5.53	10.7	8.76	2.30	1.21	1.52	0.78	1.96	3.10	1.39	1.17
4.5	45	3	5	2.659	2.09	0.177	5.17	9.12	8.20	2.14	1.40	1.76	0.89	1.58	2.58	1.24	1.22
		4		3.486	2.74	0.177	6.65	12.2	10.6	2.75	1.38	1.74	0.89	2.05	3.32	1.54	1.26
		5		4.292	3.37	0.176	8.04	15.2	12.7	3.33	1.37	1.72	0.88	2.51	4.00	1.81	1.30
		6		5.077	3.99	0.176	9.33	18.4	14.8	3.89	1.36	1.70	0.80	2.95	4.64	2.06	1.33
5	50	3	5.5	2.971	2.33	0.197	7.18	12.5	11.4	2.98	1.55	1.96	1.00	1.96	3.22	1.57	1.34
		4		3.897	3.06	0.197	9.26	16.7	14.7	3.82	1.54	1.94	0.99	2.56	4.16	1.96	1.38
		5		4.803	3.77	0.196	11.2	20.9	17.8	4.64	1.53	1.92	0.98	3.13	5.03	2.31	1.42
		6		5.688	4.46	0.196	13.1	25.1	20.7	5.42	1.52	1.91	0.98	3.68	5.85	2.63	1.46

（2）弯曲应力复核

材料 Q235-A 的弯曲许用应力 δ_{+1} 为 125MPa，短期许用弯曲应力为 1.3×125MPa（见表 5-42）。

$129.1875 \div (125 \times 1.3) \approx 0.795 < 1$，在安全允许范围内。

⊡ 表 5-42　钢材的物理性能和容许应力

材料	牌号	热处理	毛坯直径/mm	硬度HBS	力学性能/MPa				许用弯曲应力/MPa			用途
					抗拉强度δ_b	屈服点δ_s	弯曲疲劳极限δ_{-1}	剪切疲劳极限T_{-1}	$[\delta_{+1}]$	$[\delta_0]$	$[\delta_{-1}]$	
普通碳素钢	Q235-A	热轧或锻后空冷	≤100		400~420	250	170	105	125	70	40	用于不重要或载荷不大的轴
			≥100~250		375~390	215						
优质碳素钢	15	正火	≤100	170~217	590	295	255	140	195	95	55	应用最广泛
		回火	<100~300	162~217	570	285	245	135				
		调质	≤200	217~255	640	355	275	155	215	100	60	

（3）受弯挠度-弯曲挠度计算

最大载荷时，框架的弯曲挠度 y 为：

$$y = \frac{5ql^4}{384EI}$$
$$= \frac{5 \times (5444 \div 6) \times 1.35^4}{384 \times 2.1 \times 10^{11} \times 4.6 \times 10^{-8}}$$
$$\approx 0.00406(m) = 4.06(mm)$$

式中，q 为均布线荷载标准值，N/m，集热器承重框由 6m 长的 4 号（40mm×40mm×4mm）热镀锌角钢制作；E 为材料的弹性模量，Q235-A 取 2.1×10^{11}N/m²；I 为钢的截面惯性矩，查得 4 号角钢为 $4.6 \times 10^{-8} \mathrm{m}^4$，见表 5-41。

（4）弯挠度复核

对于跨距 1350mm 的支架允许挠度，参照表 5-43 中的钢架梁取值计算：

$$l/180 = 1350/180 = 8.3 \text{(mm)}$$

$y = 4.06 \mathrm{mm} < 8.3 \mathrm{mm}$，在安全范围内，符合要求。

▣ 表 5-43　受弯构件的容许挠度

项次	构件类别	容许挠度
1	檩条 ①瓦楞铁屋面 ②压型钢板、钢丝网水泥瓦和其他水泥制品瓦材屋面	$l/150$ $l/200$
2	墙梁 ①压型钢板、瓦楞铁墙面（水平方向） ②窗洞顶部的墙梁（水平方向） ③窗洞顶部的墙梁（竖向）	$l/150$ $l/200$ $l/200$（且≤10mm）
3	刚架梁 ①仅支承压型钢板屋面和檩条（承受活荷载或雪荷载） ②尚有吊顶 ③有吊顶且抹灰	$l/180$ $l/240$ $l/360$

经上述校核得知：集热器承重杆的强度能满足需要。

5.16.3　集热器支撑杆的强度复核

（1）压曲荷载-单根支撑杆荷载计算

单块集热器由四根用 40mm×40mm×4mm 热镀锌角钢制作的支撑杆固定在承重结构上，每根支撑杆的荷载：5444÷4=1361(N)。

压曲荷重根据欧拉公式计算：

$$P = n\pi^2 EI/l^2 = 4 \times 3.14^2 \times 2.1 \times 10^{11} \times 4.6 \times 10^{-8}/0.615^2 \approx 1007271 \text{(N)}$$

式中，P 为压曲荷载；N；I 为钢的截面惯矩，查表 5-41 得 $4.6 \times 10^{-8} \mathrm{m}^4$；$N$ 为由两端的支撑条件决定的系数（杆两端铰支选 1，两端固定选 4）；E 为材料的弹性模量，Q235-A 取 $2.1 \times 10^{11} \mathrm{N/m}^2$；$l$ 为轴长 0.615m（参考图 5-10，最不利点处为 615mm 长）。

压曲荷载复核：

由于 $P = 1007271\mathrm{N}$，大于单根支撑杆的荷载 1361N，所以是安全的。

（2）拉伸强度

① 单根支撑杆拉伸荷载计算　当集热器遭受北风时，支撑杆产生拉伸作用。在认为荷载均布在四根支撑杆上时，单根支撑杆的拉伸荷载：5444÷4=1361(N)。

单根支撑杆拉伸应力计算：

拉伸应力 $\sigma = p/A = 1361 \div 3.09 \approx 440.45 (\mathrm{N/cm}^2)$

式中，p 为单根支撑杆拉伸荷载，N；

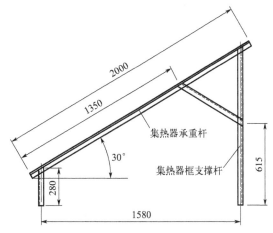

图 5-10　平板集热器支架侧视图

A 为截面积，cm^2，查表 5-41 得 $A=3.09cm^2$。

② 拉伸强度复核　Q235-A 的轴向应力为 140MPa（$14000N/cm^2$），大于单根支撑杆的拉伸应力 $\sigma=440.45N/cm^2$，所以是安全的。

经上述复核得知：集热器支架的强度能满足需要。结论：通过以上分析复核，可以看出集热器单排支架所选择的材料和制作方式是安全可靠的，能保证使用要求。

5.17　真空管型集热器支架荷载计算

以常见的 50 支横插管集热器为例进行荷载计算，该集热器为每组三台布置，角度为 20°，单台集热器平面尺寸见图 5-11。

5.17.1　参数计算

单台集热器宽度为 3.76m（东西向），高度为 2.20m（南北向），轮廓面积为 $3.76\times2.20=8.272(m^2)$，集热器净重 123kg，满水重量 266kg。

真空管之间的空隙为：$90-58=32(mm)$

集热器的迎风面积为：$8.272-(1.8\times0.032\times48)=5.5072(m^2)$

三层集热器迎风面积为：$5.5072\times3=16.52(m^2)$

5.17.2　风荷载计算

集热器的支架安装方式见图 5-12。

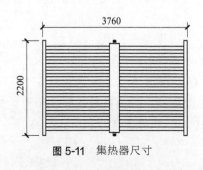

图 5-11　集热器尺寸

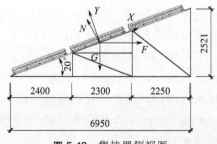

图 5-12　集热器侧视图

（1）三组太阳能固定荷载

$$G_{单}=G_M（集热器含水质量）=2606.8N\times3=7820.4N$$

（2）风荷载

作用在集热器上的风荷载标准值按下式计算：

$$w_k=\beta_z\mu_s\mu_zw_0=1.63\times1.3\times1.0\times0.75\approx1.58925(kN/m^2)=1589.25(N/m^2)$$

式中，w_k 为风荷载标准值，kN/m^2；β_z 为高度 z 处的阵风系数，取 1.63（见表 5-37，离地高度 150m，地面粗糙度为 C）；μ_s 为风荷载体型系数，按《建筑结构荷载规范》（GB 50009—2012）中各种截面的杆件体形系数取 1.3（见表 5-38）；μ_z 为风压高度变化系数；按 B 类地区 10m 高度取 1.0，见表 5-39 [《建筑结构荷载规范》（GB 50009—2012）]；w_0 为基本风压，kN/m^2，按十二级风取 $0.75kN/m^2$。

（3）集热器的总风荷载

$$W = w_k A_s = 1589.25 \text{N/m}^2 \times 16.52 \text{m}^2 = 26254.41 \text{N}$$

5.17.3　单排支架强度复核

单排支架采用 40mm×40mm×4mm 热镀锌角钢制作，其支架型式见图 5-12。

当集热器处于平衡状态时，由以上受力分析列出：

$$F_x - G_x = N_x$$
$$F_y + G_y = N_y$$

其中 $G = 7820.4 \text{N}$，$F = 26254.41 \text{N}$。

$$F_x = F\cos 20° = 26254.41 \text{N} \times 0.9397 = 24671.27 \text{N}$$
$$F_y = F\sin 20° = 26254.41 \text{N} \times 0.3420 = 8979.01 \text{N}$$
$$G_x = G\sin 20° = 7820.4 \text{N} \times 0.3420 = 2674.58 \text{N}$$
$$G_y = G\cos 20° = 7820.4 \text{N} \times 0.9397 = 7348.83 \text{N}$$

则

$$N_x = F_x - G_x = 24671.27 \text{N} - 2674.58 \text{N} = 21996.69 \text{N}$$
$$N_y = G_y + F_y = 7348.83 \text{N} + 8979.01 \text{N} = 16327.84 \text{N}$$

5.17.4　集热器承重杆强度复核

（1）弯曲应力-最大弯矩 M 计算（查表 5-40）

$$M = ql^2/8 = (7820.4 \div 3 \div 18.48) \times 2.45^2 \div 8 \approx 105.84 (\text{N} \cdot \text{m})$$

式中，q 为均布线荷载标准值，N/m，每组集热器承重框由 18.48m 长的 40mm×40mm×4mm 热镀锌角钢支撑；l 为最不利作用力的长度，本次计算取图 5-12 中斜面中的一段 2.45m。

最大弯曲正应力计算：在横截面上离中性轴最远的各点处，弯曲正应力最大，其值为

$$\sigma_{max} = \frac{M}{W_x} = 105.84 \times 100/1.60 \approx 6615 (\text{N/cm}^2) = 66.15 (\text{MPa})$$

式中，W_x 为截面系数，因为杆件采用的是 4 号（40mm×40mm×4mm）角钢，其截面系数为 1.60cm³。

（2）弯曲应力复核

材料 Q235-A 的弯曲许用应力 δ_{max} 为 125MPa，短期许用弯曲应力为 1.3×125MPa（见表 5-42）。

66.15÷(125×1.3)≈0.41<1，在安全允许范围内。

（3）受弯挠度-弯曲挠度计算

最大载荷时，框架的弯曲挠度 y 为：

$$y = \frac{5ql^4}{384EI}$$

$$= 5 \times (7820.4 \div 3 \div 18.48) \times 2.45^4/384 \times 2.1 \times 10^{11} \times 4.6 \times 10^{-8}$$

$$\approx 0.00685 (\text{m}) = 6.85 (\text{mm})$$

式中，q 为均布线荷载标准值，N/m，集热器承重框由 18.48m 长的 4 号（40mm×40mm×4mm）热镀锌角钢制作；E 为材料的弹性模量，Q235-A 取 2.1×10¹¹N/m²；I 为钢的截面惯矩，查表 5-41，4 号角钢为 4.6×10⁻⁸m⁴。

（4）弯曲挠度复核

对于跨距 2450mm 的支架允许挠度，参照表 5-43 中的刚架梁①的取值计算：

$$l/180＝2450/180＝13.61(\text{mm})$$

$y＝6.85\text{mm}<13.61\text{mm}$，在安全范围内，符合要求。

经上述校核得知：集热器承重杆的强度能满足需要。

5.17.5 集热器支撑杆的强度复核

（1）压曲荷载

① 单根支撑杆荷载计算　3 块集热器由 12 根用 40mm×40mm×4mm 热镀锌角钢制作的支撑杆固定在承重结构上，每根支撑杆的荷载：7820.4N÷12＝651.7N。

压曲荷重根据欧拉公式计算：

$$P＝n\pi^2EI/l^2＝4×3.14^2×2.1×10^{11}×4.6×10^{-8}/2.521^2＝59944.69(\text{N})$$

式中，P 为压曲荷载；I 为钢的截面惯矩，4 号角钢为 $4.6×10^{-8}\text{m}^4$（查表 5-41）；N 为由两端的支撑条件决定的系数（杆两端绞支选 1，两端固定选 4）；E 为材料的弹性模量，Q235-A 取 $2.1×10^{11}\text{N/m}^2$；l 为轴长，2.521m（参考图 5-12 中最不利长度为 2521mm）。

② 压曲荷载复核　由于 $P＝59944.69\text{N}$，大于单根支撑杆的实际荷载 695.15N，所以是安全的。

（2）拉伸强度

① 单根支撑杆拉伸荷载计算　当集热器遭受北风时，支撑杆产生拉伸作用。在认为荷载均布在四根支撑杆上时，单根支撑杆的拉伸荷载：7820.4÷12＝651.7(N)。

② 单根支撑杆拉伸应力计算

$$拉伸应力 \sigma＝p/A＝651.70÷3.09＝210.91(\text{N/cm}^2)$$

式中，p 为单根支撑杆拉伸荷载，N；A 为截面积，cm^2，查表 5-41 得 $A＝3.09\text{cm}^2$。

③ 拉伸强度复核　Q235-A 的轴向应力为 14000N/cm^2，大于单根支撑杆的拉伸应力 $\sigma＝210.91\text{N}$，所以是安全的。

经上述复核得知：集热器支架的强度能满足需要。

结论：通过以上分析复核，可以看出集热器支架所选择的材料和制作方式是安全可靠的，能保证使用要求。

5.18 平板阳台集热器荷载计算

目前行业内平板阳台集热器共有三款型号，80L、100L 和 120L，在此以 120L 平板阳台集热器为例进行荷载的安全计算、校核。

举例假设：120L 阳台集热器采用的平板集热器面积为 2.3m^2，其尺寸为 2800mm×820mm×95mm，采用图 5-13 所示支架，支架孔距为 540mm，支架间距为 1700mm。集热器净重 40kg。采用 M12 的膨胀螺栓 4 个，集热器及支架固定装置（见图 5-14）设计是按抗 10 级风要求进行的，且经过国家有关部门检测及多年市场应用验证，该结构设计合理，承重力强，达到抗 10 级风要求，故在阳台集热器载荷分析中只对集热器支架在墙上的固定进行计算、校核。

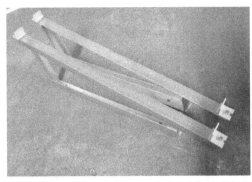

图 5-13　集热器支架及阳台集热器安装形式

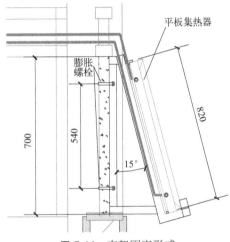

图 5-14　支架固定形式

5.18.1　固定膨胀螺栓剪力计算

① 集热器自重为 $F_1 = 40$kg

② 作用在集热器上的风荷载标准值按下式计算：

$$w_k = \beta_z \mu_s \mu_z w_0 = 1.98 \times 1.3 \times 1.04 \times 0.50 = 1.338(\text{kN/m}^2)$$

式中，β_z 取 1.98（见表 5-37，按离地高度 100m，地面粗糙度类别为 D 选取）；μ_s 取 1.3（见表 5-38）；μ_z 取 1.04（见表 5-39）；w_0 按十级风取 0.50kN/m^2。

③ 垂直方向最大风荷载的数值计算：

风荷载按垂直于集热器 $F_2 = 1.338 \times 2.8 \times 0.82$

$$= 3.072 \text{ (kN)}$$

$$= 313.47 \text{ (kgf)}$$

其竖向分力为：$313.47 \times \cos 15° = 313.47 \times 0.966 = 302.81(\text{kgf})$

④ 集热器膨胀螺栓的剪力 $= 40 + 302.81 = 362.81(\text{kgf})$

单个膨胀螺栓的剪力 $362.81/4 = 90.7(\text{kgf})$

5.18.2　膨胀螺栓的抗拔力计算

最大拉拔力发生在最下面的两个螺栓，根据力矩平衡计算拉拔力。

$$F_3 = 313.47 \times 820/720 = 357 (\text{kgf})$$

$$\text{单个螺栓的拉拔力} = 357/2 = 178.5 (\text{kgf})$$

膨胀螺栓规格见表 5-44，膨胀螺栓受力性能见表 5-45。

表 5-44　膨胀螺栓规格　　　　　　　　　　　　　　　　　　　　　　　　　mm

规格	埋深	钻孔直径	规格	埋深	钻孔直径
M5×45	25	8	M16×140	90	22
M6×55	35	10	M18×155	155	26
M8×70	45	12	M20×170	120	28
M10×85	55	14	M22×185	135	32
M12×105	65	16	M24×200	150	35
M14×125	75	18	M27×215	155	38

表 5-45　膨胀螺栓受力性能

螺栓规格/mm	埋深/mm	不同基（砌）体时的受力性能/kgf							
		锚固在 75# 砖砌体上				锚固在 150# 混凝土上			
		拉力		剪力		拉力		剪力	
		允许值	极限值	允许值	极限值	允许值	极限值	允许值	极限值
M6×55	35	100	305	70	200	245	610	80	200
M8×70	45	225	675	105	319	540	1350	150	375
M10×85	55	390	1175	165	500	940	2350	235	588
M12×105	65	440	1325	245	734	1060	2650	345	863
M16×140	90	500	1500	460	1380	1250	3100	650	1625

5.18.3　结论

阳台集热器安装使用的膨胀螺栓根据表 5-44 选取为 M12×105，钻孔直径为 16mm，埋深为 65mm，根据表 5-45 选取其拉力的允许值：锚固在 75♯ 砖砌体上为 440kgf，锚固在 150♯ 混凝土上为 1060kgf。以上数值远大于膨胀螺栓受到的拉力 178.5kgf，故抗拉力是安全的。

其剪力的允许值：锚固在 75♯ 砖砌体上为 245kgf，锚固在 150♯ 混凝土上为 345kgf。以上数值远大于膨胀螺栓受到的拉力 90.7kgf，故剪力是安全的。

经以上分析认为：平板式阳台集热器安装于高层建筑上是安全可靠的。

第**6**章

太阳能热水系统安装

6.1 太阳能系统储水箱安装

太阳能热水系统常见储水箱形式如图 6-1 所示。

图 6-1 储水箱形式

6.1.1 一般要求

① 储水箱的安装位置应使其在满载情况下满足建筑物上其所处部位的承载要求，必要时应请建筑结构专业人员复核建筑负荷。

② 储水箱安装位置应符合设计要求，与其基座牢固连接。

③ 用于制作储水箱的材质、规格应符合设计要求。

④ 钢板焊接的储水箱，水箱内外壁均应按设计要求做防腐处理。内壁防腐材料应卫生、无毒，且应能承受所储存热水的最高温度。

⑤ 在储水箱的适当位置应设有通气口、溢流口、排污口，通气孔位置不低于溢流口，排污口设置在水箱最低处，大于 3t 的水箱应设置人孔。

⑥ 储水箱的适当位置应留有符合规范要求的安装检修空间，安装检修空间不宜少于 600mm。

⑦ 储水箱周围应有排水措施，水箱排水时不应积水。

⑧ 储水箱应做接地处理。如果储水箱是金属的，而且放在顶楼，应符合《建筑物防雷设计规范》（GB 50057）的有关标准，直接与防雷网（带）连接。如原有建筑无防雷措施

时，应做好防雷接地。

a. 储水箱的接地可以利用埋设在地下的没有可燃及爆炸物的金属管道、金属井管、与大地有可靠的建筑物的金属结构自然接地连接；

b. 接地装置宜采用钢材，接地装置的导体截面积应符合热稳定和机械强度的要求，但不应小于表 6-1 所列规格；

c. 接地体的连接应采用焊接，焊接必须牢固无虚焊，连接到水箱上的接地体应采用镀锌螺栓或铜螺栓连接。

⊡ 表 6-1　钢接地体和接地线的最小规格

种类、规格及单位		地上		地下	
		室内	室外	交流电流回路	直流电流回流
圆钢直径/mm		6	8	10	12
扁钢	截面/mm²	60	100	100	100
	厚度/mm	3	4	4	6
角钢厚度/mm		2	2.5	4	6
钢管管壁厚度/mm		2.5	2.5	3.5	4.5

⑨ 为了减少热损及循环阻力，在确保建筑物承重安全的前提下，储水箱和集热器的相对位置应使循环管路尽可能短。在自然循环系统中，为了促进热虹吸循环和防止夜间倒流散热，水箱底部一般应比集热器顶部高 0.3～0.5m。

⑩ 在全年运行的非自然循环系统中，有条件时应将储水箱放在室内，以减少储水箱散热损失。

⑪ 水箱保温应符合现行国家标准《工业设备及管道绝热工程施工质量验收标准》（GB/T 50185—2019）的要求。

6.1.2　水箱的制作、安装

水箱安装前，应符合以下条件：

① 水箱（或现场制作的水箱材料）已进行检查验收，符合设计要求；

② 安装支座已按设计图纸要求制作，其尺寸、位置和标高经检验符合设计要求，使用的型钢和垫木应做好防腐处理；

③ 设备间安装时，其土建施工已满足水箱安装条件。

水箱箱体应安装在条形支座上，支座基础为混凝土，上方加枕木作隔热层，枕木断面尺寸宜选用 200mm×100mm，长度应超过水箱底板 100mm 以上，支座高度宜高于 300mm。

水箱安装时，应用水平尺和垂线检查水箱的水平和垂直程度。组装完毕，安装允许偏差：坐标为 15mm；标高为 ±5mm，垂直高度为 5mm。

现场焊接水箱施工应由有资质的焊工焊接，对公称容积大于 10m³ 或水箱本体厚度≥8mm 的水箱，焊接必须由持有锅炉压力容器焊工资质的焊工担任。箱体材料宜选用 Q235B，焊条推荐使用 E4303。当焊件温度低于 10℃进行焊接时，应在施焊处 100mm 范围内预热到 15℃以上。

焊接的坡口表面不得有裂纹，施焊前将焊接接头表面的氧化物、油污、熔渣及其他有害杂质清除干净，清除范围不得小于 20mm。方形水箱侧板与底板、顶板连接时为双面坡口焊，其余焊缝均为通长满焊角焊缝。圆形水箱的壳体上纵、环形焊接接头的对口错边量不得大于板厚的 1/4，圆形水箱壳体同一断面上最大直径与最小直径之差，应不大于该断面设计内径的 1%，且不大于 30mm。法兰端面应垂直于接管，安装接管法兰应保证法兰水平或垂直，其偏差不得超过法兰外径的 10%，且不大于 3mm。焊缝均为二级焊缝，焊缝高度须符合规程、规范要求。

水箱制作完成后，应做煤油渗透试验和盛水试验，具体要求如下。

① 煤油渗透试验：在水箱外表面的焊缝涂大白粉，晾干后在水箱内侧焊缝涂煤油，在试验时间内涂 2~3 次，如在大白粉上未发现油迹，则视为合格。试验时间为 35min。如发现渗透现象，必须铲掉重新焊接，再进行试验，直至试验合格。

② 盛水试验：将水箱完全盛满水，经 2~3h 后用锤沿焊缝两边约 150mm 处轻敲，不得有渗漏现象。如发现渗漏，须铲除重新焊接，再做试验，直至试验合格，成型后水箱各侧面平整度应小于 5mm，且不得外凸。

现场制作的水箱，盛水试验合格后，应将内外表面除锈，并达到国家标准《涂覆涂料前钢材表面处理　表面清洁度的目视评定　第 1 部分：未涂覆过的钢材表面和全面清除原有涂层后的钢材表面的锈蚀等级和处理等级》（GB/T 8923.1—2011）的要求。采用人工除锈应达到 St3 级，再打磨焊缝表面。

人梯需涂刷防腐涂料，防腐涂料必须耐温耐湿，涂料施工应符合涂料技术要求。水箱外壁及外人梯涂刷防锈底漆、调和漆各两遍。

水箱（包括水箱底部）需作保温，如果多个水箱相邻设置，水箱间也需作保温。保温技术要求可参见国家标准图集《管道与设备绝热》（K507-1~2、R418-1~2）。

水箱保温完毕后，应采用镀锌钢板作保护层。固定镀锌钢板的支撑龙骨应焊接在水箱上，在满足强度要求下，应尽量减少支撑龙骨的外表面积，以便减少散热。

水箱容量大于 3t 时，设置人孔；水箱高度大于等于 1500mm 时，设置内、外人梯；水箱高于 1800mm 时，设两组玻璃管液面计，其搭设长度为 70~200mm。水箱顶人孔的保温及其保护层需做成一个活动的保温块，以方便开启。

水箱土建基础施工时，应设置排水系统。水箱的溢流管不得与排水管系统直接连接，须采用间接排水。为防止小动物爬入水箱，应在溢流管上安装网罩。溢流管不得装设阀门。

泄水管（排洪管）上应设置阀门，阀门后可与溢流管连接，但不得与排水系统管道直接连接。

通气管的末端可伸至室内或室外，但不允许伸至存在有害气体的地方，不得与排水系统的通气管和通风管连接；管口朝下设置，并在管口末端设置防虫等杂物进入的过滤网；通气管不得设置阀门。

6.1.3　水箱的保温

由于储水箱的工作温度高于 50℃，根据《工业设备及管道绝热工程设计规范》（GB 50264—2013）要求应设置保温层。保温材料应选用质量轻、热导率低、吸水率小、性能稳定、有一定机械强度、不腐蚀金属、施工方便、性价比高、非燃和难燃材料。水箱绝热保温采用材料有岩棉、玻璃棉、聚氨酯、聚苯乙烯、酚醛泡沫等，见图 6-2。

水箱保温结构一般由绝热层和保护层组成。

保温层材料性能应符合以下要求：

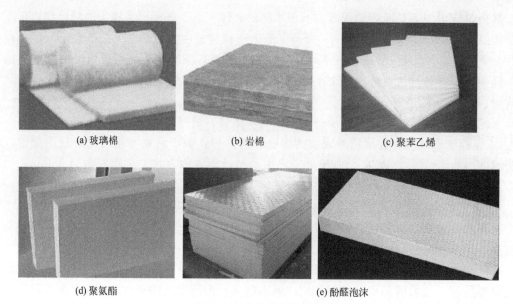

(a) 玻璃棉   (b) 岩棉   (c) 聚苯乙烯

(d) 聚氨酯   (e) 酚醛泡沫

图 6-2　水箱绝热保温材料

① 在运行中保温材料的平均温度低于 350℃ 时，其热导率不大于 $0.12W/(m \cdot ℃)$。

② 硬质材料密度不得大于 $300kg/m^3$，软质材料及半硬质制品密度不得大于 7.5%（质量分数）。

③ 用于保温的硬质材料抗压强度不得小于 0.4MPa，保温材料的含水率不得大于 7.5%（质量分数）。

④ 用于与奥氏体不锈钢表面接触的绝热材料应符合《工业设备及管道绝热工程施工质量验收标准》（GB/T 50185—2019）有关氯离子含量的规定。

⑤ 水箱外表面温度小于或等于 50℃ 时，有保护层的泡沫塑料类绝热层材料不得低于一般可燃性 B2 级材料的性能要求。

⑥ 小于或等于 100℃ 时，绝热层材料不得低于难燃类 A 级材料的性能要求。

保温层材料性能应符合以下要求：

① 保温层材料应选择强度高，在使用的环境温度下不得软化、不得脆裂，且应抗老化，其使用寿命不得小于设计使用年限，国家重点工程的保温保护层材料的设计使用年限应大于 10 年。

② 保温层材料应具有防水、防潮、抗大气腐蚀、化学稳定性好等性能，并不得对防潮层或绝热层产生腐蚀或溶解作用。

③ 保护层材料应采用不燃性材料或难燃性材料。

一般金属保护层应采用 0.3~0.8mm 厚的镀锌薄钢板或防锈铝板制成，玻璃布保护层一般在室内使用，石棉水泥类抹面保护层不得在室外使用。常用的隔热保温材料特性见表 6-2。

⊡ **表 6-2　隔热保温材料性能**

序号	保温材料名称	推荐使用温度/℃	使用密度/(kg/m³)	热导率参考公式/[W/(m·℃)]
1	岩棉及矿渣棉毡	400	100~120	$\lambda = 0.036 + 0.00018 T_m$
2	岩棉及矿渣棉管、板	350	≤200	$\lambda = 0.033 + 0.00018 T_m$
3	超细玻璃棉制品	300	40	$\lambda = 0.025 + 0.000238 T_m$

续表

序号	保温材料名称	推荐使用温度/℃	使用密度/（kg/m³）	热导率参考公式/[W/（m·℃）]
4	玻璃棉毡	300	≥24	$\lambda=0.037+0.00017T_{\mathrm{m}}$
5	玻璃棉管	300	≥45	$\lambda=0.031+0.00018T_{\mathrm{m}}$
6	微孔硅酸钙制品	550	≤240	$\lambda=0.056+0.00011T_{\mathrm{m}}$
7	硬质聚氨酯泡沫塑料	−65～80	30～80	$\lambda=0.024+0.00014T_{\mathrm{m}}$
8	泡沫玻璃		180	$\lambda=0.059+0.00022T_{\mathrm{m}}$

注：T_{m} 为保温层内外表面温度的算术平均值。

保温层厚度应根据储水箱工作温度、保温材料的性能和安装位置按表 6-3 选用。

▫ 表 6-3　储水箱隔热保温层推荐厚度　　　　　　　　　　　　　　　　　　　　　mm

λ	室内安装		室外安装	
	工质温度为 50℃	工质温度为 100℃	工质温度为 50℃	工质温度为 100℃
0.05	20	35	40	45
0.06	30	50	60	70
0.07	40	70	80	90
0.08	50	90	100	110
0.09	60	100	110	140
0.10	70	120	130	160
0.11	80	140	150	180
0.12	90	150	170	200
0.13	100	170	190	220

6.1.4　保温层施工

① 销钉用于固定保温层，设置间隔 250～350mm；固定金属外保护层时，间隔 500～1000mm；并使每张金属板的端头不少于两个销钉。

② 板材用于平壁或大曲面水箱保温，施工时，保温板应紧贴于设备外壁，圆形水箱需将保温板的两板接缝切成斜口拼接，通常宜采用销钉套自锁紧板固定。

③ 当保温层厚度超过 80mm 时，应分层保温，双层或多层保温应错缝敷设，分层捆扎。

④ 水箱支座、法兰、阀门和人孔等部位，在整体保温时，应预留一定的装卸间隙，待整体保温及保护层施工完毕后，再做局部保温处理。并注意施工完毕后不得妨碍活动支架的活动。

⑤ 保温棉毡、垫的保温厚度和密度应均匀，外形应规整，经压实捆扎后容重必须符合设计规定的安装容重。

⑥ 水箱四角的保温层采用保温制品敷设时，其四角角缝应做成封盖式搭缝，不得形成垂直通缝。

⑦ 水平放置圆水箱的纵向接缝位置，应偏离管道垂直中心线位置。

⑧ 保温制品的拼缝宽度，一般不得大于 5mm；且施工时需注意错缝，并且里外层应压缝，其搭接长度不宜小于 50mm；但外壳绝热层采用黏胶带封缝时，可不错缝。

⑨ 钩钉或销钉的安装，一般采用专用钩钉或销钉。也可用 $\phi 3\sim 6\mathrm{mm}$ 的镀锌铁丝直接焊在碳钢水箱上。其间距不应大于 350mm。单位面积上钩钉或销钉数：侧部不应小于 6 个/m²，底

部不应少于 8 个/m^2。焊接钩钉或销钉时，应先用粉线在水箱壁面上错行或对行画出每个钩钉或销钉的位置。

⑩ 支承件的安装，对于支承件的材质，应根据水箱材质确定。宜采用普通碳钢板或型钢制作。支承件不得设置在有附件的位置上，环面应水平设置，各托架筋板之间的安装误差不应大于 10mm，但不允许直接焊接在水箱上时，应采用抱箍型支承件。

⑪ 支承件制作的宽带应不小于保温层厚度 10mm，但不得小于 20mm。支承件的安装间距，应视保温材料松散程度而定。

⑫ 壁上有加强筋板的方形水箱的保温层，应利用其加强筋板代替支承件，也可在加强筋板边缘上加焊弯钩。

⑬ 直接焊接于不锈钢水箱的固定件，必须采用不锈钢制作。当固定件采用碳钢制作时，应加焊不锈钢垫板。

⑭ 立式水箱的保温采用半硬质保温制品施工时，应从支承件开始，自下而上拼砌；卧式水箱有托架时应从托架开始拼砌。

⑮ 当弯头部位保温层无成型制品时，应将普通的直管壳截断，加工敷设成虾米腰状。当封头保温层为双层结构时，应分层捆扎。

6.1.5　保护层施工

（1）金属保护层

金属保护层（图 6-3）常用镀锌薄钢板或铝板。当采用普通薄钢板时，其内外表面必须涂敷防锈涂料。安装前，金属板两边先压出两道半圆凸缘。为加强金属板强度，可在每张金属板对角线上压两条交叉筋线。

图 6-3　金属保护层

垂直方向保温施工：将相邻两张金属板的半圆凸缘重叠搭接，自上而下，上层板压下层板，搭接 50mm。当采用销钉固定时，用木锤对准销钉将薄板打穿。去除孔边小块渣皮，套上 3mm 厚胶垫，用自锁紧板压入压紧（或 AM6 螺母拧紧），采用支撑圈、板固定时，板面对接处尽可能对准支撑圈、板，先用 ϕ3.6mm 钻头钻孔，再用自攻螺钉 M4mm×15mm紧固。

横置圆水箱保温，可直接将金属板卷合在保温层外，两板环向半圆凸缘重叠，纵向搭口朝下，搭接处重叠 50mm。

搭接处先用 ϕ4mm（或 ϕ3.6mm）钻头钻孔，再用抽芯铆钉或自攻螺钉固定，铆钉或螺钉间距为 150～200mm。考虑水箱运行受热膨胀位移，金属保护层应在伸缩方向留适当活动搭口。

在露天或潮湿环境中水箱的金属保温层，必须按照规定嵌填密封剂或在接缝处包裹密封带。已安装的金属保护层上严禁踩踏或堆放物品。当不可避免踩踏时，应采取临时防护措施。

（2）复合保护层

① 油毡　用于潮湿环境下小型水箱保温外保护层。可直接卷铺在保温层外，垂直方向由低向高敷设，环向搭接用稀沥青黏合，横置圆形水箱纵向搭缝向下，均搭接 50mm，然后用镀锌铁丝或钢带扎紧，间距为 200～400mm。

② CPU 卷材　用于潮湿环境下小型圆形水箱保温外保护层。可直接卷铺在保温层外，由低向高敷设，环、纵向接缝的搭接宽度均为 50mm，可用订书机直接钉上，缝口用 CPU 涂料粘住。

③ 玻璃布　以螺纹状紧缠在保温层（或油毡、CPU 卷材）外，前后搭接 50mm。由低处向高处施工，布带两端及每隔 3m 用镀锌铁丝或钢带捆扎。

④ 复合铝箔　可直接敷设在除棉毡以外的平整保温层外。接缝处用压敏胶带粘贴。

⑤ 玻璃布乳化沥青涂层　在缠好的玻璃布外表面涂刷乳化沥青，每道用量 2～3kg/m²。一般涂刷两道，第二道须在第一道干燥后进行。

⑥ 玻璃钢　在缠好的玻璃布外表面涂刷不饱和的聚酯树脂，每道用量 1～2kg/m²。

对于玻璃布、镀锌钢板等外保护层，可根据设计要求或环境要求，涂刷各色油漆，用以防护或作识别标记，见图 6-4。

图 6-4　管道颜色标记

6.2　管道及其他设备安装

6.2.1　基本要求

根据《民用建筑太阳能热水系统应用技术标准》（GB 50364—2018），管道安装应满足以下要求：

① 太阳能热水系统的管路安装应符合现行国家标准《建筑给水排水及采暖工程施工质量验收规范》（GB 50242）的规定。管路及配件的材料应与设计要求一致，并与传热工质相容，直线段过长的管路应按设计要求设置补偿器。

② 水泵安装应符合制造商要求，并符合现行国家标准《压缩机、风机、泵安装工程施工及验收规范》（GB 50275）的有关规定。水泵周围应留有检修空间，前后应设置截止阀，并应做好接地保护。功率较大的泵进口宜设置减震喉，水泵与基础之间应按设计要求设置减震垫等隔震措施。

③ 安装在室外的水泵，应采取妥当的防雨保护措施。严寒地区和寒冷地区必须采取防冻措施。

④ 电磁阀应水平安装，阀前应安装细网过滤器，阀后应加装调压作用明显的截止阀。

⑤ 水泵、电磁阀、电动阀及其他阀门的安装方向应正确，并应便于更换。过压及过热保护的阀门泄压口安装方向应正确，保证安全并设置符合设计要求的硬管引流，工质为防冻液的系统应设置防冻液收集措施。

⑥ 承压管路和设备应做水压试验；非承压管路和设备应做灌水试验。试验方法应符合设计要求和 GB 50242 的规定。

⑦ 管路保温应在水压试验合格后进行，保温应符合现行国家标准《建筑给水排水及采暖工程施工质量验收规范》（GB 50242）的规定。

6.2.2　管道循环水泵

6.2.2.1　安装前的检查

（1）水泵机组进场时，应进行检查验收。水泵的开箱检查，应按设备技术文件的规定清点泵的零件和部件，并应无缺件、损坏和锈蚀等；管口保护物和堵盖应完好；应核对泵的型号、规格和主要安装尺寸，并应与工程设计相符；应具有产品出厂合格证。

（2）水泵机组就位前，安装单位应会同土建工种检查水泵基础混凝土的强度、尺寸、坐标、标高和预留螺孔位置等是否符合设计要求，检查验收合格后方能进行安装。

6.2.2.2　管道循环水泵安装

太阳能热水系统中一般有集热系统循环泵、生活热水泵和给水水泵，一般采用离心式清水泵，有立式和卧式之分。

（1）整体水泵的安装

小型水泵一般由生产厂在出厂前将水泵与电动机组合安装在同一个底座上，并经过调试、检验，然后整体包装运到安装现场。安装单位应先做水泵平衡试验，平衡试验没有问题，就不需要对泵机组各部分进行解体而重新组合，若经过平衡试验和外观检查未发现异常情况时就可进行安装。若发现有明显的异常情况，需要对水泵进行解体时，应通知供货单位，再进行解体检查和重新组合安装。

整体水泵的安装必须在水泵基础混凝土达到设计强度和基础混凝土坐标、标高、尺寸符合设计规定的情况下进行。在水泵基础面和水泵底座面上划出水泵中心线，然后将整体的水泵吊装在基础上，套上地脚螺栓和螺母，调整底座位置，使底座上的中心线与基础上的中心线重合一致。再在水泵的进出口中心和轴的中心分别用线坠吊垂线，移动水泵，使线锤尖和基础表面的纵横中心线相交；把水平尺放在水泵轴上测量轴向水平，调整水泵的轴向位置，使水平尺气泡居中，误差不超过 0.1mm/m，然后把水平尺平行靠在水泵进出口法兰的垂直面上，测其径向水平。当水泵找正找平后，方可向地脚螺栓孔和基础与水泵底座之间的空隙内浇筑混凝土，待凝固后再拧紧地脚螺母，并对水泵的位置和水平进行复查，以防止二次灌浆或拧紧螺母时使水泵发生移动。

（2）组装水泵的安装

较大型水泵出厂时，由生产厂按水泵、电动机和水泵底座等部件分别包装成箱。设备安装时，先在基础面和底座面上划出水泵中心线，然后将底座吊在基础上，套上地脚螺栓和螺母，调整底座位置，使底座的中心线和基础上的中心线重合一致，再用水平仪在底座的加工面上检查底座的水平程度。不水平时可用加垫铁的方法进行找平。垫铁的平面尺寸为 $60mm \times 80mm \sim 100mm \times 150mm$，垫铁的厚度为 $1 \sim 20mm$。垫铁应放在水泵底座的四个角下，每处所垫垫铁不宜超过三块，底座垫平后再把水泵吊放在底座上，并对水泵的轴线、进出口中心线和水泵的水平度进行检查和调整，直至合格。

6.2.2.3　水泵进出口管道安装

① 水泵进出口管道安装应从水泵开始向外安装，不可将固定好的管道与水泵强行组合。水泵配管及其附件的质量不得加在水泵上；管道与泵连接后，不应再在其上进行焊接和气割，如需焊接或气割时，应拆下管段或采取可靠的措施，防止焊渣进入泵内损坏泵的零件。水泵与阀门连接处，应安装橡胶可曲挠接头。

② 吸水（进水）管道的安装，应有不小于 0.005 的坡度坡向吸水池，其连接变径时应采用偏心异径管，且要求管顶相平，以避免存气。

③ 水泵进出口管道安装的各种阀门和压力表等，其规格、型号应符合设计要求，安装位置正确，动作灵活，严密不漏。管道上的压力表等仪表接点的开孔和焊接应在管道安装前进行。

6.2.2.4　水泵隔振及安装

当设计有隔振要求时，水泵应配有隔振设施，即在水泵基座下安装橡胶隔振垫或隔振器，在水泵进出口处管道上安装可曲挠橡胶接头。

（1）橡胶隔振垫和隔振器的安装要点

① 目前常用的隔振垫为 SD 型，常用的隔振器为 JSD 型，均为定型产品，安装使用的型号应符合设计要求。卧式水泵一般采用橡胶隔振垫；立式水泵一般采用隔振器。

② 隔振件应按水泵机组的中轴线作对称布置。橡胶隔振垫的平面布置可按顺时针方向或逆时针方向布置。

③ 当水泵机组的隔振件采用 6 个支承点时，其中 4 个布置在机座四角，另外 2 个应设置在长边线上，并调整其位置，使隔振件的压缩变形量尽可能一致，图 6-5 为 SD 型橡胶隔振垫外形，图 6-6 为 SD 型橡胶隔振垫的平面布置。

图 6-5　SD 型橡胶隔振垫

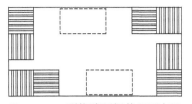

图 6-6　SD 型橡胶隔振垫平面布置

④ 卧式水泵机组安装橡胶隔振垫时，一般情况下，橡胶隔振垫与地面及与泵基座或型钢机座之间无需粘接或固定。

⑤ 立式水泵机组隔振安装使用橡胶隔振器时，在水泵底座下，宜设置型钢机座并采用锚固式安装；型钢机座与橡胶隔振器之间应用螺栓（加设弹簧垫圈）固定。在地面或楼面中设置地脚螺栓，橡胶隔振器通过地脚螺栓后固定在地面或楼面上。

⑥ 隔振垫多层串联布置时，其层数不宜多于五层，且其各层橡胶隔振垫的型号、块数、

大小等均应完全一致。

⑦ 橡胶隔振垫多层串联设置时，每层隔振垫之间用厚度不小于 4mm 的镀锌钢板隔开，钢板应平整，隔振垫与钢板应用胶黏剂粘接。镀锌钢板的平面尺寸应比橡胶隔振垫每个端部大 10mm。镀锌钢板上、下粘接的橡胶隔振垫应交错设置。

⑧ 机组隔振件应注意避免与酸、碱和有机溶剂等物质相接触。

卧式水泵隔振安装见图 6-7；立式水泵隔振安装见图 6-8。

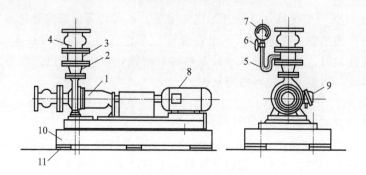

图 6-7 卧式水泵隔振安装

1—水泵；2—吐出锥管；3—短管；4—可曲挠接头；5—表弯管；6—表旋塞；7—压力表；
8—电机；9—接线盒；10—钢筋混凝土基座；11—减振垫

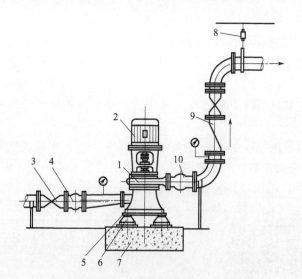

图 6-8 立式水泵隔振安装

1—水泵；2—电机；3—阀门；4、10—可曲挠橡胶接头；5—钢板垫；6—JSD 型隔振器；
7—混凝土基础；8—弹性吊架；9—止回阀

（2）可曲挠橡胶接头的安装要点

① 用于生活给水泵进出口管道上的可曲挠橡胶接头，其材质应符合饮用水水质标准的卫生要求；安装在水泵出口管道的可曲挠接头配件，其压力等级应与水泵工作压力相匹配。

② 安装在水泵进出口管道上的可曲挠橡胶接头，必须设置在阀门和止回阀的内侧靠近水泵一侧，以防止接头被因水泵突然停泵时产生的水锤压力所破坏。

③ 可曲挠橡胶接头应在不受力的自然状态下进行安装，严禁处于极限偏差状态。

④ 法兰连接的可曲挠橡胶接头的特制法兰与普通法兰连接时，螺栓的螺杆应朝向普通法兰一侧，如图 6-9 所示。每一端面的螺栓应对称逐步均匀加压拧紧，所有螺栓的松紧程度应保持一致。

⑤ 法兰连接的可曲挠橡胶接头串联安装时，应在两个接头的松套法兰中间加设一个用于连接的平焊法兰。以平焊法兰为支柱体，同时使橡胶接头的端部压在平焊钢法兰面上，做到接口处严密。

⑥ 可曲挠橡胶接头及配件应保持清洁和干燥，避免阳光直射和雨雪浸淋；应避免与酸、碱、油类和有机溶剂相接触，其外表严禁刷油漆。

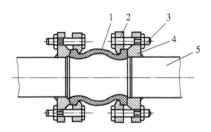

图 6-9　可曲挠橡胶接头安装示意图
1—可曲挠橡胶接头；2—特制法兰；
3—螺杆；4—普通法兰；5—管道

6.2.3　管道和其他附件安装

太阳能热水系统的管道安装应满足现行国家标准《建筑给水排水及采暖工程施工质量验收规范》（GB 50242）及相关规定。

① 热水系统的管道材料应采用适应热水要求的复合管、金属管、塑料管等。

② 管道坡度应符合设计规定，排空系统不得有反坡存在。

③ 温度控制器及阀门应安装在便于观察和维护的地方。

④ 管道的最低处应安装泄水装置，最高点应设排气阀或排气管。

⑤ 太阳能热水系统总进水管道必须加装过滤及止回装置。

⑥ 热水供应管道应尽量利用自然弯补偿冷热伸缩，直线段过长则应放置补偿器，补偿器形式、规格、位置应符合设计要求，并按有关规定进行预拉伸。

⑦ 太阳能热水地板辐射供暖系统中的管道敷设施工应符合行业标准《辐射供暖供冷技术规程》（JGJ 142—2012）的要求。

⑧ 地下室或地下构筑物外墙有管道穿过的，应采取防水措施。对有严格防水要求的建筑物，必须采用柔性防水套管。

⑨ 管道穿过结构伸缩缝、抗震缝及沉降缝敷设时，应根据情况采取下列保护措施：

a. 在墙体两侧采取柔性连接；

b. 在管道或保温层外皮上、下部留有不小于 150mm 的净空；

c. 在穿墙处做成方形补偿器，水平安装。

⑩ 明装管道成排安装时，直线部分应互相平行。曲线部分：当管道水平或垂直并行时，应与直线部分保持等距；管道水平上下并行时，弯曲部分的曲率半径应一致。

⑪ 管道支、吊、托架的安装，应符合下列规定：

a. 位置正确，埋设应平整牢固；

b. 固定支架与管道接触应紧密，固定应牢靠；

c. 滑动支架应灵活，滑托与滑槽两侧间应留有 3～5mm 的间隙，纵向移动量应符合设计要求；

d. 无热伸长管道的吊架、吊杆应垂直安装；

e. 有热伸长管道的吊架、吊杆应向热膨胀的反方向偏移；

f. 固定在建筑结构上的管道支、吊架不得影响结构的安全。

钢管水平安装的支、吊架间距不应大于表 2-2 的规定。

采暖、给水及热水供应系统的塑料管及复合管垂直或水平安装的支架间距应符合表 2-3 的规定，采用金属制作的管道支架，应在管道与支架间加衬非金属垫或套管。

铜管管道垂直或水平安装的支架间距应符合表 2-4 的规定。

系统的金属管道立管管卡安装应符合下列规定：

① 楼层高度小于或等于 5m，每层必须安装 1 个；

② 楼层高度大于 5m，每层不得少于 2 个；

③ 管卡安装高度，距地面应为 1.5～1.8m，2 个以上管卡应均匀安装，同一房间管卡应安装在同一高度上。

管道穿过墙壁和楼板，应设置金属或塑料套管。安装在楼板内的套管，其顶部应高出装饰地面 20mm；安装在卫生间及厨房内的套管，其顶部应高出装饰地面 50mm，底部应与楼板底面相平；安装在墙壁内的套管其两端与饰面相平。穿过楼板的套管与管道之间缝隙应用阻燃密实材料和防水油膏填实，端面光滑。穿墙套管与管道之间缝隙宜用阻燃密实材料填实，且端面应光滑。管道的接口不得设在套管内。

弯制钢管，弯曲半径应符合下列规定：

① 热弯应不小于管道外径的 3.5 倍；

② 冷弯应不小于管道外径的 4 倍；

③ 焊接弯头应不小于管道外径的 1.5 倍；

④ 冲压弯头应不小于管道外径。

管道接口应符合下列规定：

① 管道采用粘接接口，管端插入承口的深度不得小于表 6-4 的规定；

② 熔接连接管道的结合面应有一均匀的熔接圈，不得出现局部熔瘤或熔接圈凸凹不匀现象；

③ 采用橡胶圈接口的管道，允许沿曲线敷设，每个接口的最大偏转角不得超过 2°；

④ 法兰连接时衬垫不得凸入管内，其外边缘接近螺栓孔为宜，不得安放双垫或偏垫；

⑤ 连接法兰的螺栓，直径和长度应符合标准，拧紧后，突出螺母的长度不应大于螺杆直径的 1/2；

⑥ 螺纹连接管道安装后的管螺纹根部应有 2～3 扣的外露螺纹，多余的麻丝应清理干净并做防腐处理；

⑦ 卡箍（套）式连接两管口端应平整、无缝隙，沟槽应均匀，卡紧螺栓后管道应平直，卡箍（套）安装方向应一致。

⊡ 表 6-4 管端插入承口的深度

公称直径/mm	20	25	32	40	50	75	100	125	150
插入深度/mm	16	19	22	26	31	44	61	69	80

6.2.4 控制设备安装

6.2.4.1 控制设备施工一般要求

① 电缆线路施工应符合现行国家标准《建筑电气工程施工质量验收规范》（GB 50303）和《电气装置安装工程 电缆线路施工及验收标准》（GB 50168）的规定。

② 其他电气设施的安装应符合现行国家标准《建筑电气工程施工质量验收规范》（GB 50303）的相关规定。

③ 所有电气设备和与电气设备相连接的金属部件应做接地处理。电气接地装置的施工应符合现行国家标准《电气装置安装工程　接地装置施工及验收规范》（GB 50169）的规定。

④ 传感器的接线应牢固可靠，接触良好。接线盒与套管之间的传感器屏蔽线应做二次防护处理，两端应做防水处理。

控制设备施工之前，建筑工程应符合下列要求：

① 对施工有影响的模板、脚手架等应拆除，杂物应清除。

② 对工程会造成污损的建筑装修工作应全部结束。

③ 在埋有电线保护管的大型设备基础模板上，应标有测量电线保护管引出口坐标和高程用的基准点或基准线。

④ 埋入建筑物、构筑物内的电线保护管、支架、螺栓等预埋件，应在建筑工程施工时预埋。

⑤ 预留孔、预埋件的位置和尺寸应符合设计要求，预埋件应埋设牢固。

控制设备施工应满足以下要求：

① 工程施工结束后，应将施工中造成的建筑物、构筑物的孔、洞、沟、槽等修补完整。

② 电气线路经过建筑物、构筑物的沉降缝或伸缩缝处，应装设两端固定的补偿装置，导线应留有余量。

③ 电气线路沿发热体表面上敷设时，与发热体表面的距离应符合设计规定。

④ 电气线路与管道间的最小距离，应符合《建筑电气工程施工质量验收规范》（GB 50303）的规定。

⑤ 配线工程采用的管卡、支架、吊钩、拉环和盒（箱）等黑色金属附件，均应镀锌或涂防腐漆。

⑥ 配线工程中非带电金属部分的接地和接零应可靠。

6.2.4.2　电缆线路施工

电缆线路一般安装在保护管中，保护管配置和安装应满足以下要求：

① 敷设在多尘或潮湿场所的电线保护管，管口及其各连接处均应密封。

② 当线路暗配时，电线保护管宜沿最近的路线敷设，并应减少弯曲。埋入建筑物、构筑物内的电线保护管，与建筑物、构筑物表面的距离不应小于15mm。

③ 进入落地式配电箱的电线保护管，排列应整齐，管口宜高出配电箱基础面50～80mm。

④ 电线保护管不宜穿过设备或建筑物、构筑物的基础；当必须穿过时，应采取保护措施。

⑤ 电线保护管的弯曲处不应有褶皱、凹陷和裂缝，且弯曲程度不应大于管外径的10%。

⑥ 电线保护管的弯曲半径应符合下列规定：

a. 当线路明配时，弯曲半径不宜小于管外径的 6 倍；当两个接线盒间只有一个弯曲时，其弯曲半径不宜小于管外径的 4 倍；

b. 当线路暗配时，弯曲半径不宜小于管外径的 6 倍；当埋设于地下或混凝土内时，其弯曲半径不应小于管外径的 10 倍。

⑦ 当线路保护管遇下列情况之一时，中间应增设接线盒或拉线盒，且接线盒或拉线盒

的位置应便于穿线：

    a. 管长度每超过 30m，无弯曲；

    b. 管长度每超过 20m，有一个弯曲；

    c. 管长度每超过 15m，有两个弯曲；

    d. 管长度每超过 8m，有三个弯曲。

    ⑧ 垂直敷设的电线保护管遇下列情况之一时，应增设固定导线用的拉线盒：

    a. 管内导线截面为 50mm² 及以下，长度每超过 30m；

    b. 管内导线截面为 70～95mm²，长度每超过 20m；

    c. 管内导线截面为 120～240mm²，长度每超过 18m。

    ⑨ 水平或垂直敷设的明配电线保护管，其水平或垂直安装的允许偏差为 0.15%，全场偏差不应大于管内径的 1/2。

    ⑩ 在 TN-S、TN-C-S 系统中，当金属电线保护管、金属盒（箱）、塑料电线保护管、塑料盒（箱）混合使用时，金属电线保护管和金属盒（箱）必须与保护地线（PE 线）有可靠的电气连接。

电缆线路配置和安装应满足以下要求：

    ① 对穿管敷设的绝缘导线，其额定电压不应低于 500V。

    ② 管内穿线宜在建筑物抹灰、粉刷及地面工程结束后进行；穿线前，应将电线保护管内的积水及杂物清除干净。

    ③ 不同回路、不同电压等级和交流与直流的导线，不得穿在同一根管内，即交流电源线与信号线、控制电缆应分槽、分管敷设。但下列几种情况或设计有特殊规定的除外：

    a. 电压为 50V 及以下的回路；

    b. 同一台设备的电机回路和无抗干扰要求的控制回路。

    ④ 同一交流回路的导线应穿于同一钢管内；导线在管内不应有接头和扭结，接头应设在接线盒（箱）内；管内导线包括绝缘层在内的总截面积不应大于管子内空截面积的 40%。

    ⑤ 导线穿入钢管时，管口处应装设护线套保护导线；在不进入接线盒（箱）的垂直管口，穿入导线后应将管口密封。

    ⑥ 计算机、现场控制器、输入/输出控制模块、网络控制器、网关和路由器等电子设备的保护接地应连接在弱电系统单独的接地线上，应防止混接在强电接地干线上；屏蔽电缆的屏蔽层必须接地。

    ⑦ 配线工程施工中，电气线路与管道间最小距离应符合表 6-5 的规定。

☐ 表 6-5　电气线路与管道间最小距离

mm

管道名称	配线方式		穿管配线	绝缘导线明配线	裸导线配线
蒸汽管	平行	管道上	1000	1000	1500
		管道下	500	500	1500
	交叉		300	300	1500
暖气管、热水管	平行	管道上	300	300	1500
		管道下	200	200	1500
	交叉		100	100	1500

续表

管道名称	配线方式	穿管配线	绝缘导线明配线	裸导线配线
通风、给排水及 压缩空气管	平行	100	200	1500
	交叉	50	100	1500

注：1. 对蒸汽管道，当在管外包隔热层后，上下平行距离可减至 200mm。

　　2. 暖气管、热水管应设隔热层。

　　3. 对裸导线，应在裸导线处加装保护网。

太阳能工程中，电缆线路一般采用塑料护套线敷设，除满足以上要求外，塑料护套线敷设安装应满足以下要求：

① 塑料护套线不应直接敷设在抹灰层、吊顶、护墙板、灰幔角落内。室外受阳光直射的场所，不应明配塑料护套线。

② 塑料护套线与接地导体或不发热管道等的紧贴交叉处，应加套绝缘保护管；敷设在易受机械损伤场所的塑料护套线，应增设钢管保护。

③ 塑料护套线的弯曲半径不应小于其外径的 3 倍；弯曲处护套和线芯绝缘层应完整无损伤。

④ 塑料护套线进入接线盒（箱）或与设备、器具连接时，护套层应引入接线盒（箱）内或设备、器具内。

⑤ 沿建筑物、构筑物表面明配的塑料护套线应符合下列要求：

a. 应平直，并不应松弛、扭绞和曲折；

b. 应采用线卡固定，固定点间距应均匀，其距离宜为 150～200mm；

c. 在终端、转弯和进入盒（箱）、设备或器具处，均应装设线卡固定导线，线卡距终端、转弯中点、盒（箱）、设备或器具边缘的距离宜为 50～100mm；

d. 接头应设在盒（箱）或器具内，在多尘和潮湿场所应采用密闭式盒（箱）；

e. 盒（箱）的配件应齐全，并固定可靠。

⑥ 塑料护套线或加套塑料护层的绝缘导线在空心楼板板孔内敷设时，应符合下列要求：

a. 导线穿入前，应将板孔内积水、杂物清除干净；

b. 导线穿入时，不应损伤导线的护套层，并便于更换导线；

c. 导线接头应设在盒（箱）内。

6.2.4.3　控制设备施工

（1）温度传感器的安装

在太阳能热水系统中，温度变送器主要用于测量冷热水管内的介质温度，温度变送器通常为插入式。温度变送器通常用 Pt100 铂电阻、热敏电阻或热电偶作为传感元件，变送器将其电阻值或感应电动势随温度变化的信号，经电路转换、放大和线性化处理后，0～10V、2～10V 电压，4～20mA 电流的形式输出表征其测量对象的物理量。温度变送器的出线，电压型输出为三线制，即电源正端线、电压信号线、信号和电源负端共用线；电流型输出为两线制，即电源和信号共用。

温度传感器安装位置应选择具有代表性的地方，集热器的温度传感器一般安装在集热器集管（或联箱）热水出口处，用于防冻排空的温控阀应安装在室外系统的管路最低处，水箱温度传感器用于温差循环控制的位于水箱底部，表征水箱温度的传感器应安装在水箱上部。传感器应安装焊接在水箱体上浸没工质的盲管中或紧贴在管路的外壁上。安装在管道外壁上应保证接触良好，宜使用导热胶。

集热器温度传感器应能承受集热器的最高空晒温度（一般不低于130℃），开式储水箱用传感器应能承受100℃，闭式水箱应能承受130℃；集热器温度传感器精度为±2℃，储热水箱的温度传感器在0～100℃范围内精度为±1℃。传感器的接线应牢固可靠，接触良好，传感线按设计要求布线，无损伤。接线盒与套管间的传感器屏蔽线应做二次防护处理，两端做防水处理。屏蔽线、屏蔽层导线应与传感器金属接线盒可靠连接，连接时在不损伤屏蔽层导线的情况下，应保护屏蔽层内的导线，使屏蔽层受力。

（2）水位传感器的安装

水位传感器安装前应检查其技术参数和适用条件，确保与系统设计相符，选用水位指示控制仪应具有耐温、防腐和防垢功能。水位传感器所用部件应外观完整，应能承受相应的使用温度。

水位传感器安装应注意以下事项：

① 地点应便于观察和维护，不能与电加热管相碰或距离过近。

② 接线务必正确，错误接线可能会导致传感器内部电路损坏；不要将传感器的输出线与动力等线绕在一起或同一管道传输，以防干扰。引线接插件必须接触良好；信号电缆应通过护套管引进室内，并固定牢固，以免拉断擦伤。

③ 运动部件的周围部件安装应达到产品要求的垂直度以防止运动部件被卡住或上下移动不畅。

④ 水下装置的防水密封程度要求在1.5倍测量范围的条件下保压1h不漏水、不变形。

⑤ 压力感应传感器应保持气室与大气畅通，避免水温较高时压力感应传感器对水位误断。水位测量误差应不大于±3cm。

（3）电磁阀安装

① 电磁阀安装前应检查电磁阀的外观、型号、材质、阀体强度是否符合设计要求；阀体铸造应规矩，表面光滑，无裂纹，开关灵活，关闭严密。

② 接管之前对管道冲洗，把管道中的金属粉末及密封材料残留物、锈垢等清除。

③ 条件许可时，安装前宜进行模拟动作和试压试验。

④ 电磁阀进水端与出水端不得装错，有滤网端为进水端，底部箭头所示的为水流方向，阀体上箭头的指示应与水流方向一致。必要时，电磁阀前安装过滤器，以防止杂质妨碍电磁阀的正常工作。

⑤ 电动阀的口径与水管口径不一致时，应采用渐缩管件。但阀门口径一般不应低于管道口径两个档次，并应经计算确定满足设计要求。

⑥ 电磁阀一般应安装在回水管道上；电磁阀安装一般阀体水平，线圈垂直向上，有部分产品可以任意安装，但在条件允许时最好垂直安装，以增加电磁阀使用寿命。电磁阀安装应有一定的预留空间，以便日常保养与定期维修。

⑦ 安装时用扳手或管钳固定好阀体，再拧上接管，千万不可将力作用在电磁线圈组件上而引起变形，使电磁阀难以正常工作。在管道刚性不足或有水锤现象的情况下，应把阀前后接管用支架固定。

⑧ 电磁线圈引出线（接插件）连接好后，应确认是否牢固，连接电器元件触点不应抖动，松动将引起电磁阀不工作。应检查其输出电压、输出信号和接线方式是否与产品技术要求一致。

（4）电动调节阀的安装

① 安装前应检查电动调节阀的外观、型号、材质、阀体强度是否符合设计要求；阀体铸造应规矩，表面光滑，无裂纹，开关灵活，关闭严密。检查电动阀门的驱动器，其行程、压力和最大关紧力（关阀的压力）必须满足设计要求。

② 接管之前对管道进行冲洗，把管道中的金属粉末及密封材料残留物、锈垢等清除。电动阀在管道冲洗前，应完全打开，以便于清除污物。

③ 电动阀进水端与出水端不得装错，底部箭头所示为水流方向，阀体上箭头的指向应与水流和气流方向一致。

④ 电动阀的口径与管道通径不一致时，应采用渐缩管件，而且电动阀口径一般不低于管道口径两个等级并满足设计要求。

⑤ 调节阀一般应垂直安装，或水平安装，但体积、重量、振动过大时，对阀应增加支撑件保护；有阀位指示装置的电动阀，阀位指示装置应面向便于观察的位置；调节阀周围应留有足够的维修和更换所需空间；电动阀一般安装在回水管道上；为了使调节阀在发生故障或维修的情况下生产过程能继续进行，调节阀应加旁路管道。

⑥ 电动阀执行机构应固定牢固，手动操作机构应处于便于操作的位置。

⑦ 电动阀属于现场仪表，要求环境温度应在 $-25\sim60℃$ 范围，相对湿度 $\leqslant95\%$；安装于室外的电动阀应适当加防晒、防雨措施。

⑧ 阀体法兰与管道连接应保持自然同轴，避免产生剪应力，连接螺栓均匀锁紧。在管道刚性不足，或有水锤现象的情况下，应把阀前后接管用支架固定。

⑨ 电磁线圈引出线（插接件）连接好后，应确认是否牢固，连接电器元件触点不应抖动，松动将引起电磁阀不工作；应检查其输入电压、输出信号和接线方式是否与产品技术要求一致。

（5）流量传感器的安装

① 流量传感器的取样段大于管道口径的 1/2 时可安装在管道顶部，如取样段小于管道口径的 1/2 时应安装在管道的侧面或底部。

② 流量传感器的安装位置应选在水流稳定的地方，不宜选在阀门等阻力部件的附近和水流束呈死角处以及振动较大的地方。

③ 流量传感器应安装在直管段上，以确保管道内流速平稳。距弯头距离应不小于 6 倍的管道内径，流量传感器上游应留有 10 倍管径的直管，下游有 5 倍管径长度的直管。若传感器前后的管道中安装有阀门、管道缩径、弯管等影响流量平稳的设备，则直管段的长度还需相应增加。

④ 流量传感器信号的传输线宜采用屏蔽和带有绝缘护套的电缆。

⑤ 电磁流量计。

a. 电磁流量计应安装在避免有较强的直交流磁场或有剧烈振动的场所；

b. 流量计、被测介质及工艺管道三者之间应该连成等电位，并应接地；

c. 在垂直的管道安装时，液体流向自下而上，以保证导管内充满被测液体或不致产生气泡，水平安装时必须使电极处在水平方向，以保证测量精度。

⑥ 涡轮式流量计。涡轮式流量传感器安装时要水平，流体的流动方向必须与传感器壳体上所示的流向标志一致。如果没有标志，可按下列方向判断方向：流体的进口端导流器比较尖，中间有圆孔；流体的出口端导流器不尖，中间没有圆孔。当可能产生逆流时，流量变

送器后面装止回阀，流量变送器应装在测压点上游并距测压点 3.5～5.5 倍管径的位置，测温应设置在下游侧，距流量传感器 6～8 倍管径的位置。

（6）热量表的安装

热量表中流量传感器安装应根据传感器种类满足水流方向、安装位置和安装环境要求。热量表最容易受到干扰的部位来自传感器和积算器之间的连接信号线，一般常出现的干扰源是 50Hz 的公频电磁场，比如继电器、电机等。因此在安装热量表时，信号线与电源线的距离一定要在 50mm 以上，同时，积算器也应远离上述干扰源。流量计绝对不能安装在有气泡产生的位置。

热量表中温度传感器应根据产品说明书要求安装在供、回水管路上，红色标签的铂电阻都安装在热量表的测温孔内，蓝色标签的铂电阻可以安装在测温三通或测温球阀上。积分仪的环境温度应不大于 55℃，否则应将积分仪和托板取下，安装在环境温度低的墙上。当水温大于 90℃时，应将积分仪和托板取下，安装在墙上。

（7）控制柜及设备的安装

控制柜及设备安装前应检查以下内容：

① 根据设计图纸和合同规定，检查设备的型号、规格、数量、产地等主要技术数据、性能是否相符。

② 检查设备的主要尺寸、安装位置是否符合设计要求，设备外表有无变形、缺陷、脱漆、破损、裂痕、撞击痕迹等。

③ 印刷电路板质量检查，有无变形，接插件接触可靠，焊点均应光滑发亮，不能有腐蚀现象，不允许用外接线。

④ 设备柜内外配线检查，应无缺损、断线，配线标记应完善。

⑤ 设备的接地应符合图纸和本规定的要求，连接牢固，接触良好。

⑥ 设备内外接线应紧密，无松动现象，无裸露导电部分。

控制柜及设备安装应注意以下事项：

① 中央控制及网络通信设备应在中央控制室的土建和装饰工程完工后安装。

② 现场控制设备的安装位置选在光线充足、通风良好、操作维修方便的地方；现场控制设备不应安装在有震动影响的地方。

③ 现场控制设备的安装位置应与管道保持一定距离，如不能避开管道，则必须避开阀门、法兰、过滤器等管道器件及蒸汽口中。

④ 设备及设备各构件间应连接牢固，安装用的紧固件应有防锈层。

设备在安装前应作检查，并符合下列规定：

① 设备外形完整，内外表面漆层完好。

② 设备外形尺寸、设备内主板及接线端口的型号及规格符合设计规定。

③ 有底座设备的底座尺寸应与设备相符，其直线允许偏差为每米±1mm，当底座的总长超过 5m 时，全长允许偏差为±5mm。

④ 设备底座安装时，其上表面应保持水平，水平方向的倾斜允许偏差为每米±1mm，当底座的总长超过 5m 时，全长允许偏差为±5mm。

⑤ 柜式中央控制的安装应符合下列规定：

a. 应垂直、平正、牢固；

b. 垂直度允许偏差为每米±1.5mm；

　　c. 水平方向的倾斜度允许偏差为每米±1mm；

　　d. 相邻设备顶部高度允许偏差为±2mm；

　　e. 相邻设备接缝处平面度允许偏差为±1mm；

　　f. 相邻设备间接缝的间隙不大于±2mm。

　　⑥ 设备接线端子引出的屏蔽电缆的屏蔽线接地检查，应满足现行标准《继电保护及二次回路安装及验收规范》（GB/T 50976）的要求。

6.3　管道保温与防腐

6.3.1　管道保温施工方法

　　为减少热损和防冻，太阳能集热器管道、供热水管道等均需要保温。保温材料应选用质量轻、热导率低、吸水率小、性能稳定、有一定机械强度、不腐蚀金属、施工方便、性价比高、非燃和难燃材料。管道保温采用材料有岩棉、超细玻璃棉、硬聚氨酯、橡塑海绵等。保温材料性能及要求参见 6.1.3 节内容。

　　管道保温根据保温材料不同，采用不同的施工方法：①管道涂抹法；②管道缠包法；③管道预制装配法；④填充法；⑤喷涂法。

　　（1）管道涂抹法保温

　　管道涂抹法保温采用无定形保温材料（如膨胀珍珠岩、膨胀蛭石、硅藻土熟料等），加入黏结剂（如水泥、水玻璃、耐火黏土等），再加入促凝剂（氟硅酸钠等），按比例加水搅拌平均，成为塑料泥团，涂抹到管道上。

　　涂抹法保温层施工应分层进行，每层厚度 10～15mm。前一层干燥后再涂抹后一层。管道转弯处，保温层应有伸缩缝。直立管段施工时，应先在管道上焊接支撑环，再涂抹保温胶泥，当管径小于 150mm 时，可直接在管道上扎几道铁丝作为支撑环。支撑环的间距为 2～4m。

　　保温层外应施加保护层。保护层种类有：油毡玻璃丝保护层；石棉水泥保护层。

　　① 油毡玻璃丝保护层施工方法　将石油沥青油毡剪为保温层外圆周加 50～60mm，以纵横搭接长度约 50mm 的方式包在保温层上，缝口宜朝下，接缝用沥青封口。油毡外用镀锌铁丝捆扎，间距 250～300mm，不得采用连续缠。油毡外用玻璃丝布以螺旋形缠紧密，不得有松动、脱落、翻边和鼓包等缺陷，外表按设计要求涂擦沥青或油漆。

　　② 石棉水泥保护层施工方法　按一定重量比将水泥、石棉和防水粉（如 75：22：3）用水搅拌成胶泥，涂抹在保温层外，厚度 10～15mm。当保温层直径大于 150mm 时，应在保温层外用 30mm×30mm 镀锌铁丝网包扎，并用镀锌铁丝捆扎后再抹石棉水泥保护层。

　　涂抹保温法的优点是：①施工方法简单，成本较低，整体保温热损小；②适用任何形状的管道、管件及阀门；③使用时间较长，一般可达到 10 年以上。缺点是：①主要用手工施工，生产率低；②工程质量依赖施工人员；③施工周期长；④保温层强度不高；⑤胶泥容易吸水，吸水后降低保温性能。

　　（2）管道缠包法保温

　　管道缠包法保温是将保温材料制成绳状或带状，直接缠在管道上。用这种方法的保温材料有：矿渣棉毡、玻璃棉毡、石棉绳、橡塑海绵毡等。

施工时，将保温棉毡按直径周长加搭接长度剪成条状，然后缠包在管道上，缠包时将棉毡压紧，如一层达不到保温厚度，可用两层或三层棉毡。缠包时，应使棉毡横向接缝处结合紧密，如有缝隙应用矿棉或玻璃棉填实；纵向接缝应在管道顶部，搭接宽度为 50～300mm。保温层外用镀锌铁丝包扎，间隔 150～200mm。

保温层可采用油毡玻璃丝布保温层或金属保温层。金属保温层可用厚度为 0.3～0.5mm 的镀锌铁皮（内外先擦红丹漆两遍）和厚度 0.5～1mm 的铝板，以管周长为宽度下料，再用压边机压边，用滚圆机滚圆成圆筒状；安装与保温层套紧，搭接口朝下。环向搭接长度为 30mm，纵向搭接长度不小于 30mm。搭接处用自攻螺钉固定，间距 200～250mm。保温层外壁按设计要求涂擦油漆。

有橡塑海绵保温时，按管径和保温层厚度选用橡塑海绵管，用刀片将其沿纵向切开；在管道表面涂刷 801 胶，随即将切开的橡塑海绵管缠包在管道上，并用手压橡塑海绵管使其与管道黏结在一起；安装下一段保温层时，将已安装的保温管端头也上胶，使相邻保温管黏结在一起。橡塑海绵柔软性好，可随管弯曲，不需另加保温部件，也不需做伸缩缝。

缠包法保温的优点：①保温结构施工方法简单，检修方便；②适用于振动和温度变化较大的管道保温；③适用于不规则管道。缺点是：①石棉绳的造价高；②棉毡易吸水，保温层破损吸水后会降低保温性能。

（3）管道预制装配法保温

管道预制装配法保温是根据管道尺寸和保温层厚度把保温材料预制成半圆形管壳或扇形瓦等预制件。保温施工时把预制保温材料固定在管材上，且在保温材料外附加保温层。预制保温材料有：泡沫混凝土、石棉、硅藻土、玻璃棉、岩棉、膨胀珍珠岩、膨胀蛭石、硅酸钙等。

施工前，先将保温材料预制成半圆形管壳或扇形瓦等预制件，一般管径 $DN \leqslant 80mm$ 时，采用半圆形管壳，管径较大时，制作成扇形块，但应为偶数，最多不超过 8 块。预制件厚度不大于 100mm，否则应制作成多层。

施工时，用镀锌铁丝将保温管壳绑扎在管道上，装配时将横向和纵向接缝相互错开；分层施工时，内外层纵向接缝应错开 15° 以上，环形接缝应错开 100mm 以上，并用石棉硅藻土胶泥将所有接缝填实。在直线管道上，每隔 5～7m 应留一膨胀缝，间隔为 20～30mm，膨胀缝须用柔性保温材料填实。

保护层施工方法与管道涂抹法保温中保护层施工相同，但矿渣棉的管口作保温层时，应采用油毡玻璃丝布保护层。

管道预制装配式保温的优点：①保温预制件在预制厂进行加工，提高生产效率，保证保温预制件质量；②施工方便，加快施工进度；③预制品有较高强度，适宜采用金属管壳保护层，预制保护层比较坚固耐用，使用时间长。缺点：①接缝处热损较大；②镀锌铁丝网灯辅料使用较多；③预制件对管径适应性差；④形状复杂管道，预制件加工量大，施工较困难。

（4）填充法保温

当保温材料为散料，对于可拆配件的保温可采用这种方法。

施工时，在管壁固定好支撑环，环的厚度和保温层厚度相同，然后金属管壳包在支撑环的外面，再填实保温材料，也可采用硬质保温材料作为支撑结构。

由于这种方法施工困难，保温材料易飞扬，影响施工人员健康，且保温结构的质量也难于保证，因此，不推荐采用该方法。

（5）喷涂法保温

喷涂法保温主要用于现场发泡的聚氨酯硬质泡沫塑料。喷涂前，先在管段固定好装配式的保温层胎具，通过喷枪将保温材料、黏结剂或水混合后形成正压射流，在胎具中喷涂成型。喷涂的保温材料可以是膨胀珍珠岩、蛭石、硅酸铝纤维等无机材料，也可以是聚氨酯泡沫等有机材料。

喷涂法产生的保温层结构整体性好，管道热损低。

根据国家标准《工业设备及管道绝热工程设计规范》（GB 50264—2013），管道保温层厚度应根据工艺要求和技术经济分析选择。当无特殊工艺要求时，保温厚度应采用经济厚度法计算，但若经济厚度偏小以致散热损失量超过最大允许散热量标准时，应采用最大允许热损失量下的厚度，具体计算方法参见国家标准《工业设备及管道绝热工程设计规范》（GB 50264—2013）。

对于太阳能系统管道，管道中工质一般低于 100℃，其保温层厚度可参考表 6-6 选用。

表 6-6　不同安装形式下管道直径和保温层参考表　　　　　　　　　　　　　　　　　　　mm

公称直径			15	20	25	32	40	50	65	80	100
管道直径			22	28	32	38	47	57	73	89	108
地沟安装	λ	0.02	20	20	30	25	25	25	25	25	25
		0.03	25	30	30	30	30	35	35	35	35
		0.04	35	35	35	40	40	40	40	45	45
		0.05	40	40	45	45	45	50	50	50	60
室内安装	λ	0.02	25	25	25	25	25	35	35	35	35
		0.03	30	30	35	35	35	35	40	40	40
		0.04	35	40	40	40	45	45	45	50	50
		0.05	45	45	45	50	50	60	60	60	60
室外安装	λ	0.02	30	30	30	30	30	35	35	35	35
		0.03	35	40	40	40	45	45	50	50	50
		0.04	45	50	50	50	60	60	60	60	70
		0.05	60	60	60	60	70	70	70	80	80

6.3.2　管道防腐

太阳能系统管道防腐主要采用管道表面刷防腐漆的方法。施工时，首先对管道表面进行清理。然后按照施工规范对管道涂刷防腐漆，施工工法如下。

（1）表面清理

金属管道表面常有泥土、浮锈、油脂等杂物，不做表面清理会影响防腐层与金属表面的结合力，因此在涂刷防腐漆前必须清除掉管道表面杂物。除使用带锈底漆外，管道表面需清理露出本色。

表面清理内容主要是除油除锈：

① 除油，管道表面沾有较多的油污时，可先用汽油或浓度 5% 的热苛性钠（氢氧化钠）

溶液洗刷，然后用水清洗，干燥后再进行除锈；

② 除锈，方法有机械除锈、人工除锈和喷砂除锈等，若表面浮锈较少，可用人工除锈，用钢丝刷、火砂纸擦拭，直至露出金属本色。

（2）涂刷防锈漆

涂漆一般采用刷漆、喷漆等方法。人工除锈要求涂刷均匀，往复涂刷，不应有堆积、流淌和漏刷等现象；机械喷漆时，漆流要与喷漆面垂直，喷嘴与喷漆面距离为 400mm 左右，喷嘴的移动应当均匀稳定，速度 10~18m/min 左右，压缩空气压力 0.2~0.4MPa。涂漆时的环境温度不得低于 5℃，否则应当采用适当防冻措施；若遇雨、雾、大风天气时，不宜在室外涂漆施工，以免出现脱皮、起皱和气泡现象。

涂漆施工应符合其技术要求，涂漆层在两遍或两遍以上时，要等前一层干燥后再涂刷下一层，每层厚度应均匀。

6.4 平板太阳能系统施工工艺流程及操作要点

6.4.1 施工工艺流程

施工准备→预留预埋→集热器安装→循环水泵安装→储热水箱安装→恒温水箱安装→管路安装→电气与自动控制系统安装→单机或部件调试→系统联动调试→系统试运行。

6.4.2 操作要点

6.4.2.1 施工准备

① 设计文件齐备，且已审查通过，注意图纸会审时，要检查集热器与建筑物是否协调，安装的结构位置是否安全、合理，管道系统和电气控制系统是否正确、完善等；

② 施工组织设计或施工方案已经批准，施工操作人员已经过技术、安全培训并合格；

③ 施工用材料、机具已进场，并通过验收；

④ 施工现场已具备正常施工条件；

⑤ 既有建筑经结构复核或法定检测机构同意安装太阳能热水系统的鉴定文件。

6.4.2.2 预留预埋

（1）按设计图纸制作套管（包括管道穿越屋面的防水套管）、固定件

（2）预留孔洞、预埋套管及固定件

随土建结构，在钢筋绑扎完毕后，按设计图纸位置固定套管、预埋件，注意其设置位置、标高要准确，固定要牢固，并在混凝土浇注完毕后进行核查。

在混凝土楼板、梁、墙上预留孔、洞、槽和预埋件时应有专人按设计图纸测定管道及设备的位置、标高尺寸，标好孔洞的部位，将预制好的模盒、预埋铁件在绑扎钢筋前按标记固定牢，盒内塞入纸团等物，在浇注混凝土过程中应有专人配合校对，看管模盒、埋件，以免移位。

防水套管：根据建筑物及不同介质的管道，按照设计或施工安装图册中的要求进行预制加工，将预制加工好的套管在浇注混凝土前按设计要求部位固定好，校对坐标、标高，平正合格后一次浇注。

6.4.2.3　集热器安装

（1）集热器安装方位角的确定

太阳能集热器方位角宜朝正南放置（使用工具为指北针，方法为用指北针选定一个参照物）。

（2）集热器倾角的确定

在全年使用时，集热器的安装倾角与当地纬度相等；偏重于冬季使用时，倾角比当地纬度大 10°；偏重于夏天使用时，倾角比当地纬度小 10°。

（3）集热器前后排间距

① 集热器顺坡屋面安装时，集热器之间不存在遮挡关系，留出安装和检修通道即可。

② 平屋面两排或多排以上集热器安装时，集热器之间的距离应大于日照间距，避免相互遮挡，简单定义为：集热器前后排之间的最小距离为遮光物最高点与集热器最低点的垂直距离（即集热器支架高度）。

（4）集热器支架的合理摆放

① 通盘考虑屋面的整个结构（包含特殊情况的处理）；

② 条件容许的情况下，留出足够的消防通道；

③ 定位前充分考虑管道的布局；

④ 集热器在满足自身条件的情况下，无需多占用不必要的空间。

（5）集热器支架组装

① 首先按施工图将支架组装定好大概位置（同一楼面可包括全部支架）；

② 以楼面最高点（地平面）为标准，将前排或后排进行定位；

③ 对首先定位的支架确定基本位置后，用卷尺校对对角尺寸，然后对最边上的一个支架用水平尺校对后定位（M8mm×60mm 膨胀螺栓固定），再次用卷尺校对对角后进行另外一边最边上的一个支架固定；

④ 对定位好的单排支架，在上横担及下横担系上棉线，然后进行高低调节。

⑤ 多排支架按照先定位两边再固定中间的方法进行；

⑥ 调节支架所用到的辅助工具有卷尺、水平尺、墨斗、棉线等。

（6）集热器安装（注意事项）

① 集热器之间间距为 65mm；

② 集热器玻璃盖板上，五星标志统一朝上；

③ 集热器铜管件连接过程中切忌用力过度（凭手感或结合产生的声音来判断）；

④ 集热器上下横担的压块压到相对应的槽中。

（7）水压试验与冲洗

① 在集热器最高处安装排气阀，最下端连接手动试压泵。

② 将管道内注满水，并排出管内气体。

③ 用手动试压泵缓慢进行加压，当压力升至工作压力的 1.5 倍时（最低不得低于 0.6MPa），停止加压，观察 10min，压力降不得超过 0.02MPa；然后将试验压力降至工作压力，对管道进行外观检查，以不渗不漏为合格。

④ 管道系统加压后发现有渗漏水或压力下降超过规定值时，应检查管道接口，在排除渗漏水原因后，再按以上规定重新试压，直到符合要求。

在温度低于 5℃的环境下进行水压试验时，应采取可靠的防冻措施，试验结束后，应将存水放尽。或采取气压试验，根据相关规定执行。

⑤ 用生活水冲洗管道，直到排出水质与进入水质一致。

（8）防雷接地

将金属支架与接地干线可靠焊接；将每块集热器与接地干线可靠连接。采用扁钢接地时，其搭接长度为扁钢长度的 2 倍，四面焊接；采用圆钢接地时，其搭接长度为圆钢直径的 6 倍，双面焊接。防雷接地焊接完成后，要做好防腐。

（9）保温

集热器安装试压完毕，将外露管道进行保温，保温要严密。

6.4.2.4　水泵安装

安装准备→基础验收→设备开箱检查→吊装就位→找平找正→固定→清洗检查。

（1）水泵就位前

检查基础强度、位置、尺寸和螺栓孔位置是否符合设计及验收规范要求。

（2）水泵就位

① 采用墨斗等弹线工具在水泵基础面上划出水泵中心线。

② 采用三脚架、电动葫芦吊装水泵或采用人力抬、扛的方法直接就位。

③ 水泵就位时应根据设计及不同的水泵类型设置减振垫（器）。当采用成品弹簧减振器时，弹簧减振器设于基础上，水泵基座直接就位于弹簧减振器上。立式水泵不得采用弹簧减振器，只能采用橡胶减振垫。

（3）水泵找平、找正

① 中心线找正　利用基础面上弹出的纵横中心线，在水泵的进水口中心和轴的中心分别用线锤吊垂线，移动水泵，使线锤尖与纵横中心线相交。

② 水平找正　采用水平尺测量，把水平尺放在水泵轴上测轴向水平，调整水泵横向位置使水平尺气泡居中，误差不超过 0.1mm/m，然后用水平尺靠水泵进出口法兰的垂直面以测量径向水平；水泵水平找正如发现不平，可在底座下采用垫铁找平，垫铁一般旋转于底座的四个角下，每组不多于 3 块。

（4）固定

水泵找平找正后向基础螺栓孔内灌 C20 细石混凝土，基础与水泵底座之间的空隙内灌注水泥砂浆，待混凝土强度达到规定强度的 75% 后再拧紧螺母，并对水泵的位置和水平进行复查，以免水泵在二次灌浆和拧紧螺母的过程中发生位移。

注意：水泵配管应在二次灌浆混凝土强度达到 75% 以后进行；管道与泵体不得强行组合连接，管道重量不能附加在泵体上。

（5）泵的清洗和检查

试车前，检查泵体内有无杂物；盘动转子应灵活无阻滞现象，无异常响声。

6.4.2.5　储热水箱（补水箱）安装

① 成品水箱的吊装、就位、找平找正与水泵安装相类似。

② 水压试验：密闭水箱在安装后进行水压试验，试验压力如设计无要求，一般为管路系统工作压力的 1.5 倍。水箱在试验压力下保持 10min，压力不下降，不渗不漏则为合格。

③ 满水试验：敞口水箱安装前应做满水试验，即水箱满水后静置观察 24h，以不渗不

漏为合格。

④ 水箱安装完毕后，根据设计要求进行水箱进出水管、溢流管、排污管、水位讯号管的安装。

6.4.2.6　管路安装

放线定位→支架制作安装→预制加工→干管（套管）安装→立管（套管）安装→支管安装→水压试验→管道防腐和保温→管道冲洗（消毒）→通水试验。注意管路安装时预留温度传感器接口。

（1）放线定位

确定管道的标高、位置、坡度、走向等，正确地按图纸设计位置弹出管道走线，并划出支架设置位置。

（2）管道支架制作安装

① 管道支架、支座的制作应按照图样要求进行施工，支吊架的受力部件，如横梁、吊杆及螺栓等的规格应符合设计及有关技术标准的规定；管道支吊架、支座及零件的焊接应遵守结构件焊接工艺。焊缝高度不应小于焊件最小厚度，并不得有漏焊、结渣或焊缝裂纹等缺陷。支架采用机械开孔，制作合格的支吊架，应进行防腐处理，支架除锈后刷红丹漆一遍，面漆两遍。

② 型钢支架安装　直管段管道支架安装，按设计图纸和规范要求，首先确定首尾支架的位置和标高，然后根据不同管材、系统的支架间距测定好其余支架位置和标高，找好坡度，将预制好的型钢支架拉线安装。支架固定一般采取膨胀螺栓或与预埋铁板焊接固定。

③ 立管支架安装　在立管位置中心的墙上画好支架安装印记，楼层高度大于 5m 时，每层设置两个支架，间距匀称；楼层高度小于或等于 5m 时，每层设置一个支架，安装高度距地面 1.5～1.8m。

（3）预制加工

按设计图纸画出管道分路、管径、变径、预留管口、阀门位置等施工草图，在实际安装的结构位置做上标记，按标记分段量出实际安装的准确尺寸，记录在施工草图上，然后按草图测得的尺寸预制加工（断管、加工、管件连接、调直、校对，按管段分组编号）。

（4）干管安装

干管安装时一般从总进入口开始操作，总进口端头加好临时接口以备试压用，设计要求防腐时，应在预制后、安装前做好防腐。把预制完的管道运到安装部位按编号依次排开。安装前清扫管膛，依次连接，安装完后找直找正，复核甩口的位置、方向及变径是否正确。所有管口要加好临时封堵。管道试压合格后隐蔽验收。

（5）立管安装

① 立管穿越楼板孔洞时应及时设置套管，套管应考虑有保温要求的管道的保温层厚度。

② 立管明装：每层从上至下统一吊线安装支架，将预制好的立管编号分层排开，顺序安装，对好调直时的印记，校核预留甩口的高度、方向是否正确。支管甩口均加好临时封堵。立管阀门安装朝向应便于操作和修理。安装完后用线坠吊直找正，分 2～3 次浇捣堵好楼板洞。

（6）支管安装

① 支管明装　将预制好的支管从立管甩口处依次逐段进行安装，有阀门手柄妨碍时应将阀门盖卸下再安装，根据管道长度适当加好临时固定支架，核定不同卫生器具的冷

热水预留口高度、位置是否正确，找平找正后设置支管支架，去掉临时固定支架，上好临时丝堵。

② 支管暗装　确定支管高度后画线定位，剔出管槽，将预制好的支管敷在槽内，找平找正定位后固定。埋墙支管应考虑管道的保护层，掌握好埋墙的深度。卫生器具的冷热水预留口要做在明处，加好丝堵。

（7）管道连接

根据设计要求选用管材。管道连接依据不同的材质采用不同的连接方法，如卡压连接、焊接、丝扣连接等，在此不作叙述。

（8）套管安装

根据所穿构筑物的厚度及管径尺寸确定套管规格、长度，下料后套管内刷防锈漆一道，用于穿楼板套管应在适当部位焊好架铁。管道安装时，把预制好的套管穿好，套管上端应高出地面 20mm，厨房及厕浴间套管应高出地面 50mm，下端与楼板面平，套管与管道之间缝隙用阻燃材料（如防火泥）和防水油膏填实，端面光滑。穿墙套管两端与饰面相平，套管与管道之间缝隙用阻燃密实材料填实，端面光滑。预埋上下层套管时，中心线需垂直，管道的接口不得设置在套管内。

（9）填堵孔洞

① 管道安装完毕后，必须及时用不低于结构标号的混凝土或水泥砂浆把孔洞堵严、抹平，为了不致因堵洞而将管道移位，造成立管不垂直或地面渗漏，应派专人封堵孔洞。

② 堵楼板孔洞用定型模具或用木板支搭牢固后，往洞内浇点水再用 C20 以上的细石混凝土或 M50 水泥砂浆填平捣实，一般作两次封堵。

（10）阀门安装

① 安装前，应仔细检查核对型号与规格，是否符合设计要求。检查阀杆和阀盘是否灵活，有无卡阻和歪斜现象，阀盘必须关闭严密。

② 安装前，必须先对阀门进行强度和严密性试验，不合格的不得进行安装。

③ 水平管道上的阀门，阀杆宜垂直或向左右偏 45°，也可水平安装，但不宜向下；垂直管道上阀门阀杆，必须顺着操作巡回线方向安装。

④ 阀门安装时应保持关闭状态，并注意阀门的特性及介质流向。

（11）管道试压

① 管道试压一般分单项试压和系统试压两种。单项试压是干管敷设完后或隐蔽部位的管道安装完毕按设计和规范要求进行水压试验。系统试压是在全部干、立、支管安装完毕后，按设计或规范要求进行水压试验。

② 连接试压泵一般设在首层。

③ 试压前应将预留口堵严，关闭入口总阀门和所有泄水阀门及低处放水阀门，打开各分路及主管阀门和系统最高处的放气阀门。

④ 打开水源阀门，往系统内充水，满水后放净空气并将阀门关闭。

⑤ 检查全部系统，如有漏水处应做好标记，并进行修理，修好后再充水进行加压，而后复查。（PP-R 热熔连接管道，水压试验时间应在热熔连接 24h 后进行）。水压试验之前，管道应固定，接头须明露。给水管试验压力应为管道系统工作压力的 1.5 倍，但不得小于 0.6MPa。在试验压力下，稳压 1h，测试压力降不得超过 0.05MPa，然后降到工作压力的 1.15 倍状态下稳压 2h，压力降不得超过 0.03MPa，同时检查各连接处不得渗漏。

⑥ 拆除试压水泵和水源，把管道系统内水泄净。

⑦ 冬季施工期间竣工而又不能及时供暖的工程进行系统试压时，必须采取可靠措施把水泄净，以防冻坏管道和设备。

（12）管道系统冲洗、消毒

① 管道系统的冲洗应在管道试压合格后，调试、运行前进行。

② 管道冲洗进水口及排水口应选择适当位置，并能保证将管道系统内的杂物冲洗干净为宜。排水管截面积不应小于被冲洗管道截面 60%，排水管应接至排水井或排水沟内。

③ 冲洗时，以系统内可能达到的最大压力和流量进行，流速不小于 1.5m/s，直到出口处的水色和透明度与入口处目测一致为合格。

④ 生活给水系统在交付使用前必须进行消毒，以含 20～30mg/L 游离氯的清洁水浸泡管道系统 24h，放空后再用清洁水冲洗，并经水质管理部门化验合格，水质应符合国家《生活饮用水卫生标准》。

（13）管道保温

管道保温的相关内容参见 3.3.12 节。

（14）金属保护壳制作安装

明露保温管道（屋面、管井、机房内管道）按照设计要求包金属保护壳。

6.4.2.7　电气与自动控制系统安装

配管→配电箱体安装→穿线→仪器、仪表、传感器安装→安装箱内盘芯并接线→安装箱盖→绝缘测试。

（1）配管

放线→支架制作安装→下料切管→套丝和弯曲→线管连接安装→跨接地线→防腐。

（2）配电箱体安装

划线定位→配电箱体安装。

电控箱应安装在防雨、防震、灰尘较小的地方。且受环境温度影响较小的地方，尽量安装在楼梯间、设备间内；挂墙式电控箱应垂直贴墙悬挂，一般底边应距地面高度 1.4m；落地式电控箱应与地面固定牢靠，且垂直地面，与地面连接处应有接线地沟或接线支架。多个电控箱安装在一起时，应保证整体美观、协调。

① 弹线定位　根据设计要求找出配电箱的位置，并按照箱体外形尺寸进行弹线定位。

② 安装配电箱体

a. 拆开配电箱　安装配电箱应先将配电箱拆开分为箱体、箱内盘芯、箱门三部分。拆开配电箱时留好拆卸下来的螺丝、螺母、垫圈等。

b. 安装箱体　采用金属膨胀螺栓可在混凝土墙或砖墙上固定配电箱，金属膨胀螺栓的大小应根据箱体重量选择。其方法是根据弹线定位的要求，找出墙体及箱体固定点的准确位置，一个箱体固定点一般为四个，均匀对称布置四角，用电钻或冲击钻在墙体及箱体固定点位置钻孔，其孔径应刚好将金属膨胀螺栓的胀管部分埋入墙内，且孔洞应平直不得歪斜。最后将箱体的孔洞与墙体的孔洞对正，注意应加镀锌弹垫、平垫，将箱体稍加固定，待最后一次用水平尺将箱体调整平直后，再把螺栓逐个拧牢固。

（3）穿线

选择导线→穿带线→扫管→带护口→放线及断线→绑扎导线与带线→穿线。

（4）安装传感器

安装传感器的相关内容参见 3.3.10 节中的（4）。

（5）安装箱内盘芯并接线

将箱内杂物清理干净，如箱后有分线盒也一并清理干净，然后将导线理顺，分清支路和相序，并在导线末端用白胶布或其他材料临时标注清楚，再将盘芯与箱体安装牢固，最后将导线端头按标好的支路和相序引至箱体或盘芯上，逐个剥削导线端头，再逐个压接在器具上，同时将保护地线按要求压接牢固。

（6）安装箱盖

把箱盖安装在箱体上。用仪表校对箱内电具有无差错，要求调整正确，最后把此配电箱的系统图贴在箱盖内侧，并标明各个闸具用途及回路名称，以方便以后操作。

（7）绝缘摇测

配电箱（盘）全部电器安装完毕后，用 500V 兆欧表对线路进行绝缘摇测。摇测项目包括相线与相线之间，相线与零线之间，相线与地线之间。两人进行摇测，同时做好记录。

6.4.2.8　单机或部件调试

设备单机或部件调试包括水泵、阀门、电磁阀、电气及自动控制设备、监控显示设备、辅助能源加热设备等调试。

① 检查水泵安装方向是否正确。水泵充满水后，点动启动水泵，检查水泵转动方向是否正确。在设计负荷下连续运转 2h，水泵应工作正常，无渗漏，无异常振动和声响，电机电流和功率不超过额定值，温度在正常范围内。

② 检查电磁阀安装方向是否正确。手动通断电试验时，电磁阀应开启正常，动作灵活，密封严密。

③ 温度、温差、水位、光照控制、时钟控制等显示控制仪表应显示准确、动作准确。

④ 电气控制系统达到设计要求的功能，控制动作准确可靠。

⑤ 漏电保护装置动作准确可靠。

⑥ 防冻系统装置、超压保护装置、过热保护装置等工作正常。

⑦ 各种阀门开启灵活，密封严密。

⑧ 辅助加热设备达到设计要求，工作正常。

6.4.2.9　系统联动调试

设备单机或部件试运转调试完成后，系统应进行联动试运转调试。系统联动试运转调试应包括如下内容：

① 调整水泵控制阀门，使系统循环处在设计要求的流量和扬程。

② 调整电磁阀控制阀门，使电磁阀的阀前阀后压力处在设计要求的压力范围内。

③ 将温度、温差、水位、光照、时间等控制仪的控制区间或控制点调整到设计要求的范围或数值。

④ 调整各个分支回路的调节阀门，使各回路流量平衡。

⑤ 调试辅助能源加热系统，使其与太阳能加热系统相匹配。

⑥ 调整其他应该进行的调节调试。

6.4.2.10　系统试运行

系统联动试运转调试完成后，系统应连续运行 72h，设备及主要部件的联动必须协调，动作正确，无异常现象。

6.5　真空管太阳能热水器安装

6.5.1　安装简介与准备

6.5.1.1　总则

（1）参考国家标准

GB/T 12936—2007 太阳能热利用术语

GB/T 17581—2021 真空管型太阳能集热器

GB/T 17683.1—1999 太阳能　在地面不同接受条件下的太阳光谱辐照度标准　第 1 部分：大气质量 1.5 的法向直接日射辐照度和半球向日射辐照度

GB/T 18708—2002 家用太阳热水系统热性能试验方法

GB/T 19141—2011 家用太阳能热水系统技术条件

（2）家用太阳能热水器概述

家用太阳能热水器是利用集热器吸收太阳光，将光能转化成热能，并通过储水箱储存热水的热水器，其储热水箱容积低于 600L，其工作原理为：太阳能热水器是一个光热转换器，区别于传统的自然利用，如晾晒、采光。真空管是太阳能热水器的核心，它的结构如同一个拉长的暖瓶胆，内外层之间为真空。在内玻璃管的表面上利用特种工艺涂有光谱选择性吸收涂层，用来最大限度地吸收太阳辐射能。经阳光照射，光子撞击涂层，太阳能转化成热能，水从涂层外吸热，水温升高，密度减小，热水向上运动，而密度大的冷水下降。热水始终位于上部，即水箱中。太阳能热水器中热水的升温情况与外界温度关系不大，主要取决于光照。当打开厨房或洗浴间的任何一个水龙头时，热水器内的热水便依靠

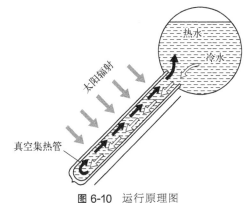

图 6-10　运行原理图

自然落差流出，落差越大，水压越高。运行原理见图 6-10。

6.5.1.2　太阳能热水器主要组成与特点

（1）保温储水箱

① 水箱外壳　水箱外壳采用 0.5mm 厚的彩钢板，强度高，耐腐蚀。

② 水箱内胆　水箱内胆采用进口 0.5mm 厚的 304 不锈钢板经自动氩弧焊焊接加工制成，304 不锈钢板含碳量低，因此焊缝质量高，不易锈蚀。

③ 水箱保温　45mm 聚氨酯整体发泡形成的保温层，保证了太阳能热水器的热效率大于 50%。

储水箱剖视图见图 6-11。

（2）真空集热管

集热管是同轴双层玻璃结构，吸收镀层采用直流反应溅射沉积技术制备而成的渐变铝-

氮/铝选择性吸收涂层。

全玻璃真空太阳集热管由具有太阳能选择性吸收涂层的内玻璃管和同轴的罩玻璃管构成，内玻璃管一端为封闭的圆顶形状，由罩玻璃管封离端内带吸气剂的支撑件支撑；另一端与罩玻璃管一端熔封为环状的开口端。其结构见图 6-12。

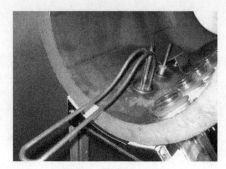

图 6-11　储水箱剖视图

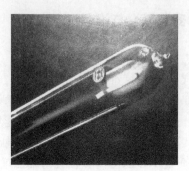

图 6-12　真空管结构

（3）热水器支架

热水器支架采用塔式支架，结构牢固，安装方便，耐腐蚀性强。

（4）智能控制器

用户在使用家用落水式太阳能热水器时，需要进行上水、阴雨天启动电辅助等操作步骤，另外，还需要观察水箱水温与水量是否满足使用要求，往往造成使用不便。因此太阳能热水器的智能控制器便应运而生。

图 6-13　热水器组装效果

目前，绝大多数的太阳能热水器都安装了智能控制器，对用户提供了方便。控制器自动启动上水、电辅助加热等功能，并且可以实时观察到水箱水量与水温的情况，使智能控制器成为了太阳能热水器的标准配置。

（5）其他

① 尾座　固定真空集热管尾部的零件，其作用是保持真空玻璃管的稳定。

② 密封圈　用于密封真空集热管与水箱连接处的零件。

③ 挡风圈　真空集热管插入水箱密封圈后，用于封堵真空管与水箱开孔的零件。

④ 地脚　用于固定太阳能热水器与屋面基础的零件。

（6）热水器组装效果　热水器组装效果见图 6-13。

6.5.1.3　太阳能热水器安装材料

常用太阳能热水器安装材料明细见表 6-7。

⊡ 表 6-7　热水器安装材料明细

序号	材料名称	规格	序号	材料名称	规格
1	铝塑热水管	$\phi 20mm$	3	外丝直通	$1620mm \times G1/2'$
2	铜球阀	$DN15mm$	4	内丝直通	$1620mm \times G1/2'$

续表

序号	材料名称	规格	序号	材料名称	规格
5	等径三通	1620mm	16	两芯护线套	RVV2×0.75mm²
6	等径弯头	1620mm	17	六芯线	RVVP6×0.5mm²
7	内丝弯头	1620mm×G1/2′	18	电伴热带	25W/m
8	外丝弯头	1620mm×G1/2′	19	生料带	18×0.08mm(10m/卷)
9	铜三通	DN15mm	20	胶带	45mm×40m
10	铜对丝	DN15mm	21	铝箔胶带	48mm×40m
11	铜弯头	DN15mm	22	电工胶带	15mm×15m
12	管箍	DN15mm	23	钢丝绳	8♯
13	铝塑管对接	1620mm×G1/2′	24	钢丝绳卡子	M4
14	补芯	20*15	25	保温棉	聚乙烯30mm
15	PEX热水管	1620			

6.5.1.4　安装工具及用途

安装工具及用途明细见表6-8。

▫ **表6-8　安装工具明细**

序号	工具名称	规格	用途
1	冲击钻		安装控制器打孔;开小型穿墙孔
2	铝塑管割刀		截断铝塑管、PEX管
3	扩孔器		将割刀截断的断口扩圆,便于安装管件
4	管钳		拧硬质管路或者拧管件
5	活扳手		
6	改锥	普通一字与十字改锥	接线
7	平口钳、尖嘴钳、偏口钳		截断钢丝绳,接线
8	六角改锥		水箱法兰
9	壁纸刀		接线

6.5.1.5　安装准备与施工注意事项

① 做好入场准备工作,熟悉用户现场情况,遵守用户的规章制度,按惯例进行入场前的安全操作及文明施工教育。

② 施工前首先检查施工工具,电动工具及梯子等均须安全可靠。

③ 施工前必须检查所带安装材料是否齐全,质量是否可靠。

④ 尖顶房安装必须系好安全带。

⑤ 遇大风、雨、雪等天气、夜晚禁止高空施工。

⑥ 从楼上吊装货物必须系安全带并做好安全防护措施,室外固定管道下吊笼前先检查绳索等,做好准备工作,避开楼体周围的电线,吊笼下不得站人或者有其他物品。材料吊装过程中,采取保护措施,避免污损施工现场建筑物。

⑦ 注意用电安全,严禁违章用电。

⑧ 屋面施工时,做到物件轻拿轻放。

⑨ 焊接时应有屋面保护措施，以避免焊渣烫坏屋面。

⑩ 现场材料及工具摆放合理，做到完工、料净、场地清。

6.5.2 热水器安装过程

6.5.2.1 热水器安装步骤与说明

安装工具、太阳能热水器主要设备及配套材料均到位后，可以按照以下步骤进行安装。

（1）安装总则

① 在安装太阳能热水器时，不应破坏建筑物的结构，削弱建筑物在寿命期内承受任何荷载的能力，不应破坏屋面防水层和建筑物的附属设施。

② 用于太阳能热水器安装的产品、配件、材料应质量合格，并有质量保证书。

③ 太阳能热水器安装不得损害建筑的结构、功能、外形、室内外设施等。

④ 太阳能热水器安装后应能满足避雷等设计要求，确保安全性。

（2）建筑整体情况勘察

① 热水器安装要求：全年无遮挡，正南或偏东/西10°以内摆放。楼面安装美观干净。

② 热水器间距计算公式与说明。

$$L = \frac{H}{tg(66.5° - \alpha)}$$

式中，L 为南北相邻热水器间距；H 为前排遮挡物的高度；α 为当地纬度。

以北京地区（北纬40°）为例，前后间距为前排高度×2倍。

③ 全国主要城市纬度及前后排间距见表6-9。

▫ 表6-9 全国主要城市纬度及前后排间距

城市	齐齐哈尔	长春	北京	太原	济南	郑州	上海	长沙	昆明	广州	海口
纬度	47°19′	43°52′	39°54′	37°52′	36°38′	34°48′	31°14′	28°11′	25°	23°08′	20°02′
前后排间距	2.8H	2.4H	2H	1.8H	1.7H	1.6H	1.4H	1.3H	1.1H	1.1H	0.9H

④ 在雷击易发地区，热水器安装位置应选择在建筑物避雷防护之内。

6.5.2.2 热水器组装

热水器整机分解见图6-14。

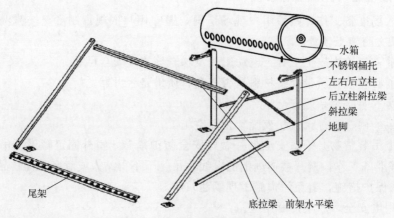

图6-14 热水器整机分解图

（1）开箱检验

① 务必检查随机附件与资料是否齐全。

② 检查支架及配套零部件是否缺失。

③ 检查水箱表面是否有划痕，水箱配套零件是否缺失。

④ 检查真空管是否存在破损、漏气等情况，以及配套零部件是否缺失。

⑤ 检查控制器及配套传感器、电辅助加热头、电磁阀等配件是否齐全，并首先在外观上检查是否存在质量问题。

（2）热水器支架组装

① 开箱检验后，将支架各个组成部分整理好并放置于便于安装的位置。

② 首先组装两侧的支架。先将每侧的支架前立柱和后立柱分别与水箱桶托连接，并将地脚固定在支架上。然后分别将两侧支架的斜拉梁固定好，详见图 6-15。

③ 将两个侧支架立好，用热水器后立柱斜拉梁将两侧的支架连接好，详见图 6-16。

④ 将尾架、前架水平梁固定好，支架组装完成。支架使用螺母进行固定连接，在热水器整机组装完毕后方可拧紧螺母，详见图 6-17。

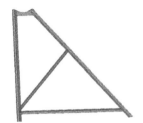　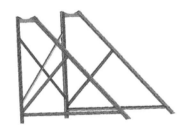　

图 6-15　两侧支架安装图　　图 6-16　后拉梁固定好的两侧支架图　　图 6-17　支架完成图

（3）热水器水箱安装

① 将水箱从包装箱中取出，取下固定在水箱上的螺母与垫片。

② 将水箱下部螺栓插入桶托上的长孔中，垫垫片，上螺母。

待整机组装完毕后方可撕掉全部的水箱保护膜以及拧紧螺母。禁止用壁纸刀等锋利工具撕膜。

（4）热水器定位固定

推荐将热水器地脚固定于带有预埋铁的地脚基础上，或者制作水泥方砖，在水泥砖上打膨胀螺栓，再把热水器的地脚固定在膨胀螺栓上。固定时必须确保热水器水箱水平与各地脚受力均匀。禁止出现地脚悬空的现象（在台风多发区，应使用钢丝绳把水箱、支架牢固地固定在屋面上）。

在热水器组装完毕之前，不得紧固螺母。

（5）真空管安装（见图 6-18）

① 真空集热管安装前，应尽量避免阳光照射，否则安装时可能造成烫伤。安装时，检查水箱孔内密封胶圈是否齐全，密封面处是否清洁、无异物、无破损。

② 将挡风圈斜面向下，套在真空集热管开口端，距管口约 10cm ［图 6-18（a）］。插管前，需用水将管口浸湿，以便于安装。

③ 插管时边均匀用力边旋转真空集热管，使其旋转着进入密封胶圈，合力方向应与真空集热管轴线方向一致。

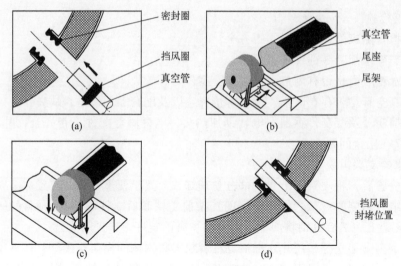

图 6-18　真空管安装图

④ 将真空集热管尾部套上尾座，再将尾座插入尾架上短孔［图 6-18(b)］，用合力将尾座左右弹性卡钩插入尾座长孔，将真空集热管固定于尾架上［图 6-18(c)］。

⑤ 真空管插入密封硅胶圈内深度约 1cm 左右。将挡风圈推至水箱孔处封堵［图 6-18(d)］。

安装真空集热管时，应首先在热水器水箱两端各安装一支，以使热水器水箱与支架整体定位。真空集热管全部安装就位后，紧固热水器全部螺母。

6.5.3　室外部分安装

按照安装顺序，室外安装包括室外管路安装、管路保温安装、线路安装、室外避雷。参照图 6-19。

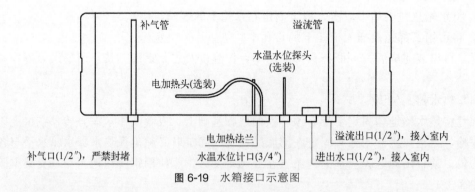

图 6-19　水箱接口示意图

6.5.3.1　管路安装

（1）管道材质

家用太阳能热水器的室外管道材质一般为 PEX 或者铝塑管。

（2）安装顺序

① 将屋面管道一端留在热水器水箱附近，另一端通过管井（或者烟道等）引入室内，并在两端留出富裕长度，铺设管道时需要一边铺设一边将管道捋直。

② 将管路一端固定在热水器的进出水口处。

（3）注意事项

① 对于采用落水方式供水的热水器楼面安装严禁反坡，即热水管路（上水管路）的坡度必须按照热水流向向下。

② 管道支撑：管道支撑间距小于 1.5m，金属管间距小于 2m，要有明显的放水坡度。

③ 水箱进出口先安装铜接头再接铝塑管，以防铝塑管受力开裂。

6.5.3.2　管路保温安装

保温包括电伴热带与保温棉、铝箔胶带以及附属材料。沿着管道向外依次为电伴热带、保温棉、固定保温棉的胶带，最外层为铝箔胶带。

（1）保温材质

① 电伴热带务必采用国内正规厂家生产的产品。

② 保温棉材料一般采用 30mm 厚的聚乙烯。

③ 固定保温棉的胶带、铝箔胶带均需要保证质量。

（2）保温安装顺序

① 将电伴热带紧贴管路，每隔 0.5m 用电工胶带缠紧，保证电伴热带附着在整个室外管路上。电伴热带一端用电工胶带缠紧，避免漏电，另一端留出接头，准备与电伴热带电源线对接。

② 将保温棉沿粘接缝撕开；包裹在管路上，之后用胶带固定紧。

③ 将铝箔胶带缠绕在保温棉上。

（3）注意事项

① 电伴热带安装必须按照相关国家标准与电伴热带厂家说明进行安装。

② 楼面管道应全部保温，不准有缺口（包括回水管），保温管横向、纵向要错口、合缝，保温管内层、外层必须合缝，铝箔纸缠紧并搭接适度，美观干净。保温材料一般采用聚乙烯保温棉，厚度 30mm。

③ 铝箔胶带必须缠绕紧密，并且保证外观平整美观。

6.5.3.3　线路安装

线路安装包括电伴热带电源线、太阳能热水器传感器线与电加热电源线。线路除热水器传感器线外，其余均为护套线。电伴热带电源线采用 RVV2×0.75 护套线，传感器线采用 RVV3×0.2 护套线，电加热电源线采用 RVV3×1 护套线。

（1）安装顺序

① 在管路铺设过程中，线路应一同经过管井进入室内。两端均留有一定长度以便于施工。

② 将电伴热带电源线、太阳能热水器传感器线与电加热电源线接好，必须符合国家相应标准与说明书。

安装示意图见图 6-20。

（2）注意事项

① 室外线路需敷设 PVC 硬塑管作为穿线管。

② 严格按照国家标准进行施工。

③ 严格按照产品说明进行施工。

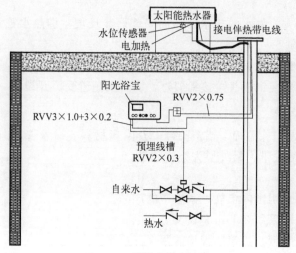

图 6-20　线路安装示意图

6.5.3.4　室外避雷安装

热水器安装应选择在建筑避雷防护之内。若热水器高度超过建筑物避雷网保护范围，应在水箱附近做引雷器和建筑物避雷网相连。

6.5.4　室内部分安装

按照安装顺序，室内安装包括室内管路安装、管路保温安装、线路安装、控制器安装。

6.5.4.1　管路安装

家用太阳能热水器的室内管道材质一般为铝塑管。将预留好的管路接头按照安装示意图 6-21 进行安装。

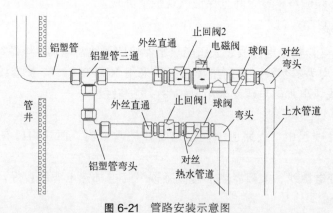

图 6-21　管路安装示意图

注意事项：

① 螺纹连接管道安装后的管螺纹根部应有 2~3 扣的外露螺纹，多余的麻丝/生料带应清理干净。给水立管始端和装有阀门等易损配件的地方要求安装可拆的连接件。

② 自来水进水端必须安装止回阀，防止停水时热水倒流进入自来水管，避免自来水管损坏或者烫伤其他业主。

③ 管道穿楼板时，应设置套管，套管应高出楼面 0.05m，管道穿楼板、屋面时，应采取严格的防水措施，且穿越前端应设固定架。管道穿墙进室内时可采用塑料管口或者其他装饰材料修饰。

④ 管路的穿墙孔必须保证有倒坡，且做好密封，以防雨水、异味等进入。

6.5.4.2　管路保温安装

一般情况下，对于室内管路较短的情况，可以不加装保温。对于业主特别要求或者管路较长的情况下，需要安装保温。

若加装保温，则保温做法除不加装电伴热带外，其余与室外保温做法相同。保温棉外铝箔胶带需要根据业主要求或者装修情况进行调整，可选用其他材料代替。

6.5.4.3　控制器安装

（1）安装步骤

① 确定安装位置：控制器安装位置高度为距地面 1.4～1.6m。

② 安装控制器：根据控制器说明书的安装说明进行安装。

（2）注意事项

① 使用 1.5kW 的电热器，原有室内配线的截面应为铜芯线不小于 $1.5mm^2$，铝芯线不小于 $4mm^2$。

② 需用带有保护接地的三极插座与主机连接。插座的容量不得小于 250V、16A。

③ 控制器避免安装在潮湿位置。应建议安装在干燥、通风较好的位置。

6.5.4.4　线路安装

室内线路安装主要包括控制器接线、电伴热带电源线接线、电磁阀接线。

（1）施工顺序

接好电伴热带电源线，若控制器提供电伴热带开启功能，则可接入控制器；若控制器不提供电伴热带开启功能，则电伴热带需要专门接好一个插头，开启时插入电源插座即可。接好电磁阀线，即从控制器引出电磁阀线，另一端接到电磁阀上，将电磁阀保护盖盖好。接控制器线：将预留好的传感器线与电加热线接到控制器上。

（2）注意事项

① 在墙上打膨胀螺栓或钢钉时，须避开墙体内埋设的电线，杜绝因之而千万的短路事故。

② 穿线应符合国标的要求。可以借用室内通风孔和扬弃不用的烟囱。

③ 敷设 PVC 硬塑管，或明敷。不得在高温和易受机械损伤的场所敷设。

④ 硬塑管的连接处必须牢固，密封。明敷硬塑管在穿过楼板易受机械损伤的地方应用钢管保护，保护高度不低于 0.5m。明敷塑料管，固定点的距离应均匀。

⑤ 使用线槽或穿线管时要求横平竖直，美观大方。明敷时，导线应平直，不应有松弛、扭绞和曲折现象。

⑥ 管卡与终端转弯中点的距离为 0.15～0.5m，中间管卡的最大距离为 1m。导线在管内不得有接头和扭结。明敷塑料护套线时线卡的固定距离不大于 0.3m。

⑦ 塑料护套线明敷时，导线应平直，不应有松弛、扭绞和弯折现象。水位水温的信号线一般不宜与连接电热器的护套线同穿一根线管。

6.5.5 热水器调试与检验

① 打开主机的电源开关，使主机能正确地显示出水温和水位。

② 检查电磁阀上水停水功能：水位低于高定值时，按"上水"按钮时，屏幕出现"上水"字样，电磁阀应打开，并开始上水。再按一下"上水"按钮时，应能停止上水。上水至满水或至设定水量时，应能自动可靠关闭。

③ 启动电加热，看功能是否有效。

④ 启动控制器的其他功能，看是否有效。

⑤ 开启电伴热带功能，看电伴热带能否正常工作。

⑥ 上水后，检查一遍室内所有管道，不允许有跑、冒、滴水现象。清理掉多余的麻皮和生料带。仔细调试好仪表，耐心教会用户使用，把使用说明书给用户讲解清楚。最后打扫卫生清点工具，并与用户道别。

6.6 真空管阳台壁挂式热水器安装

常见阳台壁挂式太阳能热水器如图 6-22 所示。

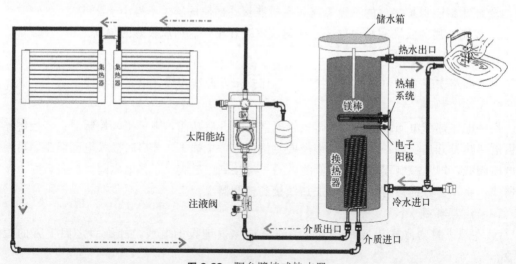

图 6-22 阳台壁挂式热水器

水箱为承压水箱，自来水从水箱下部进，热水从水箱上部出，低进高出顶水式运行，出水压力等于自来水压力。电加热构成辅助热源部分，用于太阳能不足或对水温要求较高时的热量补充。主要性能参数见表 6-10。

▣ 表 6-10 阳台壁挂式太阳能热水器主要性能参数

项目	参数
最大工作压力	0.7MPa
最高工作温度	储水箱为 90℃，太阳能站为 110℃
循环泵最大扬程	6m

续表

项目	参数
太阳能站电压	单相 220V（＋6％～－10％）,50Hz
辅助热源额定功率	2.4kW
抗冻要求极限	用户所在地 10 年内最低温度

6.6.1　安装准备

（1）准备工具

根据产品型号规格，准备所需工具，安装工具一般包括螺丝刀（平口、十字各一把），活口扳手两把（最大开口尺寸不小于 30mm），呆扳手（10mm×12mm、14mm×12mm 各两把），冲击钻一套（ϕ6mm、ϕ8mm、ϕ10mm、ϕ12mm 钻头各一个），水钻一把（ϕ65mm 钻头一个），气焊枪一套，电源插头插座及电源线（Rvv3×1mm^2）一套，1m 软管两根，注液塑料桶一个，指南针一个，米尺一个，工作布一块，铝塑管截管器、扩孔器各一个，美工刀、剪刀、剥线钳、压线钳各一把，热风枪一个，气泵一台，起鼓机，拉铆枪一把，铜管割刀，砂纸若干，焊锡膏，硼砂，铜焊条，注液泵（大于等于 3bar）。

其他辅助工具如安全带、粗绳、细绳、鞋套、梯子等，视实际情况而定。

（2）装车运输

由于关键部件为玻璃制品，面积较大，很容易破碎，所以任何一个动作都应充分考虑到产品的安全。物料准备完毕后装车，装车要遵循"大不压小、重不压轻"的原则。集热器装车时动作要轻，几个人同时抬起集热器时一定要用力均匀把集热器抬平，不能使集热器扭动变形，以防损伤玻璃集热管，严禁推、拖、翻转，更不能挤压、踩踏集热器。在车上放稳，避免车急转弯时集热器翻倒，然后抬装水箱、管路配件及附件、各种工具。

（3）确定安装位置

到达用户家里后，首先让用户查看型号、规格是否与购买的一致，将主机外包装箱上的型号标识指给用户看清，并开箱验机。

确认完产品后，查看用户阳台的结构形式，确认主机和管路配件。

首先确认集热器位置，一般原则是朝向正南，前方无遮挡物（高层或楼距较小的小区，要考虑前面楼房在一年四季对本楼房的遮挡情况），阳台的外墙足以承受集热器的重量。

其次确认水箱安装位置，水箱位置一般靠近墙角，综合考虑水箱与集热器、预留的冷热水接口、预留的电源插座之间的距离，使安装管路尽量短，并且水箱位置有利于管路走向，管路安装原则：横平竖直。

6.6.2　集热器安装

集热器安装步骤如下：

（1）准备

从包装箱里取出挂件和挂钩，如图 6-23 所示把挂钩和挂件用两个 M8mm×16mm 的螺栓连接、拧紧。

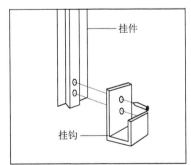

图 6-23　挂钩和挂件安装

（2）确定安装挂件的中心距

根据产品的规格型号确定挂件的位置，一片集热器两个挂件，150L、200L 分别有两片集热器。挂件的安装尺寸如图 6-24 所示。

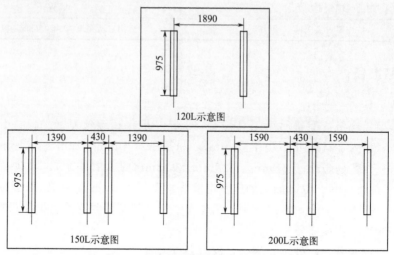

图 6-24　挂件安装尺寸

（3）确定安装挂件高度位置

确定完集热器的安装挂件中心距以后，再确认挂件的安装高度（保证集热器安装完毕后上方有 150mm 的空间便于布置集热器进出水管路）。根据阳台结构确定挂件的位置，保证集热器出口位置的挂件比另一端挂件安装位置高出 20mm，以有利于管道循环，详见图 6-25。

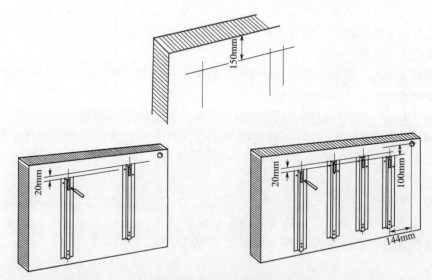

图 6-25　挂件安装高度

（4）确定打孔的位置

把挂件放置于所画中心线的位置，用铅笔或记号笔在墙上画出孔的位置。

（5）打孔

把冲击钻用细绳拴牢，以防打孔时脱落，操作工手持冲击钻从窗户探出头来，钻头对准所画孔的位置打 ϕ12mm 孔，深度 80mm，按照所画位置一一打孔。

（6）安装膨胀螺栓

打完孔以后安装 M8mm 的膨胀螺栓。安装螺栓时为了保护螺栓头部螺纹的完整，使螺母能够轻松地旋进，在螺纹端安装两个螺母，外部的螺母高出螺栓顶部，以防用锤子敲击时砸坏螺栓顶部的螺纹。

（7）固定挂件

把膨胀螺栓的螺母和垫圈取下来，挂钩在下端把挂件固定在螺栓上，拧紧螺母，挂件固定完毕。

（8）打穿墙孔

穿墙孔的位置应考虑管路美观和室内水箱位置来确定，穿墙孔位置大约距离集热器上边缘 100mm，左右位置视实际情况而确定。根据墙外孔的位置，测量室内墙面孔的位置并作标记，在标记处用划规画 ϕ75mm 的圆，拿水钻对准所划位置打 ϕ75mm 穿墙孔，为了防止雨水从孔内倒灌，一般要求穿墙孔带 5°的斜度。在墙孔的两端加装饰盖，详见图 6-26。

（9）吊装、固定集热器

把集热器从包装箱里取出，查看集热器在运输过程中有无损坏、磕碰，确认完好后用吊装的大绳或者专用的吊装工具开始吊装集热器。把大绳栓在集热器横框的两端（固定牢固，严禁滑动），均匀提升，保证集热器不倾斜，同时用一根小绳系在上横框上，在提升集热器时，下面有一人拉着小绳，以防集热器磕碰下面楼层的阳台或有障碍物阻挡集热器的上升。在吊装到用手能拉到横框的时候，用手抓住横框提起，把集热器的下横框放入已安装好的挂钩里面，然后用 M8mm×16mm 的螺栓把集热器的上横框和挂件进行连接。取下绳子，把绳子放好，集热器安装完毕，详见图 6-27。

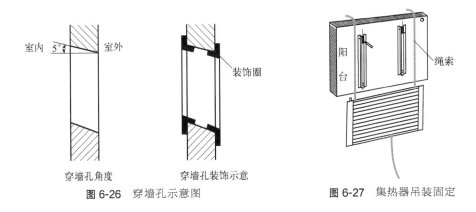

图 6-26　穿墙孔示意图　　　　　　　　图 6-27　集热器吊装固定

（10）水箱位置确认

① 选择地面平坦且结实的地方，确保地面有足够的承重能力，水箱支架底端有四个支腿螺栓可以调节，使其垂直于地面。

② 距离集热器出口较近的原则，选择在地漏附近。

③ 水箱距离墙面最小距离 150mm，以便于各个水嘴的连接和管路的维护。

④ 避免水箱遮挡阳台窗户，影响室内采光。

6.6.3　温差循环管路连接

温差循环管路连接包括管路的布置、焊接、太阳能站以及膨胀罐的安装等。管路安装按照以下原则：

① 管路要保持横平竖直。

② 室内管路冷热水管横向并行时，热水管路在上，冷水管路在下。

③ 水平管道固定支架间距 0.5m；垂直管道固定支架距离 0.8m。

④ 温差循环管路采用紫铜管焊接的连接方式。

⑤ 两管间距≥50mm，管道距离墙面 50mm。

（1）划线

根据已打好的穿墙孔位置和水箱各水嘴的位置，设计管道走向并进行标识。

（2）安装太阳能工作站

根据管路走向确定安装位置（见图 6-28）。

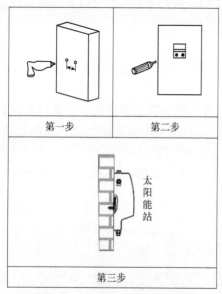

图 6-28　太阳能工作站安装位置

依据图示在墙体打 2 个孔，孔间距为 27.5mm，孔径 10mm，深度 50mm，将固定板用 ST5.5mm×45mm 胀管螺钉固定于墙体上，将太阳能工作站挂到固定板上。

太阳能工作站安装注意事项：

① 太阳能工作站要安装在便于维修和更换的位置；

② 太阳能工作站必须竖直安装；

③ 因太阳能工作站运行有噪声，安装位置要远离卧室或书房。

（3）集热器的连接

当集热器有两片时，采用串联的连接方法，连接方式见图 6-29，将温度传感器安装在出水端。单片集热器的情况，把靠近盲管的水嘴做为集热器的出口，另一个做为集热器的入口。

（4）管路连接

温差循环管路全部采用铜管管路连接，在水箱和集热器的各个接口处采用卡套接头管件连接，其余管道采用锡焊管件连接，对于长的管路在焊接前先将 PVC 管路保温安装在管路上，两端留出焊接空间，大约 4cm 左右。焊接过程方法如下：

① 按照所需长度切割铜管。下料时除了要计算所选用管件本身的长度与铜管端插入铜管件的深度外，还要考虑钎焊接头的数量、位置与钎焊次序能否符合实际施工的需要，考虑

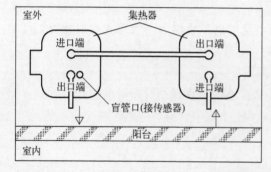

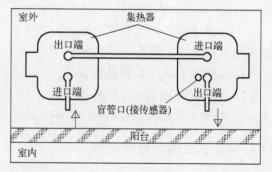

图 6-29　集热器连接

周全再下料；铜管切割时，应防止操作不当而使管子变形，管子的切口端面应与管子轴线垂直，切口处的毛刺应清理干净。

② 把管孔口的内外毛刺去掉。

③ 将铜管接头处的外表面及管件接头处的内表面的氧化膜等用助焊锡膏擦拭干净，擦拭长度约 20mm。

④ 在清理干净距离管端 10mm 的管子外表面均匀涂刷焊锡膏。

⑤ 在焊接的铜管件的内表面上均匀涂刷焊锡膏。

⑥ 将铜管插入管件中，插到底并适当旋转，使焊锡膏均匀。

⑦ 将从接缝挤出的多余焊锡膏抹去。

⑧ 把焊接的管件和铜管放置在同一个平面上，用气焊火焰对接头处均匀加热，直至加热到铜管接头和管子的结合处圆周有锡料溢出时表示已将钎缝填满。

⑨ 移去火焰，保持接头在静止状态下用湿抹布将其冷却结晶，将接头处的残余钎焊剂及反应物用水清洗干净。

⑩ 焊接完毕后，将各连接口处的卡套接头用扳手锁紧，注意当感到吃力后，再紧半周到一周即可，试漏过程中发现有渗漏时再进一步锁紧。

⑪ 对管路进行固定，见图 6-30。

⑫ 安全阀与膨胀罐：在太阳能站左、右端口分别安装安全阀与膨胀罐（位置可以互换）。安装时，首先将托架用胀管螺钉与墙体固定；然后把膨胀罐水平推入托架缺口处；最后，用扣板将缺口封闭即可。在太阳能站另一端安装安全阀。

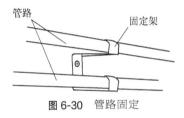

图 6-30　管路固定

（5）用水管路连接

依据阳台上预留的自来水和热水管的接口分别与水箱的进水口和出水口连接，在自来水进水口处需要安装止回阀，在止回阀的前面和水箱出水口处分别安装一个截止阀，以方便维修。在水箱的泄压口处安装 T/P 阀，T/P 阀的排泄口连接到阳台的排水口内，以防排水时烫伤人，详见图 6-31。

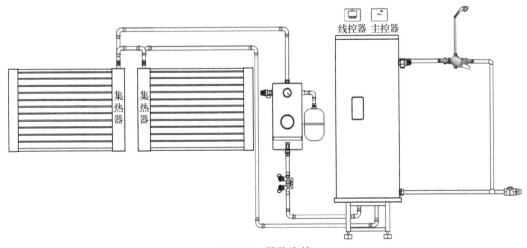

图 6-31　管路连接

（6）打压试漏

将各管路连接完毕后，开始试漏。

选用气压试漏，将气泵的充气口接到太阳能站下面的注液阀口上，打开此处注液阀，给气泵通电，气泵工作开始给管路充气，当充气压力到达 5bar 的时候关闭注液阀，将气泵断电，用刷子蘸肥皂水检查管路各个接口有无渗漏，保压 5min，如有泄漏重新焊接或拧紧漏气部位，如无泄漏，打开注液阀泄压。

6.6.4 控制系统安装及线路布置

（1）控制系统主控器安装

控制系统主控器安装过程如下，并参照图 6-32。

① 按控制系统主机的挂具尺寸在墙面上做好划线，定好打孔点，然后打 ϕ6mm 孔。

② 把塑料膨胀管塞入孔内，用 ST4.0mm×30mm 的自攻螺钉将塑料挂具固定在墙上。

③ 将控制系统主机背面的两个挂孔挂在塑料挂具的固定挂钩上。

④ 依照塑料挂具的固定方法将护线槽的下壳固定在控制系统的下端墙面上，然后将接线放入出线盒中，盖上出线盒的上壳。

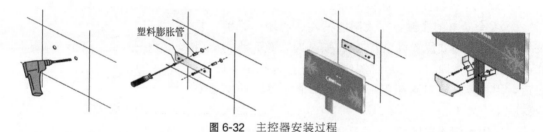

图 6-32 主控器安装过程

（2）控制系统线控器安装

控制系统线控器安装过程如下，并参照图 6-33。

① 按控制系统线控器挂具尺寸在墙面上做好划线，定好打孔点，然后打 ϕ6mm 孔。

② 把塑料膨胀管塞入孔内，用 ST4.0mm×30mm 的自攻螺钉将塑料挂具固定在墙上。

③ 把控制系统线控器挂在挂具的固定挂钩上。

④ 将线控器接线放入护线槽中。

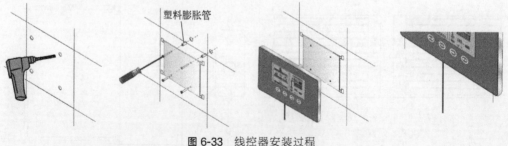

图 6-33 线控器安装过程

（3）电气连线

连线要求如下。

① 如果电源线需要加长，连接处要连接牢固，并采取有效的防水措施。

② 集热器传感器连接：传感器接好后将温度探头插入集热器出口处的盲管里。

③ 为保护线路的安全，所有线路要用穿线管保护或采取其他的保护措施。室外的线路放在集热器边框的槽内，室内的线路要隐藏在循环管路后面，不能隐藏的要做固定。

电气连线如图 6-34 所示。

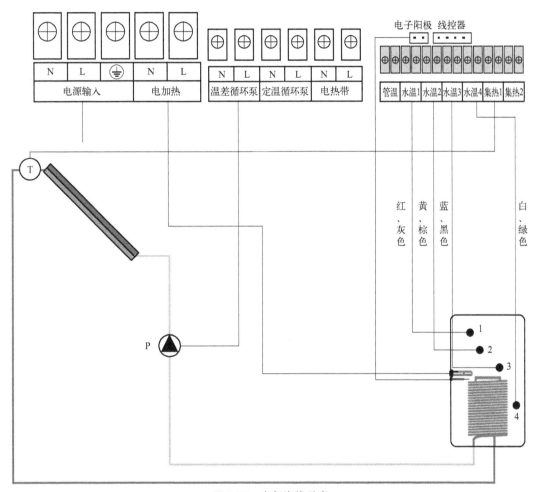

图 6-34　电气连线示意

6.6.5　循环介质充注

循环介质的灌注分为以下几个步骤，详见图 6-35。

① 关闭组合注液阀中间阀柄，同时打开两个注液口，并拧下注液阀的防护帽。将注液泵的出口与注液口 2 连接，注液口 1 与注液桶连接。

② 启动注液泵，注液泵会将循环介质注入温差循环系统中。

③ 当注液出口端的循环液体流动均匀时关闭注液口 1 处阀门，观察太阳能站上压力表读数；当指针到达 2.5bar 以上时关闭注液口 2 和注液泵。

④ 旋转组合注液阀中间阀柄至起始位置，缓慢旋转注液口 1 阀门将管路压力降低至 2bar 后关闭阀门，至此循环液灌注结束。

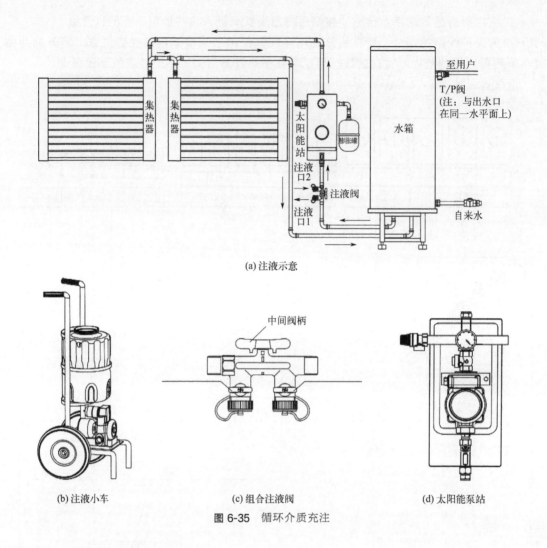

(a) 注液示意

(b) 注液小车   (c) 组合注液阀   (d) 太阳能泵站

图 6-35　循环介质充注

6.6.6　系统调试与控制设置

调试完成后，在晴好天气自动温差循环启动时，再次观察系统的运行情况。

如果太阳能站启动后噪声较大，需要用平口螺丝刀旋转电机端面的螺栓排气，没有气体排出时，再把螺栓拧紧。

注意：系统压力如果下降，需补注循环液。

整个系统全部安装完毕，首先由专业人员对智控系统进行设置调试，调试完毕之后，对用户培训。

6.6.7　管路保温

确认系统运行正常后对管路进行保温，保温材料采用 $\phi 56mm$ 的 PVC 橡塑保温管，在东北地区可适当加厚。管路没有接头处可在管路连接时直接进行保温。在接头处和焊接处，截取适当的保温管长度后，用剪刀将保温管剪开，然后套于管路，再用保温管专用胶涂于截面处，当胶不粘手时，再将保温管粘贴到一起，弯头或直接处再用 PVC 专用管件进行处理。

在室内用 PVC 穿线槽，线路走向保持横平竖直。PVC 管作为阻燃塑料线管，其穿线数量是一定的，多穿入电源线会影响电源线路散热，线管管径要保证穿线以后拉动自如。线管的选择，可按线管内所穿导线的总面积（连外皮）不超过管子内孔截面积的 40％ 的限度进行选配。

管路安装效果见图 6-36。

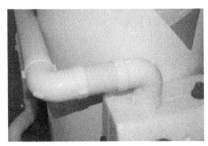

图 6-36 管路安装效果

6.7 平板太阳能热水器安装

6.7.1 系统简介

（1）运行原理

平板太阳能热水器运行原理如图 6-37 所示。根据热虹吸原理，当太阳光照射时，集热器温度迅速升高，流道内的介质受热膨胀，密度变小，自然上升，循环到水箱换热器中，将水箱内的水加热。而相对低温的水（或介质）密度较大，回流到集热器的底部，在吸收了热能后，再膨胀上升，形成持续热虹吸自然循环，使水箱水温不断升高，从而产生充沛热水。

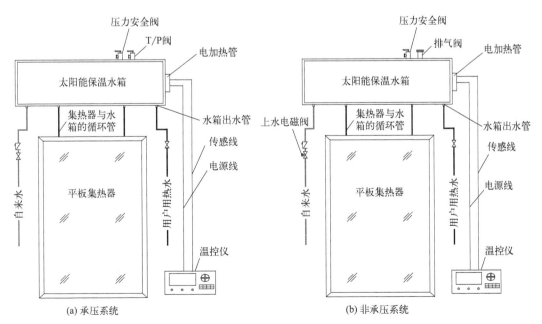

图 6-37 平板太阳能热水器运行原理

当阴雨天光照弱不能收集足够的热量加热水时，温控仪会自动启动电辅助系统，达到设定温度自动停止。

（2）基本结构

平板型太阳能热水器主要由平板集热器、水箱、支架等部件组成。根据安装方式的不同，又分平顶型紧凑式平板太阳能热水器和坡顶型紧凑式平板太阳能热水器两类，其基本结构如图 6-38 所示。

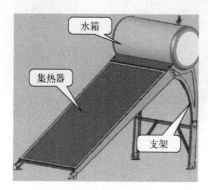 

(a) 平顶型紧凑式平板太阳能热水器　　(b) 坡顶型紧凑式平板太阳能热水器

图 6-38　平板太阳能热水器结构

（3）产品特点

① 外观简洁、美观、大方。

② 系统采用间接换热，彻底解决平板的防冻和防垢问题；

③ 集热器结构的特殊设计，管路连接简单方便；

④ 产品全金属流道，材质为铜、不锈钢/搪瓷，水质无污染达到食品级要求，故障率低，维护方便；

⑤ 采用磁控溅射吸热板，效率高；

⑥ 产品具备融雪抗冻等功能，高寒地区冬季同样适用。

6.7.2　系统安装

平板型太阳能热水器安装包括：主机支架组装安装、集热板安装、水箱安装、智控与电辅系统安装、系统管路安装以及主机加固。

6.7.2.1　安装基础

在支架安装前先预制水泥墩，再将支架安置在水泥墩上，用螺栓进行固定。水泥墩及预埋件布局尺寸根据支架固定孔的尺寸制作。混凝土基础示意见图 6-39。

6.7.2.2　主机安装

平顶型紧凑式平板太阳能热水器主机安装过程如图 6-40～图 6-42 所示。

热水器主机必须按以下要求进行固定：

① 用细钢丝绳从集热器支架上部沿四个方向斜拉，两两对称，与建筑物固定；

② 钢丝绳与建筑物连接的一端，必须在建筑物坚固位置打孔，楔入膨胀挂钩，膨胀挂钩进入孔内深度大于 5cm 以保证主机的稳定性。或根据实际安装环境灵活处理，但必须保证主机的稳定性和抗风性。

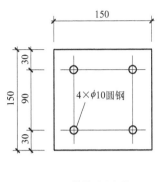

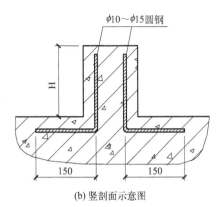

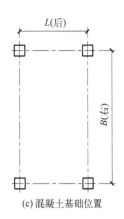

(a) 横截面示意图　　　　　(b) 竖剖面示意图　　　　(c) 混凝土基础位置

图 6-39　混凝土基础示意图

坡顶型紧凑式平板太阳能热水器主机安装过程如图 6-43～图 6-45 所示。

6.7.2.3　管路系统安装

管路配件主要包括：阀门、上下水管路、保温材料、管件等。所有管路配件，依据企业标准进行专业设计和严格检测后，统一配发，以便有效避免在安装后出现管路冻堵、锈蚀等现象，保证管路正常运行。

安装前应仔细检查水箱内有无异物，安装过程中严禁杂物混入管路中，以防止使用时影响系统的正常运行。

（1）集热器与水箱的连接

集热器与水箱之间采用波纹管连接，外加保温管，见图 6-46。集热器、水箱与支架之间连接见图 6-47。

（2）主管路安装

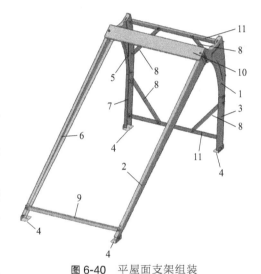

图 6-40　平屋面支架组装

1—托架压板；2—左前腿；3—左腿；4—盖板；
5—左桶托；6—后拉杆；7—横梁；8—右桶托；
9—右前腿；10—右腿；11—铁鞋

注：盖板在集热器、水箱及连接管安装完毕后最后安装。

太阳能热水器管路的连接因机型与位置而异，也可根据用户需求现场设计，本书仅提供典型的管路安装说明及保温规范。

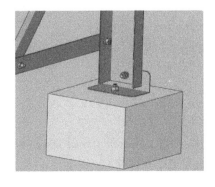

图 6-41　平顶基础与支架连接

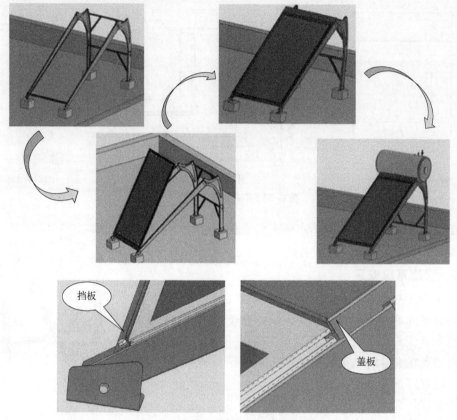

图 6-42　平屋面集热器及水箱安装

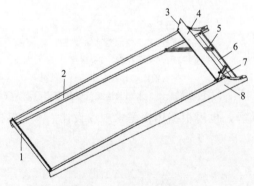

图 6-43　坡屋面支架安装

1—托架压板；2—左腿；3—左连接角；4—盖板；
5—后拉杆；6—横梁；7—右连接角；8—右腿

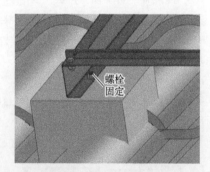

图 6-44　坡屋面支架的固定

① 管路尽量预留或预埋。

② 管路距离应尽量短，且保持由高到低，避免出现反坡。

③ 为防止热水回流，管路中必须安装止回阀。止回阀安装在热水管路与自来水连接的位置，而且沿竖直方向安装，保证箭头向上，与自来水进水方向一致。

④ 有排气口的严禁堵塞。

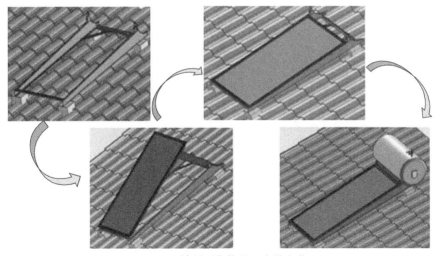

图 6-45 坡屋面集热器及水箱安装

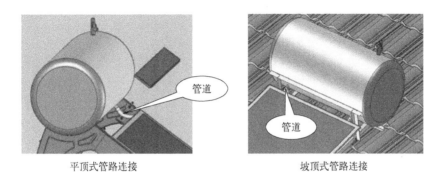

平顶式管路连接 坡顶式管路连接

图 6-46 集热器与水箱连接

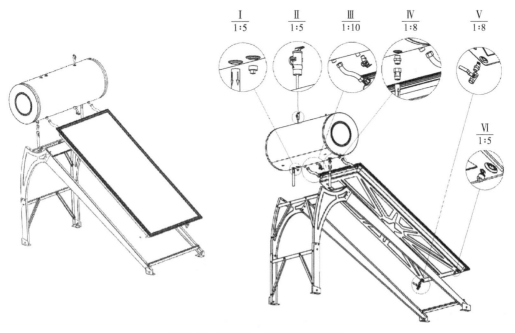

图 6-47 集热器、水箱与支架连接

⑤ 所有管路必须进行有效固定。选择合适规格的管卡，管卡的距离不大于 1m。

⑥ 太阳能热水系统管路与自来水连接处应安装球阀。若水源压力高于 0.6MPa，则在进水口还应加装减压阀，确保进水压力不高于 0.6MPa。

（3）管路保温

保温材料推荐使用高质量的聚氨酯、橡塑材料或聚乙烯材料（壁厚 50mm），安装拆卸方便，不吸水，导热系数低及尺寸稳定性好。管路试水合格后，安装伴热带，再进行保温，保温管的安装步骤如下：

① 将保温管套在从管道下 30cm 到上下水嘴及溢流口的所有管路上（上下水管、溢流管捆绑在一起）。在上下水嘴及溢流口处必须额外留出 15cm 长的保温管，以防材料收缩出现缝隙。

② 防冻重点部位（管路接口处、穿墙接口处）要加强保温。保温管与管路应结合紧密，严禁存在裂口、透风、漏气等现象。

③ 外层应全部用胶带缠绕紧密，外面再缠一层铝箔。

④ 安装完毕后保温管路要横平竖直，无下垂部位。保温管与太阳能热水器主机之间要采取固定措施。

（4）管道防冻

在结冰地区室外管道必须增加伴热带防冻，伴热带具有抗老化、自限温、启动速度快、运行费用低、安装维护方便、热稳定性强等特点。

使用注意事项：

① 电伴热带应严格按照性能指标设计施工，严禁超标使用。

② 电源线容量选择：单一电源所负载电流总流量与所连接的电伴热带长度成正比，电源线的载流量应根据防冻带的启动电流与使用长度来选择。

③ 当地气温低于 4℃时，应接通电伴热带，当地气温高于 4℃时必须切断电源，防止热平衡失控出现事故。

④ 管路安装完后请试水后再安装电伴热带。

⑤ 为避免电伴热带在使用过程中存在安全隐患，安装过程中严禁野蛮操作，防止电伴热带外护套因受到外力作用而破损，请施工人员严格按照电伴热带使用说明书进行操作。

6.7.2.4　安装电加热

若客户需要电辅助加热，可根据客户的实际情况连接电加热部分。电源线使用符合 3C 要求的 3×1.5mm 户外用橡套电缆。按实际的需求截取电源线的长度。将剥好的电源线接入接线孔，对应相线（L）、中性线（N）和接地（⏚）接入并压紧，用压线卡压紧电源线，确保压线卡压在电源线的护套上，并用螺丝刀把压线卡上紧，重新上好护盖。剥线、压线时要确保地线最长、零线次之、火线最短。

根据客户的需求，电源线的另一端接漏电保护插头或温控仪，温控仪的安装及使用说明见温控仪的说明书。插座和温控仪一定要安装在干燥处和容易观察的位置。

注意事项：

① 检查电表、室内电源线及安装所用电器部件，确保和电加热功率（见产品参数表）相匹配，严禁超负荷。

② 国内安装必须使用 220V、50Hz 交流电源，通过漏电保护器接通水箱电加热与控制器电源。

③ 在水箱就近位置设置有良好接地的三脚 16A 插座；插座必须可靠接地，地线、零线严格分开，严禁把三孔插座中的地线和零线连接在一起；现场检查线路、电热管两极与外壳电阻值，用万能表测量应无读数，插座应与所用漏电保护插头匹配，严禁使用劣质插座，以免损坏插头，发生危险。

6.7.2.5　介质充装

任何情况下平板集热器不建议采用直接加热方式，必须采用导热介质和换热装置间接加热。若采用直接加热，需解决防止流道结垢和结冰的问题。介质充装过程如下：

① 管路检查　查看平板集热器和水箱管路连接正确，管道连接件紧固，管道固定可靠。

② 承压水箱管路试压　首先将水箱 TP 阀开启，关闭用户热水末端出水阀门，打开自来水进水阀门注水，待水箱注满水后关闭自来水进水阀门及 TP 阀，把压力泵接到热水出口，打开热水阀，启动压力泵开始加压，压力升至 TP 阀（0.6MPa）开启为止，当 TP 阀自动闭合后记录压力值，仔细观察各连接点有无渗漏现象，10min 内 TP 阀自动闭合后的压降不超过 0.02MPa，不渗漏为合格。

③ 非承压水箱管路试压　管路连接好后，关闭用户热水末端出水阀门，打开自来水进水阀门注水，待水箱注水到排气阀溢流后关闭自来水进水阀门，用抹布擦干水箱表面及各连接处，仔细观察各连接点有无渗漏现象，10min 内不渗漏为合格。

④ 集热循环管路试压　承压、非承压水箱在测试确保水箱及连接管路合格后，保持水箱内胆满液状态，把试压泵连接到水箱充液口，打开压力安全阀，开启水泵充液，充满水后关闭压力安全阀，并持续增压，直至压力安全阀自动开启为止，观察集热循环管路有无渗漏，保压 10min，无渗漏即合格。

⑤ 集热循环管路清洗　开启所有集热器排污阀，试压泵持续开启，清洗集热循环管路，冲洗 5min 关闭水泵排水，有排不净的液体，可用充气设备将系统液体吹出，直到吹净为止，关闭排污阀。

⑥ 注液　打开注液阀，将注液设备的出口接在一个注液口上（保证介质的流向与单向阀的安装方向一致），另一个注液口接到注液设备的回液口上，启动注液设备注液。观察回流的介质，直至其均匀流淌、无气泡为止，先关闭接到注液设备回液口上的截止阀，再关闭连接到注液设备出口上的截止阀，最后拆掉注液设备。

6.7.2.6　防雷

集热器安装在楼顶，为防止遭受雷击，需要安装在避雷设施有效的保护范围之内，如楼顶没有避雷设施或虽有避雷设施但保护不了热水器，则需要制作避雷针和接地线等设施，如图 6-48 所示。

6.7.3　系统使用与维护

（1）使用常识

① 使用热水前请先通过混水阀调节水温，调到适宜的温度，以免烫伤。

② 如用户长期不用，请关闭热水器上水阀门，打开出水阀门。

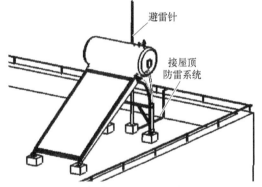

图 6-48　防雷避雷措施

③ 凡冬季结冰地区，都必须对室外管路进行防冻处理，安装保温管和电伴热带，防止管路冻堵、损坏。

④ 启动辅助电加热系统时不得使用，用水必须断电，确保安全。

⑤ 所有电源插座必须有可靠接地。

⑥ 按智能控制系统的说明书进行时间、温度等设置，为安全及节能，热水温度最高设置禁止超过65℃。

⑦ 热水系统使用的 T/P 阀整定压力为 0.6MPa，整定温度为 99℃，通过 G3/4″管螺纹与水箱连接在一起。T/P 阀的出口管路保持畅通，禁止弯折、堵塞。该阀每隔 2 个月就要抬起手柄，释放少量水流，然后放下手柄关闭该阀。这样做的目的是去掉可能沉积在上面的污垢、水垢，确保该阀工作正常。在供水系统水压正常时抬起 T/P 阀的手柄，若没有排出水，则请立即切断电源、水源，并报修。

⑧ 热水器应一年一次打开水箱底部的排污口排污，水质较差的地区应适当缩短排污周期。排污时，先切断电源、水源，打开出热水口，再用扳手把水箱底部排污口的丝堵打开，放出水箱中的水。然后打开水源，用带压力的冷水通过水箱冷水入口冲刷内胆，若出水清澈，则表示冲刷干净。此时关闭水源，用生料带缠好丝堵并安装回水箱的排污口，再打开水源向水箱内注水，待热水出口出水时关闭该出口的阀门。此时注意观察排污口处是否有渗漏，若有渗漏则需重新维修，直至无渗漏。

（2）维护要求及注意事项

平板太阳能热水器使用过程中常见的故障、产生原因及维护办法见表 6-11。

▫ 表 6-11　常见的故障分析

故障现象	故障产生原因	维护处理方法
不出水	进水箱冷水阀关闭	将冷水阀正常置于打开位置
电源指示灯不亮	电源未接通,内部接触不良,指示灯坏	检查插头和三线插座,维修人员修理
电热辅助时出水温度低	设置温度未到高温(<65℃)	正确设置温度
	控制器坏;电热管坏	维修人员修理
晴天水不热	集热器上方及周围有遮挡物,或当地空气中烟尘多,集热板表面多灰尘	拿走遮挡物或重新安装位置,污染严重的地区请定期擦拭集热板
	安装角度不合理	调整安装角度
	因泄漏或损耗,加热介质减少	定期添加加热介质
	用水系统水管漏水	更换管路阀门或接头
水箱无水	自来水水压低;限压单向阀坏	更换限压单向阀
温降过快(承压式)	自来水压力过高,冷水冲力大,水箱内与热水混合,出水率低	水箱进水管路加稳压阀(限压)
电加热不热	电路不通	检查输电线路,包括控制仪到电加热接线处
	电热管损坏	更换电热管或电热管配件
冷水管出热水	未安装止回阀	必须加装止回阀
	止回阀失灵	立即保修更换
其他原因造成的系统无法正常运行		联系专业安装人员

注意事项：

① 如果长期不使用时可以拿不透明的物体将平板集热器遮盖住，并断开电源。

② 定期检查系统是否运行正常，检查集热循环系统管路是否有泄漏，如有泄漏则需要补充介质。

③ 如系统需要更换介质，首先需对系统管路排空，排净后再充介质。

④ 高纬度地区冬季定期检测介质的耐低温性。

6.8　平板阳台壁挂式热水器安装

6.8.1　系统工作原理

平板阳台壁挂式热水器工作原理如图 6-49 所示。

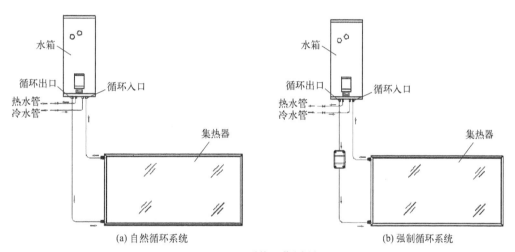

图 6-49　系统工作原理

6.8.1.1　自然循环系统工作原理

自然循环系统采用光热转换与热虹吸原理运行。

（1）光热转换原理

太阳光透过玻璃辐射到集热器吸热板上，吸热板上的选择性涂层吸收太阳能辐射转换成热能，通过管道与吸热板基材的接触，将所转化的热能传递给流道中的防冻液。

（2）热虹吸原理

水箱夹套中的防冻液经下循环管进入集热器下集管接口，经集热器流道的加热（光热转换），从集热器上集管接口流出，然后通过上循环管进入到水箱夹套内。如此往复循环，不断将集热器的热量带到水箱，使水箱升温。

6.8.1.2　强制循环系统工作原理

强制循环系统采用光热转换与温差控制循环原理运行。

（1）光热转换原理

同自然循环系统。

（2）温差控制循环原理

在太阳的辐射下，集热器吸热板吸收太阳能辐射，将所转化的热能传递给流道中的循环介质，使介质温度不断升高；当集热器出口温度与水箱温度差值达到设定值时，智能控制系统控制循环泵启动，将集热器流道中的高温介质送到水箱，将水箱中的低温介质（经换热器后，介质温度降低）送到集热器流道中。

在循环过程中，当集热器出口温度与水箱温度差值达到设定停止值时，水泵停止运行，集热器继续热升温。如此往复循环，不断将集热器的热量带到水箱，使水箱升温。

6.8.2 系统安装

平板阳台壁挂式热水器系统安装如图 6-50 所示。

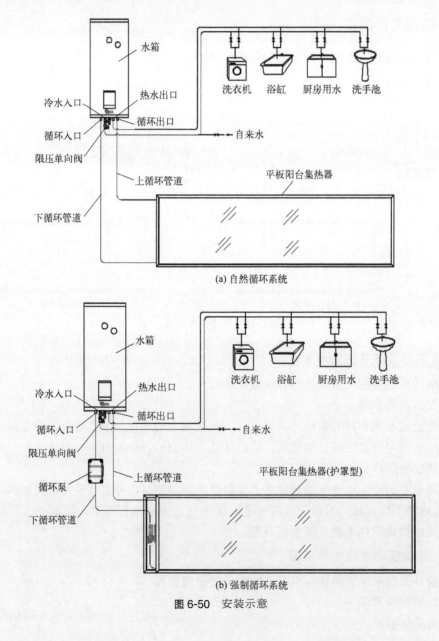

(a) 自然循环系统

(b) 强制循环系统

图 6-50 安装示意

6.8.2.1　集热器安装

根据用户要求，集热器安装方式多种多样，如壁挂式、栏杆式、平铺式、嵌入式等。

（1）壁挂式

壁挂式是阳台集热器最常用的安装方式。将支架安装在阳台外墙面上，如图 6-51 所示。

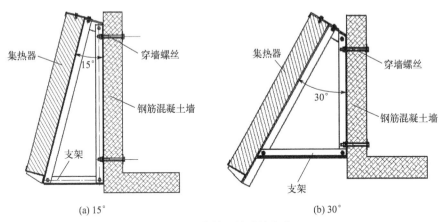

图 6-51　集热器的壁挂安装

安装步骤：

① 打穿墙孔与管道通孔　根据图 6-52 及表 6-12，划出各个孔的位置，然后用冲击钻或水钻等工具钻相应尺寸的孔，孔的结构形式如图 6-53 所示。

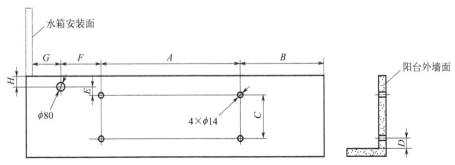

图 6-52　壁挂式支架安装位置

▣ 表 6-12　壁挂式方案集热器安装参数

集热器规格	A/mm	B/mm	C/mm		D/mm	E/mm		F/mm	G/mm	H/mm
			15°支架	30°支架		15°支架	30°支架			
1.6m²	1200	≥460	640	450	≥50	70	100	400	100~200	≥120
2.0m²	1500	≥550						500		
2.3m²	1700	≥650						580		

② 支架固定　按图 6-54 所示安装支架，安装完后检查两支架集热器挂钩位置是否水平（误差小于 5mm）。

③ 吊装集热器　将集热器吊入到集热器挂钩上（图 6-55）。

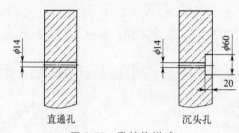

图 6-53　孔结构样式

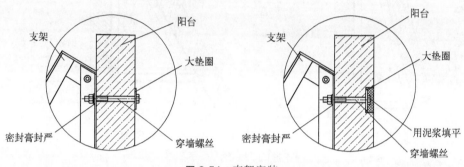

图 6-54　支架安装

④ 锁紧集热器　在挂钩底部装 M8mm×25mm 螺栓（图 6-55），在集热器上面装两块压板（图 6-56），将集热器与支架锁紧连成一个整体，增加其整体强度，提高抗振与抗风载荷的能力。

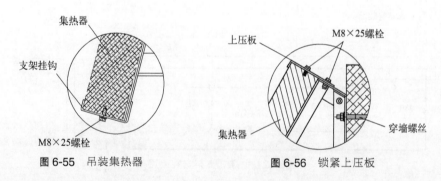

图 6-55　吊装集热器　　　　　　　图 6-56　锁紧上压板

注意：

① 同一水平面（或垂直面）上的孔，高低（或左右）位置误差不得大于 5mm；其余误差小于 10mm；

② 两支架要垂直于墙面上，对于成批的安装，可制作集热器模型，将支架定位好后再锁紧螺丝；

③ 支架安装完后，要用密封膏将穿墙孔封严，以防漏水（穿管道孔也如此）；

④ 可以根据客户特殊要求，在集热器两端及上面安装封盖，与建筑结构更融洽。

（2）栏杆式

栏杆式阳台的安装方式以固定支架底杆为主，栏杆与支架锁紧为辅。安装步骤如下：

① 钻孔　根据图 6-57、图 6-58 及表 6-13，划出各个孔的位置，然后用冲击钻钻 φ16mm 孔，深 100mm。

② 支架固定　用膨胀螺栓 M12mm×100mm 将支架锁紧，在栏杆上用锁紧装置将支架锁紧。

③ 吊装集热器　此步骤及后续步骤与壁挂式安装相同。

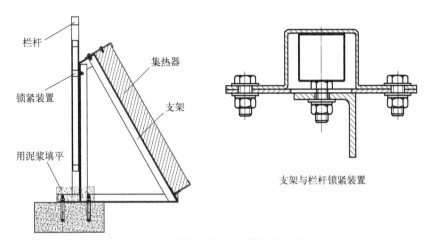

图 6-57　栏杆式阳台集热器的安装

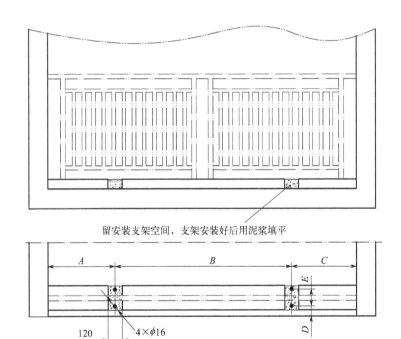

图 6-58　栏杆式阳台支架安装位置

▣ 表 6-13　栏杆式方案集热器安装参数

集热器规格	A/mm	B/mm	C/mm	D/mm	E/mm
1.6m²	500～600	1190	≥450		
2.0m²	600～700	1490	≥540	80	150
2.3m²	680～780	1690	≥640		

（3）平铺式

将集热器紧贴在墙面表面的安装方式，称为平铺式安装。

安装步骤如下：

① 打穿墙孔与管道通孔　根据图 6-59 及表 6-14，划出各个孔的位置，然后用冲击钻或水钻等工具钻相应尺寸的孔，孔的结构形式有直通孔与沉头孔，如图 6-53 所示。

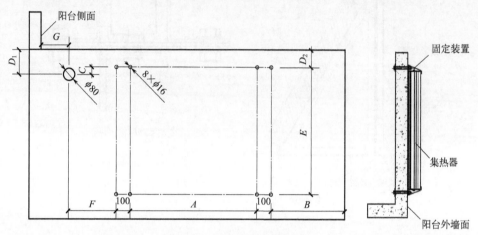

图 6-59　集热器的平铺式安装

表 6-14　平铺式方案集热器安装参数

集热器规格	A/mm	B/mm	C/mm	D_1/D_2/mm	E/mm	F/mm	G/mm
1.6m²	1100	≥410				340	
2.0m²	1400	≥500	≥50	≥120	866	440	100～200
2.3m²	1600	≥600				520	

② 安装下固定装置　按图 6-59 与图 6-60 安装下固定装置，安装完后检查两下固定装置安装位置：高低允差±3mm，水平距离允差±1mm。

③ 吊装集热器　将集热器吊入到集热器挂钩上（图 6-59）。

④ 安装上固定装置　按图 6-61 安装上固定装置。

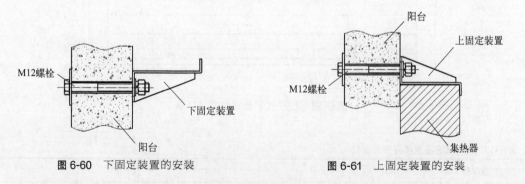

图 6-60　下固定装置的安装　　　　图 6-61　上固定装置的安装

⑤ 锁紧集热器　在上下固定装置上用螺丝锁紧集热器，见图 6-62。

（4）嵌入式

将集热器嵌入到墙面上，必须先在墙上预留空间，方案如图 6-63 和表 6-15 所示。

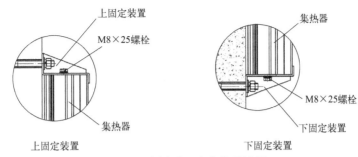

图 6-62　固定装置与集热器锁紧

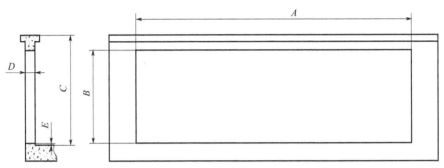

图 6-63　嵌入式阳台预留空间方案

表 6-15　嵌入式方案阳台预留空间参数

集热器规格	A/mm	B/mm	C/mm	D/mm	E/mm
1.6m²	2130				
2.0m²	2620	860	≥1000	90	10～50
2.3m²	2980				

安装步骤：

① 安装固定装置　用 M8mm×20mm 螺栓分别将上固定块、下支承固定块锁入到集热器吊装螺丝上，见图 6-64。

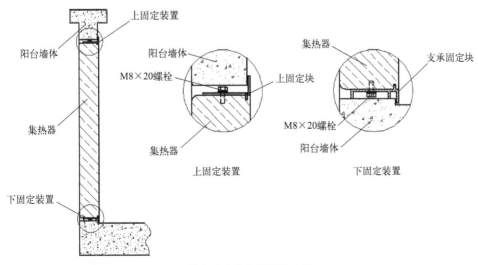

图 6-64　嵌入式方案集热器的安装（一）

② 嵌入集热器　将集热器放入到阳台预留空间内，确保左右剩余相等，集热器正面与墙面平齐，见图 6-64。

③ 塞入木条　在集热器四周空间上塞入 95mm×15mm 的木条，确保集热器正面与墙面平齐，集热器不松动，见图 6-65。

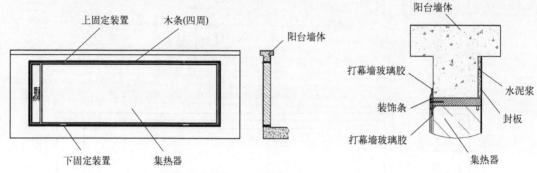

图 6-65　嵌入式方案集热器的安装　（二）

④ 钉装饰条　按图 6-65，将木质装饰条用直钉钉入到木条上。

⑤ 打幕墙玻璃胶　如图 6-65，装饰条与墙面、集热器交接处打幕墙玻璃胶，确保雨水不渗入。

⑥ 粘封板　在墙内壁墙面上，涂上一层水泥浆，使之与集热器背面平齐，然后将封板紧固粘贴在墙面上，见图 6-65，此步骤要管道连接到集热器后进行。

6.8.2.2　水箱安装

水箱安装如图 6-66 和图 6-67 所示。安装步骤如下：

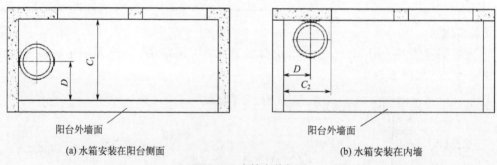

(a) 水箱安装在阳台侧面　　　　　　　　　(b) 水箱安装在内墙

图 6-66　水箱安装位置

① 定位　根据图 6-67，确定各孔位置。

② 钻孔　用冲击钻钻 $\phi16mm×120mm$ 的孔。

③ 安装膨胀螺丝　将 M10mm×120mm 带钩膨胀螺栓安装在墙体上。

④ 挂水箱　将水箱挂在四个带钩膨胀螺栓上，水箱安装参数见表 6-16。

注意：

① 安装水箱的墙体超过 2 倍满水水箱重量的承载能力，如果墙体承载能力不够，应加强其承载能力；

② 若是墙面有保温层，用穿墙螺栓替代 M10mm×120mm 带钩膨胀螺栓。

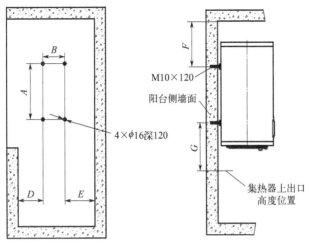

图 6-67 水箱安装示意

⊡ 表 6-16 水箱安装参数

水箱规格	A/mm	B/mm	C_1/mm	C_2/mm	D/mm	E/mm	F/mm	G/mm
80L	500/545							520～720
100L	640/683	198	≥650	≥550	280～400	≥260	≥300	强制循环
120L	828/876							系统无此要求

6.8.2.3 循环泵站（简易泵站）安装

在自然循环困难的情况下，如管路较长，自然循环效果较差，或者水箱底部低于集热器上出口，在系统中加入循环泵，使系统进行强制循环运行。安装步骤如下：

① 根据设计方案，定出安装泵站的两个膨胀螺丝孔位置；

② 钻孔 $\phi12mm×60mm$；

③ 安装膨胀螺丝，将 M8mm×60mm 膨胀螺栓安装在墙体上，并将泵站挂板安装在墙体上；

④ 安装泵站下盖；

⑤ 安装水泵，水泵接电源线如图 6-68 所示；

⑥ 盖上泵站上盖，锁紧。

最后两个步骤等循环管道连接好后再操作。

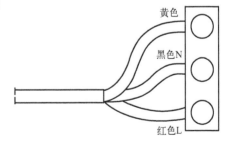

图 6-68 水泵接线

6.8.2.4 系统管路的安装

① 定管件长，根据安装方案，确定好各段金属管路长度，用切削工具切好；

② 加工管件，根据选用的管材，或扩口，或端面打平口，或焊接等方法，将管件加工好；

③ 套保温管，在管件外面套上保温管；

④ 插传感器，将集热器传感器绕着管道插入到集热器传感器盲管中（此步为强制循环使用）；

⑤ 用空调扎带将管路与传感器线路缠好；

⑥ 钻管码固定孔，在管路适当地方必须用半圆管码固定在墙上；

⑦ 连接管路，用接头管道分别连接到水泵接口、集热器出入口、水箱循环出入口，并锁紧；

⑧ 固定，锁紧管码，确保管路紧贴在墙壁上。

安装前应仔细检查水箱内有无异物，安装过程中严禁杂物混入管路中，以防止使用时影响系统的正常运行。

6.8.2.5 进出水管管路安装

（1）管路安装

太阳能热水系统管路的连接根据安装位置或用户需求现场设计，本书仅提供典型的管路安装说明及保温规范。

① 管路尽量预留或预埋，最好隐蔽安装。

② 管路距离应尽量最短。

③ 为防止热水回流，管路中必须安装止回阀。止回阀安装在热水管路与自来水连接的位置，而且沿竖直方向安装，保证箭头向上，与自来水进水方向一致，见图 6-69。

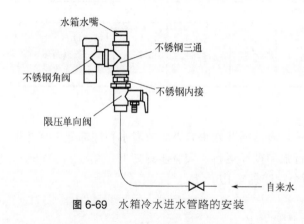

图 6-69 水箱冷水进水管路的安装

④ 有排气口的严禁堵塞。

⑤ 所有管路必须进行有效固定。选择合适规格的管卡，管卡的距离不大于 1m。

⑥ 太阳能热水系统管路与自来水连接处应安装球阀。

（2）管路保温

保温材料推荐使用高质量的聚氨酯、橡塑材料或聚乙烯材料（壁厚 20～50mm），安装拆卸方便，不吸水，导热系数低及尺寸稳定性好。管路试水合格后，安装伴热带，再进行保温。

（3）管道防冻

在结冰地区未封闭阳台管道必须增加伴热带防冻，伴热带具有抗老化、自限温、启动速度快、运行费用低、安装维护方便、热稳定性强等特点。

使用注意事项：

① 电伴热带应严格按照性能指标设计施工，严禁超标使用。

② 电源线容量选择：单一电源所负载电流总流量与所连接的电伴热带长度成正比，电源线的载流量应根据防冻带的启动电流与使用长度来选择。

③ 当地气温长期低于零下时，应长期接通电伴热带，当地气温高于 0℃时必须切断电源，防止热平衡失控出现事故。

④ 管路安装完后请先试水后再安装电伴热带。

⑤ 为避免电伴热带在使用过程中存在安全隐患，安装过程中严禁野蛮操作，防止电伴热带外护套因受到外力作用而破损，请施工人员严格按照电伴热带使用说明书进行操作。

用高温铝塑管或 PEX 管，将水箱和自来水进水口及热水出水口对应连接，试水无滴漏即可用 1/2″覆铝泡沫型塑料保温管包扎。

6.8.2.6 电源插座安装

① 在水箱就近位置设置有良好接地的三脚 10A 插座；插座必须可靠接地，地线、零线严格分开，严禁把三孔插座中的地线和零线连接在一起；现场检查线路、电热管两极与外壳电阻值，用万能表测量应无读数，测量极间电阻值 R，其值应 $R < U^2/P$（U 为电压，P 为功率）。

② 插座应与所用漏电保护插头匹配，严禁使用劣质插座，以免损坏插头，发生危险。

③ 插座和温控仪一定要安装在干燥处和容易观察的位置。

6.8.2.7 系统试压及介质充装

任何情况下平板集热器不建议采用直接加热方式，必须采用导热介质和换热装置间接加热。若采用直接加热，需解决防止流道结垢和结冰的问题。

(1) 介质的选配及使用

采用间接循环换热系统，在冬季结冰地区使用时，换热介质务必选用防冻的太阳能换热介质；在冬季不结冰地区使用时可选用软化水做换热介质，换热介质加缓蚀剂、消泡剂等，充分防止集热器结垢。

换热介质根据不同地区选用不同型号即可。一般在冬季气温高于 −15℃ 的地区选用冰点为 −25℃ 的换热介质；冬季气温低于 −15℃ 的地区选用冰点为 −35℃ 的换热介质。换热介质主要性能指标见表 6-17。

⊡ 表 6-17 换热介质（乙二醇）主要性能指标

冰点/℃	密度/(g/mL)	沸点/℃	膨胀系数 $\beta /10^{-4}℃^{-1}$	
			20℃	80℃
−25	1.08~1.10	≥104	≤6.5	≤7.1
−35	1.10~1.12	≥106	≤7.2	≤8.0

换热介质使用注意事项：

① 不同品牌换热介质不能混用，不得用自来水稀释；

② 充填前应对系统彻底清洗；

③ 换热介质失效后（有效期四年）必须进行更换，更换前须将系统内失效的换热介质全部清除干净，再换上新的换热介质。

(2) 管路检查

查看平板集热器和水箱管路连接正确，管道连接件紧固，管道固定可靠。

(3) 水管路试压

首先打开出口热水阀门和自来水进水阀门，即开始注水，待热水阀出水无气泡后，确认水箱已注满水。

关闭自来水进水阀门和出口热水阀门，把压力泵接到热水出口，打开热水阀，启动压力泵开始加压，直至单向限压阀泄压为止，仔细观察各连接点有无渗漏现象，10min 内压降不超过 0.02MPa，不渗漏为合格。

(4) 集热循环管路清洗

清洗前将自来水阀门打开，确保水箱内胆处于充满状态。

清洗方法：从充液口接入带有压力泵、阀门的自来水管，依次开启自来水阀、压力泵（≤0.2MPa）和集热器排污阀，清洗集热循环管路，冲洗 5min，如有排不净的液体，可用充气设备，将系统液体吹出，直到吹净为止。

（5）集热循环管路试压

试压前将自来水阀门打开，确保水箱内胆处于充满状态。

压力泵连接到水箱上充液口，下充液口接一个球阀。打开球阀，打开压力安全阀，开启水泵充介质，当介质充到热水器所需介质总量的 90% 时，关闭球阀，继续充液，使压力升至 0.2MPa 保压，观察集热循环管路有无渗漏，保压 10min，无渗漏即合格。

（6）介质充装

集热循环管路试压合格后，打开下充液口的球阀，出现两种情况：

① 若球阀上有介质泄出，则直至介质不再外泄后，卸下球阀与压力泵，用丝堵将两充液口旋紧；

② 若球阀上没有介质泄出，则继续充液，直至球阀上有介质泄出后，卸下球阀与压力泵，用堵塞将两充液口旋紧。

6.8.2.8 水箱注水

打开出水热水阀门，打开冷水进水阀门，即开始注水，等热水阀出水时，说明水已注满，关闭热水出水阀门，冷水阀则一直处于打开状态。

6.8.2.9 电气检查

插入漏电保护插头，按下试验按钮，复位按钮跳起，即为正常，再将复位按钮按下，即正常通电。

按控制器说明进行时间、温度等设置，温度设置不超过 65℃。

6.8.3 系统使用与维护

（1）系统使用

承压热水系统采用顶水出水方式，即：承压水箱进水阀门保持开启，水箱处于承压状态，内部压力源自水的热膨胀和自来水水网。打开混水阀热水口，热水将喷射而出，同时自来水不断顶入，将水箱内的热水持续顶出。调节混水阀至水温合适，即可洗浴。

如用户长期不用，请关闭热水器上水阀门，打开出水阀门。

凡冬季结冰地区，都必须对室外管路进行防冻处理，安装保温管和电伴热带，防止管路冻堵、损坏。

启动辅助电加热系统时不得使用，用水必须断电，确保安全。

所有电源插座必须有可靠接地。

（2）系统故障及处理

平板阳台壁挂式太阳能热水器使用过程中常见的故障、产生原因及维护办法与平板太阳能热水器相同，见表 6-11。

6.9 平板分体式太阳能系统安装

6.9.1 系统工作原理

如图 6-70 所示，集热器、太阳能站、储水箱及管路组成了整个循环系统，当集热器出水口和储水箱的温差达到系统设定值时，太阳能站内的循环泵就会启动抽动循环管路中的工作介质（防冻液）运动，工作介质通过盘管将热量传递给储水箱内的水，如此往复，储水箱内的水温度不断升高，当储水箱内的水温和集热器出水口温度相等时，水泵停转。

6.9.2　系统安装

6.9.2.1　储水箱的安装

分体式太阳能热水器的储水箱和落地式电热水器的安装方式类似，本书主要介绍落地式储水箱的安装方式，其结构见图 6-71，安装示意为图 6-72。

按照用户的要求，将储水箱设在建筑物的承重梁上，储水箱水满时的荷载

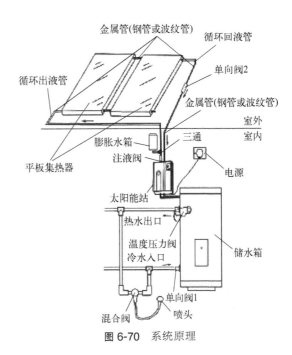

图 6-70　系统原理

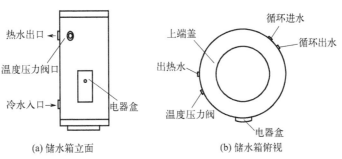

图 6-71　储水箱结构

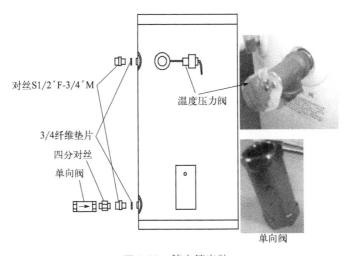

图 6-72　储水箱安装

不应超过建筑设计的承载能力，且储水箱周围必须有污水排放处。安装步骤如下：

① 从包装垫层上的附件中取出 2 个对丝 S1/2″F-3/4″M 和 2 个 3/4″纤维垫片，分别安装在储水箱冷水入口和热水出口处。

② 取一个四分对丝（自备）安装在冷水入口处，再从包装垫层上的附件中取出一个单向阀安装在四分对丝上。

③ 从包装垫层上的附件中取出温度压力阀，安装在储水箱温度压力阀口处。

6.9.2.2　控制器的安装

PJF2-150 分体式太阳能热水器的控制器为太阳能站控制，下面介绍一下太阳能站的安装方式。安装步骤如下：

① 安装太阳能站前，根据用户要求，确定太阳能站的具体安装位置。按照太阳能站背部挂孔的位置及间距，用冲击钻在墙上钻 2 个深 70mm、ϕ9mm 的孔，用 2 个小膨胀螺栓将太阳能站安装挂架固定到墙上，如图 6-73 所示。

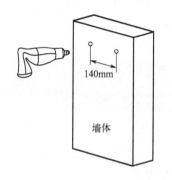
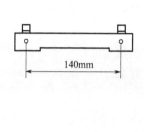

图 6-73　太阳能站挂架安装

② 将太阳能站挂到挂架上，如图 6-74 所示。注意太阳能站的安装挂架在墙上的安装位置必须准确、牢固。

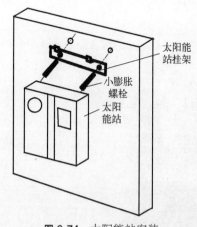

图 6-74　太阳能站安装

③ 控制器的连接。太阳能站内控制器由电源板与显示板两部分组成，均安装在太阳能站内，详见图 6-75。

a. 旋下太阳能站外壳上的螺钉，打开太阳能站外壳；

b. 按照系统电气连接原理图进行正确接线，将连接到储水箱上的电源连线 L 端（棕色）、N 端（蓝色）与继电器的输出端对应的 L、N 端对应接好（继电器上用"N"贴标明的是输入的 N 端（即电源线的 N 端）插入位置，与其相对的便是输出的 L 端（即电源连线的 L 端）插入位置）；

c. 将储水箱上的接地线用接地螺钉固定在太阳能站的接地片上；

d. 将储水箱传感器与电源板上的对应插件相接，要插接到位（集热器传感器出厂时已接好）；

e. 卸下压线板，将储水箱上的电源连线固定压紧；

f. 将太阳能站前壳装好，并旋紧螺钉。

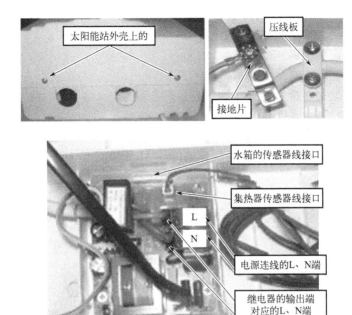

图 6-75　太阳能站接线

6.9.2.3　注液阀和膨胀水箱的安装

在太阳能站上端出口（和水泵的连接管路）适当位置安装注液阀，注液阀无方向性，但安装的空间要保证方便后续注液。

① 在太阳能站上端出口处安装一个三通；

② 在三通上孔连接膨胀水箱，左侧（右侧）连接注液阀；

③ 确定好位置后，用冲击钻在墙上钻 2 个深 70mm、ϕ9mm 的孔，用 2 个小膨胀螺栓和膨胀水箱固定带把膨胀水箱固定到墙上，见图 6-76。注意，注液阀和膨胀水箱都装在储水箱循环出水口相应管路上。

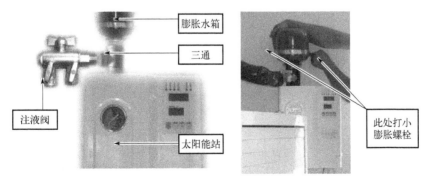

图 6-76　注液阀和膨胀水箱安装

6.9.2.4　集热器的安装

（1）斜屋顶安装

集热器采用钢丝绳斜拉式安装时（热管集热器和平板集热器均可以采用此方式），集热器四周用 ϕ6mm 钢丝绳拉接，四个支脚用发泡橡胶（厚 30mm 以上）支撑，发泡橡胶粘接在集热器四个角上并压在单片瓦上。注意：拐弯处拉接采用垫橡胶方式以缓冲与屋面硬力连接，如图 6-77 所示。操作步骤如下：

① 将集热器放在朝南向瓦面上；

② 钢丝绳一端固定在集热器背面的拉环上；

③ 钢丝绳另一端固定在烟道上，如果屋面没有固定处，可在屋檐处或有水泥处打膨胀螺栓或钢钉（4 处以上），且固定牢固，不能出现松动现象。

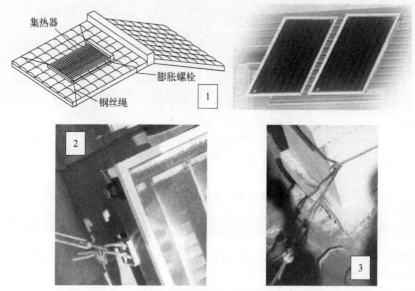

图 6-77　集热器的固定

（2）平屋顶安装（热管集热器和平板集热器通用）

对于平屋顶，可采用以下方式安装：用 Q235 角钢（40mm×40mm×3mm）焊成如图 6-78 所示结构，图中 L 可根据集热器的宽度自行调整，比如，集热器的宽度为 1055mm，则 L 取 1055mm。图中 θ 可根据集热器安装倾角自行调整，集热器多台串联时中间连接管应采用规格为 $DN15mm×0.4mm$ 波纹管连接，并做好保温，保温厚度不小于 30mm。

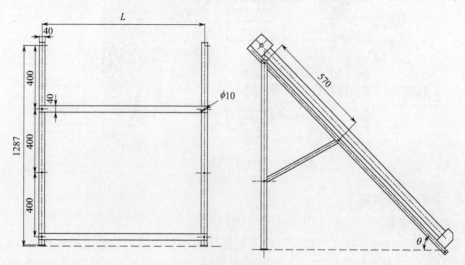

图 6-78　平屋顶安装

（3）多台集热器的串联

分体式太阳能热水器的集热器部分有两片集热器，需串联起来使用，如图 6-79 所示。

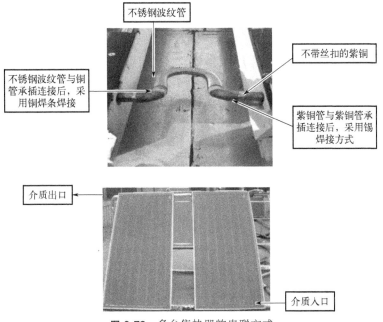

图 6-79 多台集热器的串联方式

6.9.2.5 管路的安装

集热器安装完毕后，将四分对丝、排气阀、三通、单向阀按图 6-80 安装好，注意：排气阀一定要竖直向上安装，安装完毕后，拧松排气阀，使之可通畅排气，再将波纹管或铜管安装在集热器两侧，并用四分纤维胶垫密封，室外管路应采用金属管（镀锌管、波纹管或铜管），镀锌管的规格选用 $DN15mm \times 2mm$；波纹管的规格选用 $DN15mm \times 0.4mm$；铜管一般选用内径 14mm 壁厚 0.7mm 的 TP2 铜管。

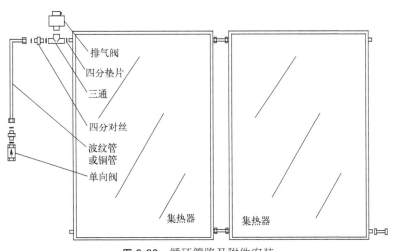

图 6-80 循环管路及附件安装

室外管路安装完毕后，再安装室内管路，室内管路可采用金属管，根据安装机器的型号按照图 6-71 水箱的结构示意图连接管路，操作如下。注意循环管路连接要避免反坡，管件连接要正确牢靠。安装过程中注意将集热器传感器探头插放到位（将传感器探头安放于集热器出水口处的感温管内），管路安装要美观、整洁，储水箱和集热器单程管路长度不应大于 10m。

（1）波纹管的连接

波纹管的连接一般采用螺母和对丝连接。

① 量好集热器进水口到太阳能站、集热器出水口到储水箱循环进水口的距离，按量好的尺寸用割刀截下所需长度的波纹管，如图 6-81 所示；

② 在截下的波纹管两端各套一个四分螺母（和波纹管配套使用），用打波器将波纹管两端打平，使螺母不至于脱落，当波纹管与波纹管需要对接时，按图 6-82 操作；

③ 将集热器、太阳能站和储水箱连接完毕。

图 6-81 截管、用打波器打波

图 6-82 波纹管与波纹管的对接

（2）铜管的连接

铜管的连接一般采用钎焊连接，详见图 6-83。

① 量好集热器进水口到太阳能站、集热器出水口到储水箱循环进水口的距离，按量好的尺寸用割刀截下管材；

② 将截下的管材接头处外表面及内表面的氧化膜清理干净；

③ 在清理干净的管子外表面及内表面匀刷钎剂；

④ 将铜管插入管件接头中，插到底并适当旋转，以保持均匀的间隙，并将挤出接缝的多余的钎剂抹去；

⑤ 用气焊火焰对接头处实施均匀加热，直至加热到钎焊温度；

⑥ 用钎料来接触被加热到高温的接头处，当铜管接头处的温度能使钎料迅速熔化时，表示接头处的温度已经达到了钎焊温度，即可边加热边添加钎料直至将钎缝填满；

⑦ 移去火焰，使接头在静止状态下冷却结晶；

⑧ 将接头处的残余钎料及反应物用热水清洗干净，必要时涂清漆保护。

注：在钎焊过程中，一定要保持铜管与管件静止，缝隙均匀；焊接前必须清洁铜管，保证能够去除表面的氧化层。

6.9.2.6 管路循环介质灌注

（1）系统水压试验

① 向储水箱内注水　打开热水出水阀，通过自来水的冷水口向储水箱里注水，待排净

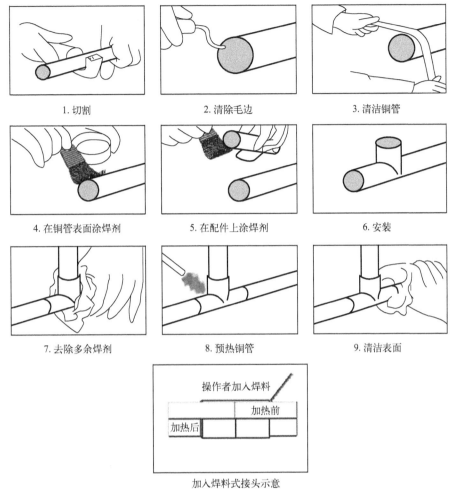

1. 切割　　　　　　　　2. 清除毛边　　　　　　　3. 清洁铜管

4. 在铜管表面涂焊剂　　5. 在配件上涂焊剂　　　　6. 安装

7. 去除多余焊剂　　　　8. 预热铜管　　　　　　　9. 清洁表面

加入焊料式接头示意

图 6-83 铜管的连接方式

空气连续出水后，关闭热水出水阀，同时观察储水箱是否漏水，在使用过程中要确保冷水入口始终处于打开状态。

② 循环管路水压试验

a. 拧开注液阀的注液口帽，关掉注液阀中间大的截止阀（阀柄上的两个叶片与阀的轴线成 90°为关闭，图 6-84 中的截止阀都为打开状态），并打开另两个小的截止阀。

b. 把注液小车（注液小车中盛水）的出口接在注液口 1 上，保证水的流向与单向阀的安装方向一致，注液口 2 接到注液小车的回液口上，启动注液小车注水，此时仔细观察回流的水，直至回流的水均匀流淌、无气泡为止。

c. 先关闭接到注液小车回液口上的截止阀，待注液小车的压力表显示系统压力为 0.6~0.8MPa 时再关闭连接到注液小车出口上的截止阀，打开注液阀中间大的截止阀，拆掉注液小车。在注完水以后要在注液口帽中放入 3/4 纤维垫片并拧紧注液口帽，以防止水泄漏。

d. 仔细观察连接点部位有无渗漏现象，10min 内压降不得超过 0.02MPa，不渗漏为合格。

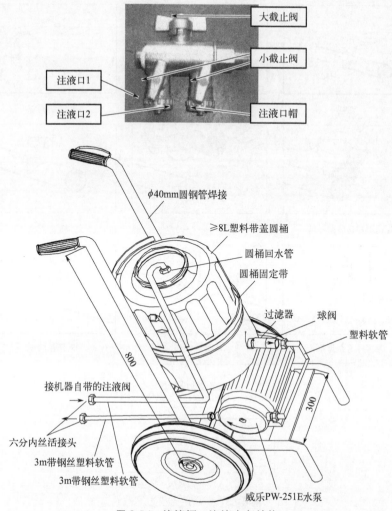

图 6-84　注液阀、注液小车结构

（2）循环介质灌注

经水压试验确认管路系统无泄漏后，方可开始灌注防冻液，防冻液灌注第一和第二步操作与（1）中"②循环管路水压试验"相同。

第三步：先关闭接到注液小车回液口上的截止阀，待注液小车的压力表显示系统压力为 0.3MPa 时再关闭连接到注液小车出口上的截止阀。

第四步：缓慢旋转注液口 2 处的截止阀，当压力降到 0.2MPa 时，关闭连接到注液小车出口上的截止阀，打开注液阀中间大的截止阀，拆掉注液小车。

6.9.2.7　管路保温

在系统处于工作条件下若无泄漏，即可包上保温层。

第一步：按照图 6-85 包上橡塑保温层。

第二步：包完保温层后，将集热器传感线贴在保温层外部，保温层外部再用扎带缠紧（室外部分用铝箔胶带，以抵抗紫外线；室内部分用铝箔胶带或者空调用扎带，以保证外观美观）。

注：循环管路必须采用橡塑保温层保温，室外管路的保温厚度不小于 30mm，室内管路的保温厚度不小于 20mm，循环管路（包括管接头、三通、单向阀）不得有任何部位暴露在空气或墙体中。预埋管路未做保温时，禁止用其作为集热器和储水箱之间的循环管路，如图 6-86。

图 6-85　包上保温层的管路

图 6-86　包上保温层和铝箔胶带的管路

6.9.2.8　安装工具

安装工具清单见表 6-18。

☐ 表 6-18　安装工具清单

序号	工具名称	序号	工具名称
1	卷尺	8	打压泵（注液小车）
2	一字螺丝刀	9	割管器
3	十字螺丝刀	10	弯管器
4	活动扳手（至少两把）	11	清洁擦块
5	电锤	12	阻燃垫
6	剥线钳	13	便携式焊炬（附带焊锡膏、焊料）
7	打波器	14	便携式电焊机

依据不同的连接方式，请选择不同的工具，参见图 6-87。

割管器

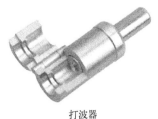

打波器

阻燃布

打压泵(注液小车)

图 6-87

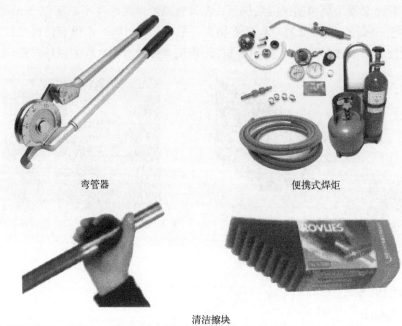

弯管器   便携式焊炬

清洁擦块

图 6-87 常用安装工具

太阳能系统的工程调试和验收

太阳能系统安装完毕投入使用前，应进行系统调试。系统调试应在竣工验收阶段进行；不具备使用条件时，经建设单位同意，可延期进行。

系统调试应包括设备单机、部件调试和系统联动调试。系统联动调试应按照运行工况进行，联动调试完后，应进行连续 3 天试运行，应有完整的调试记录，试运行合格后方可通过验收。

太阳能系统工程的验收分为进场验收、分项工程验收、隐藏工程验收和竣工验收。分项工程验收和隐藏工程验收应由监理工程师（建设单位技术负责人）组织施工单位项目专业质量（技术）负责人等进行；竣工验收应由建设单位（项目）负责人，施工、设计、监理等单位项目负责人进行。

各种设备和部件应符合国家相关产品标准的规定及设计要求，并具有质量合格证明文件。主要设备和部件应进行进场验收。

分项工程验收和隐藏工程验收宜根据工程施工特点分期进行，对于影响工程安全和系统性能的工序，必须在本工序验收合格后才能进入下一道工序的施工。这些工序包括以下部分：

① 在屋面太阳能热水系统工程施工前，进行屋面防水工程的验收；

② 在储水箱就位前，进行储水箱承重和固定基座的验收；

③ 在储水箱进行保温前，进行储水箱检漏的验收；

④ 在太阳能集热器支架就位前，进行支架承重和固定基座的验收；

⑤ 在建筑管道井封口前，进行预留管件的验收；

⑥ 在土建项目隐蔽施工前，先进行强弱电预留线路的验收；

⑦ 在系统管道保温前，进行管路水压验收；

⑧ 在隐蔽工程隐蔽前，进行施工质量验收。

但设计图纸注明需要验收合格后才能进行下一道施工工序时，必须进行该工序验收。竣工验收应在工程移交用户前，分项工程验收合格后进行。验收应提交的资料包括：

① 施工变更证明文件和竣工图；

② 主要材料、设备、成品、半成品、仪表的出厂合格证明或验收资料；

③ 屋面防水检漏记录；

④ 检验批、分项工程验收记录；

⑤ 隐蔽工程验收记录和中间验收记录；

⑥ 系统水压试验记录；

⑦ 系统水质验收记录；

⑧ 系统调试和试运行记录；

⑨ 系统热性能检验记录。

系统试运行后，应进行水质检验，从系统取出的热水应无铁锈、异味或其他不卫生的物质。

7.1 系统调试

系统安装完成投入使用前，必须进行系统调试，调试所需的水、电应满足设计要求。系统调试包括设备单机调试和系统联动调试。设备单机调试合格后进行系统联动调试。系统安装完毕后应进行冲洗工作，冲洗包括管道冲洗和水箱冲洗，应保证冲洗的管道和水箱没有任何杂质和污染物，水质干净，无色无味。

设备单机、部件调试应包括水泵、阀门、电磁阀、电气及自动控制设备、监控显示设备、辅助加热设备等，包括下列内容：

① 检查水泵安装方向；

② 检查电磁阀安装方向；

③ 温度、温差、水位、流量等仪表显示正常；

④ 电气控制系统达到设计要求功能，动作准确；

⑤ 剩余电流保护装置动作准确可靠；

⑥ 防冻、过热保护装置工作正常；

⑦ 各种阀门开启灵活，密封严密；

⑧ 辅助能源加热设备工作正常，加热能力达到设计要求。

系统联动调试应在设备单机和部件调试和试运转合格后进行，并按照运行工况进行，包括：

① 调整水泵控制阀门，使系统循环的流量和扬程满足设计要求；

② 调试电磁阀控制阀门，使电磁阀的阀前阀后压力满足设计要求；

③ 调整温度、温差、水位、光照、时间等控制区间或控制点，使各种控制仪的工作参数满足设计要求；

④ 调整各个分支回路的调节阀门，使各回路流量平衡；

⑤ 调试辅助加热系统，检查系统是否正常启动和停止，并在满足定温出水功能的前提下，确保优先使用太阳能加热，以使辅助热源的消耗量最少。

7.2 系统验收

太阳能热水系统竣工后，应按建筑安装工程的程序进行工程验收，才能交付用户使用。对太阳能热水系统的工程质量应按国家现行标准、规范规定的要求和设计要求进行。

7.2.1　太阳能集热器质量验收

太阳能集热器进场时，检查太阳能集热器出厂合格证，要求太阳能集热器种类、型号、类型、外形尺寸、吸热体的材料以及吸热体的结构类型等应满足设计要求。检查厂家出具的质量检验报告，太阳能集热器的外观、热性能、工作压力、力学性能、吸热体、平板型集热器透明盖板的刚度、强度等技术参数应分别满足《平板型太阳能集热器》（GB/T 6424）、《真空管型太阳能集热器》（GB/T 17581）等标准、规范的要求。

集热器技术要求及验收标准如下：

① 平板型集热器。

a. 吸热体在壳体内应安装平整，间隙均匀；

b. 透明盖板若有拼接，必须密封，透明盖板与壳体密封接触，透明盖板无扭曲、划痕；

c. 壳体应耐腐蚀，外表面涂层应无剥落；

d. 隔热体应填塞严实，不应有明显萎缩或膨胀隆起现象；

e. 吸热体的涂层无剥落、反光和发白的现象。

② 全玻璃真空管。

a. 全玻璃真空太阳能集热器的选择性涂层颜色应均匀，膜层不得起皮或剥落；

b. 距离集热管开口端的选择性吸收涂层颜色明显变浅区应不大于集热管长度的 4%；

c. 支承内玻璃管自由端或其他部位的支撑件应放置端正；

d. 全玻璃真空太阳能集热管的长度允许偏差应不大于长度标称尺寸的 ±0.5%，全玻璃真空太阳能集热管的弯曲度不大于 0.3%；

e. 排气管的封离部分长度 $s \leqslant 15mm$；

f. 全玻璃真空管集热器的反射器表面应无划痕、蚀斑或裂痕；

g. 密封件的材料外观应无划痕、划伤或发黏、老化等现象。

③ 热管真空管。

a. 吸热板无明显变形；

b. 吸热板涂层颜色均匀，无明显划伤，吸热板涂层无明显起皮或脱落；

c. 吸热板支撑可靠，不松动；

d. 玻璃管的直线度应不大于玻璃管长度的 0.3%；

e. 玻璃管外径公差带不大于其公称尺寸的 5%；

f. 玻璃管长度不大于其公称尺寸的 0.6%；

g. 玻璃-金属封接式热管真空太阳能集热管长度公差不大于其公称尺寸的 0.8%；

h. 热管冷凝段外径公差不大于其公称尺寸的 1%；

i. 热管冷凝段探出长度公差不大于其公称尺寸的 7%。

④ 检查集热器各个部件是否完好，无损伤，集热器通气孔应畅通，不堵塞。

⑤ 现场组装的太阳能集热器，集热器联箱、尾座在集热器支架上的固定位置应正确，确保联箱、尾座排放整齐、一致，无歪斜，固定螺母拧紧，固定牢靠。

⑥ 现场插管的全玻璃真空管集热器应观察检查如下内容：

a. 真空管插入深度应一致，硅胶密封圈无扭曲，所有真空管应排放整齐、一致，无歪斜，并使防尘圈与联箱外表面贴紧，确保密封和防尘效果，应注意在插管之前将真空管孔四周的赃物清除干净；

b. 需安装漫反射器的真空管太阳能集热器，其组合应按厂家要求进行，手动检查其安装是否牢固可靠。

⑦ 现场插管的热管真空管集热器应观察检查如下内容：

a. 热管冷凝端插入到传热孔的正确位置，并使其接触紧密，以减少传热损失；

b. 所有热管真空管应排放整齐、一致，无歪斜。

⑧ 检查集热器联箱结构是否具有防雨防潮能力，隔热材料是否有受潮的现象；隔热材料应填塞严实，集热器联箱外观应无明显萎缩或膨胀隆起。

检验方法：观察检查和尺量检查。

7.2.2 太阳能集热器安装验收

（1）安装基础质量验收（见表 7-1）

表 7-1 设备基础的安装允许偏差和检验办法

序号	项目		允许偏差/mm	检验方法
1	基础坐标位置		20	经纬仪、拉线和尺量
2	基础各不同平面的标高		0，−20	水平仪、拉线和尺量
3	基础平面的外形尺寸		20	尺量检查
4	凸台上面尺寸		0，−20	
5	凹穴尺寸		+20，0	
6	基础上平面水平度	每米	5	水平仪（水平尺）和楔形塞尺检查
		全长	10	
7	竖向偏差	每米	5	经纬仪或吊线和尺量
		全高	10	
8	预埋地脚螺栓	标高（顶端）	+20，0	水平仪、拉线和尺量
		中心距（根部）	2	
9	预留孔地脚螺栓	中心位置	10	尺量
		深度	−20，0	
		孔壁垂直度	10	吊线和尺量
10	预埋活动地脚螺栓锚板	中心位置	5	拉线和尺量
		标高	+20，0	
		水平度（带槽锚板）	5	水平尺和楔形塞尺检查
		水平度（带螺纹孔锚板）	2	

（2）集热器安装定位

① 方位角　太阳能集热器安装方位角应符合设计要求；如设计无说明，太阳能集热器与建筑原有构造共同构成围护结构时，集热器的安装方位角依据围护结构；安装方位角误差应在±3°以内。

② 倾角　利用量角器测量太阳能集热器安装倾角，确定其是否符合设计要求；安装倾角误差应在±3°以内。

③ 距离　对照图纸，尺量测量检查集热器与前方遮光物的距离以及集热器阵列排与排的距离是否符合设计要求。如设计无说明，集热器安装定位应满足《太阳热水系统设计、安

装及工程验收技术规范》（GB/T 18713）的要求。

④ 检验方法　尺量检查。

（3）预埋件

太阳能集热器安装预埋件与建筑主体结构连接，预埋件的位置应准确，满足设计要求，其偏差不大于 20mm；预埋件节点处应做好防水处理，防水的制作应符合标准《屋面工程质量验收规范》（GB 50207）规定的要求。

太阳能集热器基础顶面设有地脚螺栓、预埋铁或者钢板支座，以便于同集热器支架紧固或焊接在一起；露出基础（支座）顶面的螺栓安装前应涂防腐材料并应妥善保护，防止螺栓锈蚀损伤；集热器支架焊接在预埋铁或者支座钢板上，焊接处应刷防锈漆和面漆。预埋件质量检验及安装验收内容和要求如下。

① 预埋件所使用的锚板、直锚筋等的品种、级别、规格型号和数量、连接方式等必须符合设计要求。预埋件与结构钢筋焊接，钢筋隐蔽工程验收前，应提供钢筋出厂合格证与检验报告及进场复验报告、钢筋焊接接头和机械连接接头力学性能试验报告。

② 预埋件锚筋间距、锚固钢筋的长度等应符合设计要求。

③ 预埋件在屋面、墙面和阳台上安装时，查看预埋件的规格、数量和安装位置，用直尺检测预埋件安装尺寸、间距等是否符合设计要求。预埋件安装位置的允许偏差：中心线位置±5mm，水平高差±3mm。预埋件中心线位置用钢尺沿纵、横两个方向量测，并去掉其中的较大值；水平高差检查用钢尺和塞尺检查。检查数量：利用观察、钢尺检查在同一检验批次内，对墙和板应按有代表性的自然间抽查 10%，且不少于 3 间；对大空间结构，墙可按相邻轴数间高度 5m 左右划分检查面，板可按纵、横轴线划分检查面，抽查 10%且均不少于 3 面。

④ 手扳动检查预埋件与混凝土的黏结是否牢固，不应有缝隙，周围的混凝土浇捣应密实。对照图纸检查特殊部件的处理（建筑局部加厚或做防水等）应满足设计要求。对于使用膨胀螺栓将集热器与屋面、墙面或阳台连接固定时，应检查其隐蔽工程验收资料，打孔处是否做防渗防漏处理。

⑤ 预埋件防水质量验收：围护结构上预埋件防水检查采用雨后或持续淋水 2h 检验，观察检查是否渗漏。对于墙面采用与墙面成角度 45°进行淋水。

⑥ 检验方法：观察、尺量及手扳检查。

（4）集热器钢结构支架安装

① 检查集热器支承构件或安装支架的出厂合格证和检验报告，其结构、材料、强度和刚度应满足设计要求。

② 太阳能热水系统的钢结构支架及材料应符合设计要求，钢结构支架的焊接应满足现行国家标准《钢结构工程施工质量验收标准》（GB 50205）的要求。

③ 集热器支架采用地脚螺栓或焊接固定在集热器基础上，手动检查应确保强度可靠，稳定性好。集热器支承构件、支架安装仰角应按设计要求确定。

④ 钢结构支架焊接完毕，应按现行国家标准的要求进行防腐蚀处理：

a. 钢结构的防腐蚀处理一般采用涂装防锈漆和保护面漆的涂装处理工艺。

b. 涂装前钢材表面的防锈处理应符合设计要求及国家现行有关标准的规定。处理后的钢材表面不应有焊渣、焊疤、灰尘、油污、水和毛刺等缺陷。

c. 涂装时的环境温度和相对湿度应符合涂料产品说明书的要求。当产品说明书无要求时，环境温度宜在 5～38℃ 之间，相对湿度不应大于 85%。

　　d. 涂装时构件表面不应有结露，涂装后 4h 内应保护免受雨淋；涂料的涂装遍数、涂层厚度均应符合设计要求。当设计对涂层厚度无要求时，涂层干漆膜总厚度室外应为 150μm，室内应为 125μm，其允许偏差为 -25μm。每遍涂层干漆膜厚度的允许偏差为 -5μm。

　　⑤ 检验方法：观察、尺量及手扳检查。

7.2.3 管道穿屋面质量验收

　　管道需伸出屋面时，管道根部穿出屋面的周围应做好防水，不得有渗漏或积水现象。

　　不同材料的防水屋面管道伸出屋面还需验收相关内容，分别对以下三种屋面进行验收。

　　① 卷材防水屋面　伸出屋面管道根部的验收：尺量测量检查伸出屋面管道根部周围的找平层圆锥台的高度和找坡、与管壁四周所留凹槽尺寸、槽内嵌填密封材料、防水层与附加防水层收头以及固定方式是否符合设计要求。对照图纸检查伸出屋面管道根部的防水构造、增设的附加防水层的防水材料是否符合设计要求。

　　② 涂膜防水屋面　伸出屋面管道的验收：尺量测量检查伸出屋面管道根部周围的找平层圆锥台的高度和找坡、与管壁四周所留凹槽尺寸，查看有关槽内嵌填密封材料、收头做法和位置、涂膜遍数、端部固定方式和密封处理等的隐藏工程验收记录。

　　③ 刚性防水屋面　伸出屋面管道的防水构造验收：伸出屋面管道与刚性防水层交接处应留设缝隙，用密封材料嵌填，管道周围及根部周围约 500mm 范围内用弹性好的卷材或涂膜围裹；卷材收头部位用金属箍固定，并用密封材料密封。

　　检验方法：通过雨后或持续淋水 2h 以后进行检验，可做蓄水检验的屋面宜做蓄水 24h 检验，观察不渗不漏。

7.2.4 管道安装验收

　　① 太阳能热水系统应按设计要求选用管材和管件，管材和管件的基本要求和安装方法应符合相应国家标准和规范的要求。塑料管和复合管的内、外壁应光滑、平整，无气泡、裂口、裂纹、脱皮、痕纹及凹陷；管件应完整、无缺损、无变形，合模缝浇口应严整、无开裂。铜管外表面及内壁均应光洁，无疵孔、裂纹、结疤、尾裂或气孔。

　　检验方法：检验出厂合格证和检验报告，外观检验采用观察检查。

　　② 在安装太阳能集热器前，应对集热器排管和上、下集管做水压试验，试验压力为工作压力的 1.5 倍。热水管道安装完毕后，管道保温之前应进行水压试验，试验压力应符合设计要求。当设计未注明时，热水供应系统水压试验压力为系统顶点的工作压力加 0.1MPa，同时在系统顶点的试验压力不少于 0.3MPa，并按有关规定作好记录。冬季水压试验必须在 5℃ 进行，水压试验完毕后必须用空压机将管道系统吹洗干净。

　　检验方法：钢管或复合管道系统在试验压力下 10min 内压力降不大于 0.02MPa，然后降低到工作压力检查，压力应不降，且不渗漏；塑料管道系统在试验压力下稳压 1h，压力降不得超过 0.05MPa，然后在工作压力 1.15 倍状态下稳压 2h，压力降不得超过 0.03MPa，连接处不得渗漏。

　　③ 太阳能集热管道、热水供应管道应尽量利用自然弯补偿热伸缩，直线管段过长应根据管道规格的大小，经过计算设置补偿器。补偿器的形式、规格、位置应符合设计要求，并按有关规定进行预拉伸和拉伸记录。

检验方法：对照设计图纸检查或检查拉伸记录。

④ 管道安装坡度应符合设计规定。集热器上、下集管连接热水箱的循环水管道，管道应有不小于 0.3‰～0.5‰ 的坡度。在自然循环系统中，应使循环管路朝储水箱方向有向上坡度，不允许有反坡。在有水回流的防冻系统中，管路的坡度应使系统中的水自动回流，不应积存，管路应坡向回流水箱或管路最低处，应有 0.5‰～0.7‰ 的坡度。

检验方法：用水平尺或拉线检查。

⑤ 在循环管路中，易发生气塞的位置应设有排气阀；当用防冻液作为传热工质时，宜使用手动排气阀。需要排空和防冻回流的系统应设有吸气阀。在系统各回路及系统要防冻排空部分的管路的最低点及易积存的位置应设有排空阀，以保证系统排空。在强迫循环系统的循环管路上，必要时应设有防止传热工质夜间倒流散热的单向阀。

检验方法：用水平尺或拉线检查。

⑥ 间接系统的循环管路上应设膨胀箱。闭式间接系统的循环管路上同时还应设有压力安全阀和压力表，从集热器到压力安全阀和膨胀箱之间的管路应是畅通的，不应设有单向阀和其他可关闭的阀门。

检验方法：观察检查。

⑦ 自然循环的热水箱底部与集热器上集管的间距应为 0.3～1.0m。

检验方法：用尺量检查。

⑧ 管道支（吊、托）架及管座（墩）的安装。构造正确，埋设平整牢固，排列整齐，支架与管子接触应紧密，支架间距符合有关规定。

检验方法：观察检查和尺量检查。

⑨ 为了便于观察系统的运行情况和检修，宜在系统的管路中设流量计和压力表。自然循环系统中一般不设流量计和压力表，温度控制器及阀门应安装在便于观察、操作和维护的位置。各种泵、阀应按产品使用说明书规定的方式安装，安装在室外的泵、阀等部件应有防雨和防冻措施。

检验方法：观察检查。

⑩ 太阳能集热系统和热水供应系统的管道应保温（浴室内明装管道除外），采用的保温材料、厚度、保护壳等应符合设计规定。保温层厚度和平整度的允许偏差应符合表 7-2 的规定。

▣ 表 7-2　管道及设备保温层的允许偏差和检验方法

序号	项目		允许偏差/mm	检验方法
1	厚度		+0.1；-0.05	用钢针刺入
2	表面平整度	卷材	5	用 2m 靠尺和楔形塞尺检查
		涂抹	10	

⑪ 管道和金属支架涂漆。油漆的种类和涂刷遍数应符合设计要求；附着良好，无脱皮、起皮和漏刷，油漆厚度均匀，色泽一致，无流淌及污染现象。

检验方法：观察检查。

⑫ 管道、泵和阀门的允许偏差应符合表 7-3 的规定。

⑬ 太阳能热水系统竣工后必须进行冲洗，并按有关规定作好记录。

检验方法：现场观察检查。

▣ 表 7-3　管道和阀门安装的允许偏差和检验方法

序号	项目			允许偏差/mm	检验方法
1	水平管道纵横方向弯曲	钢管	每米 全长 25m 以上	1 ≤25	用水平尺、直尺、拉线和尺量检查
		塑料管复合管	每米 全长 25m 以上	1.5 ≤25	
		铸铁管	每米 全长 25m 以上	2 ≤25	
2	立管垂直度	钢管	每米 5m 以上	3 ≤8	吊线和尺量检查
		塑料管复合管	每米 5m 以上	2 ≤8	
		铸铁管	每米 5m 以上	3 ≤10	
3	成排管道和成排阀门		在同一平面上间距	3	尺量检查

7.2.5　水箱制作、安装验收

① 储水箱基础制作应符合设计要求。在建筑屋面上设置储水箱和水箱基础应设在建筑物的承重梁或承重墙上，摆放位置应正确，确保底座受力均衡分布到基础上，并与基础牢靠固定。预留固定用预埋件与基础之间的空隙，用细石混凝土填实。室外安装的水箱与基础固定牢靠，并采取有效的防风、防侧滑措施，以确保安全。

检验方法：现场观察检查。

② 安装储水箱的支座尺寸、位置和标高应符合设计要求。当采用混凝土支座时，检查其强度是否达到安装要求的 60% 以上，支座表面应平整、清洁；当采用型钢支座和方垫木时，应做好刷漆和防腐处理。

检验方法：现场观察检查。

③ 水箱安装的允许偏差和检验方法见表 7-4。

▣ 表 7-4　各种静置设备（各种容器、箱、罐）安装的允许偏差和检验方法

序号	项目	允许偏差/mm	检验方法
1	坐标	15	经纬仪、拉线和尺量
2	标高	±5	水准仪、拉线和尺量
3	垂直度(1m)	2	吊线和测量

④ 现场制作的储热水箱，其材质、规格应符合设计要求，根据其规格合理排版、拼接、焊制。储热水箱内应采用双面焊接，焊缝应光滑平整，无咬肉、气孔、夹渣、裂纹等缺陷；焊接成形后，各面应平整，无扭曲变形。水箱制作完毕后，应做煤油渗透试验和盛水试验，试验完毕后进行壁面保温施工。

检验方法：检查制作材料合格证与检验报告，现场观察检查。

煤油渗透试验：在水箱外表面的焊缝涂大白粉，晾干后在水箱内侧焊缝涂煤油，在试验时间内涂 2~3 次，如在大白粉上未发现油迹，则视为合格。试验时间为 35min。如发现渗

透现象，必须铲掉重新焊接，再进行试验，直至试验合格。

盛水试验：将水箱完全盛满水，经 2～3h 后用锤沿焊缝两边约 150mm 处轻敲，不得有渗漏现象。如发现渗漏，须铲掉重新焊接，再做试验，直至试验合格。成型后水箱各侧面平整度应小于 5mm，且不得外凸。

⑤ 储热水箱的通风口、溢流口、排污口和必要的人孔（一般大于 3t 的水箱）应符合设计要求。储水箱四周应留有检修通道，顶部应留有检修口，周围应有排水措施，水箱排水时不应积水。水箱的溢流管直径不得小于进水口直径，且最小不得小于 25mm。水箱最低处应留有直径不小于 25mm 的排污口。溢流管和泄水管应设置在排水地点附近，但不得与排水管直接相连。水箱高度大于等于 1500mm 时，设置内、外人梯；水箱高于 1800mm 时，设两组玻璃管液面计，其搭设长度为 70～200mm。

检验方法：现场观察检查和尺量检查。

⑥ 成品水箱或组装水箱安装完毕后进行满水试验，并按有关规定作好记录。

检验方法：敞口水箱满水试验静止 24h，不渗漏；密闭水箱的水压试验压力为工作压力的 1.5 倍，且不小于 0.6MPa，在试验压力下 10min 压力不降，且不渗漏。

⑦ 储热水箱以及与水箱连接的管路保温材料应按设计要求选取。保温层厚度的允许偏差和检验方法参见表 7-2。

⑧ 水箱内壁及内人梯需涂刷防腐涂料，防腐涂料必须耐温耐湿，涂料施工应符合涂料技术要求。水箱外壁及外人梯涂刷防锈底漆、调合漆各两遍。内壁防腐涂料应卫生、无毒，符合饮用水的标准。水箱防腐质量应满足：

a. 防腐用的油漆种类、性质、涂刷遍数应符合设计要求；

b. 涂刷遍数满足防腐质量要求，涂膜厚度一致，色泽均匀；

c. 漆层附着良好，无脱皮、无堆积和流淌、无起泡、无起皱等缺陷。

检验方法：检查防腐涂料合格证与检验报告，现场观察检查。

7.2.6　辅助设备安装验收

（1）水泵安装验收

① 水泵材质、型号、技术参数和安装位置等应符合设计要求。

检验方法：根据设计资料检查水泵技术资料，现场观察检查。

② 水泵基础混凝土的强度、尺寸、坐标、标高和预留螺孔位置等是否符合设计及生产厂家的技术要求；水泵应按厂家要求安装，电源线的连接应使泵的转向正确，泵应良好接地。

检验方法：尺量检查，基础的允许偏差和检验方法见表 7-1。

③ 水泵进出口管道安装的各种阀门和压力表等，其规格、型号应符合设计要求，安装位置正确，动作灵活，严密不漏。水泵安装的允许偏差和检验方法见表 7-5。

▣ 表 7-5　水泵安装的允许偏差和检验方法

序号	项目		允许偏差/mm	检验方法
1	泵体水平度（1m）		0.1	水平尺和塞尺检查
2	联轴器同心度	轴向倾斜	0.8	水准仪、百分表和塞尺检查
3		径向位移	0.1	

检验方法：尺量检查，现场观察检查。

④ 当设计有隔振要求时，水泵应配有隔振设施，即在水泵基座下安装橡胶隔振垫或隔振器，并在水泵进出口处管道上安装可曲挠橡胶接头。

检验方法：现场观察检查。

⑤ 水泵安装好后应检查以下内容：a. 各紧固部位应紧固良好，无松动现象；b. 运转中无异常声音，水泵无明显的径向振动和温升；c. 管路系统运转正常，压力、流量、温度和其他要求应符合设备技术文件的规定。滚动轴承的温度不应高于 75℃，滑动轴承的温度不应高于 70℃，特殊轴承的温度应符合设备技术文件的规定。

检验方法：现场观察检查，用温度计现场实测检查。

（2）电加热器（锅炉）的验收

① 电加热器（锅炉）的型号、材质应满足设计要求。安装符合厂家的说明书和国家标准、规范的有关规定。

检验方法：检验合格证和随带技术文件，实行生产许可证和安全认证制度的产品，有许可证编号和安全认证标志。

② 电加热器的规格型号、各构件部件、外观是否正常，符合设计要求，有铭牌，附件齐全，电气接线端子完好，设备器件无缺损，涂层完整。

检验方法：现场观察检查。

③ 电加热器的电源应安全可靠，并满足太阳能热水系统的用电负荷。电加热器的电源线连接应正确，畅通供电，采取专用回路，供电电源与电加热器之间应单独加装合适容量并且符合《剩余电流动作保护电器（RCD）的一般要求》（GB/T 6829）的漏电保护器。在设备接线盒内裸露的不同相导线间和导线对地间最小距离应大于 8mm，否则应采取绝缘防护措施。

检验方法：万用表测量漏电保护器动作电流值不应超过 30A，摇表检测接地电阻值应符合设计要求。

④ 电加热器的安全性能应符合表 7-6 的要求。检验方法参见农业部行业标准《家用太阳热水器电辅助热源》（NY/T 513）。

▢ 表 7-6 电加热器安全性能要求

实验项目		实验条件	技术要求
输入功率偏差		额定电压	+5%，-10%
冷态	泄漏电流	1.06 倍额定电压	≤0.75mA
	电气强度	50Hz，1250V，1min	无击穿
热态	泄漏电流	1.15 倍额定电压	≤0.75mA
	电气强度	50Hz，1000V，1min	无击穿
接地电阻		12V，25V	≤0.1Ω
抗干烧性能		额定电压下干烧 4h	漏电电流与电气强度符合要求。感温元件无损坏，动作可靠

⑤ 安装在室外储水箱中电热元件（包含温控元件）和安装在室内的温度控制和漏电保护装置之间的连接电缆，应有固定牢靠的硬质 PVC 线管保护入室。

检验方法：现场观察检查。

⑥ 连接电缆中的电源软线应包含有黄/绿双色专用接地线。根据辅助电加热器额定电流大小，电源软线的导线应具有不小于表 7-7 规定的截面面积。

▫ 表 7-7　导线的最小截面面积

额定电流/A	>0.2~3	>3~6	>6~10	>10~16	>16~25
标称截面积/mm²	0.5	0.75	1.0	1.5	2.5

检验方法：观察检查，尺量检查。

⑦ 电热管外壳材料应符合 GB/T 3089、GB/T 3090、GB/T 5231、GB/T 15007 的规定；电热管允许最大表面负荷应符合表 7-8 的规定。

▫ 表 7-8　电热管的最大允许表面负荷

外壳材料	铜 T3	不锈钢 0Cr18Ni9Ti(304) 1Cr18Ni9Ti(321)	铁镍基耐蚀合金 NSI 11(Incoloy 800)
允许最大表面负荷/(W/cm²)	7	11	11

检验方法：查验合格证和随带技术文件。

⑧ 电热锅炉的检测和控制仪表及装置的配置应符合《蒸汽锅炉安全技术监察规程》或《热水锅炉安全技术监察规程》或《小型和常压热水锅炉安全监察规定》的要求。电锅炉应按规定装设压力、水位、温度等安全运行参数的指示仪表；应设负荷自动调节装置；锅内有汽（气）水分界面，应设置缺水保护装置和水温超温保护装置。

检验方法：观察检查，文件资料检查。

⑨ 电热锅炉应有可靠的电气绝缘性能，设备中带电回路以及带电回路与地之间（导体与柜体之间及电热元件与壳体之间）的绝缘电阻应不小于 1MΩ；锅炉及其动力柜、控制柜的金属壳体或可能带电的金属件与接地端应具有可靠的电气连接，其与接地端之间电阻不得大于 0.1Ω，并在其主接地端标上明显的接地符号。

检验方法：用万用表或欧姆表测量绝缘性能和接地状况。

（3）换热器安装验收

① 换热器的基础采用的材料、型号和技术参数应符合设计要求。

检验方法：查验合格证和随带技术文件。

② 容积式热交换器的最大工作压力要满足设计要求。

检验方法：应以其最大工作压力的 1.5 倍做水压试验，蒸汽部分应不低于蒸汽供气压力加 0.3MPa；热水部分应不低于 0.4MPa。在试验压力下，保持 10min 压力不降，不渗漏为合格。

③ 容积式热交换器安装允许偏差符合锅炉辅助设备安装的允许偏差和检验方法，见表 7-3。

检验方法：尺量检查。

④ 容积式、导流型容积式、半容积式水加热器的一侧应有净宽不小于 0.7m 的通道，前段应留有抽出加热盘管的位置。加热器上部附件的最高点至建筑结构最低点的净距应满足检修的要求，但不得小于 0.2m，房间净高不得低于 2.2m。

检验方法：尺量检查。

⑤ 换热器的安全阀、压力表、温度计及设计要求安装的温度控制器等附件安装应符合

设计要求。

检验方法：观察检查。

⑥ 换热器应根据水质情况及使用要求采用耐腐蚀材料制作或在钢制罐体内表面做衬、涂、镀防腐材料处理。

检验方法：查验合格证和随带技术文件。

（4）膨胀罐的安装验收

① 膨胀罐的大小、工作压力、温度和工质相容性等技术参数应符合设计要求。

检验方法：查验合格证和随带技术文件。

② 在间接系统中，使用隔膜膨胀罐，应根据安装点的工作压力决定膨胀罐空气预充压力。

检验方法：目视检查和手提式压力表检测膨胀罐内的空气压力。

③ 膨胀罐应安装牢靠固定，隔膜膨胀罐宜安装在太阳能系统循环管路的低温部分，即集热循环中流向集热器的管路上，集热器到膨胀罐的管路应保持畅通；膨胀罐应安装在水泵进水侧，且从膨胀罐到水泵之间的管道阻力不应过大；系统的接口与膨胀罐的接口宜相距0.5～1m；膨胀罐宜竖向安装，气室位于膨胀罐下部，并在容易观察的位置安装压力表。

检验方法：观察检查、尺量检查。

（5）附件安装验收

① 阀门管径大小、接口方式、水流方式和启闭要符合设计要求。阀门进场时应检验阀门的材料、型号、规格是否符合设计要求。阀体铸造应规矩，表面光滑，无裂纹，开关灵活，关闭严密，手轮完整无损，具有出厂合格证。

检验方法：查验合格证、技术文件和观察检查。

② 阀门应安装在便于操作、观察和维护的位置。

检验方法：观察检查。

③ 电磁阀选用适合现场水压。电磁阀应水平安装，在其进水口前应安装过滤器。电磁阀两端应安装旁路管道及手动阀，以便发生故障时用手动阀工作。

检验方法：观察检查。

④ 截止阀、蝶阀和止回阀阀体上的箭头方向与水流方向一致。

检验方法：观察检查。

⑤ 温控器应能实现自动控制，应符合 GB 14536.1 规定的要求。直流热水系统的温控器应有水满自锁功能。

检验方法：技术文件检查。

⑥ 温度传感器安装在浸入传热工质的盲管中或紧贴在管路的外壁上，安装在管道外壁上应保证接触良好，宜使用导热胶。温控阀的感温部分应安装在集热器集管（或联箱）热水出口处，用于防冻排空的温控阀应安装在室外系统的管路最低处。集热器温度传感器能承受集热器的最高空晒温度，温度传感器精度为±2℃；储水箱用传感器应能承受130℃；温度传感器精度为±1℃。传感器的接线应牢固可靠，接触良好，传感线按设计要求布线，无损伤。接线盒与套管间的传感器屏蔽线应做二次防护处理，两端做防水处理。屏蔽线、屏蔽层导线应与传感器金属接线盒可靠连接，连接时在不损伤屏蔽层导线的情况下，应保护屏蔽层内的导线，使屏蔽层受力。

检验方法：观察检查，温控阀用恒温水浴校验。

⑦ 水表类型、规格型号、额定工作压力和使用介质是否符合设计要求，应有产品出厂合格证；水表安装的位置，应在便于检修，不受暴晒、污染和冻结的地方；其安装应平整牢固；水表上的标示箭头方向与水流方向应一致；安装旋翼式水表，尺量检查表前与阀门应有不小于 8 倍水表接口直径的直线管段；表外壳距墙表面净距为 10～30mm；水表安装位置、进口中心标高按设计要求，允许偏差为 ±10mm。远传数控水表表箱安装应平整，距地面高度应符合设计要求；传导线的连接点必须连接牢固，配线管中严禁有接头存在，布线的端头必须甩到分户表所在位置处，与分户表直接连接；远传数控水表表箱的开启和关闭应灵活，并应加锁保护。

检验方法：观察检查、尺量检查。

7.2.7　控制系统验收

控制系统包括：①集热循环控制；②水箱给水控制；③辅助热源启停控制；④防冻控制；⑤防过热控制等。控制设备包括非电控温控阀、温度传感器、水位传感器、电磁阀、控制器。控制传感器为温度传感器和水位传感器。系统控制验收内容主要校验温度传感器和水位传感器，并确保所安装控制执行结构能正常运行。

（1）温度指示控制仪

温控仪应标有产品的名称、型号、测量范围、企业名称等，技术参数应与系统设计相符。温控仪测量传感器所用封装材料应无裂纹，引线接插件必须接触良好，测温传感器所使用的保护管及封装材料应能承受相应的使用温度。温控仪外露部件（端钮、面板、开关）不应松动、破损，数字指示面板不应有影响读数的缺陷；显示应正确。各开关、旋钮在规定的状态时，应具有相应的功能和一定的调节范围。温控仪的示值温差和设定工作点误差均不应超过 ±2℃。

检验方法：技术文件检查、观察检查、按《数字温度指示调节仪检定规程》（JJG 617—1996）检验。检验设备采用二等标准水银温度计或同等级的其他温度标准器，以及恒温水槽。将受检的温度传感器放入恒温水浴中，用温度计测量水温，并把温度传感器与显示仪表相连。逐渐升高恒温水浴的温度，记录标称值。或用合适的温度模拟器代替温度传感器，连接到温控器。

（2）水位指示控制仪

水位指示控制仪技术参数和适用条件应与系统设计相符，选用水位指示控制仪应具有耐温、防腐和防垢功能。水位传感器所用部件应外观完整，应能承受相应的使用温度，引线接插件必须接触良好。水下装置的防水密封程度要求在 1.5 倍测量范围的条件下保压 1h 不漏水、不变形。安装地点应便于观察和维护，运动部件的周围部件安装应达到产品要求的垂直度，防止运动部件被卡住或上下移动不畅。压力感应传感器应保持气室与大气畅通，避免水温较高时压力感应传感器对水位误断。水位测量误差应不大于 ±3cm。

检验方法：技术文件检查、观察检查。水位准确度检验时，应在水位升、降两个全程进行比测，测点按每米不小于 1～2 个静态观测点设置，记录标称值与和实测值。

（3）非电控温控阀

对于使用温控阀控制水温的直流系统，应将测得的水温与温控阀标称的开启温度相比较，两者相差不能大于 ±2.5℃。

检验方法：将受检的温控阀放入恒温水浴中，用温度计测量水温。逐渐升高恒温水浴的温度，记录温控阀开启温度。

（4）电磁阀

电磁阀的外观、型号、材质、阀体强度应符合设计要求；阀体铸造应规矩，表面光滑，无裂纹，开关灵活，关闭严密。电磁阀应安装在便于观察的位置，阀体上箭头指向应与水流方向一致；按说明书安装接线，引线接插件必须接触良好；检查线圈与阀体间的电阻，保证其绝缘性能。安装后，用控制装置给电磁阀控制信号，检测电磁阀开关时声音是否正常。

检验方法：观察检查。绝缘性能用万用表或欧姆表测量。

（5）电动调节阀

电动调节阀的外观、型号、材质、阀体强度应符合设计要求；阀芯泄漏试验、驱动器行程、压力和最大关紧力应满足设计要求；阀体铸造应规矩，表面光滑，无裂纹，开关灵活，关闭严密。阀应安装在便于观察的位置，阀体上箭头指向应与水流方向一致。电动调节阀的输入电压、输出信号和接线方式与说明书要求一致，引线接插件必须接触良好。电动阀在安装前应进行模拟动作和试验，执行器的行程应与阀的行程大小一致，并与系统牢固连接。

检验方法：说明书等资料检查，观察检查。绝缘性能用万用表或欧姆表测量。

调节阀耐压试验：

① 调节阀体耐压试验采用手动试压泵进行水压试验，严禁采用电动试压泵；

② 试验介质为洁净的水；

③ 试验压力为设计压力的 1.25 倍；

④ 压力试验用的压力表应校验合格，其精确度不应低于 1.5 级，刻度上限值宜为试验压力的 1.5～2 倍；

⑤ 气开阀在进行阀的耐压试验时阀芯打开至少 20% 的开度，这一点务必谨记，以防止阀芯单侧受压过高而损坏。

（6）控制柜

控制柜的安装位置准确、部件齐全，箱体开孔与导管管径适配。控制柜的金属框架及基础必须可靠接地（PE）或接零（PEN），装有电器的开启门，门和框架的接地端子间应用裸编织铜线连接，并有标识。端子安排有序，强电、弱电、弱电端子隔离布置，接线整齐。配电板用的电气元件应牢固地安装在构架或面板上，并有放松措施，便于操作和维修。盘、柜的正面及背面各电器、端子牌等应标明编号、名称等，其标明的字迹应清晰、工整、不褪色。

检验方法：观察检查，绝缘性能用万用电表或欧姆表测量。

（7）系统防冻功能检验

① 太阳能热水系统，在 0℃ 以下地区使用时，应具有防冻功能。以水作介质的应采取防冻措施，一般采用回流防冻、排回排空防冻和敷设电加热带防冻等；间接系统可采用防冻液做工质防冻。

a. 水作介质系统应检查防冻温度传感器及控制器是否按设计要求运行，技术要求及检验方法见温度指示控制仪的检验验收内容。

b. 采用排回（或排空）防冻措施的系统，管路的坡度应符合回流要求，不得有反坡等妨碍集热器和室外管道中介质能回流到储水箱或排出系统的情况，进气阀能正常打开和关闭。

检验方法：用水平仪检查水平管道的坡度；系统运行时，关闭集热器系统循环泵，观察压力表读数的减少，检查回流情况，或检查水箱水位判别回流情况；进气阀根据其类型进行检验。

② 对于采用电加热带进行管路保温的系统，检查电加热带是否能正常工作及额定温度是否与厂家标称的相符。

检验方法：在电加热带电路中串接一块电流表，使表面温度探头与保温层中的电加热带相接触，接通电源。

③ 太阳能热水系统为间接系统，在系统中使用防冻传热工质进行防冻时，应选用具有防锈、防腐及除垢能力的防冻液，并与橡胶密封导管相匹配；防冻液的凝固点应低于系统使用期内的最低环境温度，防冻液不得有变浊、变质、变味、发泡等现象。防冻液检查一般除系统验收进行检验外，宜每年对防冻液冰点和外观进行检查。

检验方法：观察检查，用冰点仪直接测量防冻液冰点，或用液体密度计根据密度和防冻液类型推算其冰点。

（8）系统过热保护功能检验

① 系统的所有部件材料应确保可能发生的最高温度不超过有关材料的最高许用温度；集热器和连接管件应能补偿温度变化产生热胀冷缩，不影响系统密封性能。

检验方法：设计资料检查。

② 间接系统应保证膨胀罐能容纳因系统过热集热器排出工质，集热器与膨胀罐之间不应安装单向阀等阻碍工质流入膨胀罐的管件或部件，膨胀罐与系统管道之间应有一定安装距离或采用其他散热措施保护膨胀罐安全使用；采用防冻液在最高的集热器闷晒温度下不沸腾系统，应保证系统初始压力符合设计要求，管道连接宜采用焊接方式。

检验方法：观察检查，利用压力比测量系统压力。

③ 采用释放系统热水的方法或采用启动散热系统来防止系统过热，其定温器和温度传感器的动作应符合设计要求。

检验方法：参见温度指示控制仪的检验方法。

④ 采用排回排空来防止系统过热，管路的坡度应符合回流要求，不得有反坡等妨碍集热器和室外管道中工质能回流到储水箱或排出系统的情况，进气阀能正常打开和关闭，并且温度传感器和温控器的动作应符合设计要求。

检验方法：用水平仪检查水平管路的坡度；温控器参见温度指示控制仪的检验方法。

第8章

特殊类型的系统方案设计与分析

8.1 游泳池太阳能加热系统方案

以杭州某小区标准室内游泳池为例，说明游泳池太阳能加热系统的设计过程。该游泳池最终确定采用真空管式太阳能集热器加热系统，辅助能源采用蒸汽式燃油锅炉加热，具体设计过程如下。

8.1.1 基本情况

该游泳馆长50m，宽21m，平均水深2m，室内平均温度（全年）按25℃设计，基础水温按5℃设计。

8.1.2 游泳池水温的确定

《游泳池给水排水工程技术规程》（CJJ 122—2017）规定，室内游泳池的池水设计温度如表8-1所示。

▫ 表8-1 室内游泳池的池水设计温度

序号	游泳池的用途及类型		池水设计温度/℃	备注
1	竞赛类	游泳池	26~28	含标准50m长池和25m短池
2		花样游泳池		
3		水球池		
4		热身池		
5		跳水池	27~29	—
6		放松池	36~40	与跳水池配套
7	专用类	训练池	26~28	—
8		健身池		
9		教学池		
10		潜水池		
11		俱乐部		

续表

序号	游泳池的用途及类型		池水设计温度/℃	备注
12	专用类	冷水池	≤16	室内冬泳池
13		文艺演出池	30～32	以文艺演出要求选定
14	公共类	成人池	26～28	含社区游泳池
15		儿童池	28～30	—
16		残疾人池	28～30	—
17	水上游乐类	成人戏水池	26～28	含水中健身池
18		儿童戏水池	28～30	含青少年活动池
19		幼儿戏水池	30	
20		造浪池		—
21		环流河	26～30	
22		滑道跌落池		
23	其他类	多用途池		
24		多功能池	26～30	
25		私人泳池		

根据设计要求和表 8-1，设计游泳池的水温为 28℃。

8.1.3　游泳池的补充水量选定

根据《游泳池给水排水工程技术规程》（CJJ 122—2017）的规定，游泳池的补充水量一般按表 8-2 选取。

▣ **表 8-2　游泳池的每日补充水量**

序号	游泳池的用途及类型	游泳池的环境	补水量（按水池容积的百分数计）/%	备注
1	竞赛类和专用类	室内	3～5	含多用途、多功能和文艺演出池
		室外	5～10	
2	公共泳池和水上游乐园	室内	5～10	—
		室外	10～15	—
3	儿童幼儿类	室内	不少于 15	
		露天	不少于 20	
4	私人类	室内	3	
		室外	5	

根据泳池性质从表 8-2 中确定设计补充水量为游泳池总容积的 10%。

总水量：$50 \times 21 \times 2 = 2100 (\text{m}^3)$

补水量：$2100 \times 10\% = 210 (\text{m}^3)$

8.1.4　耗热量计算

根据《游泳池给水排水工程技术规程》（CJJ 122—2017）规定，池水加热所需热量，应为下列各项所需热量的总和：①池水表面蒸发损失的热量；②池壁和池底传导损失的热量；③管道的净化水设备损失的热量；④补充新鲜水加热需要的热量。

详细热量计算过程如下。

（1）游泳池和水上游乐池水表面蒸发损失的热量

$$Q_S = \frac{1}{\beta} \rho \gamma (0.0174 v_W + 0.0229)(P_b - P_q) A_S \frac{B}{B'}$$

式中，Q_S 为游泳池或水上游乐池水表面蒸发损失的热量，kJ/h；β 为压力换算系数，Pa，取 133.32Pa；ρ 为水的密度，kg/L；γ 为与游泳池或水上游乐池水温相等的饱和蒸汽的蒸发汽化潜热，kJ/h；v_W 为游泳池或水上游乐池水表面上的风速，m/s，室内游泳池或水上游乐池 0.2～0.5m/s，室外游泳池或水上游乐池 2～3m/s；P_b 为与游泳池或水上游乐池水温相等的饱和空气的水蒸气分压力，Pa；P_q 为游泳池或水上游乐池的环境空气的水蒸气压力，Pa；A_S 为游泳池或水上游乐池的水表面面积，m^2；B 为标准大气压，Pa；B' 为当地的大气压，Pa。

将数值代入计算得：$Q_S = 9.5 \times 10^5$ kJ/h

（2）游泳池和水上游乐池的水表面、池底、池壁、管道和设备等传导所损失的热量

应按游泳池和水上游乐池水表面蒸发损失热量的 20% 计算确定，即：

$$Q = 9.5 \times 10^5 \times 20\% = 1.9 \times 10^5 \ (\text{kJ/h})$$

（3）游泳池和水上游乐池补充新鲜水加热所需的热量

$$Q_f = \frac{a V_f \rho \ (T_d - T_f)}{T_h}$$

式中，Q_f 为游泳池补充水加热所需的热量，kJ/h；a 为热量换算系数，取 4.1868kJ/kcal；ρ 为水的密度，kg/L；V_f 为游泳池或水上游乐池新鲜水的补充量，L/d；T_d 为游泳池和水上游乐池的池水设计温度，℃；T_f 为游泳池和水上游乐池补充新鲜水的温度，℃；T_h 为加热时间，h。

各数据取值为：$V_f = 210 \times 10^3$ L；$T_d = 28℃$；$T_f = 5℃$（年平均）；$\rho = 1$kg/L；$T_h = 24$h。

$$Q_f = 4.1868 \times 210 \times 10^3 \times (28-5)/24 = 8.43 \times 10^5 (\text{kJ/h})$$

将以上各项耗热量相加，即为每天需补充的热量，则总热量为：

$$(Q_s + Q + Q_f) \times 24 = 4.76 \times 10^7 (\text{kJ/d})$$

8.1.5　杭州太阳辐照量

根据图集《太阳能集中热水系统选用与安装》（15S128）附录四，杭州市各月设计用气象参数如表 8-3 所示。

▣ 表 8-3　杭州市各月辐照量和月日照小时数

杭州	纬度 30° 14′　经度 120° 10′　海拔高度 41.7m											
月份	1	2	3	4	5	6	7	8	9	10	11	12
月平均室外气温/℃	4.3	5.6	9.5	15.8	20.7	24.3	28.4	27.9	23.4	18.3	12.4	6.8
水平面月平均日太阳总辐照量/[MJ/($m^2 \cdot$d)]	6.813	7.753	9.021	12.542	14.468	13.218	17.405	16.463	12.013	10.276	8.388	7.303

杭州	纬度 30° 14′　经度 120° 10′　海拔高度 41.7m											
月份	1	2	3	4	5	6	7	8	9	10	11	12
倾斜表面月平均日太阳总辐照量/[MJ/(m² · d)]	9.103	8.534	9.552	11.953	12.715	11.417	15.158	15.684	11.846	11.524	10.839	10.425
月日照小时数/h	112.2	103.3	114.1	145.8	168.9	146.6	222.2	215.3	151.9	153.9	143.2	142.5

8.1.6　游泳池加热系统

（1）太阳能泳池加热系统（如图 8-1 所示）

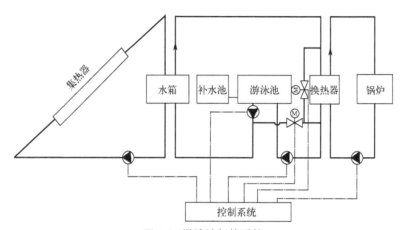

图 8-1　游泳池加热系统

（2）运行说明

① 真空管型集热器与水箱间进行温差集热循环。当集热器温度比水箱内温度高 8℃ 以上时，循环泵启动，将水箱内的高温水循环入水箱，将水箱内的低温水循环入集热器，加热的水储存到水箱中。水箱上水方式为设定水位自动上水。

② 游泳池的设计温度为 28℃，其水温范围为 27～29℃

③ 自动控制系统检测到游泳池池水温度低于 27℃ 时，开始循环换热。

a. 若水箱水温不低于设定温度（28℃）则不需启动燃油锅炉，太阳能水箱的热水直接与游泳池水进行换热后（温度 29℃）进入泳池。

b. 当水箱内水温低于设定温度（28℃）时，则启动燃油锅炉，通过换热器对循环水（约为 20%）进行加热（加热温度设定为低于 45℃，以便于对水温的控制），再与另一部分循环水混合，达到设定温度后循环到游泳池。

④ 水箱容量为 100t，数量为 1 个，内胆材料为 SUS304，保温为 100mm 聚氨酯发泡，外壳为玻璃钢。

⑤ 水箱、泳池的过滤、净化、加药等装置和锅炉（需安装面积为 160m²）安放在专用的设备间。

⑥ 换热器为不锈钢板式换热器，型号为 BR0.34-31m²，数量为 2 台。

8.1.7　系统集热面积确定

借助 F-Chart 软件进行太阳能集热系统的设计分析，首先将系统参数输入，以集热器数量为变量进行最佳经济效益分析，借此确定在最佳经济效益情况下集热器的数量（面积）。

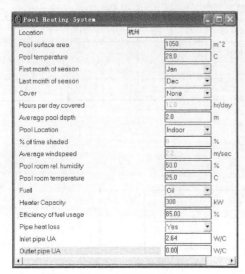

图 8-2 系统设置

真空管型集热器的有关参数：

① 型号，HJⅡ-48LX18-38°；

② 集热面积，7.3m²；

③ 真空管，φ58mm×1800mm×48 支；

④ 外形尺寸，2450mm × 2833mm × 3566mm（长×宽×高）；

⑤ 荷载，332kg。

（1）输入部分

① 系统设置（图 8-2）

② 集热器参数设置（图 8-3）

③ 经济参数表（按各地实际计算）（图 8-4）

图中英文含义参见图 8-4～图 8-5。

（2）输出部分

经 F-Chart 软件分析，在集热器数量为 50～1000 单元情况下其经济效益趋势如图 8-5 所示。

从图 8-5 可以看出，当集热器约为 630 单元（集热面积为 2299.5m²）时，该系统可以取得最佳的经济效益。结合建筑物的外形、尺寸及美观，考虑到系统的初期投资，我们认为该太阳能系统采用 280 单元集热器是合理的。

Evacuated Tubular Collector		
Number of collector panels	50-1000	
Collector panel area	3.85	m^2
FR*UL (Test slope)	0.550	W/m^2-C
FR*TAU*ALPHA (Test intercept)	0.680	
Collector slope	38	degrees
Collector azimuth (South=0)	0	degrees
Receiver orientation	NS	
Incidence angle modifier (Perpendicular)	Ang Dep	
Incidence angle modifier (Parallel)	Ang Dep	
Collector flowrate/area	0.015	kg/sec-m'
Collector fluid specific heat	4.18	kJ/kg-C
Modify test values	Yes	
Test collector flowrate/area	0.015	kg/sec-m'
Test fluid specific heat	4.19	kJ/kg-C

图 8-3 集热器参数设置

Economics Parameters		
Economic analysis detail	Brief	
Cost per unit area		$/m^2
Area independent cost	450000	$
Price of electricity	0.5000	$/KW-hr
Annual % increase in electricity	0.0	%
Price of natural gas	1.80	$/m^3
Annual % increase in natural gas	0.0	%
Price of fuel oil	3.00	$/liter
Annual % increase in fuel oil	10.0	%
Price of other fuel	6.33	$/GJ
Annual % increase in other fuel	10.0	%
Period of economic analysis	15	years
% Down payment	100	%
Annual mortgage interest rate	0.0	%
Term of mortgage	0	years
Annual market discount rate	2.0	%
% Extra insur. and maint. in year 1	0.0	%
Annual % increase in insur. and maint.	8.0	%
Eff Fed.+State income tax rate	17.0	%
True % property tax rate	0.0	%
Annual % increase in property tax	0.0	%
% Resale value	10.0	%

图 8-4 经济参数设置

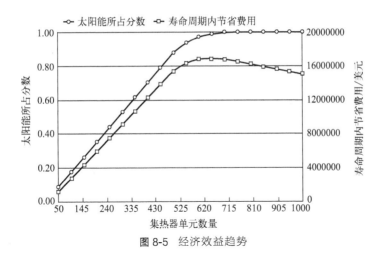

图 8-5 经济效益趋势

8.1.8 集热器的摆放及安装

游泳馆顶部为钢结构，设计荷载为 $70kg/m^2$，真空管型集热器的荷载为 $30\sim40kg/m^2$，所以该真空管型集热器可以安装在游泳馆的顶部，具体的安装方案如下：

① 采用双层真空管型集热器，沿东西方向放置，摆成 5 排；

② 集热器宽度为 2450mm，相邻两台集热器之间的距离为 300mm；

③ 单台集热器宽度为 3566mm，相邻两排之间的距离为 3211mm；

④ 集热器布满整个屋面，共 280 个单元。

8.1.9 经济效益分析

对 280 个单元进行分析，可得以下数据，见表 8-4 经济效益分析。

⊡ 表 8-4 经济效益分析

月份	所需热量 /(kJ/d)	太阳能提供热量 /(kJ/d)	补充热量 /(kJ/d)	辅助燃油加热 每月金额/元	每月可节省 费用/元
1 月	147×10^7	17.4×10^7	129.6×10^7	89415	13200
2 月	129×10^7	22.8×10^7	107.2×10^7	73960	18000
3 月	107×10^7	30.6×10^7	76.4×10^7	52710	24000
4 月	98×10^7	34.3×10^7	63.7×10^7	43948	26400
5 月	89×10^7	42.0×10^7	47.0×10^7	32426	32400
6 月	77×10^7	40.3×10^7	36.7×10^7	25320	31200
7 月	61×10^7	34.3×10^7	26.7×10^7	18421	26400
8 月	76×10^7	32.4×10^7	43.6×10^7	30080	25200
9 月	87×10^7	31.8×10^7	55.2×10^7	38084	24000
10 月	103×10^7	30.5×10^7	72.5×10^7	50020	22800
11 月	122×10^7	17.2×10^7	104.8×10^7	72305	18600
12 月	135×10^7	16.7×10^7	118.3×10^7	81620	12240
每年	1231×10^7	350.3×10^7	881.7×10^7	608309	274440

回收期分析：与全部燃油加热相比，太阳能投资部分约在 4 年内回收其投资。

8.1.10 太阳能系统的运行

（1）运行方式

集热器与水箱进行温差循环，当自动控制系统检测到水箱温度与集热器温差达到 8～10℃时，水箱与集热器间进行循环加热，使水箱内水温升高。

（2）原理图（图 8-6）

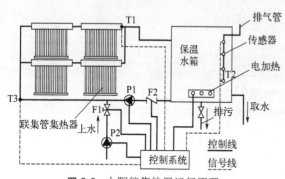

图 8-6 太阳能集热器运行原理

8.1.11 泳池系统的运行

（1）给水方式

系统采用循环给水方式，游泳池水经净化、过滤、消毒符合游泳水质要求后，再送回游泳池重复使用。

（2）游泳池水处理流程图（图 8-7）

（3）系统循环过滤净化

游泳池内的水，按一定的流量连续不断地由回水口经压力水泵送入过滤沙缸，除去池水中的污物，使水得到澄清。再经消毒投药系统和 pH 调节系统，使水符合《游泳池水质卫生标准》，最后送入游泳池（见图 8-8）。循环周期约 7h 一次。循环水泵采用三台循环泵，二用一备，单台流量为 160t/h。

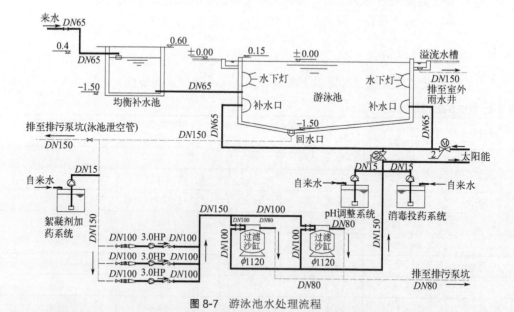

图 8-7 游泳池水处理流程

（4）均衡补水池补水

均衡补水池的水面与游泳池内的水位一致，当游泳池内的水位降低时，均衡补水池将自动补充减少的水量，均衡补水池内由浮球阀控制水位。

（5）系统循环控制

整个循环系统由循环泵、电动阀和控制系统控制。当池水与水箱进行换热时，1 号电动

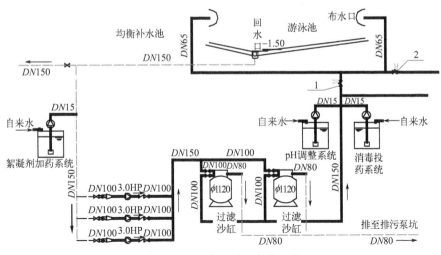

图 8-8　系统循环过滤净化系统

阀关闭，2 号电动阀打开，将水箱中热水循环到游泳池。当净化池水不需换热时，1 号电动阀打开，2 号电动阀关闭，将净化的池水再循环到池内。

（6）初次上水

初次上水采用蒸汽型燃油锅炉加热，上水时间为 48h，燃油锅炉的功率为 $60 \times 10^4 kcal/h$（即 2t 蒸汽型），共需 2 台。

设计的供水方案为：在建筑物顶部放置一热水箱，通过水泵和太阳能集热系统的水箱补水，可通过设定热水箱的水位来实现自动补水并通过水箱的电加热装置实现自动加热，保持水箱恒温。

8.2　石油储罐太阳能加热系统

目前各油田的单井储油罐，由于保温效果差，散热很快，原油进入油罐后很快降温，气温较低时黏度开始增大，并逐渐凝结，运油时需要提前一天烧煤或用电对油加热至可以流动的液态，然后再通过放油口放进运油车进行运输。每次加热要耗掉 1～2t 煤，全年大约耗掉200t 煤，这样既浪费煤、电，又造成了环境污染，还增加了看井工人的劳动强度，因为需要二十几小时连续往炉膛添煤，劳动量很大。

为解决储油罐加热时的能源浪费及污染排放问题，我们设计出一种太阳能石油储罐加热系统，它可以克服以上缺点，使用自然能源中的太阳能持续为油罐加热，并能将热量储存以备阳光不足时释放热量；还可以在无电地区利用太阳能光伏发电系统提供系统用电及看井工人生活用电。

该系统所采用的技术方案是：将储油罐设计为内外两层，外层有加厚保温层，两层之间为一空腔，其间装有换热器，换热器周围充满相变材料，用来传导热量，而且罐内也装有换热器，可以使罐内中央热量较难传到的区域同时受热，杜绝加热盲区。相变材料可以吸收换热器传导的热量，并把热量储存，然后再逐渐释放出来，热量通过罐壁的传导传给罐内的原油，这样在没有阳光的晚上或阴雨天也可以为油罐加热，保证油温不会下降，以利于运输。

太阳能集热部分采用热管式真空管型集热器，热管式真空管型集热器是靠真空管内的热管吸收真空管收集的太阳的热量，再通过热管内的工质蒸发、冷凝传输给真空管水箱中的工质（热媒），真空管内无液体工质，杜绝了系统因为工质泄漏造成故障的现象，且单管破损也不影响系统运行。循环管路分为两条，一条与夹层内换热器相连，一条与油罐内部换热器相连，两条循环管路同时运行，保证原油均匀受热。在自动控制系统的控制下循环泵启动，循环管路开始循环，真空管水箱内的工质（热媒）通过循环管路将热量输送至储油罐的夹层中，通过换热器把热量传给相变材料。系统控制所需电力由太阳能光伏发电部分提供。在太阳能光伏发电部分，通过太阳光电池板将太阳能转化为电能储存在蓄电池内，系统用电时，光电控制器控制逆变器将蓄电池内的直流电转换为交流电传输给各用电器。在无电地区也可以为看井工人提供生活用电及系统照明用电。

利用太阳能为石油储罐加温的有益效果是：减少污染排放；节约常规能源；减少热量散失；原油受热充分；系统控制操作简单，降低看井工人的劳动强度；为无电地区油井提供电力。

8.2.1　系统说明

系统原理图见图 8-9，夹层油罐示意图见图 8-10。

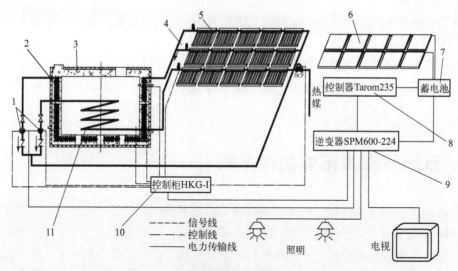

图 8-9　系统原理图

1—循环泵；2—换热器；3—相变材料；4—循环管路；5—热管式真空管型集热器；
6—太阳光电池板；7—蓄电池；8—光电控制器 Tarom235；9—逆变器
SPM600-224；10—控制柜 HKG-I；11—换热器

其中换热器为盘管式换热器，排列方式有螺旋形排列和 S 形排列。由导热性好的金属管制成，工作时高温工作介质在管内流动，管外为温度较低的物质，工作介质的热量通过换热器传导给低温物质，起到换热的目的。

相变材料是一种能够储存能量并延时释放出能量的物质。它的工作原理为：利用太阳能或低峰谷电能加热相变材料，使其吸收能量发生相变（如从固态变为液态），把太阳能储存起来。在没有太阳的时间里，又从液态恢复到固态，并释放出热能。相变贮能是针对物质的潜热贮存提出来的，它不同于太阳能热水器利用介质的显热贮能，对应温度波动较小的循环过程，相变贮能非常高效。对选择相变材料的要求非常严格：①相变温度适宜；②相变潜热高；③相变是可逆的，重复循环不变质；④液相和固相的导热系数和导温系数高；⑤密度大；⑥比热容大；⑦相变体积变化小等。现已开发的相变贮能物质为水化盐类，如 $Na_2SO_4 \cdot 10H_2O$（芒硝）；熔盐类，如硝酸盐类。

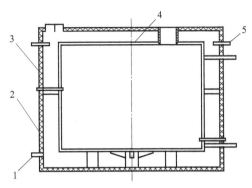

图 8-10　夹层油罐示意图
1—辅助能源接口；2—保温层；3—油罐外壁；
4—油罐内壁；5—换热器接口

逆变器全称直流-交流逆变器，是把直流电能转变为交流电能供给负载的一种电能转变装置，它是整流装置的逆向变换功能器件。光伏发电系统中，太阳光电池板在太阳光照射下产生直流电，然而绝大部分用电器不能直接用直流电供电，因而需要将直流电转变为交流电，转变装置即为逆变器。

控制柜是太阳能集热系统的大型控制仪器，它不仅具备水位水温显示、自动上水、水位设置、水温设置、即时加热、手动加热、电热恒温控制、管道循环、温差循环等功能，而且具备防干烧、漏电保护、自动报警、传感器故障自动闭锁等多重保护功能，可对太阳能集热系统进行自动监测和控制，实现无人值守。

8.2.2　系统设计计算

由于目前相变储热技术应用还不是很完善，且有一定的应用局限，实际应用存在一定的难度，我们可以用热水代替夹层油罐中的相变材料，使热水跟集热器串联在循环回路内参与循环换热，将油罐内的换热器保留，形成简易石油储罐太阳能加温系统。下面我们以某油田石油储罐太阳能加热系统为例介绍该系统的设计方案。

8.2.2.1　集热参数计算

（1）相关参数

① 原油参数（表 8-5）

▣ **表 8-5　原油参数**

项目	密度（20℃）/(g/cm³)	运动黏度（50℃）/(mm²/s)	动力黏度（50℃）/(mPa·s)	含蜡/%	含胶/%	凝固点/℃	比热容/[kJ/(kg·℃)]
稀油	0.88	20～50	15～45	15～25	10	28～35	2.53
稠油	0.9602～0.9966	2979～8825	2819～8735	5	39	-6～8	

② 储油罐容量　$30m^3$，需加热油按 $20m^3$ 计算，需要保持油温为 60℃，原油温度按 30℃计。

③ 储油罐外形尺寸　长 5.84m，宽 2.59m，高 2.7m。

（2）加热原油所需热量

将 $20m^3$ 初温为 30℃ 的原油加热到 60℃，所需的热量为：

$$Q = C_{油} \rho_{油} V \Delta t = 2.53 \times 0.96 \times 10^3 \times 20 \times (60-30) = 1.46 \times 10^6 (kJ)$$

（3）加热原油所需水量

换热用水温为 $80℃$，则加热油温至 $60℃$ 所需水量为：

$$Q = 1.46 \times 10^6 \, \text{kJ} = Cm \Delta t$$

$$m = 1.46 \times 10^6 / (4.2 \times 10^3 \times 20) = 17.38 (\text{m}^3)$$

此处水的比热 C 取近似值 $4.2 \times 10^3 \, \text{kJ}/(℃ \cdot \text{kg})$，$80℃$ 的水密度近似 $1\text{m}^3 = 1000\text{kg}$。

8.2.2.2 热力计算

（1）热损失计算

① 每平方米保温层外表面的散热量（$Q_损$）计算

$$Q_损 = \frac{T_0 - T_a}{\frac{\delta}{\lambda} + \frac{1}{\alpha_s}} (\text{W/m}^2)$$

式中，T_0 为设备外表面温度，$℃$；T_a 为环境温度，$℃$；δ 为保温层厚度，m；λ 为保温结构在平均温度 T 的导热系数，$\text{W}/(\text{m} \cdot ℃)$；$\alpha_s$ 为表面放热系数，$\text{W}/(\text{m}^2 \cdot ℃)$。

以上参数中 T_0 取 $40℃$，T_a 取 $-10℃$，δ 取 0.08m，λ 取 $0.0275\text{W}/(\text{m} \cdot ℃)$，$\alpha_s = 1.163 \times (6 + 3\sqrt{w})$（$w$ 为当地平均风速，取 3m/s），则

$$\alpha_s = 13\text{W}/(\text{m}^2 \cdot ℃)$$

$$Q_损 = \frac{T_0 - T_a}{\frac{\delta}{\lambda} + \frac{1}{a_s}} = \frac{40 - (-10)}{\frac{0.08}{0.0275} + \frac{1}{13}} = 16.74 (\text{W/m}^2)$$

② 油罐表面积计算

$$A = 2 \times (5.84 \times 2.59 + 2.59 \times 2.7 + 2.7 \times 5.84) = 75.77 (\text{m}^2)$$

③ 每日总体散热量

$$Q_散 = Q_损 A t = 16.74 \times 75.77 \times 3600 \times 24 = 109.59 (\text{MJ})$$

（2）换热面积计算

① 传热公式

$$Q = UA \Delta t$$

式中，U 为传热系数，$\text{kcal}/(\text{h} \cdot \text{m}^2 \cdot ℃)$；$A$ 为换热面积；Δt 为对数平均温差。

$$\Delta t = \frac{\Delta t_1 - \Delta t_2}{\ln(\Delta t_1 / \Delta t_2)} = \frac{(80 - 60) - (60 - 30)}{\ln[(80 - 60)/(60 - 30)]} = 24.66 (℃)$$

设加热时间为 10h，则每小时换热量：

$$Q' = (Q + Q_散)/10 = (1.46 \times 10^3 + 109.59)/10 = 156.96 (\text{MJ})$$

② 传热系数选择（表 8-6）

▣ 表8-6 传热系数

kcal/(h · m² · ℃)

工 作 介 质	传 热 系 数	工 作 介 质	传 热 系 数
水-水	250~2000	高黏度油-高黏度油	10~150
水-低黏度油	150~500	气体-水	10~200
水-高黏度油	50~250	气体-气体	5~100
低黏度油-低黏度油	100~400		

此处水-油传热系数取 $150\text{kcal}/(\text{h} \cdot \text{m}^2 \cdot ℃)$

③ 换热面积

$$A' = \frac{Q'}{U\delta t} = \frac{156.96 \times 10^3}{150 \times 4.2 \times 24.66} = 10.10(\text{m}^2)$$

（3）集热面积计算

① 日辐照量计算　此方案中选择济南的太阳辐照量作为参考。根据中国气象局国家气象中心气象台提供的 2021 年济南每月及年总辐射数据（表 8-7），以 3 月份和 9 月份的月均辐照量为依据计算：

$$(534.56 + 444.12)/2 = 489.34 \ (\text{MJ/m}^2)$$

平均日辐照量　　　　$H = 489.34/30 = 16.31 \ (\text{MJ/m}^2)$

⊡ **表 8-7　2000 年济南每月及年总辐射量**　　　　　　　　　　　　　　　　　　　　MJ/m²

总量	1月	2月	3月	4月	5月	6月	7月	8月	9月	10月	11月	12月
4988.55	251.23	356.21	534.56	548.12	587.71	541.52	556.45	509.35	444.12	258.33	203.28	197.67

② 集热面积

$$A = \frac{Q}{H\eta} = \frac{1.46 \times 10^3 + 109.59}{16.31 \times 50\%} = 192.47(\text{m}^2)$$

储油罐存储 20m³ 原油所需时间一般为 3d。考虑到储油罐每天都在接受太阳的热量加温，则存满 20m³ 油时油温已经被加热到较高温度，考虑到天气影响设定 3d 集够所需热量，则所需集热面积 $A = 192.47/3 = 64.16(\text{m}^2)$。

③ 集热器　采用真空管型集热器作为集热单元，HJⅡ-48LX18-45°型真空管型集热器每台集热面积为 7.2m²，所需集热器数量 = 64.16/7.2 = 9（台）。

8.2.3　系统原理

储油罐为双层结构，内外夹层间是一空腔用来储存热水，靠热水来给油加热和保温。油罐外层进出水口连接管路与大部分集热器串联成循环回路。同时，罐内靠近出油口处也装有换热器，换热器两端与一部分集热器串联形成循环管路。罐内加装一铜盲管，用来安装温度传感器。系统由温差循环提供换热器所需热水，当 $T_1 - T_2 > 10℃$ 时，泵即启动，开始循环；$T_1 - T_2 < 3℃$ 时，泵停止。

8.2.4　光伏发电部分

由于有些油井在野外空旷地带，没有电源，而系统的运行控制都需要电，为解决此问题，可以采用太阳能光电池板发电，并把电量储存起来，不仅解决了系统运行与控制用电问题还可以提供看井人员的生活用电。该部分设计如下。

（1）系统用电

① 循环泵 PH-123E，输入功率 265W。

② 控制系统消耗功率 20W。

③ 合计工作 5h/d，计 $(265 + 20) \times 5 = 1.425(\text{kW} \cdot \text{h})$。

（2）生活用电

① 照明，室内 40W×4h，室外 40W×10h。

② 电视，100W×8h。

③ 合计 1.36kW·h。

参考济南地区气象条件，日照时间按 4.5h/d 计，本系统可连续工作 4d。实例照片见图 8-11。

图 8-11　实例照片

8.3　高层建筑集体供水太阳能系统

目前，许多高层建筑均有安装太阳能热水系统的迫切需要，但由于建筑物高度较大，若热水给水系统不采取措施，则底层卫生器具必将承受较大的静水压力，从而带来一系列的问题：

① 下层给水龙头流量过大，水花喷溅，严重影响正常使用；
② 上层给水龙头流量过小，甚至造成负压抽吸，严重时造成回流污染；
③ 下层管网承受压力较大，一则产生水锤，二则影响用水器具使用寿命。

鉴于此，我们对太阳能热水给水系统采取了竖向分区的方式，很好地解决了这一问题。

竖向分区，是指建筑物内的给水管网和供水设备按楼层高度依次划分为若干彼此独立的供水系统，负责对各相应的供水区域进行供水，且各区给水管网一般互不相通，我们以一栋 24 层共 48 户，每户日用热水 100L 的住宅楼为例来简述其太阳能热水系统的设计方案。

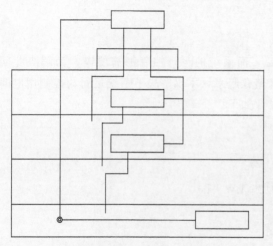

图 8-12　减压水箱给水原理

8.3.1　减压水箱给水方式

减压水箱给水方式见图 8-12。整栋楼分为三个供水区域，1～8 层为一个供水区域，9～16 层为一个供水区域，17～24 层为一个供水区域，整个高层建筑的热水用水全部由设置在底层的水泵提升至屋顶总水箱，经太阳能热水系统升温后，再分送至各分区水箱，各分区水箱起减压作用。

8.3.2 全自动运行的热水系统

全自动运行的热水系统见图 8-13。

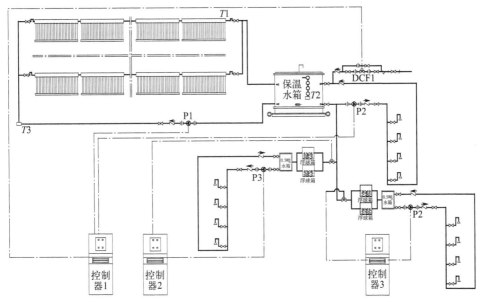

图 8-13 热水系统

① 屋顶总水箱为 5t，负责整栋楼的热水供应，水箱内设有多个水位探头，可根据控制器 1 设置水箱水位，通过控制底层的水泵实现自动上水。

② 太阳能集热器采用真空管型集热器，太阳能集热系统采用温差循环的运行方式，靠控制器 1 自动完成，并可对室外管路进行防冻循环。

③ 屋顶总水箱装有电加热器，可通过控制器 1 的设置来完成对水箱的自动控温。

④ 屋顶总水箱另装有管道循环系统，负责 17~24 层的热水管道循环，保证用户一开即有热水。

⑤ 各分区水箱容量为 0.5t，分别通过控制器 2 和控制器 3 实现水箱的自动控温及管道循环功能。

⑥ 各分区水箱的供水是通过水位控制箱实现的，每个分区水箱配两个水位控制箱，一备一用，水位控制箱是通过浮球阀来控制水位的，在每个水位控制箱的进水口处装有电磁阀，平时是打开的，溢流口处装有水位探头，当浮球阀失效，溢流口出水时，控制器 2 和控制器 3 控制电磁阀关闭，并报警提示启动备用水位控制箱。

⑦ 各控制器可根据用户具体的使用要求，附加时间控制功能。

8.3.3 分区给水压力值

高层建筑给水系统进行竖向分区，实行分区供水，首先应确定多少层为一区，也就是要确定各区最低层卫生器具所允许承受多大的静水压力值，即分区给水压力值。影响分区给水压力值的因素主要有：建筑物性质及卫生设备完善程度，卫生器具及阀件的允许工作压力值，供水设备及管道、阀件的价格及当地电价等。一般对于住宅及旅馆类高层建筑，由于卫生器具及用水设备较多，用水量较大，用户对供水安全及隔声、防振的要求较高，其分区给水压力值一般不宜太高，而对于办公楼等非居住建筑，由于其卫生器具和用水设备数量较少，其分区给水压力值允许稍高一些。就国内而言，分区给水压力值随时间、地点而异，详见表 8-8。

⊡ 表 8-8　国内部分居住性高层建筑分区给水压力值情况

序号	建筑物名称	层数	分区数	分区静水压力值/(kgf/cm^2)
1	上海大名饭店	19		5.4
2	北京西苑饭店	27	2	3.4～5.3
3	南昌青山湖宾馆	13		5.0
4	北京中国信托公司	29	2	3.4～4.4
5	深圳金城大厦	27		4.36
6	上海宾馆	26	3	3.8～4.3
7	北京长城饭店	22	2	4.2
8	北京外交公寓	16		4.1
9	北京昆仑饭店	28	2	3.8～4.06
10	青岛汇泉宾馆	14		4.0
11	广州白天鹅宾馆	33	3	3.0～3.6
12	北京燕京饭店	20		3.38
13	北京国际饭店	25	3	3.0～3.3
14	上海曹溪北路高层住宅	16		3.3
15	上海岛镇路高层住宅	20	2	2.0～3.3
16	北京饭店	18	2	3.2
17	广州白云宾馆	33	5	2.4～3.3
18	桂林漓江饭店	15	2	2.7～3.0
19	西安宾馆	13	2	2.7～2.8
20	广州宾馆	27	4	2.4～2.7
21	广西南宁饭店	14	2	2.4～2.7
22	武汉晴川饭店	19	2	2.4～2.7

注：1kgf＝9.8N。

8.4　高层建筑单户供水太阳能系统

我们以某小区小高层住宅太阳能热水系统为例介绍一下高层建筑单户供水太阳能系统的设计。

8.4.1　小区建筑物情况

某小区总建筑面积 33 万平方米，小区住宅共 81 幢，按分户供热式配置热水器，其中多层（六层）55 幢，1394 户；小高层（十层及十一层两种）24 幢，682 户；高层（十八层，底层、二层为商场，实际安装楼层 12 层以上）2 幢，32 户。

8.4.2 用户对系统构成和性能的要求

① 能满足住户一家人（3～5 人）日常的热水供应要求；

② 具有水位与水温的监控，且设有电辅助加热功能；

③ 提供的热水器必须技术先进，热效率高，且具有相当水平的科技含量，操作必须简单易行，安全可靠；

④ 满足使用时具有即热功能，在户内设置储水式电热水器（容积≥8L）；

⑤ 热水器及附件布置按现有屋面已预留的空间摆放，以达到与建筑一体化设计的完美结合。

8.4.3 系统方案

8.4.3.1 系统运行原理

系统运行原理如图 8-14 和图 8-15 所示。

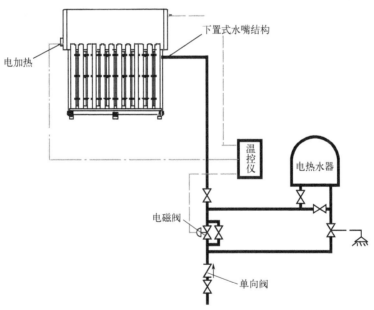

图 8-14 无减压阀系统

8.4.3.2 运行原理说明

（1）小高层用户

① 1～2 层用户采用太阳能热水器和"小厨宝"电热水器串联的方式供水，且在管路中的合适位置安装减压阀；原理如图 8-15 所示，运行原理如下。

a. 自动上水：系统安装有常闭电磁阀，当水位探头探测到的水位信号低于设定的水位时，常闭电磁阀打开上水，系统水满以后，电磁阀关闭，停止上水。

b. 用水时，打开热水阀门，太阳能热水器中的热水进入电热水器，将电热水器中的水顶出，供用户使用。

c. 在使用时，电热水器设置成恒温状态，恒温温度的设定值为 50℃。水的温度低于设

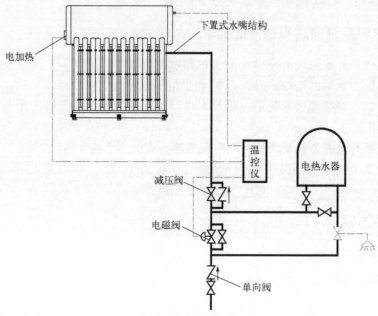

图 8-15　有减压阀系统

定温度的时候，电热水器自动启动电加热系统，到达设定温度，自动停止加热；水的温度高于或等于设定的温度的时候，通过手动切换，太阳能热水不经过电热水器而通过旁路直接供应洗浴。

d. 太阳能热水器具有电加热功能，可在阴雨天或冬季阳光不足的时候使用；电热水器可以手动控制直接和自来水连接，用户可以直接使用自来水加热。

② 3 层以上的用户采用太阳能热水器和电热水器串联的方式供水。系统连接图如图 8-14 所示，运行原理与①相同。

③ 1～6 层，电热水器的恒温设定温度建议为 56℃；7～11 层，电热水器的恒温设定温度建议为 50℃。

（2）高层用户

① 3～9 层采用太阳能热水器和电热水器串联的方式供水，且在管路中合适位置安装减压阀；原理图如图 8-15 所示，运行原理和小高层用户中的 1～2 层相同。

② 10 层以上的用户采用太阳能热水器和电热水器串联的方式供水。系统连接如图 8-14 所示，运行原理与①相同。

③ 3～6 层，电热水器的恒温设定温度建议为 62℃；7～12 层，电热水器的恒温设定温度建议为 57℃；13～18 层，电热水器的恒温设定温度建议为 50℃。

8.4.4　附件选择

8.4.4.1　储热水式电热水器

（1）从热水器到室内这一段热水管道内的水量计算

$$m = \pi D^2 L / 4$$

式中，m 为管道内水量，L；D 为管道直径，mm，这里取 20mm；L 为管道长度，m，以最高层（十八层）为计算依据，取 50m。

代入计算得管道内最大水量 m 为 4L。

（2）电热水器容量选择

每户选用一台海尔公司生产的 FCD-M8 型储热水式电热水器，容量为 8L，储热水式电热水器与太阳能热水器串联使用，储热水式电热水器为一种多功能承压型电热水器，具有如下功能及特点：

① 防电墙技术，解决"地线带电""水管带电"等逆向漏电问题；

② 高效英格莱不锈钢加热管，快速加热，8min 水温提高 15℃；

③ 优质不锈钢内胆，使用寿命长；

④ 封闭式设计，可多路供水；

⑤ 数字温控，可根据季节变化调整加热温度。

在使用时，电热水器设置成恒温状态，约 40～50℃（温度可以在 30～70℃ 之间任意设定），温度低于设定值时，电热水器会自动启动电加热系统，到达设定温度时，会停止加热。

选用该设备通过耗费少量电能可有效解决管道存冷水引起的用水时等待时间过长的问题。

8.4.4.2　太阳能中心控制阀

太阳能热水器大部分都是非承压式结构，采用落差式取水，冷水压力高、热水压力低，使用调温困难。浴室内管路复杂，安装困难，成本高，使用非常不方便。基于以上原因，在浴室安装混水阀时，要选择专用的太阳能中心控制阀，在冷热水的进口上设置两个微调开关，可方便地进行二次调温，很好地解决了非承压太阳能热水器调温难的问题。如图 8-16所示。

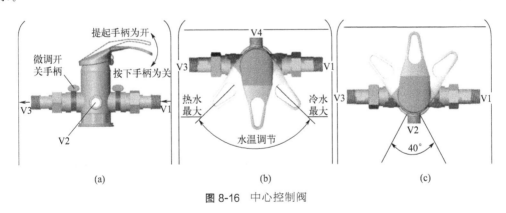

图 8-16　中心控制阀

使用方法：

① 开启、流量调节　先开启两个微调开关，在使用图 8-16(a) 所示的水温调节范围内提起手柄，V4 接口出水。出水量随手柄的提起角度变化而变化。

② 用冷水、热水、调温　提起手柄，V4 接口出水，水温的调节通过左右旋转手柄而实现，当手柄转至左侧的极限位置时，完全为热水 [见图 8-16(b)]。

③ 上水　将手柄按下到位后，旋转至如图 8-16(c) 所示 40°范围内；此时 V1 和 V3 接口相通，自来水管向太阳能热水系统补充冷水。

④ 平衡冷热水的流量、压力　使用时，如冷、热水某一端流量过大，感到单独依靠手柄调节水温不易控制时，可调节冷热水两端的微调开关（将流量过大微调至较小），使冷热

水流量适当，来平衡冷热水的流量和压力，方便地获得理想的使用水温。

⑤ 关闭　当手柄被按下至最低位置时〔见图 8-16（b），除图 8-16（c）所示的 40℃ 范围外〕为关闭。

8.4.4.3　控制系统

每户选用 1 台 WLT-AⅡ型水温水位测控仪。WLT-AⅡ型水温水位测控仪可以实现对太阳能热水器的水位、水温以及辅助电加热的显示和控制，独有的全自动上水和温控补水功能，提高了太阳能热水器的自动化程度，方便广大太阳能热水器消费者。

WLT-AⅡ型水温水位测控仪可实现如下功能：

① 太阳能热水器水温、水位显示；

② 全自动上水；

③ 恒温控制，在电加热启动状态下，水温低于设定水温 5℃ 时自动加热，保持设置水温；

④ 防干烧，无水情况下电加热自动闭锁；

⑤ 自动报警，无水及水满情况下鸣叫报警；

⑥ 温控补水，当热水器水不满且水温到达 60℃ 时，自动启动上水功能，温度降到 50℃ 时停止上水（此功能可根据用户要求添加）等。

8.4.4.4　电加热

每台太阳能热水器内置 1 套 1.5kW 高铬高镍英格莱电热管，并具有防漏电、防干烧、防超温等保护措施。采用光电互补的原理，保证用户在阴雨天照常用热水。省电 90% 以上。

8.4.4.5　减压阀

根据建筑的情况，共有 26 幢小高层或高层住宅，考虑到热水水压与市网水压的实际情况，需增加一个减压阀，阀前压力为 0.6MPa，阀后压力为 0.12MPa，从而可以有效解决热水水压较高与市网水压的混水问题。

8.4.4.6　管路材料及铜配件

配件包括铝塑复合管、铜配件、保温层、电热带等。

（1）管件

目前选用的管件材质均为 HPb59-1 铅黄铜。其主要优点为外观好、不易结垢、使用寿命长。选用的管件均采用热煅机加工成型，热煅后，零件夹层气孔及砂眼可完全消除，大大增强了管件的机械性能，杜绝了本体渗漏现象。

（2）铝塑复合管

其优点有：

① 耐温耐压性能好，使用温度范围宽；

② 耐腐蚀，100% 隔绝气体渗透，不透氧不透光；

③ 卫生安全，不积水垢，由于采用铝芯，完全隔绝空气，抑制细菌繁殖；

④ 内壁光滑，水头损失小，无水锤噪声；

⑤ 管材任意取长，任意弯曲，节省管件、接头，渗漏概率小等。

（3）卡套类（锁母类）管件

指与铝塑复合管配用实现管路连接功能的管件。它是通过螺母和管件螺纹的旋进来压紧 C 形环，使其产生径向收缩进而压紧双重密封圈达到密封效果。管件内加入 PP 垫环，使铜件和管材中的铝层真正做到完全隔离，避免了产生电化学腐蚀的可能。管件表面镀镍、镀铬，一方面可以增加产品美观度，提高外观档次；一方面可以起到延缓腐蚀，提高使用寿命的作用。

（4）电热带

为冬天室外管路防冻特别设计，自限式电加热带（简称电热带）是一种很复杂的高分子聚合物，它由多种材料和导电介质，经过各种特定的化学变化和物理处理之后制成的半导体线芯（如图 8-17）。由两条导线组成一条保持连续平行的加热电路。在加热过程中，这种高分子材料的内部半导体通道的数量（即电阻）发生了惊人的正温度系数的变化（PTC 效应），达到限定温度时，自动停止加热，冬季可有效地防止室外管路冻堵。

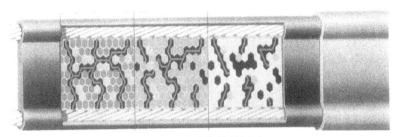

图 8-17　电伴热带剖视图

（5）聚乙烯保温管（PEF）

主要用于室外管路的保温。聚乙烯保温管是一种化学交联独立气泡聚乙烯高发泡体，它采用先进的发泡技术，把聚烯烃经过化学架桥和高倍率发泡（二次发泡）得到的，具有相当微细的完全独立气泡结构。聚乙烯保温管具有如下特性。

① PEF 具有耐低温性，在 $-170\,℃$ 条件下，物性不变化的独立发泡结构。空气对流小，故热传导系数小 $[0.028\mathrm{kcal/(m^2 \cdot h \cdot ℃)}]$。

② 难燃性：PEF 经过特殊处理，具有难燃性。

③ 施工方便：PEF 泡孔微细，本体柔软，可以任意剪切、贴合，施工过程对人体和环境无危害。

目前市场上有单层、双层两种规格。本工程采用双层规格。

8.5　太阳能地板辐射采暖

太阳能地板辐射采暖是一种以采集的太阳能作为热源，通过敷设于地板中的盘管加热地面进行供暖的系统，该系统是以整个地面作为散热面，其辐射换热量约占总换热量的 60% 以上，它是以辐射散热为主。常规的散热器是以对流式散热为主，其采暖效果不够理想，舒适性和卫生条件欠佳。因此，太阳能地板辐射采暖越来越受到人们的关注。它在北美及欧洲等发达国家中已经被广泛应用。

辐射采暖是依靠辐射传热的方式将热量传递到物体或人体表面，在辐射采暖正常运行的情况下，若室外温度相同，要想达到相同的舒适度，辐射采暖周围的空气温度比对流采暖条件要求低 $3\,℃$ 左右。根据人体的舒适感生理条件要求，地面温度为 $24\sim28\,℃$。由于地板辐射采暖的热媒为温度 $40\sim60\,℃$ 的低温热水，这就使利用太阳能集热器成为可能。

8.5.1　太阳能地板辐射采暖的工作原理

太阳能地板辐射采暖系统可采用图 8-18 所示的形式。

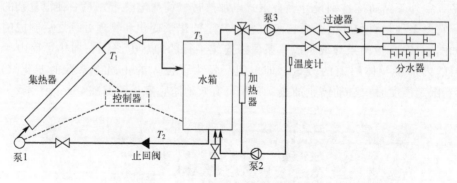

图 8-18　太阳能地板辐射采暖系统

典型的太阳能地板辐射采暖系统由太阳能集热器、控制器、集热循环泵、蓄热保温水箱、辅助热源、供回水管、关断阀、三通阀、过滤器、循环泵、温度计、分水器、加热器组成。

当 $T_1 > 50℃$ 时，控制器就启动水泵 1，水进入集热器进行加热，并将集热器的热水压入水箱，水箱上部温度高，下部温度低，下部冷水再进入集热器加热，构成一个循环。

当 $T_1 < 40℃$，水泵 1 停止工作，为防止反向循环及由此产生的集热器的夜间热损失，则需要一个止回阀。当蓄热水箱的供水水温 $T_3 > 45℃$ 时，可开启泵 3 进行采暖循环。

和其他太阳能的利用一样，太阳能集热器的热量输出是随时间变化的，它受气候变化周期的影响，所以，系统中有一个辅助加热器。当阴雨天或是夜间太阳能供应不足时，可开启三通阀，利用辅助热源加热。当室温波动时，可根据以下几种情况进行调节：

① 如果可以利用太阳能，而建筑物不需要热量，则把集热器得到的能量加到保温水箱中；

② 如果可以利用太阳能，而建筑物需要热量，把从集热器得到的热量用于地板辐射采暖；

③ 如果不可能利用太阳能，建筑物需要热量，而蓄热水箱中已储存足够的能量，则将储存的能量用于地板辐射采暖；

④ 如果不可能利用太阳能，而建筑物又需要热量，且蓄热水箱中的能量已经用尽，则打开三通阀，利用辅助能源对水进行加热，用于地板辐射采暖；

⑤ 尤其需要指出的是，蓄热水箱存储了足够的能量，但不需要采暖，集热器又可得到能量，集热器中得到的能量无法利用或存储，只能放弃掉，为节约能源，可以将热量采用其他方法利用，例如供应生活用热水。

蓄热水箱与集热器上下水管相连，供热水循环之用。蓄热水箱容量大小视太阳能地板采暖日需热水量而定。

8.5.2　太阳能地板辐射采暖的设计计算

辐射采暖自 20 世纪 70 年代初在天津推行以来，至今还没有专门的理论研究书籍出版，规范中也没有制定多少实用条文。而太阳能地板辐射采暖的设计资料则更少，其辐射采暖额定工况下的散热量，不像传统的散热器一样有试验数据或实验公式可利用，至今还没有一套完整的太阳能地板辐射采暖的设计计算方法。

（1）设计参数的确定

地板辐射采暖的表面平均温度数值见表 8-9。

▫ 表 8-9　地板辐射采暖的表面平均温度

采暖表面分类	温度/℃	采暖表面分类	温度/℃
住宅地面	24～26	游泳池及浴池地面	30～35
很少有人停留的地面	28～30	无人停留的地面	35～40

可见住宅地板辐射采暖的表面温度一般都低于 30℃，则热媒温度可设计为 40～50℃，就目前我国北方的太阳能集热器的利用情况来讲，热媒温度最高为 50℃左右，所以我们设计供水温度为 45℃，回水温度为 30℃。

（2）供暖热负荷的确定

供暖系统的设计热负荷可用下式表示：

$$Q = Q_1 + Q_2 + Q_3 + Q_d$$

式中，Q_1 为围护结构耗热量；Q_2 为冷风渗透耗热量；Q_3 为冷风侵入耗热量；Q_d 为太阳辐射进入室内的热量。

此系统是以辐射采暖为主（占 60% 以上），辅以对流传热。据《民用建筑供暖通风与空气调节设计规范》（GB 50736—2012）及实际工程设计情况，一般民用建筑冬季室内设计温度取 18℃。辐射采暖的设计温度比普通散热器采暖的设计温度低 1～3℃，我们取为 15℃。但这种计算方法烦琐，且需要条件多。在工程中，建筑物和房间的设计热负荷可近似按下式计算：

$$Q_f = \phi Q$$

式中，Q_f 为全面辐射采暖的设计耗热量；ϕ 为修正系数，取 0.8～0.9。

建筑物和房间的设计热负荷亦可参照表 8-10 进行选择。

▫ 表 8-10　建筑物热指标推荐表

建筑物类型	住宅	居住区综合	学校办公	医院托幼	旅馆	商店	食堂餐厅	影剧院	大礼堂、体育馆
热指标/(W/m²)	58～64	60～67	60～80	65～80	60～70	65～80	115～140	95～115	115～165

（3）地板供热量

地板传热主要是由地板内铺设的加热盘管中的热水向外传热，此传热过程大致可以分为两个阶段，第一阶段为由管壁至地板表面的过程，可看作是无内热源，常物性介质中的二维稳态导热过程。第二阶段为由地板至室内空气的传热过程，可作为热面朝上的换热过程。从传热利用率角度来讲，地板供热总量为：

$$Q_z = Q_u + Q_s$$

式中，Q_u 为地板向上的有效传热量，W/m²；Q_s 为地板热传导损失的热量，W/m²。

Q_s 与很多条件有关，如管材的选择、管距的布置、保温层的厚度以及地板的材质等。这里根据经验，取 $\eta = 20\%$。

（4）集热器集热面积的确定

$$A_c = \frac{Q_w C_w (t_{end} - t_i) f}{J_T \eta_{cd} (1 - \eta_L)}$$

式中，A_c 为直接系统集热器采光面积，m^2；Q_w 为日用水量，kg；t_{end} 为储水箱内水的终止温度，℃；C_w 为水的比热容，kJ/(kg·℃)；t_i 为水的初始温度，℃；J_T 为当地春分或秋分所在月集热器受热面上日均辐照量，kJ/m^2；f 为太阳能保证率，无因次；η_{cd} 为集热器全日集热效率，国标经验值取 0.45~0.6；η_L 为管路及储水箱热损失率，无量纲，国标经验值取 0.2~0.25。

8.6 太阳能转轮除湿式空调

为解决能源短缺问题，人们日益重视利用太阳能资源和工业余热、废热、燃气和低压蒸汽等低品位热源。开式旋转除湿空调系统是利用这些低品位热能实现空调制冷的新型高效空调设备。开式吸附式太阳能空调器充分利用了湿空气中水蒸气的特性来达到空调效果，无现有空调系统中的氟利昂给大气臭氧层带来破坏的影响，省去了压缩机、工质与空气的间接换热及一些辅助设备，无压缩机噪声；且充分利用了太阳能，能大大地节省能源，符合环保要求。因此，当今该系统在欧美与日本均列为研究的重点。

8.6.1 空调概况和系统图

太阳能转轮开式旋转除湿空调系统是利用空气集热器所集的低温空气实现空调制冷和供暖的新型高效空调设备。其制冷原理的实质是将传热过程通过一个传质过程（水汽的吸附与解吸）来实现。这是一种输入热能便能实现空调制冷的空调设备，其制冷量可以通过输入的热量实现无级调节。利用除湿转轮中的吸附剂吸附空气中的水分，经热交换器进行降温，再经蒸发冷却器通过绝热蒸发，以进一步冷却空气而达到调节室内温度与湿度的目的。图 8-19 是改进后的系统图。

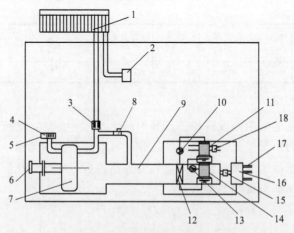

图 8-19 太阳能除湿空调系统图

1—空气集热器；2—热风风机；3—电加热器；4—湿空气出口；5—风机；6—处理风进口；7—除湿转轮；8—风阀；
9—风道；10—预冷热湿交换循环泵；11—预冷热湿交换器；12—套翅片管式预冷换热器；13—热湿交换循环泵；
14—热湿交换器；15—出风风机；16—静压箱；17—出风风道；18—预冷风机

8.6.2　系统组成

太阳能除湿空调由空气集热器和除湿空调系统组成，除湿空调系统由除湿转轮、显热交换器和直接蒸发冷却器组成，利用除湿转轮中的吸附剂吸附空气中的水分，经热交换器进行降温，再经蒸发器通过绝热蒸发，以进一步冷却空气而达到调节室内温度与湿度的目的。

8.6.3　应用实例

皇明太阳能集团有限公司在集团的太阳能科技示范园中安装了一套太阳能除湿空调系统（图 8-20）。

图 8-20　太阳能除湿空调系统照片

8.6.3.1　概况

① 主要参数　处理风量：600m³/h。出风温度：20～24℃。

② 太阳能集热器　采用空气集热器（图 8-21），空气集热器以空气为介质，系统没有

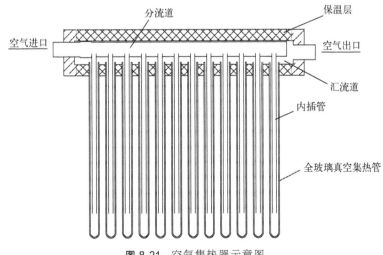

图 8-21　空气集热器示意图

结冰、无腐蚀、无结垢、无承压的要求，如有泄漏也不致影响系统的使用；可提取大于100℃的空气温度。

③ 建筑类型　三层单体别墅，建筑面积 $800 m^2$。

8.6.3.2　供暖和制冷过程（结合图8-19）

(1) 冬季供暖

冬季供暖时，开启热风风机 2 和出风风机 15，打开风阀 8。空气集热器内所集的热风在热风风机 2 的强迫下，通过电加热器 3 和风阀 8，再通过出风风机 15 的加速，通过静压箱 16，由出风风道 17 通到三层楼内，实现对三层的供暖。

(2) 夏季制冷

夏季制冷时，开启机组开关、热风风机 2、出风风机 15、预冷热湿交换循环泵 10、热湿交换循环泵 13、预冷风机 18。注意关闭风阀 8。

制冷总体是两个过程，一个是除湿过程；一个是降温过程。

① 除湿过程　其主要部件是除湿转轮。转轮除湿机的关键部件为载有吸湿剂的蜂窝状转轮，蜂窝状转轮具有吸湿比表面积大、流通阻力小、除湿效率高等特点。吸湿载体采用高强度无机纤维材料卷制成蜂窝状通道的圆柱体——转轮。吸湿剂（氯化锂、硅胶、分子筛）嵌固或烧结于吸湿载体中，性能稳定、使用寿命长。除湿转轮采用辊式链传动，运转速度 8r/h。转轮截面的 3/4 区域为除湿区，1/4 为再生区。各区之间采用氟弹性材料隔离密封，有效地防止了除湿区和再生区之间互相窜扰。工作时除湿气流和再生气流逆向通过缓慢转动的转轮，从而实现空气动态除湿。原理见图 8-22。

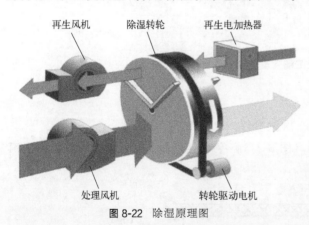

再生风机　　除湿转轮　　再生电加热器

处理风机　　转轮驱动电机

图 8-22　除湿原理图

本系统运用的转轮型号为：轮径 800mm，处理风量 $1800 m^3/h$，再生风量 $\approx 600 m^3/h$，再生功率 6kW。

当空气集热器的温度达不到除湿所要的温度的时候，就要设置设备的除湿温度，开启由可控硅控制的电加热系统，注意设置的温度不能超过 100℃，否则高温对于转轮会有影响。

经过除湿转轮之后，空气的湿度会降低，大约在 20%，但是温度会有所升高。

② 降温过程　降温过程由三个阶段组成：表冷器降温过程阶段；水预冷阶段；空气降温阶段。

a. 表冷器降温过程阶段。因为经过除湿后空气温度升高，需要对空气进行预降温。选定 $\phi 10mm \times 0.7mm$ 紫铜管，翅片选用 $\delta = 0.2mm$ 铝套片，翅片间距 2.2mm，管束按正三角排列，管中心间距 25mm，沿空气流动方向管排数 4，迎面风速 2m/s。管布置及基本结构如图 8-23 所示。

b. 水预冷阶段。水通过表冷器后，空气的部分热量传递给水，水温上升。所以需要对水进行预降温处理，处理完的水再进行第三个阶段的空气降温过程。

c. 空气降温阶段。当得到低湿度的空气之后，在热湿交换器中进行绝热蒸发。水的蒸发潜热是 2500kJ/kg，即 1g 的水蒸发就有 2500J 的热量。

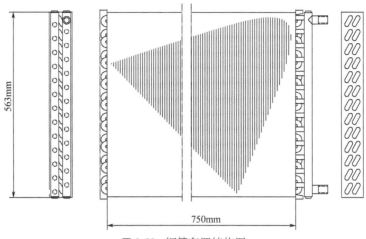

图 8-23　铜管布置结构图

制冷空调处理风量以 600m³/h 计算，即处理风量 720kg/h（空气密度为 1.2kg/m³），当空气绝热蒸发，湿度升高，以湿度从 20% 升到 70% 为例，吸收水分 3g/kg。可知一共蒸发水分为 2160g。所以可以得到的冷量 = 2.16×2500 = 5.4(MJ)，则可知道空气降温：

$$\Delta t = \frac{Q}{Cm} = \frac{5400}{1 \times 720} = 7.5(℃)$$

8.6.4　效果

经过近一年的运行，该太阳能空调系统运行良好，各项指标都令人满意。值得大力推广和应用。

8.7　太阳能在砂疗中的应用研究

砂浴是指采用一定量的专用的干燥的医疗砂，通过特定的方式、方法将其加热到特定温度，然后将需理疗部位覆盖到医疗砂中，通过这种温热的医疗砂特有的性能作用于人体被覆盖部位，从而增强机体各项功能，治疗某些疾病。砂浴用的砂里含有二氧化硅、三氧化二铁、三氧化二铝、氧化钙、氧化镁和各种钠盐、镁盐等。这种干砂有疏松、吸附性能强、容热量大、传热性能好和吸湿能力强等特点。砂浴通过温热和机械的综合作用，能增强机体的代谢过程，促进排汗，同时也使血液循环和呼吸功能加强，促进骨组织的生长。所以，砂疗能够治疗多种疾病。除了天然的沙滩砂浴治疗，还可以将符合条件的砂子收集起来放于室内或木制容器内，但砂疗用砂需要加热到 40~55℃。

砂子的加热方法有天然加热法和人工加热法两种。天然加热法适宜于天气炎热、日光充足的夏天室外进行。人工加热的方法很多，少量的可用柴草点火烘熏加热，或用大铁锅炒砂加热。用量较大时，可用土炕加热，冬天有暖气的房间，也可在暖气片上加热。

天然加热法的优点是利用可再生的能源，安全、环保、无污染，但是天然加热法会受到自然条件的限制，比如天气、地理位置、气候等，这就使该种方法的应用很不方便。人工加热法的优点是比较方便、实用、可靠，但是这种方法需要耗费常规不可再生能源，产生大气污染，不安全、不环保，并且也不如天然加热的方法柔和。为了解决以上方法中的缺点，集中其优点，我们开发了一种利用太阳能的新型的砂疗装置——太阳能砂疗床，利用自然能源中的太阳能持续为砂疗床中的医疗用砂加热至所需温度。

该砂疗床从外到内分成三层，依次是基座、保温层、覆盖层，在这三层中间又间隔有散热器、防反层、固定架等。基座是整个砂疗床的支持部分，保温层可以阻止热量向外散失，防反层能有效地将散热器的辐射热量反射回去减少散热损失量，固定架将散热器固定牢固，覆盖层进一步固定散热器，并吸收热量，再将热量通过覆盖层外表面，全面地传递给砂疗床内的砂子，从而达到给砂加热的目的。砂疗床结构原理见图8-24。

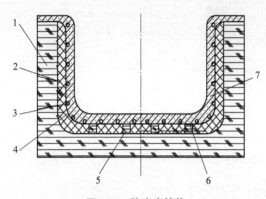

图 8-24 砂疗床结构

1—基座；2—保温层；3—散热器；4—防反层；

5—支撑架；6—固定网；7—覆盖层

该砂疗床的加热系统在运行时，通过太阳能集热器将太阳热量收集并以液体（传热介质）形式储存在蓄热箱内，砂疗床内的散热器与蓄热箱相连，散热器与蓄热箱通过定温循环的方式将热量由蓄热箱输送至散热器，散热器将热量通过覆盖层传递给砂子将砂子加热。砂疗床加热系统运行原理图见图8-25。

在整个砂疗床系统中，各个部分的参数如下：①集热器面积 $4.4m^2$；②砂子厚度 200mm；③砂子体积 $0.3m^3$；④散热器材料为 PEX 管；⑤PEX 管的长度 80m；⑥水泵 P1 的流量 3.3t/h；⑦水泵 P2 的流量 2.1t/h。

为了验证该砂疗床的性能，对该砂疗床进行了全面的测试，测试数据包括砂疗床散热器的进出口温度、砂疗床的升温时间、降温时间、医疗用砂的传热效果、砂疗床的保温性能等。通过测试，效果基本上满足设计的要求，并且得到了几组很有用的数据，对于整体了解砂疗床性能以及将来的改进提供了很好的参考。具体的测试曲线见图8-26、图8-27。

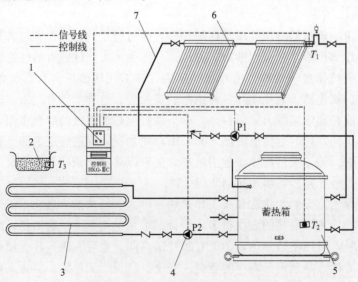

图 8-25 砂疗床加热系统运行原理图

1—控制柜 HKG-ⅢC；2—砂子；3—散热器；4—循环泵；5—蓄热箱；6—太阳能集热器；7—循环管路

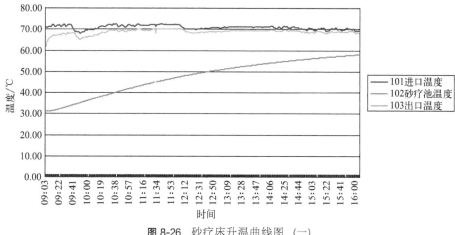

图 8-26　砂疗床升温曲线图　（一）

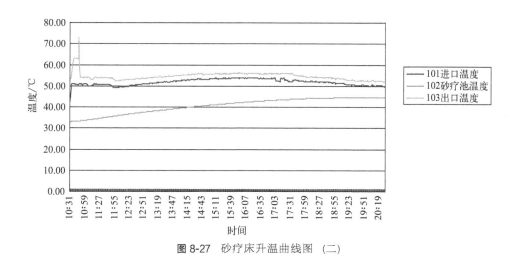

图 8-27　砂疗床升温曲线图　（二）

　　该砂疗床的有益效果是减少污染排放，节约常规能源，减少热量损失，砂子受热充分，系统控制操作简单，无需专人实时监控。

　　通过试验测试结果来看，不论从砂疗床的升温时间、保温时间还是从砂子的温度上来看都比较理想。因此这是一种有效的、有益的利用太阳能进行理疗的方式，它开拓了太阳能应用的又一新领域，这一技术将会有非常广阔的应用前景。

8.8　太阳能温室加热的应用分析

　　随着太阳能应用技术的日趋广泛和成熟，越来越多的用户想在温室大棚方面应用太阳能技术，节省温室加热的运行费用，为此，对温室采用太阳能加热进行详细分析、探讨，以期提供合理的解决方案。

8.8.1　温室加热方式

　　温室常用的加温方式根据媒介不同可分为热水采暖、热风采暖和电热采暖三种。

（1）热水采暖

热水采暖系统由热水锅炉、供热管道和散热设备三个基本部分组成［见图 8-28(a)］。其工作过程为：先用锅炉将水加热，然后用水泵加压，热水通过加热管道供给在温室内均匀安装的散热器，再通过散热器对室内空气进行加温。整个系统为循环系统，冷却后的水重新回到锅炉进行加热，进入下一次循环。

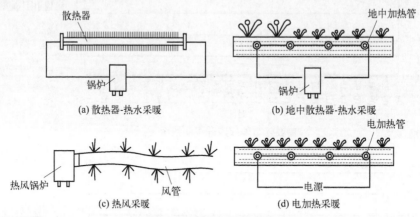

图 8-28　温室加温的方式

热水采暖系统运行稳定可靠，是目前大型连栋温室最常用的采暖方式。但系统设备复杂，造价高，一次性投资较大。系统中的锅炉和供热管道采用目前通用的工业和民建产品，散热器一般使用热浸镀锌钢制圆翼散热器。

另外，热水采暖系统还有一种加温方式，即地中加热。设备与上述不同之处在于，无需安装散热器，而直接将热水管道埋设于地表土壤中，直接对土壤进行加热，然后再通过辐射或传导对室内空气进行加热［见图 8-28(b)］。地中加热方式直接加热了作物生长的区域，同时土壤还具有较强的蓄热功能，因此比起散热器来更加节能。地中加热管道一般采用特殊的塑料管材，有时也用钢管。

（2）热风采暖

热风采暖系统由热源、空气换热器、风机和送风管道组成，由热源提供的热量加热空气换热器，用风机强迫温室内的部分空气流过换热器，当空气被加热后进入温室内进行流动，如此不断循环，加热整个温室内的空气［见图 8-28(c)］。

热风采暖系统的热源多种多样，一般分为燃油、燃气和燃煤三种，也可以是电加热器。热源不同，加热系统的设备和安装方式也各不相同。一般来说，电热方式换热器没有造成空气污染，可以安装在温室内部，直接与风机配合使用；燃油、燃气式加热装置一般也安装在室内，但由于其燃烧后的气体含有大量对作物有害的成分，必须排放在室外；而燃煤热风炉体积往往较大，使用中也不易保持清洁，一般安装在温室外部。

热风系统的送气管道由开孔的聚乙烯薄膜或布制成，沿温室长度方向布置，开孔的间距和位置需计算确定，一般情况下，距热源越远处孔距越密。

热风采暖系统的优点是：加温时温室内温度分布比较均匀，热惯性小，易于实现温度调节，且整个设备投资较低。但运行费用较高。热风采暖在塑料温室中较为常见。

（3）电热采暖

电热采暖系统是利用电能直接对温室进行加温的一种方式。一般做法是将电热线埋在地下，通过电热线提高地温［见图 5-28(d)］。电热采暖在没有常设加温设备的南方温室中采用较多，主要用于育苗温室，只适宜作短期使用。

8.8.2　温室加热的热量计算

由于太阳能加热系统产生的热水温度在 40～60℃ 之间时效率能维持在一个较高的水平，所以温室加温建议采用热水型地埋管的方式加热。

温室加温的热负荷为：

$$Q = a_1 a_2 Q_1 + Q_2 + Q_3$$

式中，Q 为温室供热负荷，W；a_1 为结构修正系数；a_2 为风力修正系数；Q_1 为温室基本传热量，W；Q_2 为温室冷风渗透热损失，W；Q_3 为温室地面传热量，W。

整个温室的基本传热量等于它的各个维护结构基本传热量的总和，即

$$Q_1 = \sum q_i = \sum K_i F_i (T_n - T_w)$$

式中，K_i 为温室维护结构 i（屋面、墙面、门、窗等）的传热系数，W/(m²·K)；F_i 为温室围护结构 i（屋面、墙面、门、窗等）的传热面积，m²；T_n，T_w 为温室室内外供暖设计温度，℃。

冷风渗透热损失的计算式为：

$$Q_2 = C_p M (T_n - T_w) = C_p N V \gamma (T_n - T_w)$$

式中，C_p 为空气的定压比热容，$C_p = 0.279 \mathrm{kW \cdot h/(kg \cdot ℃)}$；$M$ 为冷风渗透进入温室的空气质量，kg；N 为温室与室外的空气交换率，即换气次数；V 为温室内部体积，m³；γ 为空气的容重，kg/m³。

温室向土壤传热采用假定传热系数法。

$$Q_3 = \sum K_i F_i (T_n - T_w)$$

式中，K_i 为第 i 区的地面传热系数，W/(m²·K)；F_i 为第 i 区的地面面积，m²；T_n，T_w 为温室室内外采暖设计温度，℃。

采用地面供热方式有效地降低了温室上部空间的温度，减少了热损失，其实质是降低了温室空间的运行温度。

经选择不同结构的温室进行计算，华北地区普通温室的采暖供热负荷为 180～300W/m² 左右。

8.8.3　温室太阳能加热系统的原理说明

温室太阳能加热系统的工作原理与太阳能地板辐射采暖的工作原理相同，可参照 8.5.1 节的内容。

8.8.4　温室加热太阳能集热面积选择

由于温室的采暖热负荷较大，达到了 180～300W/m²，如果按照太阳能保证率为 1 来确定集热面积的话，则太阳能加热设备的投资会很大，冬季以外的季节过多的产热量又会造成很大的热量浪费，性价比很低。为此，建议太阳能的保证率在晴朗天气下为 30%～40% 比较合理，主要是解决白天的加温，以华北地区为例，冬季晴朗天气太阳能的加热功率可达到 250～350W/m²，太阳能集热面积与温室的建筑面积比值为 (1:1.5)～(1:2.0) 时比较合理。

第9章

平板太阳能与空气源热泵结合

9.1 定时供水特点与系统运行模式

9.1.1 定时定量供水中央热水系统特点及节能控制

所谓定时供水是每天在规定时段供应热水,该系统多为工厂和学校等类似集体宿舍热水供应系统,按照人们正常工作及生活习惯,此类系统也可以说是每日晚间定时供水系统,也有叫做定时定量供水系统。由于人们使用热水习惯与气候情况有直接关系,并不是一年四季维持在一个常量标准,而设计计算时所依据的用水量标准只能作为选择热源设备(如锅炉、热泵机组制热量或型号、太阳能集热面积或系统规模等)时的参考。

9.1.2 定时供应热水特点

① 属集体宿舍类用水,生活习惯、工作习惯规律性强,用水集中,但人均用水量标准不高。

② 用水高峰持续时间较短,小时用水量变化大,供水点设置位置及管理控制方式不同对实际用水量影响大,容易在冬季用水高峰时出现断水或供水不足现象。

9.1.3 保证定时供水可靠性及节能控制措施

① 结合热水供应终端卫生设备配套情况,合理选用人均用水量标准,通过必要的水力计算选配供水管网管径。

② 按日用水总量结合用水保证率和热源制备能力及特点,合理选择热源设备,配置储热水箱/恒温水箱。

③ 对于独立热源系统,当配水量标准较低或供水时间较短(不足 3h)时,储热水箱配置应通过最大小时用水量校核,且水箱调节容量及热源设备小时产水量之和不小于日用水量;同时储热水箱 1/2 有效容积与热源设备小时产水量之和不小于最大小时用水量。

④ 对于组合热源系统,宜设置专门的恒温供水水箱,水箱调节容积大小应通过最大小时用水量校核,高峰用水持续时间宜以 2~3h 计算。通常可按水箱 1/2 容积+辅助热源小时

产水量 80%不小于最大小时用水量的原则来选配恒温水箱及辅助热源设备型号,主加热热源一般按日用水总量确定所需加热设备数量或能力。

⑤ 对于供水可靠性要求较高时,为避免供水结束后,供水水箱储存热水量过多浪费能源,可在供水期间通过对水箱实行有效的水位控制,达到节能的目的。

⑥ 独立热源系统,冷水补充宜由热源设备补入,热源设备制热时可实行定温控制与循环加热组合方式,这样可避免供水期间水箱补入冷水引起供水温度波动,降低供水质量。

⑦ 组合热源系统,恒温水箱补水视预热热源或主加热热源所制备热水水温(预热水箱水温),由预热水箱采用直流补水及辅助热源定温辅助方式补水,恒温水箱通过有效的水位控制达到可靠供水、节能目的。

9.1.4　系统设计模式

9.1.4.1　热泵+太阳能不足量集中定时供水方式(南方)

太阳能不足量产水是指太阳能系统配水量较常用系统大,如每平方米集热面积配水量 $100\sim120L/m^2$ 以上,这样即使日照正常情况下,太阳能系统产水温度仍难以满足正常供水温度要求,此时与热泵配套时,太阳能仅作为辅助加热或预热,而以热泵系统作为正常供水的最终主加热设备。太阳能与热泵配套使用时,为了实现最大限度节能和提高两系统的工作效能,两系统应相对独立工作,有效、合理优化组合,尽可能使其在有效时段内充分利用太阳能及空气中的热能。见图 9-1 所示。

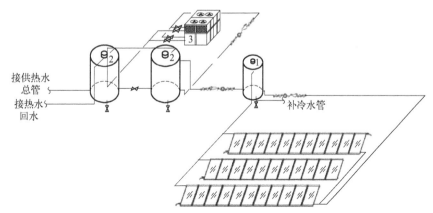

图 9-1　太阳能-热泵定时供水中央系统示意
1—过渡水箱;2—热泵加热水箱;3—热泵机组

太阳能集热面积设置不足时,系统尚不能在日照有效情况下,产生或制备足够量及一定温度要求的热水,如果在供水设定时间前短短 $2\sim4h$ 内将水输送至热泵系统的供水水箱,正常配置的热泵难以在短时间内将水全部加热至设定供水温度(尤其在日照不足情况下,这种情况更严重,这也是热泵与锅炉或蒸汽等辅助加热相比较而言的主要区别),否则就须将热泵功率配置到足够大,但这样势必造成系统成本过高,用户不可能接受。而合理的措施是应尽可能延长热泵在日照有效时段内的工作时间,以保证正常配置的热泵主加热设备能在阴雨天时,在供水前制备足够量的热水备用。

此种情况下进行太阳能系统设计时,可按每平方米集热面积 $20\sim40L/m^2$ [视系统太阳能配水量而定,低配水($100L/m^2$)时取下限,高配水($120L/m^2$)时取上限]的配水量配置太阳能水箱（称为过渡水箱或预热水箱），按 2h 左右一个预热周期，在供水前 1～2h 左右，分数次间隔利用太阳能预热水将热泵主加热的供水水箱补满。

热泵系统则根据每次太阳能系统预热后补入供水水箱的水温情况进行加热；一般第一次预热补水开始时间可选择在 10：00 左右，而最后一次补水时间选择在供水前 2h 左右。如供水时间为 17：00，则首次补水时间选 10：00，末次补水时间选 15：00，即热泵在供水前可进行的加热时间为 7h，其中有 1h 左右的富裕时间，所以，热泵的实际加热时间为 6h。由于定时供水系统一般供水高峰持续时间约 2～3h，而在末次补水后，太阳能预热系统还可进行预热，所以日照正常情况下，在开始供水 1h 内还可以再利用预热水箱补一次水，这时热泵也可以再进行 1h 左右的加热工作。

对于供水开始时间迟于 17：00 或 18：00 以后的系统，热泵有效工作时间可以按 6～8h 计算，具体选型时可按 8h 确定，然后结合配水量标准高低，再作调整，如果配水量标准高（储水量相对富裕时），可按加热时间较长选型，反之如果配水量不足，即储水量欠缺时，则应以较短时间加热来选择热泵型号。另外，对于供水持续时间较长，或系统较大时，也可按较长时间选择热泵型号，但不宜超过 8h。

热泵系统水箱容积确定：通常情况下热泵系统水箱应按日用水量 80%～100% 选择，用水量标准高取下限，低取上限，供水时间长（超过 5h 时可选下限，低于 3h 可取上限）。

下面以一个示例来说明。

如某工厂用水人数 1000 人，人均用水量 25kg，统一集中供水，热水系统拟采用太阳能-热泵加热方式。客户考虑初期投资不宜过大，选择太阳能不足量配水，热泵主加热方案，选型及配置如下：

① 供水时间为 18：00～22：00。

② 日用水总量＝1000 人×25kg/(人·d)＝25000kg/d。

③ 太阳能集热器面积为 200m²。

④ 过渡水箱容量 6m³。

⑤ 首选补水时间为 10：00，间隔为：10：00～11：30，11：30～13：00，13：00～14：30，14：30～16：00。

⑥ 热泵工作时间为 10：00～17：00，供水箱 2 个，总容量 12.5m³。考虑供水时间较长，水量相对够用，按 2 台热泵选用，热泵工作时间取 8h（供水时间前加热时间为 8h）。热泵功率：25000L/(50×8)＝62.5 匹（热泵应根据产品加热水量参数选择，没有标定时可按每匹每小时加热水量 50L 计算。1 匹＝750W。）

选用 2 台 30p 热泵，按串联方式连接，两台热泵同时对 2 个水箱加热，热泵循环泵自第一个水箱取水加热后水进入第二个水箱，热水由第二个水箱供出。

9.1.4.2 热泵＋太阳能足量集中定时供水方式（南方）

对于足量系统而言，组成与控制和不足量系统相似。定时供水时，热泵加热的水箱大小与不足量系统的水箱选型一致，视供水时间长短及热泵系统大小可选为日用水量 80%～100%。热泵系统小，用水量标准偏低，供水高峰持续时间短而集中时，取上限，即热泵加热的水箱配大些；反之，热泵系统较大，用水量标准较高，供水高峰持续时间较长，热泵加热的水箱可选小一些，取下限值。

太阳能水箱配水量可按 30～50kg/m² 配水设置（为了便于太阳能产生的热水储备），太阳能加热水箱与热泵加热水箱串联，太阳能补水可分 3～4 次补给太阳能加热水箱，热泵加热的水箱补水，采用水位控制的定量补入方式。太阳能集热系统做成 2～3 级加热，热泵系统按 8～10h 工作选型，热泵系统小而配水量标准低时取下限，热泵系统大而配水量标准高时取上限。

9.1.4.3　太阳能＋锅炉集中定时供水方式

太阳能热水系统采用两级太阳能热水系统串并联、（水箱）逐级升温、定时、定温、定量补充冷水和匹配辅助加热的优化组合型太阳能中央热水系统设计方案，根据用水高峰期的最大小时用水量确定储热水箱容积并选择与之相匹配的辅助加热设备，并利用太阳能水箱中的部分水箱作为辅助加热水箱（恒温供热水箱）。

冷水从初级太阳能水箱以顶水方式定时、定量补充，从初级至后一级太阳能水箱的连通管按照顶水方式补水和落水方式取水进行设计。日照正常情况下直接通过设在初级太阳能水箱与恒温水箱连通管上的直流补水泵以定温、定量控制方式向恒温水箱补充热水；日照不足或阴雨天太阳能热水系统产水温度达不到供水温度要求时，则通过设在初级太阳能水箱与辅助加热设备连通管上的二次加热泵，以定温直流方式进行辅助加热后，定量向恒温水箱补充热水。这样不仅可以最大限度地利用太阳能，减少辅助加热能耗，并可在用水量变化时，系统实现低运行费用下安全可靠供应热水。原理见图 9-2 所示。

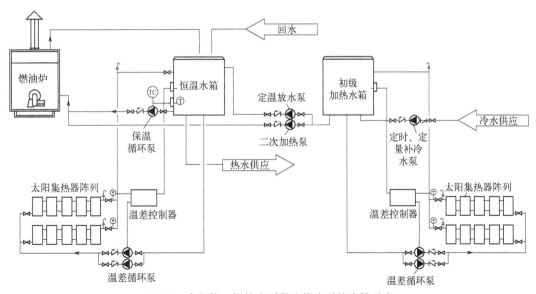

图 9-2　太阳能＋锅炉定时供应热水系统连接示意

9.1.4.4　定时供水系统控制方法

① 供水时间前 2h，监测恒温水箱水温。$T \geqslant$ 设定温度不加热，$T <$ 设定温度则循环加热至设定温度止。

② 供水开始后 2h 内，按恒温水箱是否处于正常水位（正常水位控制线设在满水位线下 300mm），低于正常水位补水，高于则不补水，补水方式有两种：

a. 太阳能水箱水温 $T \geqslant$ 设定供水温度，采用定温放水泵直接补入恒温水箱，达满水位止。

b. 太阳能水箱水温 $T <$ 设定供水温度，采用定温直流补水方式。此时燃油炉启动以定温方式辅助，定温补水泵向燃油炉供水，到满水位止。

③ 如果供水时间超过 3h，则在开始供水 2h 后，通过控制恒温水箱最低水位方式来补水。最低水位线，位于恒温水箱约 1/3 正常水位线控制高度处。恒温水箱水位高于最低水位控制线，不予补水。补水方式同前，也有两种，补水补至低水位线上 300mm 止。

　　a. 太阳能水箱水温 $T \geqslant$ 设定温度，定温放水泵直接补水。

　　b. 太阳能水箱水温 $T <$ 设定温度，燃油炉定温直流方式辅助至设定温度，定温直流泵补水。

④ 太阳能及恒温水箱冷水补充采用电磁阀或冷水泵控制，补水分两种情况：

　　a. 供水期间因用水量大，超过太阳能系统储备水量时，按太阳能初级水箱水位下限（水箱底以上 600mm 处或相当于水箱最高控制水位线 1/3～1/4 高度处）来控制是否补水，如果在用水期间，太阳能水箱水位低于水位下限，定量补入冷水。补水至水位控制线上 300mm 止。

　　b. 供水结束后，至晨 8：00 前，如果太阳能水箱（含恒温水箱）未达到满水位（设定补水水位上限）时，补水电磁阀或补水泵开启向太阳能水箱补水至满水时止。同时由定温放水泵按恒温水箱水位是否达到满水位从太阳能水箱为其补水至满水时止（其补水开始时间可较太阳能系统补水开始时间滞后 30min 左右，以防太阳能补水泵频繁启动）。

太阳能系统循环泵、燃烧机、燃油炉循环泵、补水电磁阀、供水电动阀、回水泵等控制方法及安全保护按常规要求做。

9.2　分时段供水特点与系统运行模式

9.2.1　分时段供水中央热水系统特点及节能控制

多时段供水指每日分时段供应热水的系统，该系统多用于倒班制工厂和档次较高学校及普通医院等供水标准较高的场合，这类系统不仅要满足多时段供水的最大供水时段用水，还须保证各时段可靠热水供应，并最大限度地降低日常运行能耗。此种方式优化设计，可采用类似前一种（定时供水）方式的做法，以满足最大班次用水时段的供水来优化设计，具体方案及做法应区别对待。

9.2.2　分时段供应热水特点

① 类似集体宿舍、普通医院、旅馆用水，生活习惯、工作习惯规律性较强，用水较集中，人均用水量标准较高。

② 各时段用水人数较难准确界定，每时段用水高峰持续时间较短且小时用水量变化较大，供水点设置位置及管理控制方式不同对实际用水量影响很大，容易出现设计供水量与实际用水偏离严重或设计能力不能满足用水需求现象。

9.2.3　保证分时段供水可靠性及节能控制措施

① 结合热水供应终端卫生设备配套情况，合理选用人均用水量标准，通过必要的水力计算选配供水管网管径。

② 按最大用水时段用水量结合用水保证率和热源制备能力及特点，合理选择热源设备、配置储热水箱/恒温水箱。

③ 对于独立热源系统，当配水量标准较低或各时段供水时间较短（不足 3h）时，储热水箱配置应通过最大小时用水量校核，且水箱调节容量及热源设备小时产水量之和不小于最大时段用水量；同时储热水箱 1/2 有效容量与热源设备小时产水量之和不小于最大时段用水时的最大小时用水量。

④ 对于组合热源系统，宜设置专门的恒温供水水箱，水箱调节容积大小应通过最大小时用水量校核，最大时段高峰用水持续时间宜以 2～3h 计算。通常可按水箱 1/2 容积＋辅助热源小时产水量 80% 不小于最大小时用水量的原则来选配恒温水箱及辅助热源设备型号，主加热热源一般按日用水总量确定所需加热设备数量或能力。

⑤ 当供水可靠性要求较高时，为避免供水结束后，供水水箱储存热水量过多浪费能源，可针对不同供水时段在供水期间通过对恒温水箱实行有效的水位控制，达到有效控制供水量及节能的目的。

⑥ 独立热源系统，冷水补充宜由热源设备补入，热源设备制热时可实行定温控制与循环加热组合方式，这样可避免供水期间水箱补入冷水引起供水温度波动降低供水质量。

⑦ 分时段组合热源热水系统主加热热源设备宜采用两级或多级串并联、（水箱）逐级升温、定时、定温、定量补充冷水并匹配辅助加热的优化组合型中央热水系统设计方案，宜根据用水高峰期的最大小时用水量确定储热水箱容积并选择与之相匹配的辅助加热设备，并利用主热源系统水箱中的部分水箱作为辅助加热水箱（恒温供热水水箱）。热水由恒温水箱供出，正常情况下冷水从主热源初级水箱以顶水方式定时、定量补充，从主热源初级至后一级水箱的连通管需按照顶水方式补水和落水方式取水进行设计。直接通过设在初级或辅助系统的前一级主热源水箱与恒温水箱连通管上的直流补水泵以定温、定量控制方式向恒温水箱补充热水；主热源系统水箱产水温度达不到供水温度要求时，则通过设在初级或辅助系统的前一级主热源水箱与辅助加热设备连通管上的定温补水泵，以定温直流方式进行辅助加热后，定量向恒温水箱补充热水。这样不仅可以达到最大限度地利用主热源，减少辅助加热能耗，并可在用水量变化时，系统实现低运行费用下安全可靠供应热水、节能目的。

9.2.4　系统设计模式

9.2.4.1　热泵＋太阳能不足量分时段供水

分时段供水指每日在两个以上不同时间段，需热水供应的场合，多为倒班制工作的行业，如医院工厂等。无论何种行业，总体来讲，一般按人的生活习惯，最大时段均为临近晚间的时间段，即使 24h 供水的场合，其供水高峰也集中在晚间。从设计角度讲要满足热水供应，就必须满足最不利情况也就是最大时段的供水。再者分时段供水，可能部分晚间用水的人也会在其他时段使用热水，热水用水量变化较大，就热泵系统水箱设置，其容量应不小于最大时段供水需求并留有余地（可按最大时段设计水量 1.1～1.2 倍选择其容量），而太阳能系统的预热水箱宜分成两级串联加热方式，补水采用顶水补水方式，每级太阳能水箱按实际太阳能面积以 40～60kg/m² 配置水箱，冷水由第一级补入，第一级冷水补入时将一级水箱热水顶入二级水箱，从二级水箱按 2h 左右一个预热周期，在供水前 1～2h 左右，分数次间隔利用太阳能预热水将热泵主加热的供水水箱补满。

太阳能配水量仍按不足量 100～120L/m² 配水，低配水时取下限，高配水时取上限；但两级太阳能预/加热水箱容积不得小于其他时段用水量总合，即系统热泵供水水箱容积与太阳能水箱容积合计不得小于设计日用热水总量。

对预热水箱向供水水箱补水控制，在供水水箱设两路水位控制探头，其中一路为非满水控制，正常控制水位上限为供水箱一半或相当于最大时段外其他时段用水量水位线，另一路则为最大时段水位控制线，在各供水时段开始供水前保持其水位在正常控制线以上，水温达到正常设定温度。在各时段供水结束前后，均由二级太阳能预热水箱向供水水箱补水，补水前，供水水箱水位处于上一时段供水最低保护水位状态。最大时段供水时，太阳能系统不予补水，除非供水箱水位低于控制水位下限时作适量补充，热泵系统根据供水箱水温情况，随时进行加热。

最大时段供水结束后，由太阳能水箱将供水水箱水位补充至非最大时段控制水位，热泵按设定时间及供水箱水温进行定温加热。

对此系统而言，热泵及供水箱宜设置 2 台以上，太阳能水箱视系统大小也可设 2 个以上，对于多个太阳能系统水箱的系统，冷水宜由最前一个补入（补水受太阳能水箱水位及水温控制），热泵供水箱由末级太阳能水箱取水，太阳能系统采用强制循环。对于超过三个时间段供水且间隔较均匀时，供水箱补水控制水位可采用统一水位控制，但供水箱及太阳能水箱总容积不宜小于日用水总量的 90%～100%，每个时段供水高峰，持续时间宜以 2h 计算，并且应当有余地，余量控制范围 10% 左右，热泵选型按 4～6h 左右将供水水箱水温升 40℃ 选配。

太阳能-热泵分时段供水中央系统原理见图 9-3。

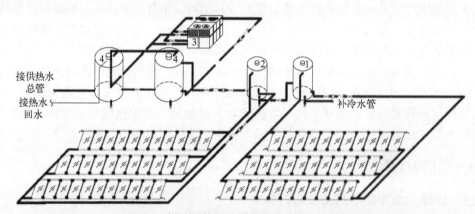

图 9-3 太阳能-热泵分时段供水中央系统原理
1—一级太阳能；2—二级太阳能；3—热泵机组；4—热泵加热水箱

9.2.4.2 热泵＋太阳能足量分时段供水

足量太阳能热泵系统太阳能配水量及设置方式同定时供水，热泵水箱设置按最大时段用水量 100%～120% 设置，方法同定时供水系统，热泵水箱补水方法同不足量系统。

太阳能配水量仍按不足量 70～80L/m² 配水，供水箱及太阳能水箱总容积不宜小于日用水总量的 100%～110%，其他控制同不足量系统。

9.2.4.3 太阳能＋锅炉分时段供水方式

太阳能系统设计与全天候系统基本相同，只是太阳能系统可采用两级串联，温差循环控制即可。但较定时系统，须设置独立的恒温供水水箱，水箱设置方法按照最大时段用水量来配备，以满足最大时段高峰期用水为原则合理选择水箱、配备锅炉。

储热水箱 1/2～1/3 有效容量与锅炉（热源设备）小时产水量之和不小于最大小时用水

量；锅炉（加热设备）宜设计成两台以上，至少一台故障情况下仍不会影响系统正常供水，小系统或对供水可靠性要求不高时可不考虑备用。

太阳能系统按照正常配水量及日用水总量设置水箱。

9.2.4.4 分时段供水系统控制方法

① 各设定供水时段前 1～2h，按照该供水时段恒温水箱设定水位要求和恒温水箱实际水位，由直流补水泵或定温补水泵自太阳能水箱向恒温水箱补水。太阳能水箱水温 $T\geqslant$ 设定温度时不加热，由定温放水泵补水至设定水位；太阳能水箱水温 $T<$ 设定温度，则由定温辅助补水泵向锅炉补水，锅炉定温加热后补入恒温水箱，至设定水位止。

② 各设定供水时段供水开始后 2h 内，按恒温水箱是否处于正常水位（正常水位控制线位于各时段设定上限水位线下 300～500mm），低于正常水位补水，高于则不补水，补水方式有两种：

a. 太阳能水箱水温 $T\geqslant$ 设定供水温度，采用定温放水泵直接补入恒温水箱，达设定要求水位止。

b. 太阳能水箱水温 $T<$ 设定供水温度，采用定温辅助补水方式。此时炉启动以定温方式辅助，定温辅助补水泵向锅炉供水，达满水位止。

③ 如果该时段供水时间超过 3h，则在开始供水 2h 后，通过控制恒温水箱最低水位方式来补水。最低水位线，相当于该时段恒温水箱设定正常水位上限的 1/3 水位线控制高度处。恒温水箱水位高于最低水位控制线，不予补水。补水方式同前，也有两种，补水补至低水位线上 300mm 止。

a. 太阳能水箱水温 $T\geqslant$ 设定温度，定温放水泵直接补水。

b. 太阳能水箱水温 $T<$ 设定温度，锅炉定温直流方式辅助至设定温度，定温直流泵补水。

④ 太阳能水箱冷水补充。冷水补充采用电磁阀或冷水泵控制，补水分两种情况：

a. 供水期间因用水量大，超过太阳能系统储备水量时，按太阳能初级水箱水位下限（水箱底以上 600mm 处或相当于水箱最高控制水位线 1/3～1/4 高度处）来控制是否补水，如果在用水期间，太阳能水箱水位低于水位下限，定量补入冷水。补水至水位控制线上 300mm 止。

b. 每日最末次供水结束后，至晨 8：00 前，如果太阳能水箱未达到满水位（设定补水水位上限）时，补水电磁阀或补水泵开启向太阳能水箱补水至满水时止。

太阳能系统循环泵、燃烧机、锅炉循环泵、补水电磁阀、供水电动阀、回水泵等控制方法及安全保护按常规要求做。

9.3 全天候供水特点与系统运行模式

9.3.1 全天候 24h 热水系统特点及节能控制

全天候 24h 供应热水系统多用于类似宾馆、酒店、医院等 24h 营业的场所，这类系统，因为规模、用水习惯及用水均匀性差异较大，但对热水供应质量及可靠性要求较高。较前两类热水系统而言，该类系统设计前，应确定好用水量标准，确定高峰期用水持续时间及热负荷至关重要，恰到好处的方案不仅能保证正常安全可靠的供应热水，并能有效控制日常运行费用，保持较低的运行成本。

9.3.2 24h 全天候供应热水特点

① 类似宾馆、酒店、医院、旅馆等 24h 用水的场所，生活习惯、工作习惯随机性大，用水不均匀性大，对热水供应质量及可靠性要求高且用水量标准也高。

② 用水量标准因建筑配套标准、档次、行业差异悬殊很大，实际取用时须结合国标参考同类行业实际合理选择，卫生设备同时使用率须结合客户供水保证率、行业特点界定。

③ 小时用水量变化及用水高峰持续时间随机性强，且与系统规模成反比，即系统规模越大则用水相对越均匀。系统供水管网设计是否合理对供水质量和可靠性影响很大。

9.3.3 保证 24h 供水可靠性及节能控制措施

① 结合行业特点与建筑配套标准、档次以及热水供应终端卫生设备配套情况，合理界定人均用水量标准，进行必要的管网优化设计（包括高层建筑适当的供水分区、选材及附属设备配套，并与建筑、装饰、给排水等设计协调一致、结合良好），通过严格水力计算选配供、回水管网管径。

② 按最大用水时段用水量结合用水保证率和热源制备能力及特点，合理选择热源设备、配置储热水箱/恒温水箱。

③ 对于独立热源系统，当配水量标准较难界定时，储热水箱配置应通过最大小时用水量校核，且水箱调节容量及热源设备小时产水量之和不小于日用水总量的 70％～80％；同时储热水箱 1/2～1/3 有效容量与热源设备小时产水量之和不小于最大小时用水量；加热设备宜设计成两台以上，至少一台故障情况下仍不会影响系统正常供水。

④ 对于组合热源系统，须设置专门的恒温供水水箱，水箱调节容积大小应通过最大小时用水量校核，高峰用水持续时间宜以 2～3h 计算。通常可按水箱 1/2～1/3 有效容积＋辅助热源小时产水量 80％不小于最大小时用水量的原则来选配恒温水箱及辅助热源设备型号，主加热热源一般按日用水总量确定所需加热设备数量或能力；对可靠性要求高的场合，辅助热源加热设备宜设计成两台以上，至少一台故障情况下仍不会影响系统正常供水。

⑤ 视系统供水可靠性要求高低，为避免加热设备频繁启动及供水低峰时水箱储存热水量过多浪费能源，可随供水峰值波动在供水期间通过对恒温水箱实行有效的水位控制，达到有效控制供水量及节能的目的。

⑥ 独立热源系统，冷水补充宜由热源设备补入，热源设备制热时可实行定温控制与循环加热组合方式，这样可避免供水期间水箱补入冷水引起供水温度波动降低供水质量。

⑦ 组合热源热水系统主加热热源设备宜采用两级或多级串并联、（水箱）逐级升温、定时、定温、定量补充冷水并匹配辅助加热的优化组合型中央热水系统设计方案，宜根据用水高峰持续时间及最大小时用水量确定储热水箱容积并选择与之相匹配的辅助热源加热设备，并设置独立的辅助加热水箱（恒温供热水水箱）。热水由恒温水箱供出，正常情况下冷水从主热源初级水箱以顶水方式定时、定量补充，从主热源初级至后一级水箱的连通管需按照顶水方式补水和落水方式取水进行设计。直接通过设在初级或辅助系统的前一级主热源水箱与恒温水箱连通管上的直流补水泵以定温、定量控制方式向恒温水箱补充热水；主热源系统水箱产水温度达不到供水温度要求时，则通过设在初级或辅助系统的前一级主热源水箱与辅助

加热设备连通管上的定温补水泵,以定量直流方式进行辅助加热后,定量向恒温水箱补充热水。这样不仅可以达到最大限度地利用主热源,减少辅助加热能耗,实现低运行费用下安全可靠供应热水、节能目的。作为此类中央热水系统设计,优化方案的基本前提是须实现主热源大多情况下能正常供应热水,而无须启动或尽可能少地启动辅助热源加热装置,在冬季或用水量超过设计标准时适当借助辅助热源设备来保证全天候的热水供应。

9.3.4 系统设计模式

9.3.4.1 全天候 24h 热泵+太阳能不足量系统

全天候 24h 供水系统设计关键是满足用水高峰期热水供应,其连接见图 9-4。

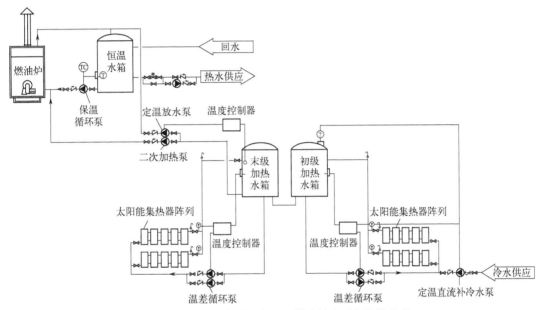

图 9-4 平板太阳能全天候 24h 供应热水系统连接示意

系统热泵供水水箱大小宜按日用水总量的 70%~90% 配置,太阳能不足时,其太阳能水箱宜按实际太阳能面积以 30~50kg/m² 配水。且太阳能宜做成两级串联加热的定温放水与温差循环结合方式(初级定温放水与低温差强制循环结合,二级低温差强制循环方式工作),冷水由初级补入,热泵水箱由末级补水。

从太阳能集热器合理布局及优化设计等技术经济角度考虑;结合太阳能热泵热水系统特点,为了实现最大限度利用太阳能减少辅助加热能耗的目的,对太阳能按屋顶实际可利用有效空间依日照时间内均能采集光热进行优化设计。太阳能按照定温及温差循环相结合方式工作;由太阳能水箱定温、定量为后续热泵辅助加热水箱及恒温供水水箱补水。

热泵以 24h 工作方式工作,由于 24h 供水,太阳能补充水水温不能保证,如果按照分时段补水方式直接由太阳能水箱补入供水水箱,再由热泵加热,会导致供水水箱水温波动较大,影响供水质量;热泵宜分成两级加热,初级做定温加热(温度控制范围 45~50℃),二级保温加热(温度控制范围 50~55℃),由初级热泵水箱(过渡水箱)以定时、定温、定量方式向二级供水水箱补水,太阳能水箱根据初级热泵过渡水箱水位情况,按设定要求为其定量补水。热泵选型时按 8~10h 累计工作时间计算,水箱配置与热泵配备配套,每级热泵选型应不少于 2 台并联工作，以互为备用，利于维修维护，计算及配置方式与分时段方式类似。

太阳能＋热泵辅助 24h 供水系统设计，为保证阴雨或日照不足情况下足量的热水供应，整个优化设计，综合了太阳能集热器及热泵工作特点，具有良好的性价比；同时减少辅助加热电能消耗，热泵辅助系统分两级加热。系统可全日照时间内有效工作，在夏季和春秋季晴天情况下仍可满足基本热水供应需求；所配备的辅助加热系统不仅可根据用水量大小随时供给热水，即使在冬季阴雨天最不利情况下，单独热泵系统也完全能满足正常日热水供应。

两级单独的太阳能系统，初级系统皆采用定温放水与温差强制循环相结合方式工作，包括一套定温放水、补水装置及一套温差强制循环装置；按实际太阳能面积以 $30 \sim 50 \mathrm{kg/m^2}$ 配水量配备太阳能储热水箱。为确保热水供应温度的恒定及阴雨天或日照不足情况下仍能满足热水供应，为太阳能系统后序配备 1 个过渡水箱和与太阳能系统相匹配的空气热泵热水机组为其进行辅助加热，过渡水箱大小按照供水水箱 15％～20％ 确定，并按照所配备热泵机组标准产水量的 1.5～2.0 倍选择辅助热泵机组大小及数量。恒温水箱（按日用水总量的 70％～90％ 配置），并配备与辅助系统相当的热泵机组进行循环保温加热。

太阳能热水系统补冷水采用电磁阀或补冷水泵依定温、定量方式自动从天面水池抽水并通过太阳能集热器阵列的下循环补充到初级太阳能系统中，冷水的补充受太阳能集热器阵列上循环出水口水温或太阳能储热水箱水位控制；恒温水箱补水由直流泵从过渡水箱以定时、定温、定量抽取；热水则由东、西两套太阳能系统的恒温水箱全天候 24h 供出，须设置自动定温回水装置，回水回至系统的恒温水箱。

（1）太阳能系统控制

太阳能系统根据储热水箱水位情况，自动依定温直流或温差循环方式工作。

① 当太阳能水箱水位处于非满水位（保护水位～满水位之间）时，太阳能集热器中的水依闷晒方式被加热，当太阳能集热器阵列出口的水温达到设定温度的上限（如 40～45℃），补冷水电磁阀打开及补冷水泵启动，自动从天面水池抽冷水并通过太阳能阵列下循环管补入，同时将集热器内达到设定温度的热水顶出流入储热水箱储存，直至集热器阵列出水口水温低于设定温度的下限（如 35～40℃）时，补冷水电磁阀关闭，补冷水泵也停止工作，而补入集热器阵列内的冷水继续以闷晒方式升温，直至达到设定温度上限后又重复以上工作程序，如此反复。当储热水箱水位达到满水位后，系统自动转入温差循环方式工作。温差循环时，通过太阳能储热水箱下部水温与集热器阵列末端出口水温温差由微电脑温差控制器控制温差循环泵工作。当温差较大（$\Delta T \geq 3 \sim 5℃$）时，温差循环泵启动，储热水箱水在集热器与储热水箱之间循环；当温差较小（$\Delta T \leq 1 \sim 2℃$）时，温差循环泵停止工作。如此反复按照以上两种方式工作，在日照正常情况下，太阳能储热水箱水温可达到设定的热水使用温度。在此期间如果恒温水箱水位处于非满水位，为了使太阳能系统在有效采光期内多产热水，则设在太阳能储热水箱与过渡水箱之间的电磁阀打开，太阳能水箱热水经连通管补入过渡水箱，设在过渡水箱与恒温水箱之间的直流泵受恒温水箱满水位控制启动工作向恒温水箱补水，至恒温水箱满水位后直流泵停止工作。

② 在阴雨天或日照较弱情况下，由于太阳能系统的产水量较少，再加上向过渡水箱补水，太阳能储热水箱中的水位可能低于保护水位，此时系统补水受太阳能储热水箱保护水位控制自动由补冷水电磁阀和补冷水泵向储热水箱补水，直至达到太阳能储热水箱的保护水位为止。以确保储热水箱始终储存适量的水。

（2）空气热泵辅助加热控制

辅助空气热泵机组受过渡水箱或恒温供水水箱水温、水位控制。如果过渡水箱或恒温供水水箱内的水温达不到设定使用温度，辅助空气热泵机组就通过设在过渡水箱或恒温水箱底部的测温探头所显示的水温来进行辅助加热，则空气热泵机组和空气热泵机组循环泵开启工作，过渡水箱或恒温水箱的水在空气热泵机组之间循环加热，直至达到设定的使用温度时循环停止，空气热泵机组和空气热泵机组循环泵也停止工作。如此反复，以确保过渡水箱中的水达到一定的温度和确保恒温水箱中的水温恒定。

（3）恒温水箱的补水控制

① 为了确保晚上在用水高峰期到来前（按照正常的用水习惯，18：30～22：30 为用水高峰期）恒温水箱水位处于正常控制水位满水位，在早上 9：00 以后，由设于过渡水箱与恒温水箱之间的直流泵每隔 1～1.5h 向恒温水箱补水 1 次，当过渡水箱向恒温水箱补水水位处于控制水位下线时，直流泵关闭，同时设在太阳能储热水箱与过渡水箱之间的电磁阀打开向过渡水箱放水，直至过渡水箱达到控制水位满水位，电磁阀关闭；此时如果过渡水箱的水温达不到设定的用水温度，系统热泵机组自动对其进行辅助加热，到设定温度时辅助加热停止；同时如果恒温水箱的水温由于过渡水箱的水的补充而低于设定的用水温度，则系统保温热泵机组继续自动对其进行辅助加热，到设定温度时辅助加热停止，这样就确保了恒温水箱中的水温恒定。

② 在用水低峰期（22：30～9：00）内，恒温水箱水位处于正常控制水位范围内，过渡水箱无需向恒温水箱补水；如果恒温水箱水位低于正常控制水位下限时，系统按照设定时段及控制水位自动定量向恒温水箱补水，此时如果恒温水箱的水温由于过渡水箱的水的补充而低于设定的热水使用温度，则系统自动同时进行辅助加热，以确保恒温水箱中的水温恒定，如此反复。

（4）供热水及回水控制

系统采用 24h 全天候供应热水模式，系统所配备保温水箱储水量应能完全满足每天用水需求。为了避免超量用水造成浪费，保证用水点热水即开即用，减少低温水的浪费及能耗，系统应设计回水系统一套，当设置在管网末端的温度探头低于设定温度（如 $T \leqslant 40℃$）时，回水泵启动，直至设置在管网末端的温度探头高于设定温度（如 $T \geqslant 50℃$）时，回水停止。使用时可根据实际需求调整各控制参数。另外，系统对空气热泵机组、水箱及水泵等还应设有相应缺水、超温、缺相、防漏电等安全保护装置及防雷电措施，完全按设定要求全自动工作，达到运行安全可靠，无须专人管理。

9.3.4.2　全天候 24h 热泵＋太阳能足量系统

24h 全天候供水，太阳能足量配水＋热泵组合，方法与不足量系统相同，太阳能系统按 $50～70kg/m^2$ 配水量配备水箱，冷水补水视水箱水位情况定量补入，宜采用逐级加热，热泵选型同不足量系统。

9.3.4.3　太阳能＋锅炉全天候供水方式

对于太阳能＋锅炉系统，须设置专门的恒温供水水箱，水箱调节容积大小应通过最大小时用水量校核，高峰用水持续时间宜以 2～3h 计算。通常可按水箱 1/2～1/3 有效容积＋辅助热源小时产水量 80％不小于最大小时用水量的原则来选配恒温水箱及辅助锅炉（热源设备）型号，太阳能按日用水总量确定所需加热集热面积及水箱；对可靠性要求高的场合，辅助锅炉热源加热设备宜设计成两台以上，至少一台故障情况下仍不会影响系统正常供水。

视系统供水可靠性要求高低，为避免加热设备频繁启动及供水低峰时水箱储存热水量过多浪费能源，可随供水峰值波动在供水期间通过对恒温水箱实行有效的水位控制，达到有效控制供水量及节能的目的。

太阳能系统宜设计成两级串联，初级系统皆采用定温放水与温差强制循环相结合的方式工作，包括一套定温放水、补水装置及一套温差强制循环装置；二级系统采用温差强制循环方式。按实际太阳能面积以 $70\sim80kg/m^2$ 配水量配备太阳能储热水箱。

太阳能热水系统补冷水采用电磁阀或补冷水泵依定温、定量方式自动从天面水池抽水并通过太阳能集热器阵列的下循环补充到初级太阳能系统中，冷水的补充受太阳能集热器阵列上循环出水口水温或太阳能储热水箱水位控制；恒温水箱补水由直流泵从太阳能水箱以定时、定温、定量补充；热水由太阳能系统的恒温水箱全天候24h供出，须设置自动定温回水装置，回水回至系统的恒温水箱。

（1）太阳能系统控制

与9.3.4.1节中的太阳能系统控制相同，此处不再赘述。

（2）全天候24h供水系统控制方法

① 供水时间段内，随时监测恒温水箱水温。$T\geq$设定温度不加热，$T-5℃\leq$设定温度则循环加热至设定温度止（T 设定值一般可选 $55\sim60℃$）。

② 供水时间段内，按恒温水箱是否处于正常水位（正常水位控制线设在满水位线下300～500mm），低于正常水位补水，高于则不补水，补水方式有两种。

a. 太阳能水箱水温 $T\geq$设定供水温度，采用定温放水泵直接补入恒温水箱，达满水位止。

b. 太阳能水箱水温 $T<$设定供水温度，采用定温直流补水方式。此时炉启动以定温方式辅助，定温补水泵向炉供水，达满水位止。

③ 太阳能水箱冷水补充。冷水补充采用太阳能系统的定温补水电磁阀或冷水泵控制，补水分两种情况。

a. 供水期间因用水量大或日照不足，太阳能系统储备水量较小时，按太阳能初级定温放水与温差循环系统太阳能水箱水位下限（水箱底以上600mm处或相当于水箱最高控制水位线1/3～1/4高度处）来控制是否补水，如果在用水期间，太阳能水箱水位低于水位下限，定量补入冷水。补水至水位控制线上300mm止。（此时系统不受定温控制，初级太阳能水箱水位达到最低水位控制线以上时，系统自动切换至定温放水与温差循环方式工作）。

b. 日照正常情况下，太阳能系统初级水箱水位在最低控制水位线以上时，又未达到正常控制水位上限时，初级太阳能系统以定温直流方式工作；当水位达到控制上限，系统切换至温差循环方式工作，至太阳能水箱水位低于正常控制水位（大约在低于水位控制上限300mm处）时，又转为定温直流方式工作。除初级太阳能系统采用此种方式工作外，后续其他太阳能再加热系统仅采用温差循环方式控制。冷水只为初级太阳能水箱补充，后续太阳能水箱按照串联方式，通过连通管由初级至多级逐级补给。

④ 太阳能系统循环泵、燃烧机、燃油炉循环泵、补水电磁阀、供水电动阀、回水泵等控制方法及安全保护按常规要求做。

9.4　空气源热泵供水特点与系统运行模式

9.4.1　空气源热泵定时热水供水系统

空气源热泵定时供水系统示意见图9-5。

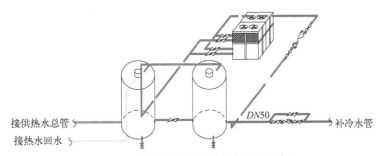

图9-5　空气源热泵定时供水系统示意

① 水箱容量不小于系统日用水量。

② 热泵能效比按平均3.0，出力85％左右考虑。

③ 热泵系统日正常累计工作时间8h计算。

④ 冷水温度15℃，温升40℃，出热水温度55℃。

⑤ 热泵型号选择按照《空气源热泵辅助的太阳能热水系统（储水箱容积大于0.6m³）技术规范》（GB/T 26973—2011）执行。

实际选择时，可按用户供水可靠性及用水量标准高低：如配水较充足时，可选用工作时间较长（如10h），如配水量标准较低，但实际用水量可能会超标时，则应选用工作时间较短（如8h）来计算，即热泵选型可大一些。

9.4.2　空气源热泵多时段热水供水系统

① 多时段供水水箱容量不小于系统最大时段用水量，热泵能效比按平均3.0计算，出力85％，单匹热泵小时产水量（温升40℃）50L，热泵工作时间按全天累计工作时间8～10h计算，工作时间按24h设计，工作时间以水箱保持正常水位，控制其水温在要求范围内为原则。

② 热泵选型时，以最大时段选配水箱并以日工作时间不超过10h验算，且较大系统，热泵宜配置成2台以上，以互为备用，也可将系统做成串联逐级加热，最大时段时2级同时加热，夏季或小时段用水时，末级工作即可，冷水由初级补入。

9.4.3　空气源热泵24h热水供水系统

空气源热泵全天候供应热水系统示意见图9-6。

① 热泵选型方法同多时段供水，按每匹日产水量50L计算，工作时间8～10h。

② 水箱设置，根据用户类型，如酒店类水箱可按日用水量60％～80％选择，一般档次可取下限，较高档时取上限；工厂、学校类可按日用水量70％～80％选配水箱。控制方面

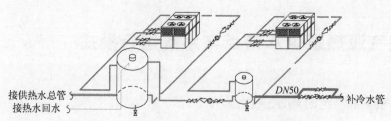

图 9-6　空气源热泵全天候供应热水系统示意

以供水水箱保持正常水位，控制水温在要求范围内为原则，系统热泵宜选 2 台以上，以互为备用及适应季节用水变化需要。

　　③ 作为优化设计，热泵宜选 2 台以上分两级加热。初级做定温加热（温度控制范围 45～50℃），配备 1 个过渡水箱（预热水箱）和与系统相匹配的空气热泵热水机组为其进行预加热，过渡水箱大小按照供水水箱 15%～20%确定，并按照所配备热泵机组标准产水量的 1.5～2.0 倍选择辅助热泵机组大小及数量。二级保温加热（温度控制范围 50～55℃），二级恒温水箱（按日用水总量 70%～90%配置），并配备与预热系统相当的热泵机组进行循环保温加热。由初级热泵水箱（过渡水箱）以定时、定温、定量方式向二级供水恒温水箱补水，冷水补充通过补水电磁阀或冷水泵，根据初级热泵过渡水箱水位情况，按设定要求定量补充。

第**10**章

太阳能热水器与建筑一体化

10.1　太阳能与建筑一体化的概念及问题

随着经济的高速发展，能源问题和污染问题越发凸现在各国面前。太阳能作为一种清洁环保、廉价、丰富的能源，被越来越多的人所接受，大到国家的重点设施，小到每家每户的供热设施，都开始使用太阳能这一绿色能源。在太阳能利用中，发展最快、应用最广、商业化程度最高的是太阳能热水器，特别是在住宅建筑上安装的各种各样的太阳能热水器。然而，太阳能热水器和建筑的结合一直没有得到很完美的解决。

10.1.1　太阳能与建筑一体化的概念

太阳能热水器与建筑一体化概括起来讲，就是将太阳能热水器与建筑充分结合并实现整体外观的和谐统一，使太阳能与建筑一体化＞太阳能＋建筑。具体来讲包括下面几个优点：

① 建筑的使用功能与太阳能热水器的利用有机地结合在一起，形成多功能的建筑构件，巧妙高效地利用空间，使建筑可利用太阳能的部分——向阳面或屋顶得以充分利用；

② 同步规划设计，同步施工安装，节省太阳能热水系统的安装成本和建筑成本，一次安装到位，避免后期施工对用户生活造成的不便以及对建筑已有结构的损害；

③ 综合使用材料，降低了总造价，减轻建筑荷载；

④ 综合考虑建筑结构和太阳能设备协调和谐，构造合理，使太阳能热水系统和建筑融合为一体，不影响建筑的外观；

⑤ 如果采用集中式系统，还有利于平衡负荷和提高设备的利用效率；

⑥ 太阳能的利用与建筑相互促进、共同发展，使其节省能源，为民众受益。

总之，经过一体化设计和统一安装的太阳能热水系统，在外观上可达到和谐统一，特别是在集合住宅这类多用户使用的建筑中，改变使用者各自为政的局面，易于形成良好的建筑艺术形象。

10.1.2　太阳能热水器与建筑一体化现状及存在的问题

随着国家对节能和环保的不断关注，太阳能利用技术在国内得以长足发展，作为太阳能热利用主要形式之一的太阳能热水器，凭借其环保、生态、节能、经济等诸多优点得以迅速推广，开始走向千家万户。然而太阳能热水器的安装如果不能和建筑很好结合，不仅可能对建筑造成一定程度的损害，还会对外观形象产生相当大的影响，大量使用最终会影响到整个城市风貌。造成这种现象的原因可能是：

① 很多建筑开发商缺乏太阳能热水器与建筑一体化的认识，设计建筑时未为热水器预留必要的空间。太阳能热水器大多由用户自主安装，造成安装的热水器五花八门，形式各样，给建筑带来很多安全隐患；少数由房地产开发公司在建设时统一考虑安装的热水器，一般也仅属于赠送产品，虽然品牌和型号基本相同，安装的位置也相对比较规矩，但是还谈不上与建筑的结合，仅仅是排放整齐而已，仍然是由用户个人使用管理。

② 系统的太阳能热水器在我国尚未普及。我国还没有成功的、专门制作太阳能建筑一体化的企业。缺乏统一标准使市场上太阳能热水器品种繁多、规格不一、颜色各异，给使用带来许多问题。

③ 在实际应用中，没有把太阳能热水器作为建筑构件与建筑主体统一规划、设计和施工，而是在建筑工程完工、整体装修结束之后，根据用户的要求再增加太阳能热水器，这样不但安装不便，而且不可避免地会对建筑的外观和构造造成一定程度的损害，同时也难以与建筑平面功能及空间布局相协调。

④ 在政策上，国家政策支持不够，缺少对新能源、可再生能源开发利用的鼓励支持政策和配套措施。

⑤ 整体式太阳能热水器自身存在很多问题，很不适合在建筑上安装：a. 水箱过大，视觉效果差，很难与建筑进行完美结合；b. 安装对屋面的影响较大，易产生结构破坏；c. 整体式太阳能热水器本身无法解决的一些问题（如真空管易结垢、易炸管碎管、不承压、不易自动控制等）。

10.2 太阳能与建筑一体化的安装要求

10.2.1 一般要求

热水系统的安装应符合设计要求。太阳能热水系统施工单位应制订相应的施工安全措施，施工人员应具有相应的施工安全知识，施工前应有施工图纸和施工方案。施工方案应包括与主体结构施工、设备安装、装饰装修的协调配合方案及安全措施等内容。

太阳能热水系统安装不应损坏建筑物的结构；不应影响建筑物在设计使用年限内承受各种载荷的能力；不应破坏屋面防水层和建筑物的附属设施。安装太阳能热水系统时，应对已完成土建工程的部位采取保护措施。

安装的太阳能热水系统产品、配件、材料及其性能等应符合设计要求，且有产品合格证或检验文件。

太阳能热水系统在安装过程中，产品和物件的存放、搬运、吊装不应碰撞和损坏；半成品应妥善保护。

太阳能热水系统的安装不得影响其他住户的使用功能要求。

太阳能热水系统安装应由专业队伍或经过培训并考核合格的人员完成。

（1）太阳能热水系统安装施工工艺流程（图 10-1）

（2）太阳能热水系统安装应具备的条件

① 设计文件齐备，且已审查通过；

② 施工组织设计及施工方案已经批准；

③ 施工场地符合施工组织设计要求；

④ 现场水、电、场地、道路等条件能满足正常施工需要；

⑤ 预留基座、孔洞、预埋件和设施符合设计图纸，并已验收合格；

⑥ 有建筑经结构复核或法定检测机构同意安装太阳能热水系统的鉴定文件。

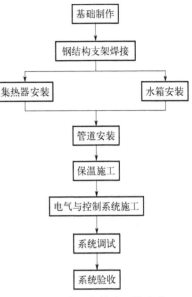

图 10-1 太阳能热水系统安装施工工艺流程

10.2.2 太阳能集热器安装

10.2.2.1 不同建筑部位集热器设置

建筑结合是太阳能应用发展的方向，首先体现在太阳能系统与周围环境协调统一。太阳能与建筑结合的重要内容是太阳能集热器设置，其不仅影响系统的有效运行，还直接影响到建筑外观。因此，太阳能集热器设置应作为建筑结合的重要内容，将太阳能集热器协调地融合在建筑的整体现象中，不破坏建筑整体风格。

太阳能集热器可设置在建筑的屋面、外墙、阳台、女儿墙和建筑披檐上，或庭院花架、遮阳亭以及作为建筑的遮阳板等场所。

（1）太阳能集热器在平屋顶设置

太阳能集热器在平屋顶设置是最常见的系统安装方式。集热器平屋顶设置安装简单，适宜不同朝向建筑，可放置的集热器面积较大，系统维护方便。图 10-2 为平屋顶设置工程实例。

图 10-2 集热器在平屋顶设置的工程实例

平屋顶设置设计原则如下：

① 太阳能热水系统集热器安装倾角应选择在当地纬度±10°的范围内。

② 太阳能集热器安装应保证足够间距，集热器上日照时数应保证不小于 4h，如北京地区前后排间距一般取集热器垂直高度的 1.5～2 倍。

③ 太阳能集热器在平屋顶上安装需通过支架或基座固定在屋面上，连接件与主体结构的锚固承载能力设计值应大于连接件本身的承载力设计值。

④ 钢基础或混凝土基础的预埋件应与建筑的结构层相连，在集热器安装前应作防腐处理，并应在地脚螺栓周围做密封处理。在屋面防水层上放置集热器时，屋面防水层应包到基座上部，并在基座下部加设防水层。

⑤ 平屋面上安装太阳能系统，屋顶应设有到屋面的人孔，用作安装检修出入口。太阳能集热器周围要留出检修保养通道。人行通道应敷设刚性保护层保护屋面防水层。

⑥ 系统管件需穿过屋面时，应预埋相应防水套管，对其做防水构造处理，并在屋面防水层施工之前埋设。

⑦ 钢结构支架焊接完毕后，应按现行国家标准的要求进行防腐处理：

a. 钢结构的防腐处理一般采用涂装防锈漆和保护面漆的涂装处理工艺；

b. 涂装前钢材表面的防锈处理应符合设计要求及国家现行有关标准的规定，处理后的钢材表面不应有焊渣、焊疤、灰尘、油污、水和毛刺等缺陷；

c. 涂装时的环境温度和相对湿度应符合涂料产品说明书的要求（当产品说明书无要求时，环境温度宜在 5～38℃ 之间，相对湿度不应大于 85%），涂装时构件表面不应有结露，涂装后 4h 内应保护免受雨淋；

d. 涂料的涂装遍数、涂层厚度均应符合设计要求。

⑧ 钢结构支架应与建筑防雷接地牢固焊接。如钢结构支架高度超过建筑物避雷网（带），应按现行国家标准《建筑防雷设计规范》（GB 50057）制作安装接闪器。

新建建筑中安装太阳能系统，太阳能集热器、支架及连接管线应与建筑功能和建筑造型一并设计，在设计时应考虑太阳能系统对屋面产生载荷，预埋基座预埋件，预设管道穿过屋面的防水套管。在既有建筑上增设或改造已安装的太阳能热水系统，必须经建筑结构安全复核，并应满足建筑结构及其他相应的安全性要求。

太阳能热水系统结构设计应计算下列作用效应：①非抗震设计时，应计算重力荷载和风荷载效应；②抗震设计时，应计算重力荷载、风荷载和地震作用效应。

建筑物在设计时均考虑了屋面载荷，表 10-1 是不同结构建筑屋面均布活载荷。

⊡ 表 10-1　屋面均布活载荷

序号	房屋结构	屋面活载荷/（kN/m²）	说明
1	轻屋面、瓦屋面	0.3	轻屋面系指石棉瓦、瓦楞铁等屋面，瓦屋面系指平瓦、小青瓦等瓦面
2	其他不上人屋面	0.5	大型屋面面板、自防水屋面板、钢丝网水泥板等预置板屋面以及现浇钢筋混凝土屋面
3	上人屋面	2.0	兼做其他用途时，按相应楼面活载荷取值

太阳能集热器、支架和集热工质载荷约为 0.3～0.6kN/m²，因此不上人屋面承重一般不能满足要求，而上人屋面承重较高，安装太阳能系统可满足建筑结构的安全性要求。

在屋面承重不满足太阳能系统载荷要求时，可以在建筑的承重墙位置设置承重基座，基座上布置横梁。集热器安装在横梁上，如图 10-3 所示。

太阳能集热器支架在设计时，除考虑集热器重量外，还应考虑集热器承受风压产生的载荷——风载荷。风载荷与安装地点气候资料和集热器类型有关。一般平板集热器和带反射板的真空管集热器风载荷较大，不带反射板的真空管集热器风载荷较小。集热器承受风载荷按以下公式计算：

$$\omega_K = \beta_Z \mu_S \mu_Z \omega_0$$

式中，ω_K 为风载荷标准值，kN/m^2；β_Z 为高度 Z 处的阵风系数，取值 1.0；μ_S 为风载荷体型系数，平板集热器和带反射板的真空管集热器取值 1.5，不带反射板的真空管集热器取值 0.9；μ_Z 为风压高度变化系数，见表 10-2；ω_0 为基本风压，指一般空旷平坦地面，离地 10m，统计 30年一遇 10min 平均最大风速工况，见《建筑结构荷载规范》(GB 50009—2012) 附表 "全国基本风压分布图"，设计时选用基本风压应小于 $0.30kN/m^2$。

图 10-3　不上人屋面太阳能系统
承重基座设置示意

▢ 表 10-2　风压高度变化系数 μ_Z

离地面或海平面 高度/m	地面粗糙度类别			
	A	B	C	D
5	1.09	1.00	0.65	0.51
10	1.28	1.00	0.65	0.51
15	1.42	1.13	0.65	0.51
20	1.52	1.23	0.74	0.51
30	1.67	1.39	0.88	0.51
40	1.79	1.52	1.00	0.60
50	1.89	1.62	1.10	0.69
70	2.05	1.79	1.28	0.84
80	2.12	1.87	1.36	0.91
90	2.18	1.93	1.43	0.98
100	2.23	2.00	1.50	1.04
150	2.46	2.25	1.79	1.33
200	2.64	2.46	2.03	1.58
250	2.78	2.63	2.24	1.81
300	2.91	2.77	2.43	2.02
350	2.91	2.91	2.60	2.22
400	2.91	2.91	2.76	2.40
450	2.91	2.91	2.91	2.58
500	2.91	2.91	2.91	2.74
≥550	2.91	2.91	2.91	2.91

　　注：A 类为近海海面和海岛、海岸、湖岸及沙漠地区；B 类为田野、乡村、丛林、丘陵以及房屋比较稀疏的乡镇和城市郊区；C 类为有密集建筑群的城市市区；D 类为有密集建筑群且房屋较高的城市市区。

　　(2) 太阳能集热器在坡屋顶设置

　　太阳能集热器设置在坡屋面上是太阳能热水系统的主要安装方式。其安装方式主要有顺坡式、跨屋脊式和平脊式。跨屋脊式主要用于紧凑式家用热水器，热水器支架分别位于屋脊的两侧，使支座受力较均匀，系统稳定性好，常用于既有建筑中安装，与建筑结合差，影响建筑整体外观，并存在一定安全隐患，是一种不推荐使用的安装方式。平脊式安装是指建筑坡屋顶存在平屋脊，集热器安装在平屋脊上，安装方式类同于平屋顶安装。

坡屋面的顺坡安装是太阳能与建筑结合的最佳方式之一。根据集热器和屋面的关系，顺坡安装可分为集热器架空式安装和镶嵌式安装。图 10-4 和图 10-5 分别是架空式和镶嵌式顺坡安装的工程实例。

图 10-4　架空式顺坡安装工程实例

图 10-5　镶嵌式顺坡安装工程实例

坡屋面的顺坡安装设计原则如下：

① 屋面的坡度宜结合太阳能集热器接受阳光的最佳倾角，热水系统宜选择在当地纬度 ±10°的范围内。

② 坡屋面上的集热器宜采用顺坡镶嵌设置或顺坡架空设置。

③ 设置在坡屋面的太阳能集热器的支架应与埋设在屋面板上的预埋件牢固连接，并采取防水构造措施。

④ 太阳能集热器与坡屋面结合处雨水的排放应通畅。

⑤ 顺坡镶嵌在坡屋面上的太阳能集热器与周围屋面材料连接部位做好防水构造处理。

⑥ 太阳能集热器顺坡镶嵌在坡屋面上，不得降低屋面整体的保温、隔热、防水等功能。

⑦ 顺坡架空在坡屋面上的太阳能集热器与屋面间空隙不宜大于 100mm。

⑧ 坡屋面上太阳能集热器与储水箱相连的管线需穿过坡屋面时，应预埋相应的防水套管，并在屋面防水层施工前埋设完毕。

⑨ 建筑设计应为太阳能集热器在坡屋面上安装、维护提供可靠的安全设施；为方便安装、维修，宜在屋面适当部位设置人孔，及方便安装、维护人员安全出入等的技术措施。

（3）太阳能集热器在阳台上设置

阳台式太阳能热水器是近年研发的一种新型热水器，太阳能集热器安装在阳台栏板上，水箱安装在阳台里或其他设计预留位置。热水器采用分体式结构,大部分热水器采用自然循环。目前,市场上阳台热水器按集热器分,有平板式、热管真空管、U 形真空管、全玻璃真空管等。全玻璃真空管型采用开式水箱,以水作传热工质,不适宜寒冷地区使用;其他类型阳台热水器一般采用二次循环系统,集热循环工质使用防冻液,适宜各地区使用,储水箱采用闭式承压水箱,顶水取水。

阳台式系统特点:①适宜板楼等建筑,解决高层建筑屋顶集热器安装面积有限的难题;②分户安装,系统产权明晰,系统日常、故障维修方便;③当卫生间等用水点离阳台较远时,用水时需要排空较多管内冷水;④由于阳台栏板面积有限和安装倾角较小,系统效率低,水箱配比一般较小。图 10-6 是太阳能集热器在阳台上设置的安装工程实例。

图 10-6　阳台热水器安装工程实例

太阳能集热器在阳台上设置的设计原则如下:

① 设置太阳能集热器在阳台的结构设计应考虑集热器等载荷;

② 设置在阳台栏板上的太阳能集热器支架与阳台栏板上的预埋件牢固连接;

③ 由太阳能集热器构成的阳台栏板,应满足其刚度、强度及防护功能要求,安装太阳能集热器的阳台栏板宜采用实体栏板;

④ 低纬度地区在阳台栏板上的太阳能集热器应有适当倾角,提高集热器年平均得热量;

⑤ 采用真空管集热器,应采用必要防护措施,防止集热器意外损坏对楼下行人、物品造成意外伤害或损失,平板集热器透光面板宜采用钢化玻璃等不易破碎材料。

太阳能集热器在阳台上安装,其设置的安装倾角对集热器的全年累计辐照量影响较大,并且远小于最佳安装倾角工况。因此,阳台热水器的集热器面积应根据安装倾角对全年累计辐照量影响进行补偿。阳台热水器在正南朝向不同倾角的全年累计辐照量与最佳倾角辐照量比值见表 10-3。从表中可以看出,垂直安装(安装倾角 90°)与安装倾角为 70°相比,全年累计得热量减少 20%~30%。因此,在安装条件许可的前提下,阳台热水器的集热器设置宜有适当倾角。

▫ 表 10-3　正南朝向不同倾角的全年累计辐照量与最佳倾角辐照量比值

集热器安装倾角	90°	80°	70°	60°
北京	0.69	0.78	0.86	0.92
武汉	0.59	0.69	0.77	0.84
昆明	0.6	0.59	0.78	0.85
贵阳	0.59	0.68	0.77	0.84

续表

集热器安装倾角	90°	80°	70°	60°
长沙	0.58	0.67	0.7	0.83
广州	0.58	0.67	0.75	0.83
南昌	0.58	0.67	0.76	0.84
成都	0.57	0.65	0.73	0.8
上海	0.61	0.7	0.78	0.85
西安	0.63	0.71	0.79	0.86
郑州	0.63	0.72	0.72	0.87
青岛	0.66	0.75	0.83	0.89
兰州	0.64	0.73	0.82	0.89
济南	0.65	0.74	0.83	0.95
太原	0.67	0.76	0.84	0.9
天津	0.68	0.77	0.85	0.91
长春	0.75	0.84	0.9	0.96

太阳能集热器设置在其他朝向的阳台栏板上与正南朝向相比，全年累计辐照量会随方位角有不同幅度的降低。一般东、西向比南向的全年累计辐照量减少 30％～40％，不同朝向、不同倾角的全年累计辐照量的变化参见相关文献。

图 10-7　太阳能集热器在外墙立面安装工程实例

（4）太阳能集热器在外墙立面上设置

太阳能集热器在外墙立面上设置是一种新型的集热器设置方式，但可突破屋顶设置集热器的局限性。配合建筑外形设计，集热器设置在外墙上可以产生新颖别致的外观效果（如图 10-7 所示）。

太阳能集热器在外墙立面上设置的设计原则如下：

① 低纬度地区设置在墙面上的太阳能集热器宜有适当的倾角，适宜采用直流真空管等集热器吸热翅片角度可以调整的集热器；

② 设置太阳能集热器的外墙除应承受集热器荷载外，还应对安装部位可能造成的墙体变形、裂缝等不利因素采取必要的技术措施；

③ 设置在墙面的集热器支架应与墙面上的预埋件连接牢固，必要时在预埋件处增设混凝土构造柱，并进行防腐处理；

④ 设置在墙面的集热器与储水箱相连的管线需穿过墙面时，应在墙面预埋防水套管，穿墙管线不宜设在结构柱处；

⑤ 太阳能集热器镶嵌在墙面时，集热器宜与墙面装饰的色彩、风格协调一致。

（5）太阳能集热器在女儿墙、披檐上设置

太阳能集热器在女儿墙、披檐上设置是一种太阳能与建筑结合的较好方式之一。在女儿墙、披檐上比较方便设置用于固定集热器安装支架的预埋件，也可实现一定倾角安装，配合建筑外形，集热器设置在女儿墙、披檐上可以产生新颖别致的外观效果。图 10-8 是集热器在女儿墙、披檐上设置的工程实例。

图 10-8　太阳能集热器在女儿墙、披檐上设置安装工程实例

太阳能集热器在女儿墙、披檐上设置的设计原则如下：

① 太阳能集热器在女儿墙、披檐上设置应充分考虑集热器的载荷；

② 为保证集热器可靠安装，应在女儿墙、披檐内可受力的构件中预设连接支架用的预埋件，且保证集热器与预埋件连接牢固；

③ 应对金属支架、锚固件等构件进行防锈处理，以免构件生锈后锈渍污染墙面；

④ 低纬度地区在女儿墙、披檐上设置集热器应有一定倾角；

⑤ 采用真空管集热器，应采取必要防护措施，防止集热器意外损坏对楼下行人、物品造成伤害或损失，平板集热器透光面板宜采用钢化玻璃等不易破碎材料。

（6）太阳能集热器在遮阳亭等构架上设置

太阳能集热器在建筑廊架、遮阳亭等构架上设置是一种较好的太阳能安装方式，太阳能集热器与建筑整体实现有机结合，并与建筑周围环境相协调。真空管集热器在建筑廊架、遮阳亭上的安装除满足太阳能系统要求外，还可实现遮阳功能。图 10-9 是集热器在遮阳亭等构架上设置的工程实例。

图 10-9　太阳能集热器在遮阳亭等构架上设置安装工程实例

太阳能集热器在遮阳亭等构架上设置的设计原则如下：

① 太阳能集热器在建筑廊架、遮阳亭等构架上设置，应根据集热器的载荷对支撑构架进行结构设计；

② 应对金属支架、锚固件等构件进行防锈处理，以免构件生锈后锈渍污染建筑构架的外观；

③ 采用真空管集热器，应采取必要的防护措施，防止集热器意外损坏对行人、物品造成意外伤害或损失，平板集热器透光面板宜采用钢化玻璃等不易破碎材料；

④ 集热器周围应有防止热水泄漏烫伤人的措施。

10.2.2.2　土建构造和预埋件施工

（1）集热器基座

安装在屋顶上的太阳能系统，太阳能集热器一般通过支架安装在基座上。基座可以是现浇混凝土结构形式、钢结构形式、预制件形式等。在基座中设置支架连接用的预埋件由锚板和锚筋构成。现浇混凝土结构基础中的预埋件应与基座紧密结合，不得有空隙。预埋件和基座结构如图 10-10～图 10-16 所示。

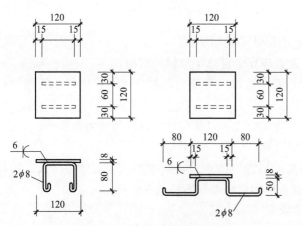

图 10-10　预埋件的形式与构造

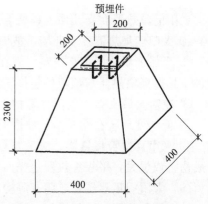

图 10-11　预制件基座预制件结构示意

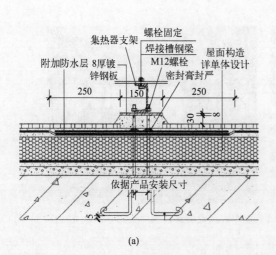

(a)

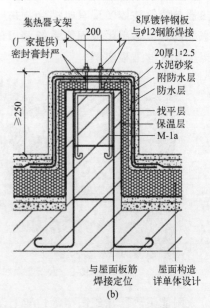

(b)

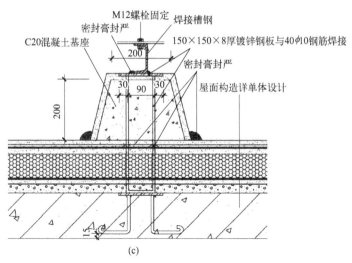

图 10-12　平屋面基座结构示意

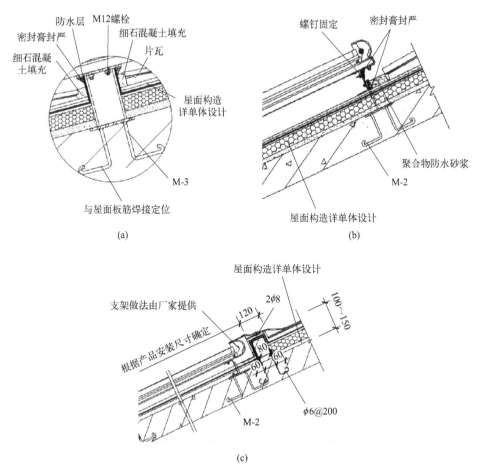

图 10-13　斜屋面基座结构示意

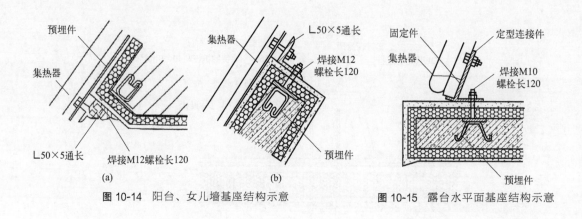

图 10-14 阳台、女儿墙基座结构示意

图 10-15 露台水平面基座结构示意

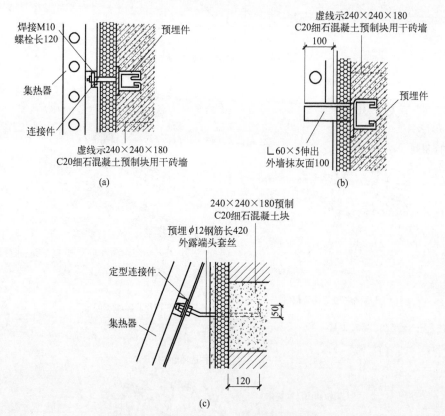

图 10-16 阳台、立墙上基座结构示意

集热器基座及预埋件应符合以下要求：

① 锚栓直径应通过承载力计算确定，锚栓承载力设计值不应大于其极限承载力的 50%，并不应小于 8mm。受拉的预埋件的锚筋不宜少于 4 根；受剪预埋件的直锚筋可采用 2 根。

② 锚板厚度宜大于锚筋直径的 3/5，受拉和受弯预埋件的锚板厚度宜大于 $b/8$，b 为锚筋的间距，锚筋中心至锚板边缘的距离不应小于 $2d$ 和 20mm，d 为锚筋直径。

③ 预埋件受外力作用较大，为保证结构强度，避免破坏防水层，预埋件端头至墙外表面厚度不宜小于 25mm，否则宜采用局部加厚。

④ 预埋件安装前应清除其表面锈迹和油渍，以免影响预埋件与混凝土的黏结，造成预

埋件周围渗漏水。

⑤ 所有预埋件和紧固件应按不少于 10 年使用年限做好防腐处理。

⑥ 不宜在与化学锚栓接触的连接件上进行焊接操作。

⑦ 连接设计应符合《建设结构荷载规范》要求。

（2）集热器在建筑上安装

太阳能集热器一般安装在建筑屋面、阳台、墙面或建筑其他部位。集热器安装应满足所在部位的结构安全和建筑防护功能要求。集热器的规格宜与建筑模数相协调，与建筑围护结构一体化结合，并能与建筑物整体和周围环境相协调。

安装在建筑屋面、阳台、墙面和其他部位的太阳能，应不影响建筑功能，破坏建筑造型，应能承受风载和雪载，应满足建筑结构的承载、保温、隔热、防水、防护等功能。

直接作为建筑屋面、阳台栏板、遮阳板等建筑围护结构使用的太阳能集热器，其承载、防护等功能应与所替代的建筑构件的功能要求相同，应便于更换和维修。

安装集热器的支架应有足够的支撑强度和抗腐蚀能力，并能够与建筑牢固安装。不同位置集热器安装示意如图 10-17～图 10-21 所示。

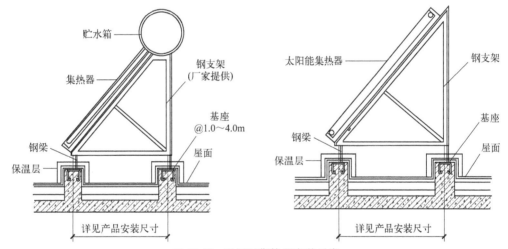

图 10-17 平屋面集热器安装示意

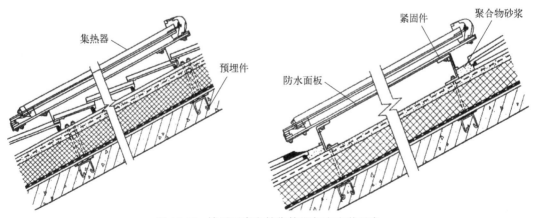

图 10-18 坡屋面真空管集热器架空安装示意

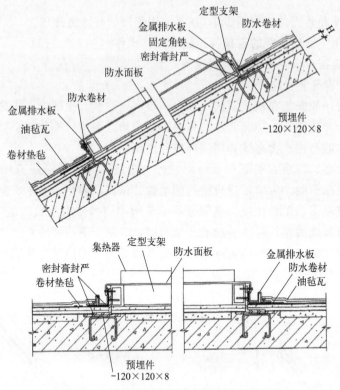

图 10-19 坡屋面平板集热器镶嵌式安装示意

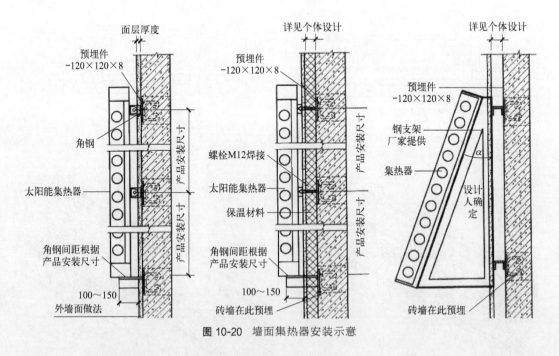

图 10-20 墙面集热器安装示意

10.2.2.3 系统管道施工

太阳能集热器一般安装在屋面、阳台和墙面等建筑构件上，系统管道需要穿过屋面、墙面和楼板，这是太阳能系统与建筑结合的重要接口。此处应重点考虑防水，图 10-22 是管道

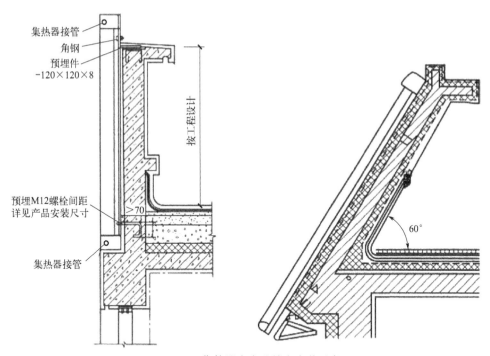

图 10-21　集热器在女儿墙上安装示意

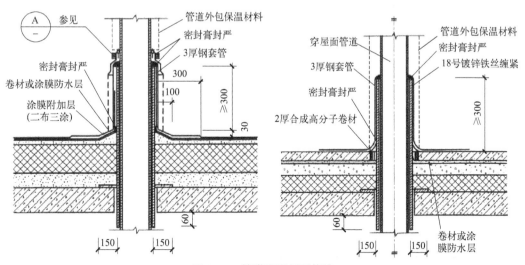

图 10-22　管道穿平屋面构造

穿平屋面构造，图 10-23 是管道穿坡屋面构造，图 10-24 是管道穿楼板和内墙构造。

　　伸出屋面的防水构造应采用多道设防、柔性密封的防水措施。伸出屋面管道周围的找平层做成圆锥台，管道与找平层应留凹槽，并嵌填密封材料；管道根部四周应增设附加层，宽度和高度均不应小于 300mm；防水层收头处应用金属箍箍紧，并用密封材料填严。防水材料严禁在雨天、雪天施工，五级风及以上时不得施工，环境气温低于 5℃ 时不宜施工。

　　管道穿过结构伸缩缝、抗震缝及沉降缝敷设时，应根据情况采取下列保护措施：①在墙体两侧采取柔性连接；②在管道或保温层外皮上、下部留有不小于 150mm 的净空；③在穿墙处做成方形补偿器，水平安装。

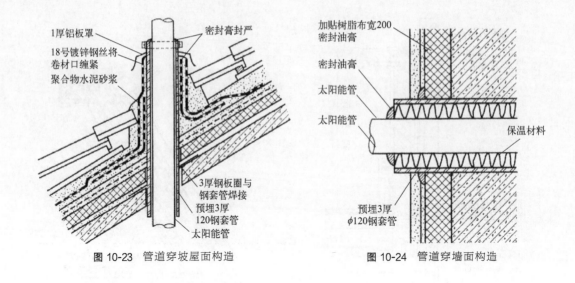

图 10-23　管道穿坡屋面构造　　　　　　图 10-24　管道穿墙面构造

10.3　太阳能建筑一体化的结合形式

平板太阳能热水器与建筑一体化的结合大概有屋顶型、墙面型、阳台型、其他造型等几种形式，下面分别对其进行介绍。

10.3.1　屋顶型

我国人多地少，因而住宅以高层为主。屋顶位置最高，周围的遮挡较少，故它是热水器安装的首选位置。这种结合形式又可进一步细分为以下三种形式。

（1）屋顶架空构架式

屋顶在建筑造型上是重点处理部位。特别是中高档住宅小区，开发商和设计者非常注重外部特色形象的塑造。在各种的造型手法中，采用构架是现在常用的方法。建筑者往往结合楼梯间或者阳台作出各种各样的构架突出屋面，打破平直的轮廓线塑造建筑的标志。然而绝大多数的构架只起纯装饰作用，没有具体的使用功能。若能把构架和太阳能热水器结合起来（见图 10-25），则不仅能满足形式的需要，而且具有了实用功能，使它的存在更具合理性，做到形式和功能的完美统一。

（2）屋顶平铺型

平板太阳能集热器直接安装在屋顶上，通过本身的支架予以固定，通常要在屋顶上制作安装基础，相对是一种比较简单的结合方式，如图 10-26 所示。

（3）屋面结合型

建筑物屋面一般没有遮挡且与阳光接触面广，因此对于太阳能热水设备的采光与集热非常有利。利用太阳能热水器与屋顶的结合，热水器可替代建筑的保温层和隔热层，使热水器成为了建筑屋顶的组成部分，完全或部分取代屋顶覆盖层（见图 10-27）。不仅减少了屋面自重，还可以减少成本，提高效益。

图 10-25　屋顶架空构架式效果

图 10-26　屋顶平铺式效果

图 10-27　屋面结合式效果

10.3.2　墙面型

墙面型结合方式的实质是将平板集热器作为立面墙体的一部分。建筑物南面墙往往有较好的光照条件（见图 10-28），因此墙面型的结合方式使太阳能热水器在满足结构和建筑功能要求的同时，也能满足自身功能的要求。"集热器墙体"由外到内分别由透光保温涂层、光热转化层、外墙支撑及导热层、集热管、发泡保温层、内墙支撑层、内墙涂抹层等部分组成。当阳光沿某一角度入射墙面，按有效投影截面获取的有效光能透过透光保温涂层，入射至光热转化层，在光热转化层内完全或选择性地转化为热。这种设计中，集热器成为墙体的一部分，所

图 10-28　墙面结合型效果

以应使集热装置有一定的强度，且要满足墙体的保温和美观要求。但是竖直的墙面与太阳光入射光线往往成一定角度，所以利用率也相对较低。

10.3.3　阳台型

（1）阳台构架式

所谓阳台构架式是指集热器安装在建筑南向阳台的做法。在住宅设计时，阳台不仅是一

个重要的功能场所，而且是影响建筑外立面造型极为重要的因素。因而如何让阳台与热水器结合后成为一种景观，也是住宅设计寻求变化的重点处理部位。现在常用的安装方式有图 10-29 所示的几种。

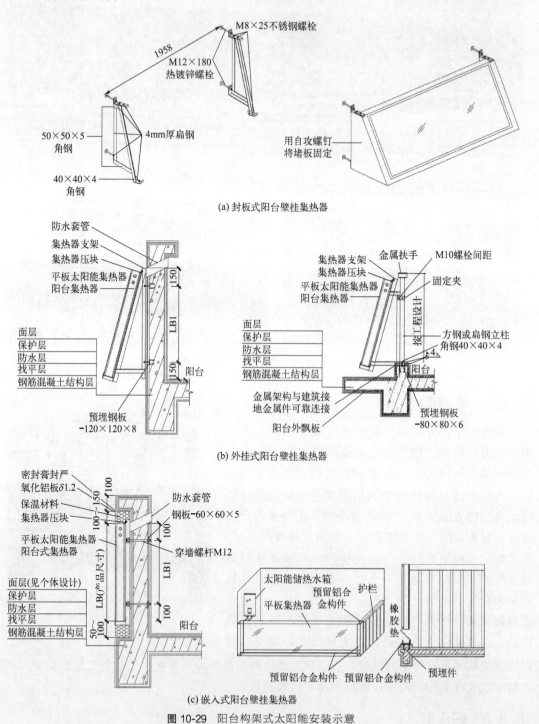

图 10-29　阳台构架式太阳能安装示意

（2）太阳能集热器作为遮阳板的设置

将太阳能集热器与门窗上的遮阳篷相结合的这种形式的特征在于将集热器安装在窗口上

方的遮阳托架上，水箱则设在上层窗坎墙处，为用户提供热水的同时起到遮阳作用，有效地利用了空间（见图 10-30）。需要注意的是要确保安装牢固，以免集热器落下伤人。

图 10-30　太阳能集热器作为遮阳板效果

10.3.4　其他造型

除以上几种形式外，平板太阳能集热器与建筑的结合方式还有很多种，如图 10-31～图 10-34，都达到了很好的视觉效果。

图 10-31　太阳能屋顶　　　　　　　　　　　　图 10-32　太阳能天棚

图 10-33　太阳能廊亭　　　　　　　　　　　　图 10-34　太阳能特殊造型

10.4 平板集热器与建筑结合安装

10.4.1 平板集热器与斜面屋顶建筑的结合安装

斜屋顶集热器安装根据不同的屋顶可分为以下三种安装方法：瓦片屋顶的安装方法、石棉瓦屋顶的安装方法、油毡瓦屋顶的安装方法。因油毡瓦屋顶与瓦片屋顶的安装方法相同，因此下面只对瓦片屋顶和石棉瓦屋顶的安装方法进行介绍。

10.4.1.1 瓦片屋顶安装方法：

（1）钢板焊接固定法（见图 10-35）

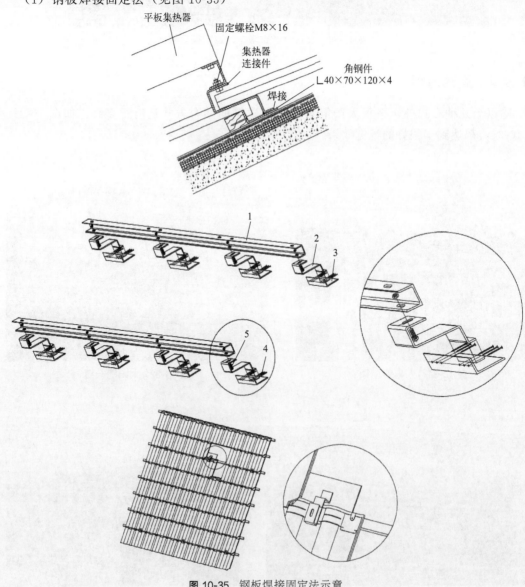

图 10-35 钢板焊接固定法示意

1—槽钢；2—集热器连接件；3—角钢件；4—木螺钉；5—螺栓

第一步：在屋顶将需要安装固定平板集热器处的瓦片拿开。

第二步：准备好L 40×70×120×4 角钢件 3，在其侧壁打孔后用木螺钉 4 固定在屋顶的横梁上。

第三步：将折弯好的集热器连接件 2 焊接在角钢件 3 上。

第四步：用螺栓 5 将打好孔的槽钢 1 与集热器连接件 2 连接起来。

（2）钢板螺栓连接固定法（见图 10-36）

第一步：在屋顶用混凝土预埋好 M12 的螺栓 4。

第二步：准备好L 40×120×4 的角钢件 3，在底部打好孔与螺栓 4 固定。

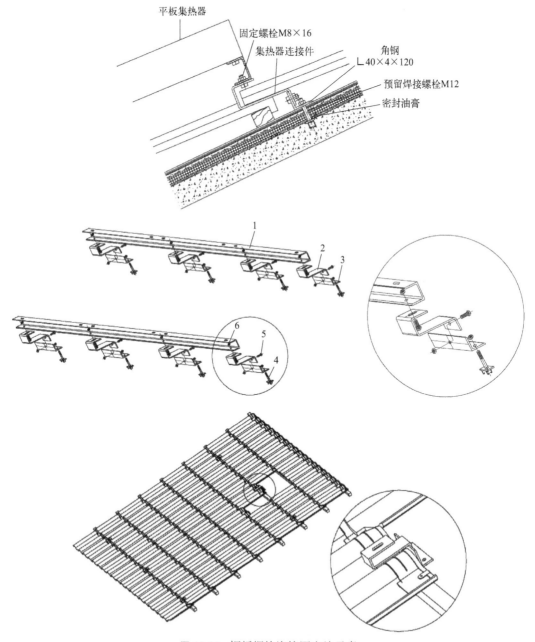

图 10-36　钢板螺栓连接固定法示意

1—槽钢；2—集热器连接件；3—角钢件；4,5,6—螺栓第三步：将折弯好的集热器连接件 2 通过螺栓 5 固定在角钢件 1 上。

第四步：用螺栓 6 将打好孔的槽钢 1 与集热器连接件 2 固定起来。

集热器连接件安装好后，将瓦片放回原处，通过平板集热器外框的固定孔，用螺栓将平板集热器与固定好的槽钢连接起来。

10.4.1.2 石棉瓦屋顶安装方法

其安装示意如图 10-37 所示，安装步骤如下：

第一步：用手电钻在石棉瓦和横梁上钻好孔。

第二步：如图 10-37(a) 所示，预装好集热器固定件，将螺母 2、垫片 3、橡胶垫圈 4 依次按顺序与螺栓 5 装配起来，然后在螺栓 5 的上端焊接上槽钢连接件 1。

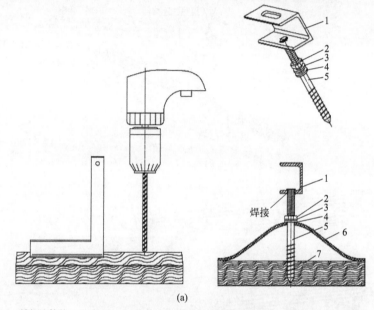

(a)

1—槽钢连接件；2—螺母；3—垫片；4—橡胶垫圈；5—螺栓；6—石棉瓦；7—横梁

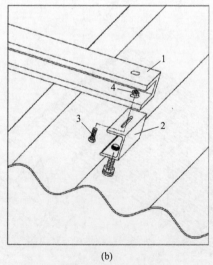

(b)

1—槽钢；2—集热器固定件；3—螺栓；4—螺母

图 10-37 石棉瓦屋顶集热器安装示意

第三步：将预装好的集热器固定件安装在石棉瓦上打好孔的地方，并拧紧，然后将螺母2拧紧，利用橡胶垫圈来密封与石棉瓦间的间隙。

第四步：如图 10-37(b) 所示，准备好打完孔的槽钢，然后用螺栓 3、螺母 4 将集热器固定件 2 与槽钢 1 连接并拧紧固定。

第五步：通过平板集热器外框的固定孔，用螺栓将平板集热器与固定好的槽钢连接起来。

10.4.2　平屋面集热器安装方法

（1）集热器基础制作（见图 10-38）

根据屋面实际的情况，选择合适的集热器基础。可采用现场浇筑混凝土块或者成品混凝土砖块。不管采用何种方式需保证集热器上端面的水平。

（2）集热器支架安装

① 安装步骤（见图 10-39）

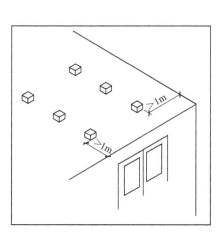

图 10-38　集热器基础

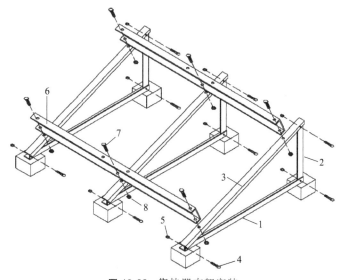

图 10-39　集热器支架安装

1,2,3—角钢；4,7—螺栓；5,8—螺母；6—槽钢

第一步：将角钢 1 用膨胀螺栓固定在混凝土基础上。

第二步：将角钢 2、3 通过螺栓 4 和螺母 5 连接成三角状。

第三步：将槽钢 6 通过螺栓 7 和螺母 8 固定在第二步组装成的三脚架上。

第四步：防腐处理。若采用的是热镀锌角钢则不需再进行防腐处理。若为非镀锌角钢，则需进行防腐处理，首先对角钢和槽钢进行除锈，除锈完成后刷油漆。

② 组装完成的支架（见图 10-40）

（3）集热器安装（见图 10-41）

第一步：将集热器固定在组装好的支架上。

第二步：对所有的螺栓进行紧固。

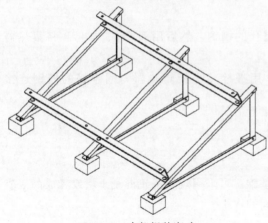

图 10-40 支架组装完成

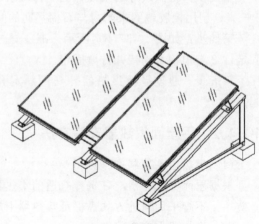

图 10-41 集热器安装

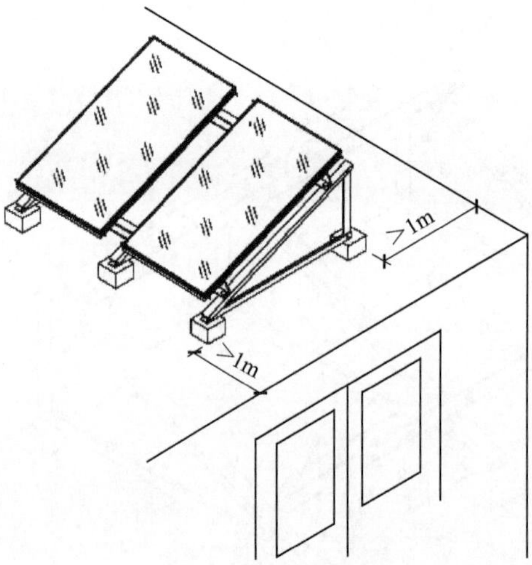

（4）集热器安装效果（见图 10-42）

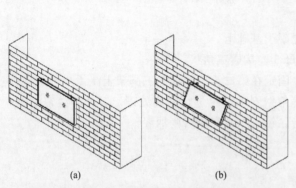

图 10-42 集热器安装效果

10.4.3 平板集热器立墙面安装方法

根据平板集热器与立墙面的角度可分为两种安装方法：平板集热器垂直安装在立墙面上，平板集热器与立墙面成一定角度，如图 10-43 所示，每种方法的具体安装步骤如下。

（1）平板集热器垂直安装在立墙面上时（见图 10-44）

第一步：在立面墙体上打好孔，然后将膨胀螺栓 1 塞进孔里去。

第二步：在槽钢 2 上打完孔后，用膨胀螺栓 1 将槽钢 2 装在立墙面上固定好。

第三步：通过平板集热器外框的固定孔，用螺栓 3 将平板集热器 4 与固定好的槽钢 2 连接起来。

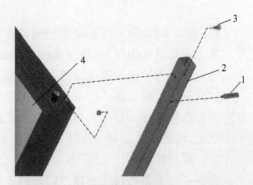

(a)   (b)

图 10-43 平板太阳能集热器立墙面安装方法示意

图 10-44 平板集热器垂直安装在立墙面上
1—膨胀螺栓；2—槽钢；3—螺栓；4—平板集热器

（2）平板集热器与立墙面成一定角度安装时（见图 10-45）

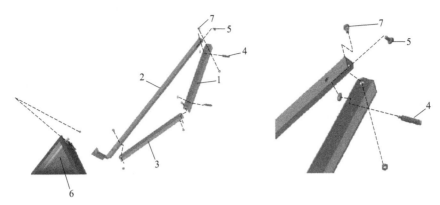

图 10-45 平板集热器与立墙面成一定角度安装

1—支架立架；2—支架前架；3—支架连杆；4—膨胀螺栓；5,7—螺栓；6—平板集热器

第一步：按上图用角钢分别做好集热器支架 1、2、3，然后用螺栓 7 将支架 1、2、3 组装起来，并拧紧固定。

第二步：在立面墙体上打好孔，然后将膨胀螺栓 4 塞进孔里去。

第三步：将第一步组装好的支架用膨胀螺栓 4 固定在立墙面上。

第四步：将平板集热器 6 放在支架上，通过平板集热器外框的固定孔，用螺栓 5 将平板集热器 6 与固定好的支架连接起来。

10.4.4　平板集热器管路安装方法

平板集热器管路安装方法见图 10-46。

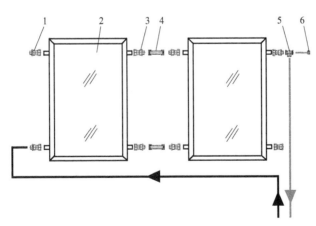

图 10-46 平板集热器管路安装方法示意

1—堵头，2 个；2—平板集热器，2 块；3—卡套接头，6 个；4—波纹管，2 根；5—三通，1 个；6—盲管，1 个

10.5　真空管型太阳能与建筑结合

真空管型太阳能热水器正在逐渐地成为装饰物被应用于建筑上，达到和谐完美的统一。

与建筑结合的形式也越来越多，根据与建筑结合的部位不同，可以分为屋面式、阳台式，屋面式根据房屋屋面的不同又可以分为普通瓦屋面式、彩钢瓦屋面式；根据系统的运行方式，可以分为分体系统和整体系统。下面分别对不同形式进行讲解。

10.5.1　分体热水系统

分体系统是将集热单元与储水箱分开，通过工质的被动循环将集热单元吸收太阳光而得到的热量传输到储水箱，从而得到热水（热量）的系统。系统的集热器可放置于阳台、建筑墙体南立面、斜屋顶前坡面、天窗等；储水箱放置在地下室或阁楼、阳台、卫生间等。

（1）系统组成

分体系统主要包括：集热单元、储水箱、控制部分、系统管路（包括膨胀罐）等部分（图 10-47）。

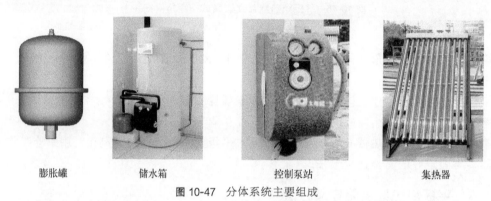

膨胀罐　　　　　　储水箱　　　　　　　控制泵站　　　　　　集热器

图 10-47　分体系统主要组成

（2）各部分功能简介

① 集热器部分　集热器可以安装在室外，根据建筑风格的不同，安装在屋顶的不同位置上，使集热部分与建筑有机地融为一体，成为建筑美学的点缀，美化视觉环境，改善城市景观。也可以安装在阳台上或挂在向阳的墙壁上，解决小高层的热水器安装困难的问题。

② 储水箱　储热水箱根据实际情况安放在地下室内、阳台储藏室内，美观大方、安全可靠。储热水箱内胆可采用进口 2mm 厚 SUS316L 不锈钢，高频滚压焊接技术可有效地解决防腐问题。60mm 厚进口聚氨酯保温层比普通同厚度的保温层保温效果提高 50%。预留有辅助能源接口，配有辅助电加热，定温、定时自动控制和手动控制功能。可以配接家庭或者外部的其他能源，真正实现环保经济。

③ 控制泵站　外壳采用国内先进技术，具有体积小重量轻的特点。内部的核心控制部件全部采用国外先进技术，能够自动实现温差循环、定温循环等功能。具有自动化程度高、模块化、使用寿命长的特点，已经达到国内先进水平，比肩欧美等国的控制系统。所采用的循环水泵为进口技术生产的热水循环泵，有效地解决了以往困扰着太阳能厂家的热水循环泵问题。

④ 系统管路　系统管路分为两部分，一部分为集热循环管路部分，这一部分管路从集热器到储水箱采用 ϕ15mm 紫铜管，为内锡焊连接，管路可承压 1MPa；另一部分为用水管路。所有管路采用暗敷埋设，并做保温处理。

⑤ 系统连接示意（图 10-48）

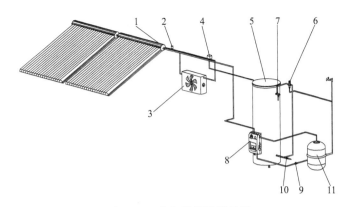

图 10-48 分体系统连接示意

1—集热器组件；2—排气阀；3—风机盘管；4—电动三通阀；5—蓄热水箱；6—恒温阀；
7—压力温度安全阀；8—太阳能站；9,10—单向阀；11—膨胀罐

（3）分体系统特点

① 分体安装、承压运行，操作简单。

② 智能化控制系统。

③ 集热单元与建筑完美结合，适合各种建筑风格，各种角度的坡屋面、阳台等。

④ 预留辅助能源接口。

⑤ 安装方案多样，运行可靠，满足家用、工程等个性化需求。

（4）系统工作原理（图 10-49）

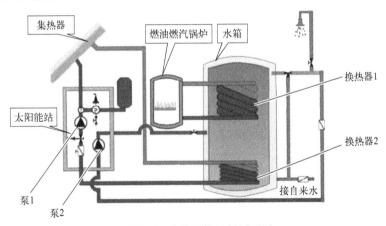

图 10-49 分体系统运行原理图

① 温差循环　集热器、换热器和太阳能控制泵站中的泵 1 构成温差循环管路。当集热器与水箱的温度差达到 8℃时泵 1 启动，抽动管路中的工作介质流动，工作介质通过换热器将热量输入到储水箱；当集热器与水箱的温度差低于 3℃时，泵 1 停止运行。如此往复循环，不断将水箱内的水加热。

② 定温循环　泵 2、水箱和用水端构成定温循环管路；当用水管路的温度降低到控制器设定的最低温度时，泵 2 自动启动，将管路中的冷水压入水箱，水箱中的热水与自来水再次混合出满足设定条件的热水，可使管道中的水始终保持为热水，保证"一开即有热水"。

③ 辅助能源的利用　燃气（燃油）锅炉与换热器 2 构成辅助能源加热系统，用于太阳能不足或对水温要求较高时的热量补充。

整个系统通过巡检电路采集信号并进行判断，从而控制太阳能控制泵站中泵 1、2 的启闭以达到控制整个系统的目的。系统中的膨胀罐和太阳能控制泵站中的安全阀对循环管路分别起到缓冲压力和限定温度、限定压力的作用，确保循环系统的安全运行。

10.5.2 分体系统与建筑结合形式

分体系统根据集热器与建筑结合部位不同分为屋面结合、阳台结合两种。

10.5.2.1 分体系统与屋面结合

与屋面结合的分体集热器又称功能一体化集热器，见图 10-50～图 10-53。

（1）特点

① 把集热器作为建筑围护的一部分，实现集热器建材化、标准化、系列化。

② 集热器与建筑屋面有机镶嵌、完美结合。

③ 集热器具有集热、装饰、建材化等功能。

④ 集热器与屋面瓦有相同的搭接模数［见图 10-50(a)］。

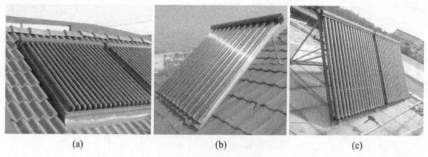

| (a) | (b) | (c) |

图 10-50 集热器与屋面结合形式

⑤ 集热器还可以与屋面成任意角度［见图 10-50(b) 和 (c)］。

⑥ 坡屋面结合时可采用架空或嵌入的方式（见图 10-51～图 10-53）。

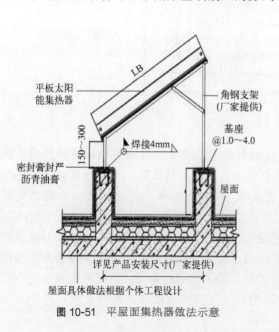

图 10-51 平屋面集热器做法示意

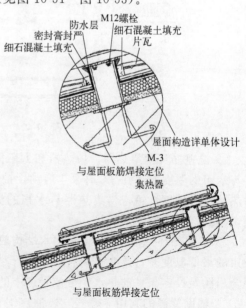

图 10-52 坡屋面集热器架空做法示意

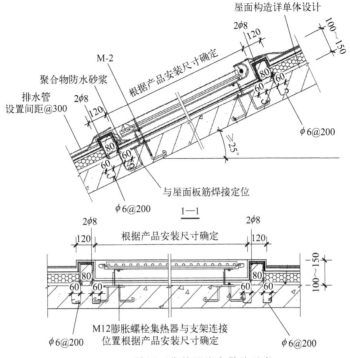

图 10-53　坡屋面集热器嵌入做法示意

（2）适用范围

适合安装在斜屋面（包括水泥瓦屋面、油毡瓦屋面等）、平屋面等多种屋面，可以与屋面成任意角度安装，不受现有建筑物角度影响。

10.5.2.2　与阳台结合

（1）斜置式集热器（见图 10-54）

特点：适合分体系统，用于小高层的楼房安装。

（2）横置式集热器（见图 10-55）

联集水箱与尾架外观结构相同，达到对称的目的。集热器为壁挂式结构，安装在居室外向阳墙壁上，储水箱安装在室内，克服了季节、环境、气候的影响，解决了高层住宅对太阳能热水器的需求，如高层住宅在施工中预埋了管路，安装将更简便。其主要特点有：

① 用防冻传热介质，解决管路的防冻问题；

② 真空管不走水，避免了炸管现象；

③ 集热器挂置在墙壁上，节约了空间，解决了高层建筑的低层用户使用太阳能热水器的问题。

集热器在阳台的做法可参考图 10-56。

图 10-54　斜置式集热器

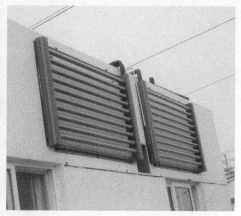

图 10-55　横置式集热器

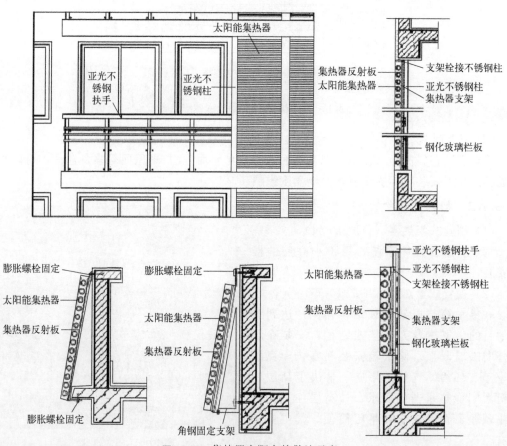

图 10-56　集热器在阳台的做法示意

10.5.3　整体式系统

整体式太阳能与建筑结合的形式多种多样，有平屋面平置式的、平屋面平脊式的、坡屋面顺坡式的、坡屋面叠檐式的、坡屋面脊顶式的、女儿墙式的，还有特殊机构系统的，各种形式均有其不同的结合方式，下面分别进行介绍。

10.5.3.1　平屋面整体式系统

（1）平置式（图 10-57）

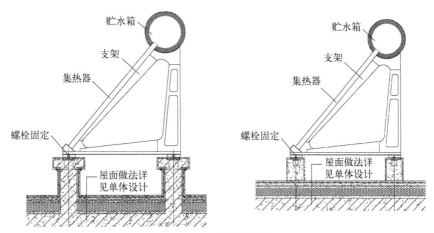

图 10-57　平置式示意

太阳能热水器在平屋面上安装需要通过支架或基础固定在屋面上，需设计计算适配的屋顶预埋件，使热水器与建筑锚固牢靠，在风暴、积雪等自然因素影响下不被损坏。

（2）平脊式（图 10-58）

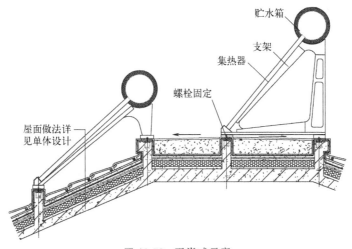

图 10-58　平脊式示意

10.5.3.2　坡屋面整体式系统

（1）顺坡式（图 10-59、图 10-60）

特点：适合安装于太阳能管道在后屋面的建筑上，此种方案需要在屋面上做好预留支墩或钢件用于固定热水器，并需要采取避雷措施。

（2）叠檐式

特点：楼顶造型采用混凝土现浇结构，不但满足了建筑本身的造型，同时能够达到隐藏水箱的目的，从而实现了太阳能与建筑结合一体化。但建筑造型本身高出屋脊的空间应该能够放置水箱（见图 10-61 和图 10-62）。

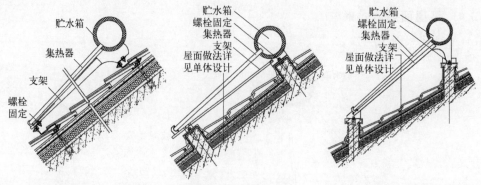

图 10-59　顺坡式示意

图 10-60　坡屋面顺坡式工程实例

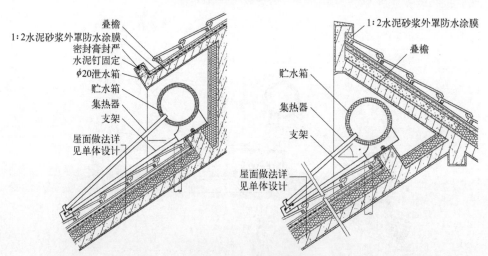

图 10-61　叠檐式示意

图 10-62　叠檐式太阳能热水器工程实例

（3）脊顶式（图 10-63 和图 10-64）

特点：适合安装在脊顶有足够空间的平台的建筑上，采用普通平置式热水器，建筑平台需做固定热水器的预留。

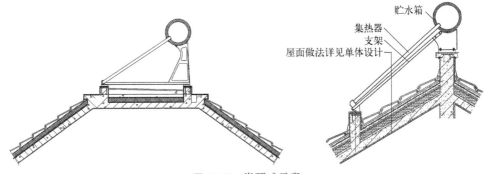

图 10-63　脊顶式示意

图 10-64　脊顶式太阳能热水器工程实例

（4）后屋脊式

一些阁楼坡屋面角度很小，仅 10°～20°，热水器可以采用图 10-65 的形式。

图 10-65　后屋脊式太阳能热水器布置

（5）骑脊式（图 10-66）

特点：采用常规屋脊式产品，根据屋面角度不同，热水器通过预留平台或钢丝绳固定，热水器需要采取避雷措施。

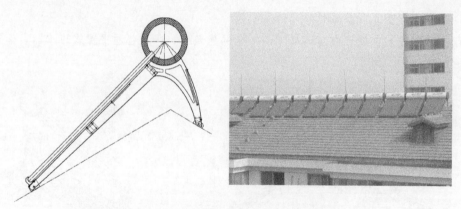

图 10-66　骑脊式布置示意及工程实例

10.5.3.3　女儿墙整体式系统

女儿墙式布置示意及工程实例见图 10-67。特点：适合安装在女儿墙上，支架要根据建筑结构特殊设计。

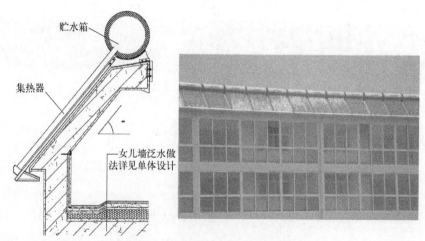

图 10-67　女儿墙式布置示意及工程实例

10.5.3.4　特殊结构式系统

（1）前天沟平台式

共有以下两种布置方式，如图 10-68、图 10-69 所示。

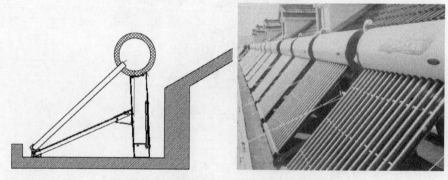

图 10-68　前天沟平台式布置示意及工程实例

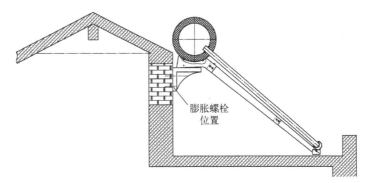

图 10-69　前天沟平台式布置示意

特点：用于楼顶是平顶或带天沟平台的斜屋面，需要天沟平台的南北向有足够的空间用于放置太阳能热水器。

（2）后天沟平台式（图 10-70）

图 10-70　后天沟平台式布置示意及工程实例

（3）嵌入屋面式

共有以下几种形式，如图 10-71～图 10-73 所示。

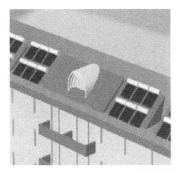

图 10-71　嵌入屋面式方式一示意

图 10-72 所示方式二的特点：采用屋脊式热水器，屋面留有一定空间放置水箱，为了遮掩水箱并达到与建筑的完美结合，在水箱上面搭建一老虎窗。

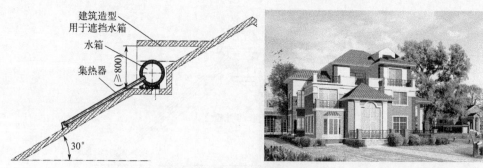

图 10-72 嵌入屋面式方式二示意

图 10-73 所示方式三采用平置式常规产品，安装在坡屋面上，水箱隐藏在屋脊中，使太阳能热水器与建筑的结合更完美。屋面需预留充足的空间放置整台热水器。

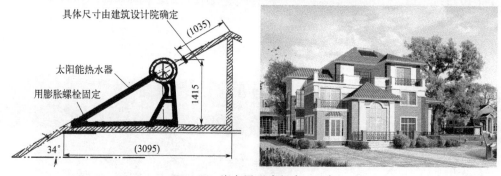

图 10-73 嵌入屋面式方式三示意

（4）与阳台结合

采用斜插热管式太阳能热水器嵌入阳台，如图 10-74 所示。

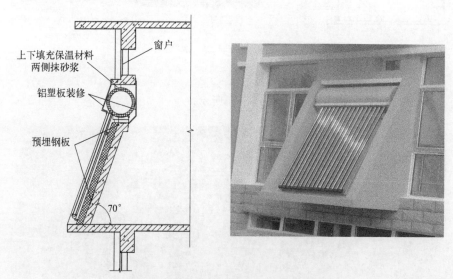

图 10-74 阳台式布置示意图及安装实例

特点：系统承压运行，阳台需要根据热水器特殊设计；内嵌于南立面预留凸台上，有效节省了楼顶面积；解决了高层住宅不能使用太阳能热水器的问题。

10.5.4　太阳能在彩钢瓦屋面上的应用

随着建材日趋多样化，彩钢复合板不再单单用于厂房，正在逐步被用于民用建筑。在彩钢复合板屋面上太阳能热水器一般采用脊顶式安装、后屋脊式安装、坡屋面安装等几种方式，其各自优点及安装注意事项如下。

10.5.4.1　热水器脊顶式安装方式

热水器可直接安装于屋脊顶部（见图 10-75），其重量主要由檩条和支柱承担，热水器在固定、防水等方面最为简单可行，直接安装屋脊式热水器即可，热水器相互连接拉紧固定，热水器管路可直接顺后屋面到预留孔，热水器支架底板可加大，使之与彩钢复合板之间的接触面积增大，并且增加橡胶垫，避免损坏彩钢复合板，安装时需采取避雷措施。

图 10-75　脊顶式安装布置

注意事项如下：

① 首先要考虑荷载，能否满足横梁的荷载要求，必要时增加竖梁来支撑热水器重量。加大热水器与彩钢复合板的接触面积。

② 热水器与檩条之间可以使用螺栓连接，以便固定热水器，但是要注意防水，热水器与彩钢瓦之间要增加防水胶垫。

③ 管路较长，要注意保温防冻。如果管道要穿过彩钢瓦，则也需要注意防水。

10.5.4.2　热水器后屋脊式安装方式

热水器可安装在楼顶后屋脊天沟处（见图 10-76），其优点为管路短，保温简单，防水简

(a) 安装位置

(b) 支腿连接

(c) 管路预留

(d) 整体效果

(e) 钢丝绳拉环固定

图 10-76　后屋脊式布置

单。热水器管路可从后屋脊彩钢复合板下面直接和预留管路连接，保温路线短，防冻效果好。

注意事项如下：

① 首先要考虑天沟的承载能力。要进行校核，如果能满足天沟的荷载要求，可直接安装在天沟内，下面加大热水器支架底板和增加胶板，可有效分散载重和避免损坏防水板；如果不能满足荷载要求，就需要用连接部件把热水器和承重墙连接在一起，在一定程度上使热水器对天沟的压力减到最小，达到建筑荷载设计的要求。

② 加大热水器前支腿与彩钢复合板接触面积，以减少热水器对彩钢复合板的荷载，并且彩钢复合板与热水器支腿之间增加橡胶垫，避免损坏彩钢复合板。

③ 钢丝绳主要采用前拉，以达到紧固热水器的作用。在彩钢复合板上增加挂钩来固定钢丝绳，挂钩与彩钢复合板之间使用防水密封胶垫密封，并均匀涂抹防水密封胶，以防止漏水。

④ 考虑热水器角度，必要时要做整体钢结构支架放置热水器，或者制作特殊支架来加高热水器，目的是避免热水器被遮挡，达到冬季好用。

10.5.4.3 坡屋面式热水器的安装

热水器安装于楼顶阳面斜坡上（见图 10-77），其优点为：达到热水器与建筑完美结合，整体效果美观；热水器安装固定、维修方便；结构简单。

注意事项如下：

① 首先要考虑荷载情况，要对檩条进行受力校核。达到要求后方可安装，否则需要增加支撑梁。

② 热水器真空管要与彩钢复合板保持一定的间隙，避免积雪覆盖，影响热水器冬季的正常使用，热水器水箱与彩钢复合板之间保持一定的高度，便于管路安装，热水器的支腿落在檩条上面，并保证热水器水箱的重心在檩条上面。

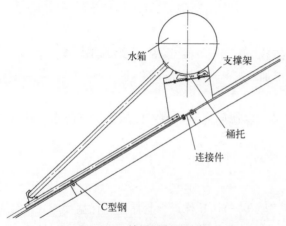

图 10-77 坡屋面布置示意

③ 固定防水要特别注意，可加大热水器与彩钢复合板的接触面积，做特制的连接部件来固定热水器（可省去钢丝绳），使用防水密封垫和防水密封胶密封。

④ 管路长，要注意保温，管路要通过彩钢复合板，故还要注意防水，可做专用的防水装置。几个管路一起走，集中保温方式，减少保温材料的使用。

⑤ 热水器的安装要根据彩钢复合板的结构来确定，固定连接部分不可落在彩钢复合板凸起部分，避免对彩钢复合板的结构造成破坏和难以固定、防水。见图 10-78。

图 10-78 管路防水

10.5.5　特殊造型的太阳能热水系统

10.5.5.1　屋顶花园式

屋顶花园式太阳能热水系统见图 10-79。它采用多功能休闲长廊造型，集光电、光热、休闲三功能于一体，通过光热、光电转换不但为人们提供热水、照明，还能为人们提供休息娱乐的空间；是绿色环保、健康时尚的象征，从而提升人们的生活品位。

图 10-79　屋顶花园式

11.5.5.2　飘板造型式

飘板造型式太阳能热水系统见图 10-80。特点：适合用于小高层建筑，用于集中供热水；集热器作为造型装饰的一个亮点，不仅点缀着造型本身，且效果突出，风格各异；造型上（飘板）安装接口免焊真空管，艺术性与功能性完美结合；完善的智能自动控制系统；高效集热、防腐耐用，使用寿命长；24h 供应热水，分户计量供水系统，恒温供水、插卡取水。

图 10-80　飘板造型式

附录

附录一 太阳能利用的一些基本概念

（1）太阳能集热系统

太阳能集热系统是指太阳能系统中从换热器经管路到集热器连接成的集热模块。主要设备及附件有集热器、循环水泵、膨胀罐、止回阀、排气阀、过滤器、换热器等。其中换热器是太阳能集热系统与太阳能储热系统的接口，既属于太阳能集热系统又属于太阳能储热系统。是系统换热设计的关键设备。

（2）太阳能储热系统

太阳能储热系统是指太阳能系统中从换热器经管路到储热容器（储热水箱、储热水池或其他储热装置）连接成的储热模块，主要设备及附件有储热水箱、储热水池、换热水泵、止回阀、过滤器、换热器等。其中换热器是太阳能集热系统与太阳能储热系统的接口，既属于太阳能集热系统又属于太阳能储热系统。是系统换热设计的关键设备。

（3）太阳能用热系统

太阳能用热系统是指太阳能系统中从储热装置经管路到用户连接成的用热模块。这部分主要涉及热水供应系统，太阳能空调机组等用热的部分。热水供应系统一般都是给排水专业主要负责，我们只需要把储热装置与热水供应系统的连接接口位置及尺寸等标明即可。涉及复杂的能源分配方案，例如使用太阳能空调机组及设计有太阳能跨季节蓄热装置等类似的系统，我们必须全面负责整个设计计算及施工图纸绘制。

（4）太阳能补液系统

太阳能自动补液系统是太阳能集热系统内液体介质长期使用挥发后对其进行补液的系统。一般包含小吨位的补液箱、补液泵以及管路等。太阳能补液系统有人工补液和自动补液，大型系统一般都采用自动补液。

（5）太阳能集热器

吸收太阳辐射并将产生的热能传递给热工质的装置。

（6）真空管集热器

采用透明管并在管壁和吸热体之间有真空空间的太阳能集热器。

（7）全玻璃真空管集热器

由全玻璃真空管组成的集热器。

(8) 联集管

连接若干支真空管并构成传热工质通道的部件。

(9) 太阳能集热器倾角

太阳能集热器与水平之间的夹角。

(10) 自然循环系统

仅利用传热工质内部密度变化来实现集热器与储水箱之间进行循环的太阳能热水系统。

(11) 强制循环系统

利用泵迫使传热工质流过集热器进行循环的太阳能热水系统。

(12) 辐射能

以电磁波或粒子的形式发射、传播或接收的能量。单位 J。

(13) 辐射能密度

单位体积内的辐射能,单位 J/m^3。

(14) 辐射功率或辐射通量

以辐射形式发射、传播或接收的功率,或者说是单位时间内发射、传播或接收的辐射能,单位 W。

(15) 太阳常数

太阳常数是指在太阳与地球间平均距离外,在地球大气层以上垂直于太阳光线的平面上,单位面积、单位时间内的太阳辐射能的数值,该数值是个常数,一般取 $1367W/m^2$。$[4920kJ/(m^2 \cdot h)]$。由于通过地球外大气层吸收反射,太阳光到达地面的辐射强度大大降低。

(16) 太阳能辐照量

接受太阳辐射能的面密度,单位为 MJ/m^2 或 kJ/m^2。

(17) 太阳能辐射度

太阳辐射照射到一个表面的功率密度,即单位面积上接受的辐射功率。

(18) 照度

照射到表面某一点处的单位面积的光通量,单位 lm/m^2。

(19) 直接日射

发自日面及日周 6×10^{-3} 球面度立体角并入射到与该立体角轴线相垂直平面上的辐射。

(20) 散射日射

直接日射通过大气时为空气分子和其他悬浮微粒所漫射的部分。

(21) 总日射

水平面从 2π 球面度立体角接收到的太阳辐射,它包括直接日射的垂直分量和散射日射。

(22) 反射日射

地表反射的太阳辐射。

(23) 地表辐射

地球表面发射的太阳辐射。

(24) 大气辐射

空气、悬浮微粒和云层发射的辐射。

(25) 净太阳辐射

总日射与地表反射的太阳辐射之差,即吸收辐射。

（26）净地球辐射

向下的大气辐射与向上的大气辐射、地表反射的大气辐射和地表辐射的差额。

（27）净全辐射

向下的全辐射与向上的全辐射之差。

（28）日照间距

为保证规定的日照标准日（冬至日或大寒日）的有效日照时间，前后两栋建筑物之间的距离。

（29）太阳能热水系统

将太阳能转变为热能以加热水的装置。通常包括太阳能集热器、储水箱、泵、连接管道、支架、控制系统、辅助热源。

（30）储热水箱

太阳能热水系统中储存热水的装置。

（31）太阳能直接系统

在太阳能热水器中直接加热水供用户使用的太阳能热水系统。

（32）太阳能间接系统

在太阳能集热器中加热某种传热工质，再使该传热工质通过换热器加热水供用户使用的太阳能热水系统。

（33）太阳能保证率

系统中太阳能部分供给的热量除以系统总负荷。

（34）建筑物体型系数

建筑物与屋外大气环境接触的外表面积与所包围体积的比值。

（35）遮阳系数

照射在窗户上的太阳能辐照量与进入房间的辐照量之比。

（36）热桥

建筑物围护结构中的一些部件，在室内外温差的作用下，形成热流相对密集，内表面温度低的区域。

（37）辅助热源

在太阳能热水系统中，用于补充提供热量的非太阳能热源。

（38）吸热体面积

吸热体面积是指真空管内管的表面积，每组集热器的吸热体面积就是真空管支数乘以每支真空管的吸热体面积。

（39）太阳能采光面积

非聚光的太阳能辐射进入集热器的最大投影面积。

（40）轮廓面积（集热面积）

轮廓面积是指真空管未被遮挡的平行和透明部分的长度乘以最外侧两支真空管外轮廓距离。

（41）集热器总面积

集热器总面积是每组集热器除去固定支架和管道连接的投影面积。

附录二 施工过程资料表单

隐蔽工程报验申请单

工程名称：   编号：

致：   （监理单位） 　我单位已完成了＿＿＿＿＿＿工作，现报上该工程报验申请表，请予以审查和验收。 附件：隐蔽工程验收记录

承包单位：(章)   项目经理＿＿＿＿

日期：   年   月   日

审查意见：

项目监理机构＿＿＿＿＿＿＿＿   总/专业监理工程师＿＿＿＿

日期：   年   月   日

技术（安全）交底记录

工程名称		施工单位	
分项工程名称	太阳能热水工程	交底日期	

交底内容

项目技术负责人：	交底人：	接受人：

材料、构配件进场检验记录表

序号	工程名称			检查日期				
序号	名称	型号规格	进厂数量	生产厂家 合格证		检验项目	检验结果	备注

检验结论：

签字栏	建设（监理）单位	施工单位	
		专业质检员	专业工长	检验员
	监理管理公司			

太阳能工程成品半成品材料合格证（试验报告）汇总表

工程名称					施工单位			
序号	设备名称、材料名称	进场日期	数量	合格证号	生产厂家	使用部位	见证取样试验情况	备注
1	控制柜							
2	水泵							
3	集热器							
4	水箱							

施工单位见证取样送检人	监理单位见证取样送检人
施工单位：(公章) 日期：　　年　月　日	单位：　　　　　(公章) 日期：　　年　月　日

开工报告

建设单位：

工程名称				工程地点			
施工单位				监理单位	监理管理公司		
建筑面积		计划层数		中标价格		承包方式	
定额工期		计划开 工日期		计划竣 工日期		合同编号	

　　上述准备工作已就绪,定于　　年　　月　　日正式开工,希望监理(建设)单位于　　年　　月　　日前进行审查,特此报告。

施工单位:(公章)
项目经理:

　　　　　　　　　　　　　　　　　　　　　　　　　　　　年　　月　　日

审查意见:

总监理工程师(建设单位项目负责人)　　　　　(公章)

　　　　　　　　　　　　　　　　　　　　　　　　　　　　年　　月　　日

工程开工/复工报审表

工程名称	

致： （监理单位）

　　我单位承担的＿＿＿＿＿＿已完成了以下各项工作，具备了开工/复工的条件，特此申请施工，请核查并签发开工/复工指令。

　　附件：1. 开工报告

　　　　　2.（证明文件）

承包单位：(公章)

项目经理：

日　　期：　　　年　　月　　日

审查意见

项目监理机构：

总监理工程师：

日　　期：　　　年　　月　　日

太阳能工程施工现场质量管理检查记录表

工程名称		施工许可证号	
建设单位		项目负责人	
设计单位		项目负责人	
监理单位		总监理工程师	
总包单位		施工单位	

序号	项目	内容
1	施工单位太阳能工程施工资质	
2	现场质量管理体系	
3	质量控制及检验制度	
4	施工技术标准	
5	主要专业工种操作上岗证书	
6	施工图审查情况	
7	施工组织设计、施工方案及审批	
8	检测计量器具	

检查结果

专业监理工程师：
（建设单位专业负责人）：

年　　月　　日

室内热水管道及配件安装工程检验批质量检验记录表

单位(子单位)工程名称							
分部(子分部)工程名称						验收单位	
施工单位						项目经理	
分包单位						分包项目经理	
施工执行标准名称及编号							

建设给水排水及采暖工程施工质量验收规范 (GB 50242—2002)的规定					施工单位检查评定记录	监理(建设)单位验收记录
主控项目	1	热水供应系统管道水压试验		设计要求	符合设计要求	符合要求
	2	热水供应系统管道安装补偿器		第6.2.2条	符合设计要求	
	3	热水供应系统管道冲洗		第6.2.3条	符合设计要求	
一般项目	1	管道安装坡度		设计规定		合格
	2	温度控制器和阀门安装		第6.2.5条		
	3	管道安装允许偏差	水平管道纵横方向弯曲	钢管	每米	1mm	
					全长25m以上	≥25mm	
				塑料管复合管	每米	1.5mm	
					全长25m以上	≥25mm	
			立管垂直度	钢管	每米	3mm	
					全长25m以上	≥8mm	
				塑料管复合管	每米	2mm	
					全长25m以上	≥8mm	
			成排管道和成排阀门	在同一平面上间距	3mm		
	4	保温层允许偏差	厚度	+0.1δ、−0.05δ		
			表面平整度	卷材	5mm		
				涂抹	10mm		

施工单位 检查评定结果	专业工长(施工员)		施工班组长	
	项目专业质量检查员：		年 月 日	

监理(建设)单位 验收结论	
	专业监理工程师： (建设单位项目专业技术负责人)　　　　　　年　月　日

热水供应系统辅助设备安装工程检验批质量验收记录表

单位(子单位)工程名称					
分部(子分部 9)工程名称			验收部分		
施工单位			项目经理		
分包单位			分包项目经理		
施工执行标准名称及编号					

		《建筑给水排水及采暖工程施工质量验收规范》(GB 50242—2002)的规定		施工单位检验评定记录	监理(建设)单位验收记录
主控项目	1	热交换器,太阳能热水器排管和水箱等水压灌水试验	第6.3.1条 第6.3.2条 第6.3.5条		
	2	水泵基础	第6.3.3条		
	3	水泵试运转温升	第6.3.4条		
一般项目	1	太阳能热水器安装	第6.3.6条		
	2	太阳能热水器上、下集管的循环管道坡度	第6.3.7条		
	3	水箱底部与上集水管间距	第6.3.8条		
	4	集热排管安装紧固	第6.3.9条		
	5	热水器最低处安泄水装置	第6.3.10条		
	6	太阳能热水器上、下集管管道保温防冻	第6.3.11条 第6.3.12条		
	7	设备安装允许偏差 静置设备 坐标	15mm		
		标高	±5mm		
		垂直高度(m)	5mm		
		离心式水泵 立式水泵垂直水平(m)	0.1mm		
		卧式水泵水平度(m)	0.1mm		
		联轴器同心度 轴向倾斜(每米)	0.8mm		
		径向位移	0.1mm		
	8	热水器安装允许偏差 标高 中心线距地面(m)	±20mm		
		朝向 最大偏移角	不大于15°		
施工单位检查评定结果	专业工长(施工员)		施工班组长		
	项目专业质量检查员: 　　　　　　　　　　　　　　　年　月　日				
监理(建设)单位验收结论	专业监理工程师: (建设单位项目专业技术负责人) 　　　　　　　　　　　　　　　年　月　日				

施工组织设计（施工）方案报审卡

送审报告
（监理公司）：   _____施工组织设计(施工方案)编制完毕报上，请批示。 申报单位：   （公章）   年   月   日
审批结论

监理单位（建设单位）：   监理公司：
                                                         （公章）
 	
总监理工程师(项目专业技术负责人)：(公章)
 	
                                                   年   月   日

工程材料/构配件/设备报审表

工程名称：   编号：

致：   （监理单位） 　　我方于　　　年　　月　　日进场的工程材料/构配件/设备数量如下（见附件）。现将质量证明文件及自检结果报上，拟用于下述部位： 请予以审核。
附件：1. 数量清单 　　　2. 质量证明文件 　　　3. 自检结果   承包单位（公章）：　　　　　　项目经理： 　　　　　　　　　　　　　　　　　　　　　　　　日期：　　　年　　月　　日
审查意见： 　　经审查上述 □工程材料 □构配件 □设备 □符合 □不符合设计文件和规范要求。 　　□准许 □不准许 □同意 □不同意适用于拟定部位。   项目监理机构：（监理公司）　　　总/专业监理工程师： 　　　　　　　　　　　　　　　　　　　　　　　　日期：　　　年　　月　　日

隐蔽工程验收记录表

工程名称			
隐检项目		隐检日期	
隐检部位			

隐检依据：_____,设计变更/洽商(编号_____)及有关国家现行标准等。
主要材料名称及规格、型号：_____

隐检内容：

检查验收意见：

施工单位项目 (专业)技术负责人		监理工程师 (建设单位项目专业负责人)	

注：本表由施工单位填写。

太阳能热水工程观感质量检查记录表

单位工程名称									
包括的分部(子分部)工程									
施工单位					项目技术负责人				

序号	项目		施工单位自评			验收检查记录	验收质量评价		
			好	一般	差		好	一般	差
1	系统安装								
2									
3									
4									
5	管路、配件及设备								
6									
7									
8									
9	控制系统								
10									
11	防护措施								
观感质量综合评价									

检查结论		验收结论	
	施工单位项目经理: 施工单位质量部门负责人: 年 月 日		总监理工程师: (建设单位项目专业负责人) 年 月 日

附录三 全国主要城市的月日均总辐照量和年日均总辐照量（当地纬度倾斜面）

省份	城市名称	倾斜表面月日均总辐照量/[MJ/(m²·d)]												年总辐照量 /[MJ/(m²·a)]	年日均辐照量 /(MJ/m²)
		1月	2月	3月	4月	5月	6月	7月	8月	9月	10月	11月	12月		
北京	北京	15.08	17.14	19.16	18.71	20.18	18.67	16.22	16.43	18.69	17.51	15.11	13.71	6281.99	17.21
上海	上海	11.29	11.92	12.78	13.36	13.97	13.47	16.55	17.24	13.48	13.56	12.33	11.44	4913.95	13.46
重庆	万县	4.94	6.96	9.18	11.39	11.08	12.70	15.85	16.56	11.73	8.77	6.52	4.58	3664.71	10.04
重庆	重庆	3.67	4.91	8.03	9.99	10.62	10.74	13.89	15.03	9.35	6.49	4.59	3.53	3076.08	8.43
天津	天津	14.73	16.49	18.23	17.63	19.50	17.98	15.50	15.89	17.38	16.41	13.81	12.61	5964.23	16.34
山东	济南	13.63	15.23	16.63	16.52	18.72	18.21	14.81	14.98	16.50	16.00	14.16	13.85	5755.62	15.77
山东	烟台	11.45	14.51	16.84	16.58	17.38	16.32	13.79	14.62	16.13	15.40	11.95	9.75	5311.56	14.55
河南	郑州	12.61	13.45	14.34	14.76	16.91	17.10	14.97	15.31	14.71	14.15	12.58	12.28	5268.53	14.43
安徽	合肥	11.13	11.49	12.63	13.05	14.50	15.29	15.20	15.78	13.10	13.79	12.00	10.93	4837.46	13.25
山西	大同	15.57	18.37	19.85	19.11	20.15	19.50	17.68	18.29	19.45	19.41	16.69	14.65	6649.73	18.22
山西	侯马	14.02	14.27	15.10	15.24	17.68	18.60	17.21	17.92	14.44	14.49	13.44	13.65	5663.48	15.52
山西	太原	15.84	17.09	17.82	17.70	19.59	18.66	16.75	17.01	16.65	16.87	15.04	13.70	6165.21	16.89
陕西	西安	10.61	11.54	12.61	13.93	15.21	16.98	16.17	17.35	12.46	11.69	10.59	10.20	4850.50	13.29
吉林	长春	14.89	17.34	18.68	17.71	17.34	16.86	14.76	15.26	18.00	16.75	13.99	13.17	5918.36	16.21
辽宁	沈阳	12.17	15.92	18.33	18.21	18.59	16.63	14.89	15.57	18.04	16.68	13.93	11.44	5787.69	15.86

续表

省份	城市名称	1月	2月	3月	4月	5月	6月	7月	8月	9月	10月	11月	12月	年总辐照量 /[MJ/(m²·a)]	年日均辐照量 /(MJ/m²)
								倾斜表面月日均总辐照量/[MJ/(m²·d)]							
黑龙江	哈尔滨	12.54	15.36	17.39	16.98	16.37	16.60	15.43	15.74	17.00	16.00	12.72	10.52	5552.82	15.21
	漠河	12.11	20.12	21.90	18.44	17.92	18.59	16.68	17.73	17.36	16.10	13.94	10.36	6110.16	16.74
	黑河	13.02	18.82	20.84	17.46	17.47	17.57	15.94	15.97	15.93	15.70	14.12	11.34	5897.61	16.16
	佳木斯	13.41	16.52	17.68	16.39	15.41	15.39	14.70	14.50	16.06	15.68	12.74	10.48	5437.68	14.90
内蒙古	二连浩特	18.65	22.05	23.47	22.26	21.41	20.74	19.22	19.88	21.81	22.12	18.55	18.15	7547.93	20.68
	伊金霍洛旗	17.93	19.00	19.07	18.60	19.33	18.78	17.27	17.38	17.99	19.15	18.08	16.99	6675.31	18.29
江苏	南京	11.57	12.42	13.53	13.90	14.84	14.87	15.64	16.94	14.08	14.78	12.93	12.05	5100.38	13.97
浙江	杭州	9.10	8.53	9.55	11.95	12.72	11.42	15.16	15.68	11.85	11.52	10.84	10.43	4229.59	11.59
浙江	慈溪	9.82	10.17	11.14	13.22	13.88	12.67	16.24	16.62	13.18	12.66	11.79	11.28	4651.00	12.74
湖南	长沙	6.31	6.54	7.37	9.72	11.76	13.11	16.85	16.56	13.78	11.32	10.21	8.71	4032.80	11.05
湖北	武汉	8.01	8.89	9.24	12.01	12.90	13.18	15.41	16.06	13.80	11.80	10.52	9.40	4301.42	11.78
	宜昌	8.13	9.08	9.90	11.34	12.30	14.26	15.69	16.08	12.71	11.53	9.40	7.83	4210.95	11.54
福建	福州	9.45	8.65	9.83	11.41	11.42	13.19	17.10	15.93	13.50	12.74	11.39	10.86	4433.90	12.15
江西	南昌	7.71	8.00	8.36	10.45	12.23	13.06	17.10	17.45	14.74	13.54	12.30	10.61	4437.84	12.16
	赣州	8.34	7.95	7.92	10.07	12.33	14.45	17.72	17.35	15.31	13.92	12.43	11.43	4549.40	12.46
广东	广州	10.46	8.20	7.48	8.44	10.55	11.91	13.76	13.21	13.97	14.36	14.22	13.36	4264.64	11.68
	汕头	11.93	10.32	10.28	11.34	12.10	13.24	15.89	15.91	15.47	15.66	14.48	14.13	4897.83	13.42
	韶关	8.97	7.32	6.79	8.25	11.20	13.98	16.64	16.67	15.05	14.00	13.14	11.69	4382.38	12.01
广西	南宁	8.00	7.73	8.69	11.02	14.39	15.32	16.17	16.04	17.25	14.67	13.28	11.51	4695.78	12.87
	桂林	7.08	6.24	6.74	8.33	10.55	11.96	14.93	15.30	15.96	13.27	11.87	9.67	4022.11	11.02

续表

省份	城市名称	倾斜表面月日均总辐照量[MJ/(m²·d)]												年总辐照量/[MJ/(m²·a)]	年日均辐照量/(MJ/m²)
		1月	2月	3月	4月	5月	6月	7月	8月	9月	10月	11月	12月		
海南	海口	8.74	9.17	11.20	13.68	15.38	15.43	16.69	14.84	15.24	12.56	11.56	10.79	4730.56	12.96
贵州	贵阳	5.38	6.77	9.69	10.87	10.93	10.70	13.00	13.50	11.10	9.17	7.41	6.42	3502.87	9.60
	遵义	4.06	4.81	7.20	10.18	10.14	10.82	13.87	14.06	9.97	8.19	5.86	4.83	3172.38	8.69
	威宁(草海)	12.77	14.80	16.49	15.76	14.33	12.74	14.05	14.47	11.46	11.62	11.83	12.29	4944.65	13.55
四川	成都	6.77	7.74	10.66	12.05	12.93	13.45	14.01	14.01	10.12	7.92	7.03	6.30	3746.77	10.27
	峨眉山	15.15	15.30	15.59	14.27	12.09	10.74	11.85	11.65	9.62	9.95	11.81	15.58	4669.72	12.79
	乐山	5.13	6.85	9.30	11.95	12.29	11.84	12.99	13.70	9.16	7.50	5.86	4.70	3389.44	9.29
	泸州	4.12	4.75	7.80	10.26	11.62	11.59	14.04	14.90	8.94	5.95	4.92	3.61	3127.84	8.57
	绵阳	6.60	7.34	9.33	12.47	13.32	13.04	13.45	13.22	9.54	7.99	6.74	5.94	3624.45	9.93
	南充	4.92	6.71	9.46	12.09	12.80	12.64	14.30	16.00	9.96	7.71	5.79	4.56	3564.42	9.77
云南	昆明	18.30	19.39	19.98	18.83	16.27	13.29	12.60	13.96	13.13	12.90	14.61	15.74	5740.90	15.73
	蒙自	16.41	17.88	17.23	17.10	16.37	14.71	14.20	14.33	14.58	13.65	13.56	15.23	5629.13	15.42
	景洪	15.75	19.02	17.79	17.29	16.92	15.23	13.63	14.78	16.22	15.78	13.86	14.36	5789.41	15.86
	腾冲	20.69	19.55	18.69	16.55	15.62	12.16	10.95	13.72	14.98	16.96	18.61	19.42	6014.24	16.48
甘肃	兰州	11.31	14.79	16.15	18.13	19.22	19.55	18.02	18.15	15.38	15.21	12.60	10.70	5755.05	15.77
	敦煌	16.13	18.57	19.30	20.70	22.07	21.41	20.41	21.41	21.73	21.79	18.64	15.88	7241.09	19.84
	民勤	17.90	18.66	17.95	18.00	19.16	18.87	17.81	17.92	17.66	18.30	17.21	16.27	6558.65	17.97
宁夏	银川	17.97	19.69	18.76	19.49	20.30	20.29	19.12	19.64	18.92	18.90	18.06	15.94	6903.41	18.91
	固原	15.93	15.80	13.90	17.10	17.00	16.50	16.92	17.04	15.84	15.08	16.75	17.52	5942.92	16.28

续表

省份	城市名称	1月	2月	3月	4月	5月	6月	7月	8月	9月	10月	11月	12月	年总辐照量 /[MJ/(m²·a)]	年日均辐照量 /(MJ/m²)
新疆	乌鲁木齐	9.01	11.25	14.34	18.10	18.93	18.99	18.93	19.70	19.38	16.77	10.19	7.69	5581.38	15.29
	哈密	16.72	19.78	20.89	21.37	22.72	21.80	20.85	21.65	23.54	22.98	18.73	16.22	7519.96	20.60
	和田	14.58	14.68	16.64	17.37	19.15	19.91	18.99	18.36	19.03	20.68	18.52	14.51	6466.21	17.72
	喀什	12.89	13.78	15.48	16.94	19.42	21.36	20.49	19.75	19.59	18.81	15.82	11.96	6279.46	17.20
	库车	15.07	16.27	16.41	17.66	20.14	20.35	19.90	19.95	19.62	18.66	17.17	14.27	6555.03	17.96
新疆	若羌	15.17	16.76	17.22	18.22	20.46	20.52	20.24	20.42	21.01	21.08	17.75	13.95	6779.12	18.57
	阿勒泰	14.65	17.92	19.85	20.86	20.82	20.57	20.51	20.60	20.67	17.43	12.97	11.03	6625.47	18.15
	吐鲁番	12.71	16.04	17.86	18.77	20.49	20.35	20.00	20.62	20.64	19.21	14.74	11.62	6482.36	17.76
	伊宁	13.74	16.22	17.27	18.70	20.11	20.50	20.67	21.34	20.47	17.76	14.36	12.23	6490.99	17.78
青海	西宁	18.13	19.56	19.42	19.97	19.87	19.44	19.02	19.72	17.30	18.39	18.38	16.82	6872.59	18.83
	格尔木	19.39	20.56	21.49	22.85	23.05	22.37	21.63	22.50	22.50	23.83	22.11	20.91	8007.65	21.94
	拉萨	24.87	24.65	24.02	22.65	23.79	22.96	21.75	21.48	22.73	26.26	26.02	25.03	8703.85	23.85
	昌都	19.02	18.27	18.30	18.56	17.87	17.64	17.76	18.50	18.52	18.45	19.61	20.09	6771.21	18.55
西藏	那曲	21.22	19.78	20.48	20.45	20.31	18.65	18.64	18.00	19.42	21.63	22.48	21.49	7377.88	20.21
	狮泉河(噶尔)	20.43	21.35	22.16	22.41	21.45	21.26	18.92	19.92	23.48	25.25	23.94	20.74	7945.77	21.77
	玉树	18.87	18.04	19.62	20.06	19.52	18.36	18.94	19.42	18.24	18.71	21.01	19.93	7019.99	19.23

倾斜表面月日均总辐照量[MJ/(m²·d)]

注：本表根据国家建筑标准设计图集《太阳能集中热水系统选用与安装》（15S128）编制的当地纬度的倾斜面上太阳能辐照量。

附录四 部分季节蓄热系统代表城市太阳能集热器总面积补偿比 R_s（%）

90%≤R_s<95%	
R_s<90%	
R_s≥95%	

北京　纬度 39°48'

倾角/(°) ＼ 方位角/(°)	东	-80	-70	-60	-50	-40	-30	-20	-10	南	10	20	30	40	50	60	70	80	西
90	52	55	58	61	63	65	67	68	69	69	69	68	67	65	63	61	58	55	52
80	58	61	65	68	71	73	76	77	78	78	78	77	76	73	71	68	65	61	58
70	63	67	71	75	78	81	83	85	86	86	86	85	83	81	78	75	71	67	63
60	69	73	77	81	84	87	89	91	92	92	92	91	89	87	84	81	77	73	69
50	75	78	82	86	80	92	94	96	97	97	97	96	94	92	80	86	82	78	75
40	79	83	86	89	92	95	97	98	99	99	99	98	97	95	92	89	86	83	79
30	83	86	89	92	94	96	98	99	100	100	100	99	98	96	94	92	89	86	83
20	87	89	91	93	94	96	97	98	98	99	98	98	97	96	94	93	91	89	87
10	89	90	91	92	93	94	94	95	95	95	95	95	94	94	93	92	91	90	89
水平面	90	90	90	90	90	90	90	90	90	90	90	90	90	90	90	90	90	90	90

武汉　纬度 30°37′

方位角/(°) \ 倾角/(°)	90	80	70	60	50	40	30	20	10	水平面
西	54	61	68	74	80	86	91	94	97	98
80	55	62	70	76	82	88	92	95	97	98
70	57	64	71	78	84	89	93	96	98	98
60	58	65	73	80	86	91	95	97	98	98
50	58	66	74	81	87	92	96	98	99	98
40	59	67	75	82	88	93	97	99	99	98
30	59	68	76	83	89	94	98	99	99	98
20	59	68	77	84	90	95	98	100	99	98
10	59	68	77	84	91	95	98	100	100	98
南	59	68	77	84	91	95	99	100	100	98
-10	59	68	77	84	91	95	98	100	100	98
-20	59	68	77	84	90	95	98	100	99	98
-30	59	68	76	83	89	94	98	99	99	98
-40	59	67	75	82	88	93	97	99	99	98
-50	58	66	74	81	87	92	96	98	99	98
-60	58	65	73	80	86	91	95	97	98	98
-70	57	64	71	78	84	89	93	96	98	98
-80	55	62	70	76	82	88	92	95	97	98
东	54	61	68	74	80	86	91	94	97	98

昆明　纬度 25°01′

方位角/(°) \ 倾角/(°)	90	80	70	60	50	40	30	20	10	水平面
西	52	59	66	73	79	85	90	93	96	96
80	54	61	68	75	81	87	91	94	96	96
70	56	63	70	77	83	89	93	96	97	96
60	57	65	72	79	85	90	94	97	97	96
50	58	66	74	81	87	92	96	98	98	96
40	59	67	75	82	89	93	97	98	98	96
30	59	68	76	84	90	95	98	99	99	96
20	60	69	77	85	91	95	98	100	99	96
10	60	69	78	85	91	95	99	100	99	96
南	60	69	78	85	96	96	99	100	99	96
-10	60	69	78	85	91	95	99	100	99	96
-20	60	69	77	85	91	95	98	100	99	96
-30	59	68	76	84	90	95	98	99	99	96
-40	59	67	75	82	89	93	97	98	98	96
-50	58	66	74	81	87	92	96	98	98	96
-60	57	65	72	79	85	90	94	97	97	96
-70	56	63	70	77	83	89	93	96	97	96
-80	54	61	68	75	81	87	91	94	96	96
东	52	59	66	73	79	85	90	93	96	96

贵阳　纬度 26°35′

倾角/(°) \ 方位角/(°)	东	−80	−70	−60	−50	−40	−30	−20	−10	南	10	20	30	40	50	60	70	80	西
90	54	56	57	58	58	59	59	59	59	59	59	59	59	59	58	58	57	56	54
80	61	63	64	65	66	67	68	68	68	68	68	68	68	67	66	65	64	63	61
70	68	70	71	73	74	76	76	76	77	77	77	76	76	76	74	73	71	70	68
60	75	77	78	79	81	82	83	84	84	84	84	84	83	82	81	79	78	77	75
50	81	83	84	86	87	88	89	90	90	90	90	90	89	88	87	86	84	83	81
40	87	88	90	91	92	93	94	95	95	95	95	95	94	93	92	91	90	88	87
30	91	93	94	95	96	97	97	98	98	98	98	98	97	97	96	95	94	93	91
20	95	96	97	97	98	99	99	100	100	100	100	100	99	99	98	97	97	96	95
10	97	98	98	99	99	99	99	100	100	100	100	100	99	99	99	99	98	98	97
水平面	98	98	98	98	98	98	98	98	98	98	98	98	98	98	98	98	98	98	98

长沙　纬度 28°12′

倾角/(°) \ 方位角/(°)	东	−80	−70	−60	−50	−40	−30	−20	−10	南	10	20	30	40	50	60	70	80	西
90	54	55	56	57	57	58	58	58	58	58	58	58	58	58	57	57	56	55	54
80	61	62	63	64	65	66	67	57	67	67	67	57	67	66	65	64	63	62	61
70	67	69	71	72	73	74	75	75	76	76	76	75	75	74	73	72	71	69	67
60	74	76	78	79	80	81	82	82	83	83	83	82	82	81	80	79	78	76	74
50	81	82	84	85	87	88	89	89	90	90	90	89	89	88	87	85	84	82	81
40	86	88	89	91	92	93	94	94	95	95	95	94	94	93	92	91	89	88	86
30	91	92	94	95	96	97	97	98	98	98	98	98	97	97	96	95	94	92	91
20	95	96	97	97	98	99	99	100	100	100	100	100	99	99	98	97	97	96	95
10	97	98	98	99	99	99	100	100	100	100	100	100	100	99	99	99	98	98	97
水平面	98	98	98	98	98	98	98	98	98	98	98	98	98	98	98	98	98	98	98

广州　纬度 23°08'

倾角/(°)	方位角/(°) 东	-80	-70	-60	-50	-40	-30	-20	-10	南	10	20	30	40	50	60	70	80	西
90	53	54	55	56	57	57	58	58	58	59	58	58	58	57	57	56	55	54	53
80	60	61	63	64	65	66	66	67	67	68	67	67	66	66	65	64	63	61	60
70	67	69	70	72	73	74	75	75	75	75	75	75	75	74	73	72	70	69	67
60	74	75	77	79	80	81	82	83	83	83	83	83	82	81	80	79	77	75	74
50	80	82	84	85	86	88	89	89	90	90	90	89	89	88	86	85	84	82	80
40	86	87	89	90	92	93	94	94	95	95	95	94	94	93	92	90	89	87	86
30	91	92	93	95	96	97	97	98	98	98	98	98	97	97	96	95	93	92	91
20	95	95	96	97	98	99	99	100	100	100	100	100	99	99	98	97	96	95	95
10	97	97	98	98	99	99	99	100	100	100	100	100	99	99	99	98	98	97	97
水平面	98	98	98	98	98	98	98	98	98	98	98	98	98	98	98	98	98	98	98

南昌　纬度 28°36'

倾角/(°)	方位角/(°) 东	-80	-70	-60	-50	-40	-30	-20	-10	南	10	20	30	40	50	60	70	80	西
90	54	55	56	57	58	58	58	58	59	59	59	58	58	58	58	57	56	55	54
80	61	62	64	65	66	66	67	67	67	68	67	67	67	66	66	65	64	62	61
70	68	69	71	72	73	74	75	76	76	77	76	76	75	74	73	72	71	69	68
60	74	76	78	79	81	82	82	83	83	84	83	83	82	82	81	79	78	76	74
50	81	82	84	86	87	88	89	89	90	91	90	89	89	88	87	86	84	82	81
40	86	88	89	91	92	93	94	94	95	95	95	94	94	93	92	91	89	88	86
30	91	92	94	95	96	97	97	98	98	99	98	98	97	97	96	95	94	92	91
20	95	96	97	97	98	99	99	100	100	100	100	100	99	99	98	97	97	96	95
10	97	98	98	99	99	99	100	100	100	100	100	100	100	99	99	99	98	98	97
水平面	98	98	98	98	98	98	98	98	98	98	98	98	98	98	98	98	98	98	98

上海　纬度 31°08′

倾角/(°) ＼ 方位角/(°)	西	80	70	60	50	40	30	20	10	南	-10	-20	-30	-40	-50	-60	-70	-80	东
90	55	56	57	58	59	60	61	61	61	61	61	61	61	60	59	58	57	56	55
80	61	63	65	66	67	68	68	69	70	70	70	69	68	68	67	66	65	63	61
70	68	70	72	73	75	76	76	77	78	78	78	77	76	76	75	73	72	70	68
60	75	77	78	80	82	83	83	85	85	85	85	85	83	83	82	80	78	77	75
50	81	83	84	86	88	89	90	91	91	91	91	91	90	89	88	86	84	83	81
40	86	88	90	91	92	91	94	95	96	96	96	95	94	91	92	91	90	88	86
30	91	92	94	95	96	97	98	98	99	99	99	98	98	97	96	95	94	92	91
20	94	95	96	97	98	99	99	100	100	100	100	100	99	99	98	97	96	95	94
10	97	97	98	98	99	99	99	99	100	100	100	99	99	99	99	98	98	97	96
水平面	97	97	97	97	97	97	97	97	97	97	97	97	97	97	97	97	97	97	97

西安　纬度 31°18′

倾角/(°) ＼ 方位角/(°)	西	80	70	60	50	40	30	20	10	南	-10	-20	-30	-40	-50	-60	-70	-80	东
90	55	57	58	60	61	62	62	62	61	61	61	62	62	62	61	60	58	57	55
80	62	64	65	67	68	69	70	71	71	71	71	71	70	69	68	67	65	64	62
70	68	71	72	74	76	77	78	79	79	79	79	79	78	77	76	74	72	71	68
60	75	77	79	81	82	84	85	86	86	86	86	86	85	84	82	81	79	77	75
50	81	83	85	86	88	89	91	91	92	92	92	91	91	89	88	86	85	83	81
40	86	88	90	91	93	94	95	96	96	96	96	96	95	94	93	91	90	88	86
30	90	92	93	95	96	97	98	99	99	99	99	99	98	97	96	95	93	92	90
20	94	95	96	97	98	99	99	100	100	100	100	100	99	98	98	97	96	95	94
10	96	97	97	98	98	98	99	99	99	99	99	99	99	98	98	98	97	97	96
水平面	97	97	97	97	97	97	97	97	97	97	97	97	97	97	97	97	97	97	97

郑州　纬度 31°13′

倾角/(°) 方位角/(°)	西	80	70	60	50	40	30	20	10	南	-10	-20	-30	-40	-50	-60	-70	-80	东
90	55	57	58	60	61	62	63	63	63	63	63	63	63	62	61	60	58	57	55
80	62	64	66	67	69	70	71	72	72	72	72	72	71	70	69	67	66	64	62
70	68	70	72	74	76	77	79	79	80	80	80	79	79	77	76	74	72	70	68
60	75	77	79	81	83	84	85	86	87	87	87	86	85	84	83	81	79	77	75
50	81	83	85	87	88	90	91	92	92	93	92	92	91	90	88	87	85	83	81
40	86	88	90	91	93	94	95	96	96	97	96	96	95	94	93	91	90	88	86
30	90	92	93	95	96	97	98	99	99	99	99	99	98	97	96	95	93	92	90
20	94	95	96	97	98	99	99	100	100	100	100	100	99	99	98	97	96	95	94
10	96	96	97	97	98	98	99	99	99	99	99	99	99	98	98	97	97	96	96
水平面	97	97	97	97	97	97	97	97	97	97	97	97	97	97	97	97	97	97	97

兰州　纬度 36°03′

倾角/(°) 方位角/(°)	西	80	70	60	50	40	30	20	10	南	-10	-20	-30	-40	-50	-60	-70	-80	东
90	54	56	58	60	61	62	63	64	64	64	64	64	63	62	61	60	58	56	54
80	60	63	66	67	69	71	72	73	73	73	73	73	72	71	69	67	66	63	60
70	66	69	72	74	76	78	80	81	81	81	81	81	80	78	76	74	72	69	66
60	72	75	78	81	83	85	86	88	88	88	88	88	86	85	83	81	78	75	72
50	78	81	84	86	89	90	92	93	94	94	94	93	92	90	89	86	84	81	78
40	83	86	88	91	93	95	96	97	98	98	98	97	96	95	93	91	88	86	83
30	88	90	92	94	96	97	98	99	100	100	100	99	98	97	96	94	92	90	88
20	91	93	94	96	97	98	99	99	100	100	100	99	99	98	97	96	94	93	91
10	94	94	95	96	97	97	98	98	98	98	98	98	98	97	97	96	95	94	94
水平面	95	95	95	95	95	95	95	95	95	95	95	95	95	95	95	95	95	95	95

济南　纬度 30°41′

倾角/(°) \ 方位角/(°)	东	-80	-70	-60	-50	-40	-30	-20	-10	南	10	20	30	40	50	60	70	80	西
90	53	56	58	60	62	63	64	65	65	65	65	65	64	63	62	60	58	56	53
80	60	62	65	67	69	71	73	74	74	74	74	74	73	71	69	67	65	62	60
70	66	69	72	74	77	79	80	82	82	83	82	82	80	79	77	74	72	69	66
60	72	75	78	81	83	86	87	88	89	89	89	88	87	86	83	81	78	75	72
50	78	81	84	86	89	91	92	94	94	95	94	94	92	91	89	86	84	81	78
40	83	86	88	91	93	95	96	97	98	98	98	97	96	95	93	91	88	86	83
30	88	90	92	94	96	97	98	99	100	100	100	99	98	97	96	94	92	90	88
20	91	93	94	95	97	98	99	99	100	100	100	99	99	98	97	95	94	93	91
10	93	94	95	96	96	97	97	98	98	98	98	98	97	97	96	96	95	94	93
水平面	94	94	94	94	94	94	94	94	94	94	94	94	94	94	94	94	94	94	94

天津　纬度 39°06′

倾角/(°) \ 方位角/(°)	东	-80	-70	-60	-50	-40	-30	-20	-10	南	10	20	30	40	50	60	70	80	西
90	53	56	58	61	63	65	66	67	68	69	68	67	66	65	63	61	58	56	53
80	59	62	65	68	71	73	75	76	77	78	77	76	75	73	71	68	65	62	59
70	65	68	72	75	78	80	82	84	85	86	85	84	82	80	78	75	72	68	65
60	71	74	78	81	84	86	88	90	91	92	91	90	88	86	84	81	78	74	71
50	76	80	83	86	89	91	93	95	96	96	96	95	93	91	89	86	83	80	76
40	81	84	87	90	93	95	97	98	99	99	99	98	97	95	93	90	87	84	81
30	85	88	90	93	95	97	98	99	100	100	100	99	98	97	95	93	90	88	85
20	89	91	92	94	95	97	98	98	99	99	99	98	98	97	95	94	92	91	89
10	91	92	93	94	94	95	96	96	96	96	96	96	96	95	94	94	93	92	91
水平面	92	92	92	92	92	92	92	92	92	92	92	92	92	92	92	92	92	92	92

长春　纬度 43°54'

倾角/(°) \ 方位角/(°)	东	-80	-70	-60	-50	-40	-30	-20	-10	南	10	20	30	40	50	60	70	80	西
90	52	56	59	63	55	69	72	74	75	75	75	74	72	69	55	63	59	56	52
80	57	61	66	70	73	77	80	82	83	84	83	82	80	77	73	70	66	61	57
70	62	67	71	76	80	83	86	89	90	90	90	89	86	83	80	76	71	67	62
60	67	72	77	81	85	88	91	94	95	96	95	94	91	88	85	81	77	72	67
50	72	76	81	85	89	92	95	97	98	99	98	97	95	92	89	85	81	76	72
40	76	80	84	88	91	94	97	98	100	100	100	98	97	94	91	88	84	80	76
30	80	83	86	89	92	95	97	98	99	99	99	98	97	95	92	89	86	83	80
20	83	85	87	89	94	93	95	96	96	96	96	96	95	93	94	89	87	85	83
10	84	86	87	88	89	90	91	91	92	92	92	91	91	90	89	88	87	86	84
水平面	85	85	85	85	85	85	85	85	85	85	85	85	85	85	85	85	85	85	85

抚顺　纬度 41°55'

倾角/(°) \ 方位角/(°)	东	-80	-70	-60	-50	-40	-30	-20	-10	南	10	20	30	40	50	60	70	80	西
90	54	57	60	63	66	68	70	72	73	73	73	72	70	68	66	63	60	57	54
80	59	63	67	70	73	76	78	80	81	81	81	80	78	76	73	70	67	63	59
70	65	69	73	76	80	83	85	87	88	88	88	87	85	83	80	76	73	69	65
60	70	74	78	82	85	88	91	92	94	94	94	92	91	88	85	82	78	74	70
50	75	79	83	86	90	92	95	96	98	98	98	96	95	92	90	86	83	79	75
40	80	83	86	90	92	95	97	99	100	100	100	99	97	95	92	90	86	83	80
30	83	86	89	92	94	96	98	99	100	100	100	99	98	96	94	92	89	86	83
20	86	88	90	92	94	95	97	97	98	98	98	97	97	95	94	92	90	88	86
10	88	89	90	91	92	93	94	94	94	94	94	94	94	93	92	91	90	89	88
水平面	89	89	89	89	89	89	89	89	89	89	89	89	89	89	89	89	89	89	89

太原　纬度 37°42′

方位角/(°) 倾角/(°)	西	80	70	60	50	40	30	20	10	南	−10	−20	−30	−40	−50	−60	−70	−80	东
90	54	56	59	61	63	64	66	66	67	67	67	66	66	64	63	61	59	56	54
80	60	63	66	68	70	72	74	75	76	76	76	75	74	72	70	68	66	63	60
70	66	69	72	75	77	80	81	83	84	84	84	83	81	80	77	75	72	69	66
60	72	75	78	81	84	86	88	89	90	90	90	89	88	86	84	81	78	75	72
50	77	81	84	86	89	91	93	94	95	95	95	94	93	91	89	86	84	81	77
40	82	85	88	91	93	95	96	98	98	99	98	98	96	95	93	91	88	85	82
30	87	89	91	93	95	97	98	99	100	100	100	99	98	97	95	93	91	89	87
20	90	92	93	95	96	97	98	99	99	100	99	99	98	97	96	95	93	92	90
10	92	93	94	95	95	96	96	97	97	97	97	97	96	96	95	95	94	93	92
水平面	93	93	93	93	93	93	93	93	93	93	93	93	93	93	93	93	93	93	93

青岛　纬度 36°16′

方位角/(°) 倾角/(°)	西	80	70	60	50	40	30	20	10	南	−10	−20	−30	−40	−50	−60	−70	−80	东
90	54	56	58	60	62	63	64	65	66	66	66	65	64	63	62	60	58	56	54
80	60	63	65	67	70	71	73	74	75	75	75	74	73	71	70	67	65	63	60
70	67	69	72	75	77	79	80	82	82	83	82	82	80	79	77	75	72	69	67
60	73	76	78	81	83	85	87	88	89	89	89	88	87	85	83	81	78	76	73
50	79	81	84	87	89	91	92	94	94	95	94	94	92	91	89	87	84	81	79
40	84	87	89	91	93	95	96	97	98	98	98	97	96	95	93	91	89	87	84
30	88	90	92	94	96	97	99	99	100	100	100	99	98	97	96	94	92	90	88
20	92	93	94	96	97	98	99	99	100	100	100	99	99	98	97	96	94	93	92
10	94	95	95	96	97	97	98	98	98	98	98	98	98	97	97	96	95	95	94
水平面	95	95	95	95	95	95	95	95	95	95	95	95	95	95	95	95	95	95	95

成都　纬度 30°35′

方位角/(°)　倾角/(°)	东	−80	−70	−60	−50	−40	−30	−20	−10	南	10	20	30	40	50	60	70	80	西
90	58	58	58	58	58	58	58	58	57	57	57	58	58	58	58	58	58	58	58
80	65	65	65	66	66	66	66	65	65	65	65	65	66	66	66	66	65	65	65
70	72	72	72	73	73	73	73	73	73	73	73	73	73	73	73	73	72	72	72
60	78	79	79	79	80	80	80	80	80	80	80	80	80	80	80	79	79	79	78
50	84	85	85	86	86	86	86	86	86	86	86	86	86	86	86	86	85	85	84
40	89	90	90	91	91	91	91	92	92	92	92	92	91	91	91	91	90	90	89
30	94	94	94	95	95	95	95	96	96	96	96	96	95	95	95	95	94	94	94
20	97	97	98	98	98	98	98	98	98	99	98	98	98	98	98	98	98	97	97
10	99	99	99	100	100	100	100	100	100	100	100	100	100	100	100	100	99	99	99
水平面	100	100	100	100	100	100	100	100	100	100	100	100	100	100	100	100	100	100	100

南昌　纬度 28°42′

方位角/(°)　倾角/(°)	东	−80	−70	−60	−50	−40	−30	−20	−10	南	10	20	30	40	50	60	70	80	西
90	54	55	56	57	58	58	58	58	58	58	58	58	58	58	58	57	56	55	54
80	61	62	64	65	66	66	67	67	67	67	67	67	67	66	66	65	64	62	61
70	68	69	71	72	73	74	75	75	76	76	76	75	75	74	73	72	71	69	68
60	74	76	78	79	81	82	82	83	83	84	83	83	82	82	81	79	78	76	74
50	81	82	84	86	87	88	89	89	90	90	90	89	89	88	87	86	84	82	81
40	86	88	89	91	92	93	94	94	95	95	95	94	94	93	92	91	89	88	86
30	91	92	94	95	96	97	97	98	98	98	98	98	97	97	96	95	94	92	91
20	95	96	97	97	98	99	99	100	100	100	100	100	99	99	98	97	97	96	95
10	97	98	98	99	99	99	100	100	100	100	100	100	100	99	99	99	98	98	97
水平面	98	98	98	98	98	98	98	98	98	98	98	98	98	98	98	98	98	98	98

参考文献

[1] GB 50364—2018. 民用建筑太阳能热水系统应用技术标准.

[2] GB 50495—2019. 太阳能供热采暖工程技术标准.

[3] GB 50015—2019. 建筑给水排水设计标准.

[4] GB 50057—2010. 建筑物防雷设计规范.

[5] GB 5749—2022. 生活饮用水卫生标准.

[6] GB 50176—2016. 民用建筑热工设计规范.

[7] GB 11835—2016. 绝热用岩棉、矿渣棉及其制品.

[8] GB 50009—2012. 建筑结构荷载规范.

[9] GB 50264—2013. 工业设备及管道绝热工程设计规范.

[10] GB 50242—2002. 建筑给水排水及采暖工程施工质量验收规范.

[11] GB 50275—2010. 风机、压缩机、泵安装工程施工及验收规范.

[12] GB 50303—2015. 建筑电气工程施工质量验收规范.

[13] GB 50169—2016. 电气装置安装工程　接地装置施工及验收规范.

[14] GB 50168—2018. 电气装置安装工程　电缆线路施工及验收标准.

[15] GB 50171—2012. 电气装置安装工程　盘、柜及二次回路接线施工及验收规范.

[16] GB 50207—2012. 屋面工程质量验收规范.

[17] GB 50205—2020. 钢结构工程施工质量验收标准.

[18] GB 50736—2012. 民用建筑供暖通风与空气调节设计规范.

[19] GB/T 17683.1—1999. 太阳能　在地面不同接收条件下的太阳光谱辐照度标准　第1部分：大气质量1.5的法向直接日射辐照度和半球向日射辐照度.

[20] GB/T 18708—2002. 家用太阳热水系统热性能试验方法.

[21] GB/T 12936—2007. 太阳能热利用术语.

[22] GB/T 19141—2011. 家用太阳能热水系统技术条件.

[23] GB/T 6424—2021. 平板型太阳能集热器.

[24] GB/T 17581—2021. 真空管型太阳能集热器.

[25] GB/T 18713—2002. 太阳热水系统设计、安装及工程验收技术规范.

[26] GB/T 20095—2006. 太阳热水系统性能评定规范.

[27] GB/T 9124.1—2019. 钢制法兰　第1部分：PN系列.

[28] GB/T 29047—2021. 高密度聚乙烯外护管硬质聚氨酯泡沫塑料预制直埋保温管及管件.

[29] GB/T 10801.1—2021. 绝热用模塑聚苯乙烯泡沫塑料（EPS）.

[30] GB/T 706—2016. 热轧型钢.

[31] GB/T 50185—2019. 工业设备及管道绝热工程施工质量验收标准.

[32] GB/T 8923.1—2011. 涂覆涂料前钢材表面处理　表面清洁度的目视评定　第1部分：未涂覆过的钢材表面和全面清除原有涂层后的钢材表面的锈蚀等级和处理等级.

[33] GB/T 50976—2014. 继电保护及二次回路安装及验收规范.

[34] GB/T 3089—2020. 不锈钢极薄壁无缝钢管.

[35] GB/T 3090—2020. 不锈钢小直径无缝钢管.

[36] GB/T 5231—2022. 加工铜及铜合金牌号和化学成分.

[37] GB/T 15007—2017. 耐蚀合金牌号.

[38] GB/T 14536.1—2022. 电自动控制器　第1部分：通用要求.

[39] GB/T 6829—2017. 剩余电流动作保护电器（RCD）的一般要求.

[40] GB/T 26973—2011. 空气源热泵辅助的太阳能热水系统（储水箱容积大于0.6m³）技术规范.

[41] CJJ 122—2017. 游泳池给水排水工程技术规程.

[42] 15S128. 太阳能集中热水系统选型与安装.

[43] https://www.aerogelatia.com/中国绿色建材产业发展联盟/产业观察. 2022建筑能耗与碳排放研究报告.

［44］　https：//www.zhihu.com/知乎/专栏.2023光伏行业发展现状及企业发展.

［45］　https：//www.sohu.com/搜狐/.2022年中国太阳能光热行业运行状况报告.

［46］　吴振一，窦建清.全玻璃真空集热管热水器及热水系统［M］.北京：清华大学出版社，2008.

［47］　张鹤飞.太阳能热利用原理与计算机模拟［M］.2版.西安：西安工业大学出版社，2007.

［48］　朱敦智，刘君，芦潮.太阳能采暖技术及系统设计［J］.建筑热能通风空调，2007，2：51-54.

［49］　喜文华.太阳能实用工程技术［M］.兰州：兰州大学出版社，2001.

［50］　梁宏伟，刘红绪.家用分体式太阳热水系统中隔膜式膨胀罐选型计算探讨［J］.太阳能，2008，9：23-25.

［51］　何梓年，朱敦智.太阳能供热采暖应用技术手册［M］.北京：化学工业出版社，2009.

［52］　何梓年，等.热管式真空管太阳能集热器及其应用［M］.北京：化学工业出版社，2011.

［53］　杨崇麟.板式换热器工程设计手册［M］.北京：机械工业出版社，1995.

［54］　中国太阳能利用协会.新编太阳能产品设计与太阳能利用新技术新工艺实务全书［M］.北京：中国科技文化出版社，2007.

［55］　郑瑞澄.民用建筑太阳能热水系统工程技术手册［M］.北京：化学工业出版社，2006.

［56］　艾利兵.储油罐利用太阳能间接加热系统集热器和换热盘管的面积计算研究［J］.太阳能，2012，16：56-58.

［57］　殷春蕾，赵俊.上海某体育中心室内游泳池太阳能集中供热系统设计探讨［J］.给水排水，2007，5（33）：81-85.

［58］　张林华，曲云霞.室内游泳池太阳能加热系统计算与设计［J］.给水排水，2007，6（33）：122-124.

［59］　国家太阳能光热产业技术创新战略联盟，中国可再生能源学会太阳能热发电专业委员会.中国太阳能热发电行业蓝皮书2022.

［60］　张淑红，袁家普.太阳能热水过热解决方案［J］.太阳能，2009，5：43-45.

［61］　孙亮亮，袁艳平，姚盼，等.双水箱太阳能集中热水系统关键参数优化及建筑类型的适用性研究［J］.太阳能学报，2016，10：2569-2577.

［62］　张志尧，褚赛，林桐，等.集中式太阳能热水系统精细化设计［J］.山西建筑，2022，20：176-179.

［63］　詹凯，袁艳平，孙亮亮，等.太阳能热水系统集热器面积与倾角的组合优化［J］.太阳能学报，2015，11：2651-2658.

［64］　张昌瑞.公共建筑太阳能热水系统及其应用研究［J］.建筑与装饰，2022，14：16-18.

［65］　褚赛，刘启明，鲍超甄，等.间接式太阳能热水系统储热水箱盘管换热器设计分析［J］.建筑节能，2022，12：126-130.

［66］　高嵩，陈伟民，钟敏，等.单井储油罐太阳能集热技术的推广应用探讨［J］.中国机械，2014，17：202-203.

［67］　杨江洲.平板太阳能板式交换器应用探讨［J］.中国太阳能工程，2018，3：35-36.

［68］　李玉虎.集中集热分户储热建筑一体化太阳能热水系统在多层住宅工程中的应用［J］.江苏建筑，2015，6：104-106.